무한상상

창·의·력·과·학

I&I 앤

아이
아이

개정2판

화학(상)

무한상상

바야흐로 창의력의 시대입니다.

과학창의력 향상은 단순한 과학적 흥미만으로는 부족합니다. 과제 집착력, 자신감을 바탕으로 한 체계적인 훈련이 필요합니다.
창의력 과학 아이앤아이 (I&I,Imagine Infinite)는 개정 교육 과정에 따라서 창의적 문제해결력의 극대화에 중점을 둔
새로운 개념의 과학 창의력 통합 학습서입니다.

과학을 공부한다는 것은

1. 과학 개념을 정밀히 다듬어 이해하고

2. 탐구력을 기르는 연습(과학 실험 등)을 꾸준히 하여 각종 과학 관련 문제에 대한 이해와 분석과 상상이 가능하도록 하며

3. 각종 문제 상황에서 창의적 문제 해결을 하는 과정을 뜻합니다.

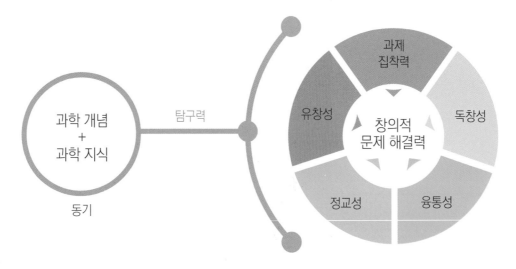

창의적 문제 해결력이 길러지는 과정

이 책의 특징은

1. 각종 그림을 활용하여 과학 개념을 명확히 하였습니다.

2. 교과서의 실험 등을 통하여 탐구과정 능력을 향상시켰습니다.

3. 창의력을 키우는 문제, Imagine Infinitely 에서 스스로의 창의력을 기반으로 하여 창의적 문제해결력을 향상할 수 있도록 하였습니다.

6. 영재학교, 과학고, 각종 과학 대회 기출 문제 또는 기출 유형 문제를 종합적으로 수록하여 실전 대비 연습에 만전을 기했습니다.

7. 해설을 풍부하게 하여 문제풀이를 정확하게 할 수 있도록 하였습니다.

이 책은

과학고, 영재학교 및 특목고의 탐구력, 창의력 구술 검사 및 면접을 준비하는 학생에게 창의적 문제와 그 해결 방법을 제공하며 각종 경
시 대회나 중등 영재교육원을 준비하는 학생에게 심화 문제를 제공하고 있습니다. 고교 과학에서 필요한 문제해결 방법을 제공합니다.

영재학교 · 과학고 진학

현황

과학영재학교(영재고)의 경우 전국에 8개교로 서울, 경기, 대전, 세종, 인천, 광주, 대구, 부산에 각 1개씩 있으며, 과학고는 총 20개교로 서울2, 부산2, 인천2, 대구1, 울산1, 대전1, 경기1, 강원1, 충남1, 충북1, 경북2, 경남2, 전북1 ,전남1, 제주1개교가 있습니다. 두 학교가 비슷한 것처럼 보이기도 하지만 설립 취지, 법적 근거, 교육 과정 등 여러 면에서 서로 다른 교육기관입니다.

모집 방법

과학영재학교는 전국 단위로 신입생을 선발하지만, 과학고의 경우 광역(지역)단위로 신입생을 선발합니다. 과학 영재학교는 학생이 거주하는 지역과 상관없이 어떤 지역이든 응시가 가능하고, 1단계 지원의 경우 중복 지원할 수 있지만 2단계 전형 일자가 전국 8개교 모두 동일해서 2단계 전형 중복 응시는 불가능합니다. 과학고의 경우 학생이 거주하는 지역에 과학고가 있을 경우 타 지역 과학고에는 응시할 수 없으며, 과학고가 없다면 타지역 과학 고에 응시 가능합니다.

모집 시기

과학영재학교는 3월말~4월경에 모집하고, 과학고의 경우 8월초~8월말에 모집합니다.

지원 자격

과학영재학교는 전국 소재 중학교 1, 2, 3학년 재학생, 졸업생이 지원할 수 있으며, 과학고는 해당 지역 소재 중학 교 3학년 재학생, 졸업생이 지원할 수 있습니다. 과학고의 경우 학생이 거주하는 지역 소재 중학교 졸업자 또는 졸 업 예정자가 지원할 수 있습니다. 즉, 과학영재학교의 경우 중학교 각 학년마다 1번씩 총 3번, 과학고의 경우 중학 교 3학년때 1번만 지원할 수 있는 것입니다.

전형 방법

과학영재학교는 1단계(학생기록물 평가), 2단계(창의적 문제해결력 평가, 영재성 검사), 3단계(영재성 다면평가, 1박2일 캠프) 전형이며, 과학고는 1단계(서류평가 및 출석면담), 2단계(소집 면접) 전형으로 학생을 선발합니다. 과학영재학교의 경우 1단계에서 학생이 제출한 서류(자기소개서, 수학/과학 지도교원 추천서, 담임교원 추천서, 학교생활기록부 등)를 토대로 1단계 합격자를 선발하고, 2단계는 수학/과학/융합/에세이 등의 지필 평가로 합격 자를 선발하며, 3단계는 1박2일 캠프를 통하여 글로벌 과학자로서의 자질과 잠재성을 평가하여 최종 합격자를 선 발합니다. 과학고의 경우 1단계에서 지원자 전원을 지정한 날짜에 학교로 출석시켜 제출 서류(학교생활기록부, 자 기소개서, 교사추천서)와 관련된 내용을 검증 평가해 1.5~2 배수 내외의 인원을 선발하고, 2단계 소집 면접을 통 해 수학 과학에 대한 창의성 및 잠재 역량과 인성 등을 종합 평가해 최종 합격자를 선발합니다.

준비 과정

과학은 창의력과 밀접한 관계가 있습니다. 문제를 푸는 과정, 실험을 설계하고 결론을 찾아가는 과정 등에서 창의 력의 요소인 독창성, 유창성, 융통성, 정교성, 민감성의 자질이 개발되기 때문입니다. 이러한 자질이 개발되면 열정 적이고 창의적이 되어 즐겁게 자기 주도적 학습을 할 수 있습니다. 어릴 때부터 이러한 자질을 개발하는 것도 중요 하지만 호기심 많은 학생이라면 초등 고학년~중등 때부터 시작하여도 늦지 않습니다. 일단 과학 관련 도서를 많이 접하고, 과학 탐구 대회 등의 과학 활동에 많이 참여하여 과학이 재미있어지는 과정을 거치는 것이 좋습니다. 이후 에 중학교 내신 관리를 하면서 문제해결력을 길러 각종 지필대회를 준비하는 것이 좋을 것입니다.

창의적 사고를 위한 요소

유익하고 새로운 것을 생각해 내는 능력을 창의력이라고 합니다.

사고를 원활하고 민첩하게 하여 많은 양의 산출 결과를 내는 유창성, 고정적인 사고의 틀에서 벗어나 다양한 각도에서 다양한 해결책을 찾아내는 융통성, 새롭고 독특한 아이디어를 산출해 내는 독창성, 기존의 아이디어를 치밀하고 정밀하게 다듬어 더욱 복잡하게 발전시키는 정교성 등이 대표적인 요소입니다.

아이앤아이 는 창의력을 향상시킵니다.

창의력을 키우는 문제 에서는 문제의 유형을 단계적 문제 해결력, 추리 단답형, 실생활 관련형, 논리 서술형으로 나눠 놓았습니다. 창의적 사고의 요소들은 문제 해결 과정에 포함됩니다.

단계적 문제 해결력 유형의 문제

이 유형의 문제를 해결하기 위해서 기본적으로 유창성과 융통성이 필요합니다. 문제의 한 단계 한 단계의 논리 구조를 따라잡아야 유창하게 답을 쓸 수 있을 것이기 때문입니다. 또 각 단계마다 창의적 사고의 정교성과 독창성이 요구됩니다.

추리단답형 유형 문제

독창적인 사고의 영역입니다. 알고 있는 개념을 바탕으로 주어진 자료와 상황을 명확하게 해석하여 창의적으로 문제를 해결해야 합니다.

실생활 관련형 문제

우리 생활 속에 미처 생각하지 못하고 지나쳤던 부분에 숨겨진 과학적 현상을 일깨워줍니다. 과학이 현실과 동떨어진 것이 아니라 신기하고 친숙한 것임을 이해시켜 과학적 동기부여를 해줍니다.

논리서술형의 문제

대학 입시에서도 비중이 높아진 논술 부분을 대비하기 위해 필수적인 부분입니다. 이 문제를 풀기 위해서는 창의적 사고 요소의 골고루 필요합니다. 현재 과학의 핫 이슈를 자신만의 이야기로 풀어나갈 수 있어야 하며, 과학 관련 문제의 해결책을 창의적으로 제시할 수 있어야 할 것입니다. 이 문제들을 통하여 한층 정교해지는 과학 개념과 탐구 과정 능력, 창의력을 느낄 수 있을 것입니다.

실험에서의 탐구 과정 요소

과학에서 배놓을 수 없는 것이 과학적인 탐구 능력입니다.

탐구 능력 또는 탐구 과정 능력이란 자연 현상이나 사물에 관한 문제를 연관시켜 해결하는 능력을 말합니다. 과학 관련 문제를 해결하기 위해서는 몇 가지 단계가 필요한데, 이 단계에서 필요한 요소를 탐구 과정 요소라고 합니다. 탐구 과정 요소에는 기초 탐구 과정 요소인 관찰, 분류, 측정, 예상, 추리와 통합 탐구 과정 요소인 문제 인식, 가설 설정, 실험 설계(변인 통제), 자료 변환 및 자료 해석, 결론 도출 등이 있습니다.

기초 탐구 과정 중 분류의 예

우리 주위의 여러 가지 물체나 현상 등을 관찰하여 특징과 용도에 따라 나눔으로서 질서를 정하는 과정을 말합니다. 분류를 하기 위해서는 모둠의 공통된 특징을 가려서 분류 기준을 정해야 합니다.

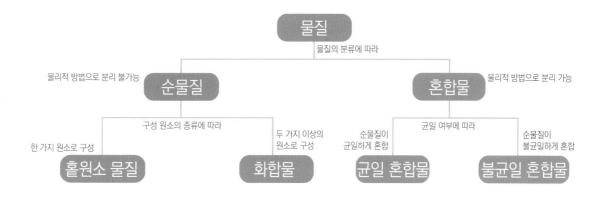

〈분류의 과정〉

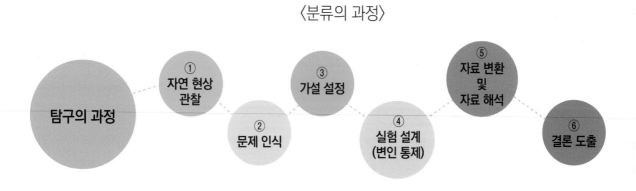

① 뉴턴 : 내가 자고 있는데 누가 날 깨우는 거야? 어라? 사과가 떨어져 나를 깨운 것이구나!

② 그런데 사과는 왜 아래로만 떨어지는 것일까? 사과뿐만 아니라 다른 물체도 아래로 떨어지는구나.

③ 우리가 알고 있는 힘 외에 어떤 다른 힘이 있다는 가설을 세워 보자.

④ 두 물체 사이의 잡아당기는 힘이 얼마인지 실험해 보자. 다른 힘들이 있으면 안되니까 전기적으로 중성이어야 하고, 거리를 재고, 질량을 재고, 힘을 측정해야 하겠지?

⑤ 여러 번 실험을 해서 자료를 종합해 보니

⑥ 새로운 힘이 존재하는데, 그 힘의 크기는 두 물체 사이의 거리의 제곱에 반비례하고, 질량의 곱에 비례하는구나! 이 힘을 만유인력이라고 해야지.

창·의·력·과·학

아이앤아이

단원별 내용 구성

도입

· **아이앤아이**의 특징을 설명하였습니다.
· 창의적 사고를 위한 요소, 탐구 과정 요소를 요약하였습니다.
· 각 단원마다 소단원을 소개하였습니다.

개념 보기

· 개정 교육 과정 순서입니다.
· 중고등 심화 내용을 모두 다루었습니다.
· 본문의 내용을 보조단 내용과 유기적으로 연관시켰습니다.
· 개념을 간략하고 명확하게 서술하되, 각종 그림 등을 이용하여
  창의력이 발휘되도록 하였습니다.

개념 확인 문제

· 시험에 잘 출제되는 문제와 함께 다양한 문제를 제시하였
  습니다.
· 심화 단계로 넘어가는 중간 과정 문제를 많이 해결해 보
  도록 하였습니다.
· 기초 개념을 공고히 하는 문제를 제시하였습니다.

개념 심화 문제

· 한번 더 생각해야 해결할 수 있는 문제를 실었습니다.

· 고급 문제 해결을 위한 다리 역할을 하는 문제로 구성하였습니다.

창의력을 키우는 문제

· 창의적 문제 해결력을 향상할 수 있도록 하였습니다.

· 단계적 문제 해결형, 추리단답형, 논리서술형, 실생활 관련형으로 나누어서 창의적 문제 해결을 극대화하도록 하였습니다.

· 구술, 심층면접, 논술 능력 향상에도 도움이 될 것입니다.

대회 기출 문제

· 각종 창의력 대회, 경시 대회 문제, 수능 문제를 단원별로 분류하여 실었습니다.

· 영재학교, 과학고를 비롯한 특목고 입시 문제를 각 단원별로 분류하여 실었습니다.

Imagine Infinitely (I&I)

· 각 단원 관련 흥미로운 주제의 읽기 자료입니다.

· 말미에 서술형 문제를 통해 글쓰기 연습이 가능할 것입니다.

정답 및 해설

· 상세한 설명을 통해 문제를 해결할 길잡이가 되도록 하였습니다.

Contents 목차

창·의·력·과·학
아이앤아이
화학(상)

창·의·력·과·학

아이앤아이

화학(하)

Chemistry

01

물질의 양과
화학 반응

물질의 양은 어떻게 나타낼까?
기체끼리의 화학 반응은 어떻게 일어날까?

1. 물질의 구성 입자

(1) 분자와 원자

① **분자** : 물질의 고유한 성질을 가지는 기본 입자이다.

② **원자** : 물질을 구성하는 가장 작은 입자이고, 분자는 원자로 구성되어 있다.

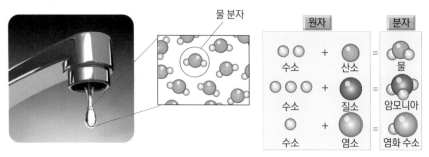

(2) 원소와 원소 기호

① **원소** : 다른 물질로 분해되지 않는, 물질을 이루는 기본 성분(종류)이다.

② **원소의 종류와 원소 기호**

원자 번호❶	원소	원소 기호	원자 번호	원소	원소 기호
1	수소	H	12	마그네슘	Mg
2	헬륨	He	13	알루미늄	Al
3	리튬	Li	14	규소	Si
4	베릴륨	Be	15	인	P
5	붕소	B	16	황	S
6	탄소	C	17	염소	Cl
7	질소	N	18	아르곤	Ar
8	산소	O	19	칼륨	K
9	플루오린	F	20	칼슘	Ca
10	네온	Ne	29	구리	Cu
11	나트륨	Na	30	아연	Zn

2. 화학식량과 몰

(1) 분자의 표현 방법 분자는 원소 기호를 이용하여 나타낸다.

① **분자식** : 분자의 개수와 분자를 구성하는 원자의 종류와 개수를 모두 나타낸 식이다.

원자의 종류 : 수소(H), 산소(O)

물 분자 2개 — $2H_2O$ — 산소 원자의 개수 : 1개 (1은 쓰지 않는다)

수소 원자의 개수 : 2개

원소의 종류	분자의 총 개수	분자 1개 당 원자 수	총 원자 수
수소(H) 산소(O)	물 분자 2개	산소 원자 1개 수소 원자 2개	산소 원자 2개 수소 원자 4개

---

❶ 원자 번호

각 원소의 순위를 나타내는 번호를 말하며, 원자핵의 양성자 수와 같다. 원자의 화학적 성질을 결정한다.

원자 번호 = 중성 원자의 전자 수
= 양성자 수

⚙ 원소와 원자

원소는 기본적인 성분의 의미이고, 원자는 질량과 크기를 갖는 입자의 의미이므로 원소는 ~ 가지(종류), 원자는 ~ 개로 말한다.

⚙ 현대의 원자 구조

• 핵과 전자 사이는 빈 공간이다.

• 중성 원자의 양성자 수와 전자의 개수는 원자 번호와 같다.

예 헬륨 (He, 원자 번호 2)

▲ 중성 원자의 구성

원자핵 ┬ 양성자 : 질량은 중성자와 거의 같으며, 전하량은 전자와 같으나 부호는 반대이다.
└ 중성자 : 전하를 띠지 않는다.

전자 : 원자핵과 반대인 음의 전하를 띠며, 원자핵 주위에 전자 구름을 이루며 존재한다.

		상대적인 질량	전하량
원자핵	양성자	1	+1
	중성자	1	0
전자		$\frac{1}{1837}$	-1

⚙ 원자의 표시

질량수 = 양성자 수 + 중성자 수

$^{7}_{3}\text{Li}$ — 원소 기호

원자 번호 = 양성자 수
= 중성 원자의 전자 수

② **분자식으로 나타낼 수 없는 물질**[1] : 분자로 존재하지 않는 물질은 분자식으로 나타낼 수 없다.

③ **화학식** : 원소 기호와 숫자를 사용하여 화합물을 이루는 원자의 종류와 개수를 나타낸 식이다.

화학식	정의	예	
		메탄올	아세트산
분자식	분자를 구성하는 원자의 종류와 수를 나타낸 식	CH_4O	$C_2H_4O_2$
실험식	가장 간단한 정수비로 나타낸 식(성분 원자의 개수비)	CH_4O	CH_2O
시성식	물질의 특성을 나타내는 작용기를 사용하여 나타낸 식	CH_3OH	CH_3COOH
구조식	원자 간 구조(결합)를 나타낸 식	$H-\underset{\underset{H}{\vert}}{\overset{\overset{H}{\vert}}{C}}-O-H$	$H-\underset{\underset{H}{\vert}}{\overset{\overset{H}{\vert}}{C}}-\overset{\overset{O}{\parallel}}{C}-OH$

(2) 원자량과 분자량

① **질량수** : 양성자 수와 중성자 수의 합이다.

• 원자핵의 질량이 원자의 질량 대부분을 차지한다. (전자의 질량 : 양성자의 질량 = 1 : 1837)

• 양성자의 질량과 중성자의 질량은 거의 같다.

원소 기호	양성자 수	중성자 수	전자 수	질량수	원자량
H	1	0	1	1	1.008
C	6	6	6	12	12.000

② **원자량** : 질량수가 12인 탄소 ^{12}C의 질량을 12로 정하고, 이것을 기준으로 비교한 다른 원자의 상대적인 질량이다.

• 질량수가 12인 탄소 원자 6.02×10^{23}개(1몰)의 실제 질량이 12 g 이고, 이것을 ^{12}C의 원자량으로 한다.

▲ 탄소와 수소의 원자량 비교

▲ 탄소와 산소의 원자량 비교

원소	원자량
C	12
H	1
O	16

③ **평균 원자량** : 동위 원소가 있는 원소의 경우, 각 동위 원소의 존재비를 고려한 상대적 질량의 평균값을 평균 원자량이라고 한다.

• 자연계에는 원자량 35인 ^{35}Cl가 75.8 %, 원자량이 37인 ^{37}Cl가 24.2 % 존재한다.

$$Cl의 \ 평균 \ 원자량 = \frac{35 \times 75.8 + 37 \times 24.2}{100} ≒ 35.5$$

원소	동위 원소	질량수	원자량	존재비(%)	평균 원자량
H (수소)	^{1}H	1	1.008	99.985	$1.008 \times 0.99985 + 2.014 \times$
	^{2}H	2	2.014	0.015	$0.00015 = 1.008$
C (탄소)	^{12}C	12	12	98.89	$12 \times 0.9889 + 13.003 \times 0.011$
	^{13}C	13	13.003	1.11	$= 12.011$
O (산소)	^{16}O	16	15.995	99.762	
	^{17}O	17	16.995	0.038	15.999
	^{18}O	18	17.999	0.200	

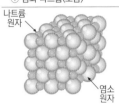

정답 2쪽

탄소(C), 수소(H), 산소(O)의 원자량

원자	탄소(C)	수소(H)	산소(O)
질량 (g)	1.99×10^{-23}	1.67×10^{-24}	2.66×10^{-23}
탄소(C)에 대한 질량비	1	$\frac{1}{12}$	$\frac{16}{12}$
원자량	12	1	16

④ **분자량** : 분자를 구성하는 원자들의 원자량을 더한 값이다.

(예) → +

	18	1×2	16
	H_2O의 분자량	(H의 원자량) × 2	O의 원자량

• 분자를 구성하는 동위 원소에 따라 같은 분자이지만 분자량이 다른 분자가 존재한다.

염화 수소(HCl)	$^{1}H\,^{35}Cl$	$^{1}H\,^{37}Cl$	$^{2}H\,^{35}Cl$	$^{2}H\,^{37}Cl$
분자량	36	38	37	39

⑤ **실험식량** : 실험식을 이루는 원자들의 원자량의 합이다.

(예) NaCl의 실험식량 = 23 + 35.5 = 58.5

Q1 H와 C의 원자량이 각각 1, 12일 때, CH_4의 분자량을 구하시오.

❷ 몰(mole)

• 계란 30개 = 1판

• 연필 12자루 = 1다스

• 분자 6.02×10^{23}개 = 1몰

0℃, 1기압
22.4L
6.02×10^{23}개

(3) 몰(mole)❷

① **몰** : 원자, 분자, 이온, 전자와 같이 작은 입자들의 묶음(6.02×10^{23}개)을 세는 단위이다.

② **몰과 입자 수**

• 원자 1몰 = 6.02×10^{23}개의 원자 (예) C 원자 1몰 = C 원자 6.02×10^{23}개
• 분자 1몰 = 6.02×10^{23}개의 분자 (예) H_2O 분자 1몰 = H_2O 분자 6.02×10^{23}개
• 이온 1몰 = 6.02×10^{23}개의 이온 (예) 수소 이온(H^+) 1몰 = H^+ 6.02×10^{23}개

1몰(mol) = 6.02×10^{23}개(아보가드로수)

③ **몰과 질량** : 1몰의 질량은 화학식량에 그램(g)을 붙인 값이다.

• 원자 1몰의 질량 = (원자량)g (예) 탄소 원자 1몰의 질량 = 12 g
  (탄소 1개의 질량은 1.99×10^{-23} g 이므로 탄소 원자 6.02×10^{23}개 질량은 12 g 이다.)
• 분자 1몰의 질량 = (분자량)g (예) H_2O 분자 1몰의 질량 = 18 g
• 이온성 화합물 1몰의 질량 = (실험식량)g (예) NaCl 1몰의 질량 = 58.5 g

1몰(mol)의 질량 = (화학식량)g

• 원자나 분자의 몰수는 질량을 원자량으로 나누어 구한다. (예) 물(H_2O) 54 g 의 몰수 = $\frac{54}{18}$ = 3몰

정답 2쪽

Q2 산소 기체(O_2) 2몰의 분자 수를 구하시오. (단, 아보가드로수는 6.02×10^{23}이다.)

Q3 메테인(CH_4) 32 g 의 몰수를 구하시오. (단, 메테인(CH_4)의 분자량은 16이다.)

❸ 아보가드로(1776~1856)

이탈리아의 물리학자, 1811년 기체 반응 법칙을 합리적으로 설명할 수 있는 분자설을 제안하였으나 당시에는 인정받지 못하였고, 그가 죽고 난 후인 1860년에야 비로소 인정받게 되었다.

(4) 아보가드로❸ 법칙

① **아보가드로 법칙** : 같은 온도와 압력에서 같은 부피 속에 들어 있는 기체 분자의 수는 기체 종류에 상관없이 모두 같다. →모든 기체는 기체의 종류에 관계없이 같은 온도, 압력, 부피에서 같은 수의 분자를 포함한다.

② 0 ℃, 1 기압(표준 상태)에서 기체 1몰(6.02×10^{23}개)의 부피는 기체의 종류에 관계없이 모두 22.4 L 이다.

┌ 미니사전 ┐

표준 상태(STP)
STP(Standard Temperature and Pressure) : 0 ℃, 1 atm

❀ 22.4 L 는 어느 정도 부피일까?

28 cm
28 cm
28 cm

사과 한 상자 정도의 부피이다.

③ 일정 온도와 압력에서 기체의 양에 좌우되는 기체의 부피

• 기체의 부피는 몰수에 비례한다.
• 1몰은 6.02×10^{23}개이므로 기체의 부피는 분자의 개수에 비례한다.

기체 1몰의 부피 = 22.4 L (0 ℃, 1 기압)

❀ 6.02×10^{23} 개는 얼마나 큰 수일까?

사하라 사막의 면적은 8억 km^2이다. 사하라 사막을 2.5 m 깊이로 떼어 내어 그 안에 있는 모래알을 모두 세면 아보가드로수가 된다.

분자	수소(H_2)	산소(O_2)	이산화 탄소(CO_2)	암모니아(NH_3)
모형				
몰수	1몰	1몰	1몰	1몰
분자 수	6.02×10^{23}개	6.02×10^{23}개	6.02×10^{23}개	6.02×10^{23}개
질량	2 g	32 g	44 g	17 g
부피 (0℃, 1기압)	22.4 L	22.4 L	22.4 L	22.4 L

(5) 몰수, 입자 수, 질량, 부피의 관계

$$몰수 = \frac{입자의\ 개수}{6.02 \times 10^{23}개} = \frac{질량}{화학식량g} = \frac{부피}{22.4\ L}\ (0\ ℃,\ 1\ 기압)$$

정답 2쪽

Q4 0 ℃, 1 기압에서 0.5몰의 암모니아(NH_3) 기체가 있다. 이때 암모니아 기체의 분자 수와 부피를 구하시오. (단, 0 ℃, 1 기압에서 기체 1몰의 부피는 22.4 L 이고, 아보가드로수는 6.0×10^{23}이다.)

Q5 포도당($C_6H_{12}O_6$) 45 g 에 들어 있는 원자의 총 몰수는? (단, H, C, O의 원자량은 각각 1, 12, 16이다.)

개념 확인 문제

물질의 구성 입자

01 다음 ㉠ ~ ㉺ 안에 알맞은 원소 이름 또는 원소 기호를 쓰시오.

원소 이름	원소 기호	원소 이름	원소 기호	원소 이름	원소 기호
수소	㉠	㉣	Mg	리튬	㉻
㉡	C	구리	㉤	◎	S
칼슘	㉢	㉥	F	네온	㉺

02 다음 〈보기〉의 분자 모형을 보고, (1) ~ (6) 물질의 분자식을 쓰시오.

보기

수소　탄소　질소　산소　황　염소

(1) 　(2) 　(3)

(4) 　(5) 　(6)

화학식량과 몰

03 다음 중 분자식으로 나타 낼 수 없는 물질을 고르시오.

① 염산　　② 알루미늄
③ 에탄올　④ 산소
⑤ 수증기

04 다음 분자식을 옳게 설명한 것은?

① $3CO_2$ - 이산화 탄소 분자 2개
② H_2O_2 - 과산화 수소 원자 4개
③ $3O_2$ - 산소 분자 3개
④ $2NH_3$ - 암모니아 원자 3개
⑤ Cl_2 - 염소 분자 2개

05 다음 빈칸을 채우시오.

원소	원자 번호	양성자 수	전자 수	중성자 수	질량수
Li (리튬)	3			4	
N (질소)		7			14
Ne (네온)			10	10	
Ca (칼슘)	20				40

06 원자량을 결정할 때 전자의 질량을 무시하는 이유는 무엇인지 쓰시오.

07 알루미늄 원자 1몰의 원자량이 27 g 일때, 알루미늄 원자 하나의 질량을 구하시오. (단, 아보가드로수는 6 × 10^{23}이다.)

08 일정 온도와 압력에서 물 분자 1.5 mol 의 질량을 구하시오. (단, 물 분자의 분자량은 18이다.)

09~10 표는 각 원소의 원자량을 나타낸 것이다.

원소	원자량	원소	원자량
H	1	Na	23
C	12	S	32
N	14	Cl	35.5
O	16	K	39

09 다음 물질의 분자량을 구하시오.

(1) C_2H_4 (2) NH_3

(3) HNO_2 (4) H_2SO_4

(5) C_3H_7OH (6) $NaOH$

(7) KNO_3 (8) KCl

10 염화 수소(HCl)는 상온에서 자극적인 냄새가 나는 무색 기체로 수용액은 염산이라고 한다.

(1) 표준 상태(0 ℃, 1 기압)에서 염화 수소 7.3 g 은 몇 몰(mol)인지 구하시오.

(2) 염화 수소 7.3 g 에는 몇 개의 염화 수소 분자가 들어 있는지 구하시오. (단, 아보가드로수는 6 × 10^{23}이다.)

11 구리(Cu)는 자연에서 두 개의 동위 원소로 존재한다. 존재비를 이용하여 구리의 원자량을 구하시오.

원소	원자 번호	중성자 수	존재비
^{63}Cu	29	34	69.09 %
^{65}Cu	29	36	30.91 %

12 그림과 같이 같은 온도, 같은 압력일 때, 세 개의 풍선 속에 이산화 탄소, 산소, 수소를 각각 1 L 씩 넣었다.

이산화 탄소   산소   수소

세 개의 풍선 속에 들어 있는 각각의 기체가 서로 같은 값을 나타내는 것을 고르시오.

① 질량   ② 원자 수
③ 분자 수   ④ 분자의 크기

13 다음은 일정한 부피와 압력, 온도에서 존재하는 수소 기체를 나타낸 것이다.

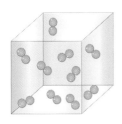

(1) 그림에서 수소 분자는 몇 개 들어 있는지 쓰시오.

(2) 그림과 같은 부피 안에 산소 기체가 들어 있다면 몇 개가 들어 있는지 쓰시오. (단, 온도와 압력은 같다.)

14 이산화 질소(NO_2)는 도시의 대기 오염의 주요 성분이다. NO_2 12.0 g 이 들어 있는 시료에 대하여 다음을 계산하시오. (단, 아보가드로수는 6.02 × 10^{23}이다.)

원소	질소(N)	산소(O)
원자량	14	16

(1) NO_2의 분자량

(2) NO_2의 몰수

(3) NO_2의 분자 수

15 다음 표는 일정한 압력과 온도에서 기체의 부피를 측정한 것이다.

기체	H_2	O_2	N_2	NH_3	HNO_3
부피(L)	0.5	3	1.2	0.2	0.9
분자량	2	32	28	17	47

분자 수가 가장 많을 것이라고 예상되는 기체 (가)와 가장 적을 것이라고 예상되는 기체 (나)를 옳게 짝지은 것을 고르시오.

	(가)	(나)		(가)	(나)
①	O_2	NH_3	②	H_2	O_2
③	HNO_2	H_2	④	N_2	HNO_2
⑤	NH_3	N_2			

개념 심화 문제

01 표는 임의의 원소 A ~ D 를 구성하는 입자의 개수를 나타낸 것이다. 다음 물음에 답하시오.

입자	A	B	C	D
양성자 수	3	3	4	5
중성자 수	3	4	4	6
전자 수	3	3	4	5

(1) 동위 원소 관계에 있는 두 원소를 쓰시오.

(2) 질량이 작은 원소부터 차례대로 쓰시오.

02 Zn(아연)은 구리와 함께 황동을 만들거나 철의 부식을 방지하는데 사용된다. 22.1 g 의 Zn에는 몇 개의 Zn 원자가 존재하는지 구하시오. (단, Zn의 원자량은 65이고, 1몰의 개수는 6×10^{23}개이다.)

03 그림과 같이 0 ℃ 에서 부피가 다른 정육면체의 용기 A ~ D 에 수소 기체(H_2)가 각각 들어 있다. 정육면체 A ~ D 의 압력이 모두 1 기압일 때, 다음 물음에 답하시오.

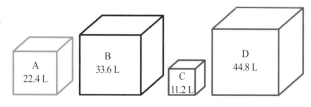

(1) 정육면체 A ~ D 에 들어 있는 수소 기체의 몰수를 각각 구하시오.

(2) 분자의 개수가 가장 많은 정육면체를 고르시오.

개념 돋보기

🔍 동위 원소

원자 번호는 같지만 질량수가 다른 원소로 1901년 영국의 화학자 F. 소디가 그 개념을 확립시킴과 동시에 이 명칭을 붙였다. 일반적으로 어떤 원소의 화학적 성질은 그 원소를 구성하고 있는 원자의 원자핵 내에 있는 양성자의 수. 즉 원자 번호에 의해 결정되며 원자의 질량은 양성자와 중성자 수의 합. 즉 질량수에 거의 비례하므로 동위 원소란 같은 수의 양성자를 가지고 중성자의 수만이 다른 원자핵으로 이루어지는 원소들이다. F.소디는 동위 원소의 발견으로 1921년 노벨 화학상을 받았다.

04 다음 표는 0 ℃, 1 기압에서 기체 A ~ D 에 대한 자료를 정리한 것이다.

기체	분자량	몰수	질량(g)	부피(L)
A	28	-	-	22.4
B	-	-	22	11.2
C	32	0.25	-	-
D	-	0.1	6.4	-

A ~ D 중 분자량이 가장 큰 기체 (가)와 질량이 가장 큰 기체 (나)를 고르시오.

· 기체 (가) :

· 기체 (나) :

05 그림 (가)와 같이 용기의 왼쪽에는 헬륨(He) 2.4 g, 오른쪽에는 산소(O_2) A몰이 들어 있다. 용기 안의 피스톤은 양쪽의 압력이 같아지도록 움직인다. 온도를 일정하게 유지하며 용기의 오른쪽에 B g 의 산소를 더 넣었더니 그림 (나)와 같이 되었다.

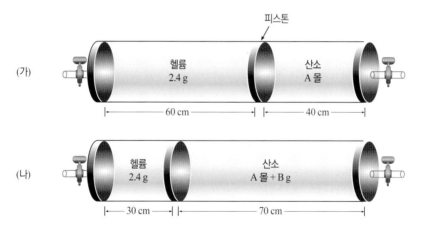

위 그림에 대한 설명으로 옳은 것만을 〈보기〉에서 있는 대로 고른 것은? (단, He과 O의 원자량은 각각 4, 16이다.)

보기

ㄱ. 그림 (가)에서 산소의 몰수 A 는 0.4몰이다.
ㄴ. 더 넣어 준 산소의 질량 B 는 32 g 이다.
ㄷ. 그림 (나)에서 He 과 O_2 의 분자 수의 비는 3 : 7 이다.

① ㄱ   ② ㄷ   ③ ㄱ, ㄴ
④ ㄴ, ㄷ   ⑤ ㄱ, ㄴ, ㄷ

3. 기체 반응 법칙과 분자

(1) 기체 반응 법칙 (게이 뤼삭[1], 1808년)

① **기체 반응 법칙** : 온도와 압력이 일정할 때, 반응하는 기체와 생성되는 기체의 부피 사이에는 간단한 정수비가 성립한다.

❶ 게이 뤼삭(1778~1850)

프랑스의 물리학자, 화학자
게이뤼삭은 언제나 화학을 공업과 연결시키는 데에 관심을 가지고 있었다. 1808년 영국이 볼타 전지를 사용하여 알칼리 금속의 추출에 성공하자, 나폴레옹은 게이뤼삭을 위하여 전지 제조 공장을 건설하였다.

▲ 게이 뤼삭의 열기구

게이 뤼삭은 대기 성분에도 관심이 많아 열기구를 이용하여 대기 성분을 조사하였다.

[수소 기체와 산소 기체의 반응 실험으로 기체 반응 법칙 알아보기]
• 수소와 산소 기체의 부피를 측정하여 혼합 기체를 만든다.
• 수소와 산소의 혼합 기체에 전기 불꽃을 가하면 수증기가 생성된다.
• 기포로 발생하는 수증기의 부피를 측정한다.

실험	처음 기체의 부피 (mL)		남은 기체의 부피 (mL)		발생한 수증기의 부피 (mL)
	수소	산소	수소	산소	
(가)	50	20	10	0	40
(나)	20	20	0	10	20

실험	반응한 기체의 부피 (mL)		발생한 수증기의 부피 (mL)
	수소	산소	
(가)	40	20	40
(나)	20	10	20

전원 장치
(+)극
(-)극
수은
수소 기체
산소 기체

• 실험 (가), (나)의 반응한 기체와 생성된 기체의 부피비
  수소 : 산소 : 수증기
  (가) 40 : 20 : 40 = 2 : 1 : 2
  (나) 20 : 10 : 20 = 2 : 1 : 2
• 수증기 생성 반응에서 기체의 부피비
  수소 : 산소 : 수증기 = 2 : 1 : 2

② **기체 반응 법칙과 돌턴의 원자설** : 돌턴의 원자설로는 기체 반응의 법칙을 설명할 수 없다.

기체 반응 법칙을 만족시킬 경우	돌턴의 원자설을 만족시킬 경우
수소 : 산소 : 수증기의 부피비는 2 : 1 : 2 이다. → 원자가 쪼개진다.(원자설에 모순)	원자는 쪼개지지 않는다. → 부피비 (2 : 1 : 2)를 만족하지 않는다. (기체 반응의 법칙에 모순)
 수소 산소 수증기	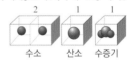 수소 산소 수증기

(2) 아보가드로 분자설

① **분자**[2]
• 물질의 고유한 성질을 가지고 있는 가장 작은 입자
• He, Ne 등과 같은 단원자 분자와 여러 개의 원자가 결합하여 만들어진 분자가 있다.
• 물질을 쪼개면 분자가 되고, 분자가 쪼개지면 원자가 된다. 원자가 되면 물질의 성질을 잃는다.

② **아보가드로 법칙**(1811년)

• 돌턴의 원자설에 어긋나지 않으면서 기체 반응의 법칙을 설명하기 위해 제안되었다.
• 온도와 압력이 같으면 기체의 종류와 관계없이 같은 부피 속에 같은 수의 분자를 포함한다.
• 기체 반응의 법칙과 분자 모형

---
① 원자가 쪼개지지 않는다. → 돌턴의 원자설 만족
② 같은 부피 속에 포함된 분자의 수는 같다. → 아보가드로 법칙 만족
③ 수소와 산소가 2 : 1의 개수비로 반응한다. → 일정 성분비 법칙 만족
④ 반응하는 기체와 생성되는 기체 사이에는 2 : 1 : 2의 부피비가 성립한다. → 기체 반응 법칙 만족
⑤ 반응 전과 후의 원자의 종류와 개수가 같으므로 반응 전후의 질량의 합은 같다. → 질량 보존 법칙 만족
---

❷ 분자의 종류

• 단원자 분자 : 1개의 원자로 이루어진 분자이다. (주기율표에서 18족에 위치하는 비활성 기체) 예) 헬륨(He), 네온(Ne), 아르곤(Ar)
• 2원자 분자 예) 수소(H_2), 산소(O_2), 염화 수소(HCl)
• 3원자 분자 예) 물(H_2O), 이산화 탄소(CO_2), 오존(O_3)
• 다원자 분자 예) 암모니아(NH_3), 메테인(CH_4), 황산(H_2SO_4)
• 고분자 예) 녹말, 단백질, 플라스틱, DNA

4. 화학 반응식

(1) 화학 반응식[1] 화학식을 이용하여 물질의 변화를 나타낸 식이다.

| 1단계 | • 반응물을 화살표의 왼쪽에, 생성물을 화살표의 오른쪽에 적는다.
• 반응물과 생성물을 분자식(화학식)으로 나타낸다. |

$$\overbrace{N_2 \ + \ H_2}^{\text{반응물}} \longrightarrow \overbrace{NH_3}^{\text{생성물}}$$
$$\text{(질소)} \quad \text{(수소)} \qquad \text{(암모니아)}$$

| 2단계 | • 분자식(화학식)앞에 계수를 붙여서 반응 전후의 원자 수를 같게 한다.
• 계수는 반드시 정수이고, 1인 경우 생략한다. |

$$N_2 \ + \ 3H_2 \longrightarrow 2NH_3$$

[계수 맞히기]

① 생성물 NH_3의 계수에 2를 쓰면 N의 개수가 같아진다.

$$N_2 \ + \ H_2 \longrightarrow 2NH_3$$

원소	반응물	생성물	
N	2개	2개	→ 개수 일치
H	2개	2×3 = 6개	→ 일치하지 않음

② 개수가 일치하지 않는 H_2의 계수에 3을 쓰면 모든 원자의 개수가 같아진다.

$$N_2 \ + \ 3H_2 \longrightarrow 2NH_3$$

원소	반응물	생성물	
N	2개	2개	→ 개수 일치
H	3×2 = 6개	2×3 = 6개	→ 개수 일치

[미정 계수법]
반응물과 생성물 앞에 미지수를 붙여 방정식을 이용하여 계수를 알아내는 방법이다.

$$aN_2 \ + \ bH_2 \longrightarrow xNH_3$$

원소	반응물	생성물	
N	$2 \times a$	$1 \times x$	→ $2 \times a = 1 \times x$
H	$2 \times b$	$3 \times x$	→ $2 \times b = 3 \times x$

만약, $a = 1$이라고 한다면,
- $2 \times 1 = x$, $x = 2$ $aN_2 \ + \ bH_2 \longrightarrow NH_3$
- $2 \times b = 3 \times 2$, $b = 3$ $N_2 \ + \ 3H_2 \longrightarrow 2NH_3$

| 3단계 | • 물질의 상태를 (   )안에 기호로 써서 표시한다. (물질의 상태는 생략 가능) |

$$N_2(g) \ + \ 3H_2(g) \longrightarrow 2NH_3(g)$$
$$\text{(질소)} \qquad \text{(수소)} \qquad \text{(암모니아)}$$

(2) 화학 반응식을 통해 알 수 있는 것

① 계수비 = 분자 수비 = 몰수비 = 부피비(기체)

② 반응물과 생성물의 종류 및 분자 수

반응식	$N_2(g)$	+	$3H_2(g)$	$\longrightarrow$	$2NH_3(g)$
물질	질소		수소		암모니아
계수비	1		3		2
분자 수(개)	6.02×10^{23}		$3 \times 6.02 \times 10^{23}$		$2 \times 6.02 \times 10^{23}$
몰수	1		3		2
기체의 부피(L) (0 ℃, 1 기압)	22.4		3×22.4		2×22.4
질량(g)	28		3×2		2×17

⚙ 반응물과 생성물

- 반응물 : 화학 변화가 일어나기 전의 물질
- 생성물 : 화학 변화가 일어나 새로 생성된 물질

❶ 여러 가지 화학 반응식과 모형

- 과산화 수소 → 물 + 산소

$$2H_2O_2 \longrightarrow 2H_2O \ + \ O_2$$

- 수소 + 산소 → 물

$$2H_2 \ + \ O_2 \longrightarrow 2H_2O$$

- 메테인 + 산소 → 물 + 이산화 탄소

$$CH_4 \ + \ 2O_2 \longrightarrow 2H_2O \ + \ CO_2$$

⚙ 기체 반응 법칙과 화학 반응식

기체 반응의 모형에서 각 기체의 부피비는 화학 반응식에서 각 화학식의 계수비와 같다.

예 수증기의 합성

수소   산소   수증기

(부피비)
수소 : 산소 : 수증기 = 2 : 1 : 2

$$2H_2 + O_2 \rightarrow 2H_2O$$

⚙ 아보가드로 법칙과 화학 반응식

같은 온도와 압력에서 같은 부피 안에 있는 분자의 수는 같으므로 화학식의 계수비는 몰수비와 같다.

$$2H_2 + 1O_2 \rightarrow 2H_2O$$
$$\text{(2몰)} \ \text{(1몰)} \quad \text{(2몰)}$$

⚙ 물질의 상태 표시

- 기체(*gas*) : *g*
- 액체(*liquid*) : *l*
- 고체(*solid*) : *g*
- 수용액(*aqueous solution*) : *aq*

❶ 질량 보존 법칙 (라부아지에, 1772)

• 반응물의 총 질량 = 생성물의 총 질량

• 화학 변화와 물리 변화 모두에 적용된다.

〈물리 변화에서 질량이 일정한 예〉

① 얼음 10 g 이 녹으면 물 10 g 이 된다.

② 소금 2 g 이 물 10 g 에 녹으면 소금물 12 g 이 된다.

✿ 반응 전후의 질량 변화

반응의 종류	닫힌계	열린계
앙금 생성 반응	질량 일정	
금속의 연소 반응	질량 일정	질량 증가
탄소 화합물의 연소 반응	질량 일정	질량 감소
기체 발생 반응	질량 일정	질량 감소

---

❷ 강철 솜과 산화 철의 비교

구분	강철 솜	산화 철
색	은백색	검은색
전류	흐른다.	흐르지 않는다.
염산과의 반응	수소 기체가 발생한다.	반응하지 않는다.

---

5. 화학 반응에서의 규칙성

(1) 질량 보존 법칙[❶]

① 앙금 생성 반응 : 황산 나트륨과 염화 바륨의 반응

반응 전과 후의 원자의 종류와 개수가 변하지 않는다.

→ 반응물의 질량(황산 나트륨 + 염화 바륨) = 생성물의 질량(황산 바륨 + 염화 나트륨)

황산 나트륨 + 염화 바륨 → 황산 바륨 + 염화 나트륨

$$Na_2SO_4 \ + \ BaCl_2 \ \longrightarrow \ BaSO_4\downarrow \ + \ 2NaCl$$

(흰색 앙금)

② 금속의 연소 반응 : 강철 솜의 연소 반응[❷]

강철 솜 + 산소 → 산화 철 , $\quad 4Fe + 3O_2 \longrightarrow 2Fe_2O_3$

닫힌계	열린계
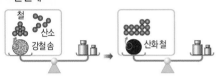	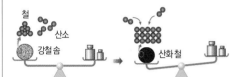
• 계 안에 있는 산소 분자 3개만 반응에 참여한다. • (강철 솜 + 산소)의 질량 = 산화 철의 질량	• 강철 솜이 모두 연소될 때까지 공기 중의 산소와 반응하여 산화 철을 생성한다. • 강철 솜의 질량 < 산화 철의 질량 • 산화 철의 질량 − 강철 솜의 질량 = 결합한 산소의 질량

③ 탄소 화합물의 연소 반응 : 나무의 연소 반응

나무 + 산소 → 재 + 수증기↑ + 이산화 탄소↑

$$(C, H, O) + aO_2 \longrightarrow C + bH_2O\uparrow + cCO_2\uparrow$$

닫힌계	열린계

• 계 안에 있는 산소 분자 3개만 반응에 참여한다. • (나무 + 산소)의 질량 　= (재 + 수증기 + 이산화 탄소)의 질량	• 나무의 질량 > 재의 질량 • 나무의 질량 − 재의 질량 　= 날아간 수증기와 이산화 탄소의 질량

④ 기체가 발생하는 반응 : 탄산 칼슘과 묽은 염산의 반응

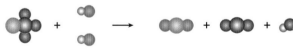

탄산 칼슘 + 묽은 염산 → 염화 칼슘 + 이산화 탄소↑ + 물

$$CaCO_3 \ + \ 2HCl \ \longrightarrow \ CaCl_2 \ + \ CO_2\uparrow \ + \ H_2O$$

닫힌계	열린계

• 반응 전의 질량(75.0 g) = 반응 후의 질량(75.0 g) • (탄산 칼슘 + 묽은 염산)의 질량 　= (염화 칼슘 + 이산화 탄소 + 물)의 질량	• 반응 전의 질량(75.0 g) > 반응 후의 질량(74.3 g) • (탄산 칼슘 + 묽은 염산 − 날아간 이산화 탄소)의 질량 = (염화 칼슘 + 물)의 질량

(2) 일정 성분비 법칙[34] : 두 물질이 결합하여 한 화합물을 만들 때, 반응하는 두 물질 사이에는 항상 일정한 질량비가 성립한다.

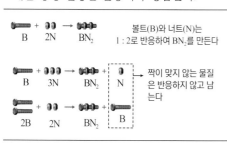

볼트(B)와 너트(N)는 1 : 2로 반응하여 BN_2를 만든다	
짝이 맞지 않는 물질은 반응하지 않고 남는다	

- 혼합물에서는 성립하지 않고, 화합물에서만 성립한다.
- 같은 화합물은 성분 원소의 개수가 같으므로 질량비가 일정하다.
- 화합물이 생성될 때 반응물은 항상 일정한 비율로 결합하므로 한 물질을 증가시켜도 반응하지 못하고 남는다.

① **구리의 연소 반응에서의 질량 관계** : 구리 가루(붉은색)를 가열하면 공기 중의 산소와 반응하여 산화 구리(II)(검은색)가 생성된다.

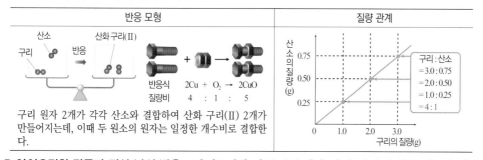

반응 모형	질량 관계

반응식 $2Cu + O_2 \longrightarrow 2CuO$
질량비 4 : 1 : 5

구리 원자 2개가 각각 산소와 결합하여 산화 구리(II) 2개가 만들어지는데, 이때 두 원소의 원자는 일정한 개수비로 결합한다.

구리 : 산소
= 3.0 : 0.75
= 2.0 : 0.50
= 1.0 : 0.25
= 4 : 1

② **아이오딘화 칼륨과 질산 납의 반응** : 아이오딘화 칼륨 수용액과 질산 납 수용액을 섞으면 아이오딘화 납 앙금(노란색)이 생성된다.[5]

$$\text{질산 납} + \text{아이오딘화 칼륨} \longrightarrow \text{질산 칼륨} + \text{아이오딘화 납}\downarrow$$
$$Pb(NO_3)_2 + 2KI \longrightarrow 2KNO_3 + PbI_2\downarrow$$

- 10 % $Pb(NO_3)_2$ 수용액 6 mL 에 10 % KI 수용액의 부피를 달리하여 반응시킬 때

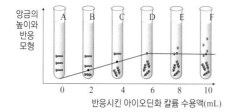

- 앙금의 높이가 D 이후에 더 이상 증가하지 않는 이유 → 질산 납이 모두 반응하여 아이오딘화 칼륨 수용액과 더 이상 반응하지 않기 때문이다.
- 아이오딘화 칼륨과 질산 납은 일정한 질량비로 반응한다. → 아이오딘화 납을 이루고 있는 성분 물질 사이에는 일정한 질량비가 성립한다.

→ 10 % $Pb(NO_3)_2$ 수용액과 10% KI 수용액이 완전히 반응하는 부피비 = 6 mL : 6 mL = 1 : 1

(3) 배수 비례 법칙 : A, B 두 원소가 두 가지 이상의 화합물을 만들 때, 일정량의 A와 결합하는 B의 질량 사이에는 간단한 정수비가 성립한다.

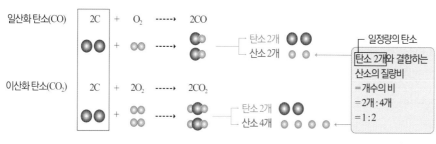

일산화 탄소(CO) $2C + O_2 \dashrightarrow 2CO$
- 탄소 2개
- 산소 2개

이산화 탄소(CO_2) $2C + 2O_2 \dashrightarrow 2CO_2$
- 탄소 2개
- 산소 4개

일정량의 탄소
탄소 2개와 결합하는 산소의 질량비
= 개수의 비
= 2개 : 4개
= 1 : 2

정답 4쪽

Q6 일산화 탄소와 이산화 탄소에서 탄소 하나 당 결합하는 산소의 개수비는?

---

❸ **일정 성분비 법칙이 혼합물에서 성립하지 않는 이유**

같은 혼합물이라도 성분 물질의 양을 달리할 수 있기 때문이다.

(예) 10 % 소금물, 20 % 소금물

❹ **여러 가지 화합물에서 성분 물질의 질량비**

황화 철(FeS)
철 : 황 = 7 : 4

이산화 탄소(CO_2)
산소 : 탄소 = 8 : 3

암모니아(NH_3)
질소 : 수소 = 14 : 3

이산화황(SO_2)
황 : 산소 = 1 : 1

❺ **아이오딘화 납을 이루고 있는 성분 물질 사이의 질량비 구하기**

- 질량비

반응식	Pb	+	2I	→	PbI_2
분자량	207		127		461
질량 (분자량 ×몰수)	$207×1$ = 207		$127×2$ = 254		$461×1$ = 461

아이오딘화 납을 이루고 있는 성분 물질 사이에는 일정한 질량비가 성립한다.

→ 납 : 아이오딘 : 아이오딘화 납
= 207 : 254 : 461
≒ 5 : 6 : 11

반응물 총합 = 생성물 총합
5 + 6 = 11
→ 질량 보존 법칙 성립

⚙ **화학 반응의 종류**

- 화합 : 두 가지 이상의 물질이 결합하여 새로운 물질을 생성하는 반응(연소 반응)

(예) 철 + 산소 ⟶ 산화철 + 열과 빛

- 분해 : 한 화합물이 두 가지 이상의 물질로 나누어지는 반응 (열분해, 촉매분해, 전기분해)

(예) 탄산 수소 나트륨 ⟶ 탄산 나트륨 + 이산화탄소 + 물

과산화 수소 ⟶ 물 + 산소

물 ⟶ 수소 + 산소

- 치환 : 화합물을 구성하는 성분 물질 중 일부가 다른 물질로 자리바꿈하는 반응(앙금 생성 반응)

(예) 질산 은 + 구리 ⟶ 질산 구리 + 은

화학 반응식

16~17 다음 화학 반응식을 보고 물음에 답하시오.

$$N_2 + O_2 \longrightarrow 2NO$$

16 위의 화학 반응식을 통해 알 수 <u>없는</u> 것은?

① 반응물의 종류
② 생성물의 종류
③ 반응물의 원자 수
④ 생성물의 분자 수
⑤ 생성물의 분자 크기

17 위의 화학 반응식에 대한 설명으로 옳지 <u>않은</u> 것은?

① 질소와 산소는 1 : 1 의 부피비로 반응한다.
② 반응이 일어나도 분자의 크기는 변하지 않는다.
③ 질소와 산소가 반응하여 일산화 질소가 생성된다.
④ 질소 원자 한 개와 산소 원자 한 개가 반응한다.
⑤ 질소 분자 1개와 반응하는 산소 분자는 1개이다.

18 다음 그림과 같은 모형으로 나타낼 수 있는 화학 반응식은?

① $Fe + S \longrightarrow FeS$
② $Cl_2 + H_2 \longrightarrow 2HCl$
③ $CH_4 + 2O_2 \longrightarrow CO_2 + 2H_2O$
④ $N_2 + 3H_2 \longrightarrow 2NH_3$
⑤ $2H_2 + O_2 \longrightarrow 2H_2O$

19 다음 화학 반응식을 완성하시오.

(1) $2Mg + (\,\text{㉠}\quad) \longrightarrow 2MgO$
(2) $(\text{㉡}\quad) + 2O_2 \longrightarrow CO_2 + 2H_2O$
(3) $2CuO + C \longrightarrow 2Cu + (\text{㉢}\quad)$
(4) $2H_2O_2 \longrightarrow (\text{㉣}\quad) + O_2$

20 다음은 철의 연소 반응을 화학 반응식으로 나타낸 것이다.

계수 a, b, c 를 모두 더한 값은?

① 6　　② 7　　③ 8　　④ 9　　⑤ 10

화학 반응에서의 규칙성

21 다음은 황산 나트륨 수용액과 염화 바륨 수용액의 반응을 나타낸 것이다.

황산 나트륨　　염화 바륨　　황산 바륨　　염화 나트륨

이 반응에서 반응 전과 후의 원자를 바르게 비교한 것은?

① 반응 전보다 후의 염소 원자의 수가 많다.
② 반응 전과 후의 원자의 총 질량과 수는 변하지 않는다.
③ 황산 나트륨과 황산 바륨은 같은 원자로 이루어져 있다.
④ 분자의 수가 변하였으므로 물질의 질량은 증가하였다.
⑤ 원자의 배열과 종류는 변하지만 원자의 수가 변하지 않으므로 반응 전과 반응 후의 질량은 같다.

22 염화 나트륨 8.9 g 과 질산 은 x(g)을 각각 5 g 의 물에 녹여 수용액을 만들었다. 두 수용액을 반응시켜 흰 색의 염화 은 19.6 g 과 질산 나트륨 수용액 15.7 g 을 얻었다. 두 수용액이 남김없이 반응했다고 할 때, 반응시킨 질산 은의 질량(x)을 구하시오.

23 그림과 같이 탄산 칼슘과 묽은 염산을 밀폐된 병속에서 반응시킨 후 뚜껑을 열어 주었다. (가) ~ (다)의 질량을 부등호(>, <, =)로 비교하시오.

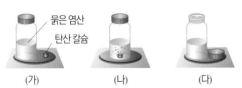

(가)　　　(나)　　　(다)

24 그림과 같은 삼각 플라스크에 아연 16.3 g 과 묽은 염산 18.2 g 을 넣고 모두 반응시켰더니 수소 기체 0.5 g과 염화 아연 34 g 이 생성되었다.

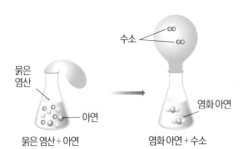

수소

묽은 염산

아연

묽은 염산+아연

염화 아연

염화 아연+수소

풍선을 터트린 후 플라스크에 남아 있는 물질의 종류와 질량은?

① 수소 0.5 g
② 염화 아연 34 g
③ 염화 아연 34 g, 아연 16.3 g
④ 수소 0.5 g, 묽은 염산 18.2 g
⑤ 묽은 염산 18.2 g, 염화 아연 34 g

25 다음 〈보기〉 중 일정 성분비 법칙이 성립하는 것만을 있는 대로 고르시오.

보기
ㄱ. 철 + 황 ⟶ 황화 철
ㄴ. 소금 + 물 ⟶ 소금물
ㄷ. 마그네슘 + 산소 ⟶ 산화 마그네슘(II)
ㄹ. 황산 구리 + 물 ⟶ 황산 구리 수용액

26 볼트(B) 5개의 질량은 25 g 이고, 너트(N) 10개의 질량은 10 g 이다. 볼트 5개와 너트 10개를 이용하여 화합물 모형을 만들었더니 최대 2개를 만들고, 볼트 1개와 너트 2개가 남았다. 이 화합물의 모형과 화합물을 이루는 B : N의 질량비를 바르게 짝지은 것은?

	모형	질량비(B : N)
①	BN_2	1 : 1
②	BN_2	1 : 2
③	BN_2	5 : 2
④	B_2N_4	5 : 2
⑤	B_2N_4	1 : 2

27~28 다음은 마그네슘이 산소와 결합하여 산화 마그네슘이 될 때 마그네슘과 생성물의 질량 관계를 나타낸 것이다.

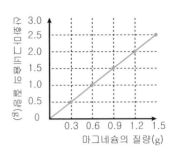

27 마그네슘 6 g 을 모두 반응시키려면 산소 몇 g이 필요한지 구하시오.

28 산화 마그네슘 20 g 속에 들어 있는 마그네슘과 산소의 질량을 구하시오.

(1) 마그네슘의 질량 : (   )

(2) 산소의 질량 : (   )

29 탄소 3 g 과 산소 4 g 이 반응하여 일산화 탄소 7 g 이 생성되었다. 탄소 6 g 과 산소 16 g 이 반응하여 이산화 탄소 22 g 이 생성되었을 때, 일산화 탄소와 이산화 탄소에서 일정량의 탄소와 반응하는 산소의 질량비를 구하시오.

일산화 탄소   이산화 탄소

① 1 : 2 ② 2 : 1 ③ 1 : 4 ④ 4 : 1 ⑤ 7 : 32

30 다음 주어진 네 가지 화합물을 보고, 일정량의 N에 결합하는 O의 비(N_2O : NO : N_2O_3 : NO_2)를 구하시오.

N_2O,   NO, N_2O_3, NO_2

06 다음은 기체 A 와 B 의 분자식을 알아보기 위해 0 ℃, 1 기압에서 기체 A 와 기체 B 의 성분 원소인 탄소와 산소의 질량을 측정한 것이다.

기체 A의 분자식을 CO라고 하면, 기체 B의 분자식은 무엇인지 쓰시오.

07 다음은 작은 공과 큰 공을 각각 4개씩 이용하여 화합물이 생성되는 것을 원자 모형으로 나타낸 것이다. 작은 공과 큰 공 하나의 질량은 각각 2 g, 10 g 이라고 할 때, 각 물음에 답하시오.

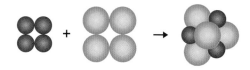

(1) 8개의 공이 모두 결합을 한다면 생성물의 질량은 얼마인가?

(2) 생성물을 이루는 작은 공과 큰 공의 개수비는?

(3) 생성물을 이루는 작은 공과 큰 공의 질량비는?

(4) 위 (1) ~ (3)으로 설명할 수 있는 화학 법칙을 모두 쓰고, 각각의 법칙을 설명하시오.

08 다음 그림의 반응을 가장 잘 표현하는 반응식을 고르시오.

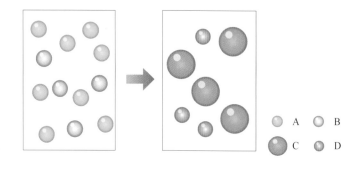

① 8A + 4B ⟶ C + D

② 2A + B ⟶ C + D

③ 2A + 4B ⟶ C + D

④ 8A + 4B ⟶ 4C + 3D

⑤ 4A + 2B ⟶ 4C + 4D

09 다음은 A 와 B 가 반응하여 C 를 생성하는 반응에서 A, B, C 의 부피 변화를 나타낸 것이다. 이 변화는 10분 후에 완결되었다. A, B, C 가 기체 상태의 분자일 때, 이 그래프로 알 수 있는 화학 반응식을 바르게 나타낸 것은?

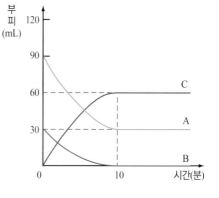

① $A + B \longrightarrow C$

② $A + 2B \longrightarrow C$

③ $2A + B \longrightarrow 2C$

④ $C \longrightarrow A + B$

⑤ $2C \longrightarrow 2A + B$

10 다음 화학 반응식의 계수를 쓰시오.

(1) $\boxed{} K + \boxed{} O_2 \longrightarrow \boxed{} K_2O_2$

(2) $\boxed{} KClO_3 \longrightarrow \boxed{} KCl + \boxed{} O_2$

(3) $\boxed{} K_2O_2 + \boxed{} H_2O \longrightarrow \boxed{} KOH + \boxed{} O_2$

(4) $\boxed{} PCl_5 + \boxed{} AsF_3 \longrightarrow \boxed{} PF_5 + \boxed{} AsCl_3$

(5) $\boxed{} Cu + \boxed{} HNO_3 \longrightarrow \boxed{} Cu(NO_3)_2 + \boxed{} NO + \boxed{} H_2O$

(6) $\boxed{} PbO_2 + \boxed{} Pb + \boxed{} H_2SO_4 \longrightarrow \boxed{} PbSO_4 + \boxed{} H_2O$

11 하그리브즈법은 염화 나트륨($NaCl$), 이산화 황(SO_2), 물과 산소를 이용해서 황산 나트륨(Na_2SO_4)과 염산(HCl)을 만드는 공업적 방법이다. 이때 만들어지는 황산 나트륨은 흰색의 고체로 종이 제조 과정에 사용된다.

이 과정에 대한 화학 반응식을 계수를 맞추어 쓰시오.

12~13 다음은 구리(Cu)가 연소하여 산화 구리(Ⅱ)(CuO)가 생성될 때의 질량 관계를 나타낸 것이다. 물음에 답하시오.

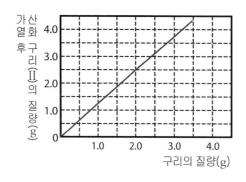

12 물을 전기 분해하여 생성되는 산소로 구리 48 g 을 완전히 연소시키려고 할 때 물 몇 g 이 전기 분해 되어야 하는가? (단, 물을 이루는 수소와 산소의 질량비는 1 : 8 이다.)

13 구리를 도가니에 넣고 가열하면서 질량 변화를 측정하였더니 아래와 같은 결과가 얻어졌다. 다음 물음에 답하시오.

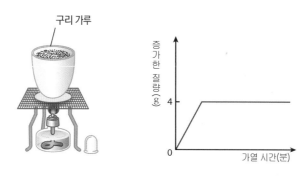

(1) 일정 시간 이후 시간이 지나도 질량이 증가하지 않는 이유는 무엇인가?

(2) 이 반응에서 생성된 산화 구리(Ⅱ)의 질량을 구하시오.

14 그림은 막대 저울 양쪽에 10 g 의 강철솜을 매달아 평형이 되게 한 후 한쪽의 강철솜만 가열하여 완전히 반응시켰더니 가열한 강철솜 쪽으로 막대 저울이 기울어졌다.

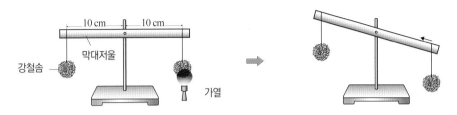

막대저울을 다시 수평으로 만들기 위해서는 가열한 쪽의 솜을 화살표 방향으로 몇 cm 이동시켜야 하는가? (단, 철 : 산소는 5 : 2 의 질량비로 반응하고, 막대 저울의 무게는 무시하며, 소수점 셋째 자리에서 반올림한다.)

15 다음은 여러 원소의 원자들이 가지는 원자량을 표로 정리한 것이다.

원소기호	H	C	N	O	S	Cl
원자량	1	12	14	16	32	35.5

이 값을 이용하여 다음 화합물 1몰에 포함된 원소 사이의 질량비를 계산하시오.

(1) 이산화 질소(NO_2)

(2) 과산화 수소(H_2O_2)

(3) 염화 수소(HCl)

(4) 이산화 황(SO_2)

(5) 뷰테인(C_4H_{10})

(6) 질산 암모늄(NH_4NO_3)

개념 돋보기

● 지레

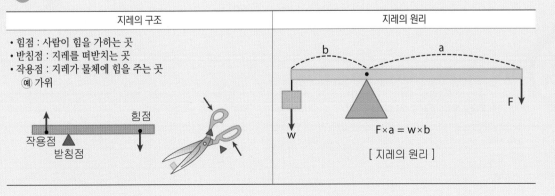

지레의 구조	지레의 원리
• 힘점 : 사람이 힘을 가하는 곳 • 받침점 : 지레를 떠받치는 곳 • 작용점 : 지레가 물체에 힘을 주는 곳 예 가위	$F \times a = w \times b$ [지레의 원리]

16 그림은 수소와 산소가 반응하여 물을 만드는 반응이다.

$$2H_2(g) + O_2(g) \longrightarrow 2H_2O(g)$$

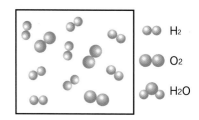

반응이 완결된 후 반응물과 생성물의 양을 나타내는 그림으로 옳은 것을 고르시오.

① 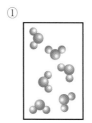　② 　③ 　④ 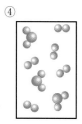　⑤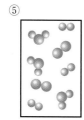

17 표백제로 쓰이는 아염소산 칼슘($Ca(OCl)_2$)은 수산화 나트륨과 수산화 칼슘, 염소로부터 얻어진다. 화학 반응식은 다음과 같을 때, 다음 물음에 답하시오.

$$2NaOH + Ca(OH)_2 + 2Cl_2 \longrightarrow Ca(OCl)_2 + 2NaCl + 2H_2O$$

(1) 1036 g 의 수산화 칼슘과 반응하는 염소와 수산화 나트륨의 질량을 구하시오.

(2) 1036 g 의 수산화 칼슘이 모두 반응하였을 때 생성되는 아염소산 칼슘의 질량을 구하시오.

개념 돋보기

● 몇 가지 원소들의 원자량

원소 기호	H	C	N	O	Na	Mg	S	Cl	K	Ca
원자 번호	1	6	7	8	11	12	16	17	19	20
원자량	1	12	14	16	23	24	32	35.5	39	40

18 수민이는 오늘 약국에서 칼슘 영양제 한 통을 구입하였는데 칼슘 영양제 1알의 질량은 약 1.2 g 이었다. 약통 표면에는 칼슘 영양제 1알 당 탄산 칼슘 0.86 g 이 함유되어 있다고 표시되어 있었다. 수민이는 탄산 칼슘이 얼마나 들어 있는지 알아 보기 위해 다음과 같은 실험을 수행하였다.

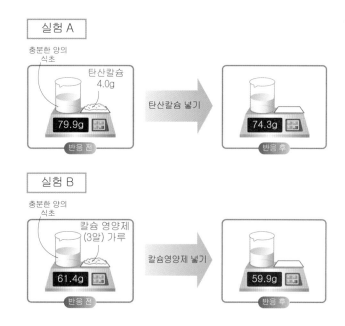

실험 A 와 실험 B 를 이용하여, 다음 순서대로 칼슘 영양제 한 알당 들어 있는 탄산 칼슘의 질량을 구하시오.

(1) 실험 A 에서 발생한 이산화 탄소의 질량 :

(2) 실험 A 에서 반응한 탄산 칼슘과 이산화 탄소의 질량비 :

(3) 실험 B 에서 칼슘 영양제 세 알을 넣었을 때 발생한 이산화 탄소의 질량 :

(4) 실험 B 에서 칼슘 영양제 한 알에 들어 있는 탄산 칼슘의 질량:

(5) 칼슘 영양제 한 알에는 약 몇 퍼센트(%)의 단산 칼슘이 들어 있는가?

(6) 칼슘 영양제를 만드는 회사는 정직하게 약을 제조하고 있는가?

개념 심화 문제

19 다음은 여러 가지 질소 산화물(Ⅰ~Ⅴ)을 분석한 것이다. 다음 물음에 답하시오.

질소 산화물	질소 질량(g)	산소 질량(g)	질소 산화물	질소 질량(g)	산소 질량(g)
Ⅰ	28	16	Ⅳ	14	32
Ⅱ	14	16	Ⅴ	28	80
Ⅲ	28	48			

(1) 질소 산화물(Ⅰ ~ Ⅴ)에서 질소 1 g 과 결합하는 산소의 질량비를 Ⅰ ~ Ⅴ 순서대로 구하시오.

(2) 질소 산화물 Ⅳ의 실험식이 NO_2라고 할 때 나머지 네 화합물의 실험식을 구하시오.

20 질소(N)와 규소(Si)원자는 다음과 같은 조성비로 두 가지 종류의 화합물을 만들 수 있다. 다음 물음에 답하시오.

화합물	N 의 질량(g)	Si 의 질량(g)
1	33.3	66.7
2	40	60

(1) 각 화합물에서 1 g 의 질소와 결합하는 규소의 양을 구하시오.(단, 소수점 첫째 자리까지 계산한다.)

(2) 2번 화합물이 Si_3N_4 라면, 1번 화합물의 실험식을 구하시오.

개념 돋보기

● 배수 비례의 법칙
두 원소가 한 개 이상의 화합물을 만들 때, 한 원소의 일정한 질량과 결합하는 다른 원소의 질량들 사이에는 간단한 정수비가 성립한다.

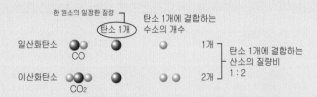

● 실험식 분자식
- 실험식 : 화합물을 구성하는 원소들의 정수비로 나타내는 식
- 분자식 : 화합물을 구성하는 원소들을 정확한 개수로 표현한 식

예)
하이드라진의 분자식 = N_2H_4
하이드라진의 실험식 = NH_2 ┐ 모두 질소와 수소의 비율이 1:2이지만,
└ 분자식은 하이드라진 분자의 원소의 개수를 모두 포함하였다.

창의력을 키우는 문제

단계적 문제 해결력

메테인 수화물
(methane hydrate)

해저나 빙하 아래서 물과 메테인이 높은 압력으로 인해 얼어 붙어 얼음 형태의 고체 상 격자 구조로 형성된 연료로, 차세대 연료로 주목받고 있다. 바다의 미생물이 썩으면서 발생한 메테인 가스가 물과 결합해 만들어 지는데, 형태는 드라이아이스와 유사하며, 녹게 되면 천연가스로 사용할 수 있는 메테인이 발생한다. 지구에는 총 250조 m³에 달하는 양이 매장되어 있는 것으로 추정되며, 일본 주위의 바다에만도 연간 천연가스 소비량의 100배에 달하는 6조 m³가 매장되어 있는 것으로 추정된다. 뿐만 아니라 한반도 해역에서도 울릉도, 독도 주변을 포함한 해역에 천연가스 소비량의 최소 20배에서, 최대 수백 배에 이르는 엄청난 양이 매장되어 있다.

▲ 메테인 수화물 탐사
↓

▲ 드릴로 해저 바닥을 뚫어 채굴
↓

▲ 유용성 테스트 및 실용화

01 다음을 보고 물음에 답하시오.

얼음이 불에 탈까??

메테인 수화물(methane hydrate)이라는 물질은 회색의 얼음처럼 보이지만 여기에 성냥불을 갖다 대면 불에 탄다. 메테인 기체가 물 분자에 의해 잡혀 있는 것이 메테인 수화물이다. 대략 물 분자 20개가 메테인 분자 1개를 잡고 있다.

해양 바닥 침전물에 있는 박테리아는 유기 물질을 소비하고, 메테인 가스를 발생시키는데 이 물질이 연료로서 사용 가치가 크다는 것이 알려지자 메테인을 발굴해 내기 위한 연구가 진행되었다. 전세계 바다의 메테인 수화물의 총 매장량은, 대략 지상에 있는 석탄, 석유, 천연가스를 합한 탄소량의 2배인 1013억톤 정도라고 추정된다. 하지만 과학자들은 환경을 파괴하지 않고 메테인 수화물을 캐내는 방법을 아직 모른다. 메테인 수화물은 해양 바다 침전물을 서로 붙어 있게 하는 시멘트와 같은 역할을 하는데 매장된 메테인 수화물을 함부로 다루면 수중 산사태를 야기시키고, 메테인이 대기에 방출되어 심각한 온실 효과를 야기시킬 수 있기 때문이다. ※ 메테인 : CH_4, 물 : H_2O

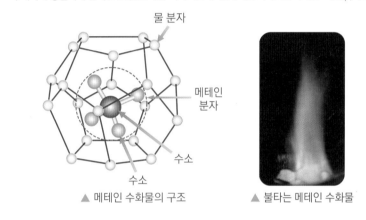
▲ 메테인 수화물의 구조　　▲ 불타는 메테인 수화물

(1) 메테인 수화물을 이루는 원소의 종류는 모두 몇 가지인가?

(2) 메테인을 이루는 원소들의 기호를 써 보시오.

(3) 메테인 수화물 1분자에 포함된 원자의 총 개수는 몇 개인가?

(4) 표준 상태에서 메테인 수화물에 메테인 분자가 1 mol 이 들어 있을 때 물 분자의 개수를 구하시오. (단, 아보가드로수는 6×10^{23}이다.)

창의력을 키우는 문제

● 추리 단답형

02 다음 〈보기〉는 부피가 변하지 않는 용기에 들어 있는 분자 1몰의 모형을 나타내고, 이에 대한 분자식, 구성 원소, 분자의 개수, 원자의 개수, 몰수를 나타낸 것이다. 〈보기〉와 같이 다음 물질에 대해 빈칸을 채우시오. (단, 온도와 압력은 같고, 용기의 부피는 다르다.)

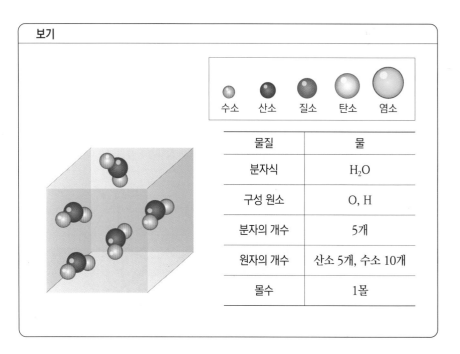

보기

물질	물
분자식	H_2O
구성 원소	O, H
분자의 개수	5개
원자의 개수	산소 5개, 수소 10개
몰수	1몰

(1)

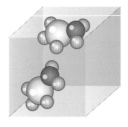

물질	메틸 암모늄
분자식	
구성 원소	
분자의 개수	
원자의 개수	
몰수	

(2)

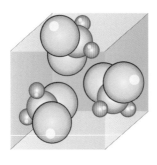

물질	디클로로 메테인
분자식	
구성 원소	
분자의 개수	
원자의 개수	
몰수	

03 아보가드로수는 원자량의 기준을 어떻게 잡느냐에 따라 달라질 수 있다. 19세기에는 산소(^{16}O)의 원자량을 100 으로 정하였기 때문에 탄소(^{12}C)의 원자량은 75가 되었고, 탄소(^{12}C) 75 g 에 들어 있는 탄소 원자의 수가 당시의 아보가드로수가 되어 3.76×10^{24} 이 아보가드로수가 되었다.

^{12}C 원자
3.76×10^{24}개

75 g

만약 ^{1}H 의 원자량을 10 으로 정한다면 아보가드로수는 무엇이 될지 서술하시오. (단, 수소와 탄소의 질량비는 1 : 12 이고, 탄소 원자 1개의 질량은 1.9926×10^{-23} g 이다.)

● 원자량의 기준이 바뀌면 달라지는 것

다른 원자들의 원자량, 원자량의 합인 분자량, 원자량이나 분자량에 g을 붙인 질량 속에 들어 있는 원자나 분자의 개수로 정해진 아보가드로수는 기준에 따라 달라진다.

● 원자량의 기준이 바뀌어도 달라지지 않는 것

실제 값인 원자 1개의 질량, 밀도 값은 달라지지 않는다.

04 다음은 탄산 칼슘과 묽은 염산의 반응식을 통해 탄산 칼슘의 화학식량을 구하기 위한 실험이다.

〈실험 과정〉

1. 탄산 칼슘 가루의 질량(w_1)을 측정한다.

2. 충분한 양의 10 % 염산을 삼각 플라스크에 넣고 질량(w_2)을 측정한다.

3. 질량을 측정한 탄산 칼슘을 10 % 염산에 조금씩 넣는다.

4. 반응이 완전히 끝난 후 용액이 들어 있는 삼각 플라스크의 질량(w_3)을 측정한다.

반응이 끝난 용액

탄산 칼슘

10% 염산

탄산 칼슘

10% 염산

$$CaCO_3(s) + 2HCl(aq) \longrightarrow CaCl_2(aq) + CO_2(g) + H_2O(l)$$

이 실험에서 발생한 이산화 탄소의 화학식량을 M 이라고 했을 때, 탄산 칼슘의 화학식량을 구하는 식은 어떻게 세울 수 있는지 그 이유와 함께 쓰시오. (단, 사용한 10 % 염산의 양은 탄산 칼슘이 모두 반응하기에 충분하다.)

● 탄산 칼슘과 묽은 염산의 반응

실험을 더 정확하게 하기 위해서는 솜으로 플라스크의 입구를 막아야 한다. 솜을 통해 발생한 이산화 탄소 기체는 통과하고, 수증기는 응축시켜서 빠져나가지 못하도록 해야 더 정확한 실험이 될 수 있다.

금속과 산의 반응

수소(H)보다 반응성이 큰 금속(Zn, Mg, Fe 등)은 산성 용액(HCl)과 반응하면 수소 기체가 발생한다.

단계적 문제 해결력

05 다음과 같이 묽은 염산과 마그네슘 리본을 반응시키는 실험을 진행하였다. 다음 물음에 답하시오.

〈실험 과정〉

1. 삼각 플라스크에 묽은 염산 50 mL 와 마그네슘 리본 2 cm 를 넣는다.

2. 위의 그림과 같이 마그네슘 리본이 묽은 염산과 반응하면서 발생하는 기체의 부피를 측정한다.

3. 마그네슘 리본의 길이를 4, 6, 8, 10, 12 cm 로 각각 위의 과정을 반복한다.

〈실험 결과〉

마그네슘 리본의 길이(cm)	2	4	6	8	10	12
발생한 기체의 부피(mL)	20	40	60	80	100	100

(1) 마그네슘 리본의 길이가 1 cm 로 이 실험을 진행한다면 기체는 몇 mL 발생하는가?

(2) 마그네슘의 양이 충분하다면 묽은 염산 10 mL 당 발생하는 기체의 최대 부피는 몇 mL 인가?

(3) 이 반응의 화학 반응식을 쓰고, 다음 빈칸에 들어갈 알맞은 숫자를 쓰시오.

마그네슘 리본 1 cm 에 해당하는 마그네슘의 몰수는 발생하는 기체 (　　　　) mL 에 해당하는 기체 분자의 몰수와 같다.

● 단계적 문제 해결형

06 다음 글을 읽고, 각 물음에 답하시오.

식물을 생장시키기 위한 비료의 주성분 3요소로 질소(N), 인(P), 칼륨(K)을 들 수 있다. 이 중 질소 비료는 질산염 또는 암모늄염 등 몇 가지 화합물을 포함시켜서 만든다. 질소 비료의 주된 원료는 암모니아이며, 수소와 질소를 반응시켜 합성한다.

$$3H_2(g) + N_2(g) \longrightarrow 2NH_3(g) \quad , \quad g : 기체(gas)$$

다른 방법으로 암모니아는 산-염기 반응에 의해 질산 암모늄(NH_4NO_3), 황산 암모늄(($NH_4)_2SO_4$), 요소($(NH_2)_2CO$) 등으로 변환될 수 있다. 그 중 요소는 암모니아와 이산화 탄소로부터 만들어진다.

$$2NH_3(g) + CO_2(g) \longrightarrow (NH_2)_2CO(aq) + H_2O(l)$$

요소에 포함된 각 원소의 원자량은 다음과 같다.

원소	H	C	O	N	S
원자량	1	12	16	14	32

(1) 1.68×10^4 g 의 요소에는 C, H, O, N 원자가 각각 몇 개씩 들어 있는지 구하시오. (단, 아보가드로수는 6×10^{23}이다.)

(2) 요소에 들어 있는 질소의 질량 퍼센트를 구하시오.

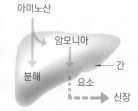

◯ 유레아(요소, Urea)

• 무색의 결정성 물질이며 색이나 냄새가 없다.

• 몸속에서 단백질이 분해되고 나면 암모니아가 생성된다. 그런데 암모니아는 독성을 가지고 있어서 인체에 해롭기 때문에 간에서 요소로 바꾸어 오줌으로 배설한다.

아미노산
암모니아
분해   요소   간
        → 신장

◯ 프리츠 하버(Fritz Haber, 1868~1934)

▲ 프리츠 하버   ▲ 하버와 아인슈타인

20세기 초 비료의 원료인 초석의 고갈로 식량 부족이 전 세계를 위협하였다. 1918년 하버는 대량으로 암모니아를 합성하는 방법을 개발함으로서 인류를 식량난으로부터 구하였으며, 업적을 인정받아 노벨 화학상을 수상하였다.

▲ 하버가 사용한 암모니아 합성 장치

창의력을 키우는 문제

단계적 문제 해결형

07

다음은 일정 온도와 압력에서 질소와 수소가 만나 암모니아를 생성하는 반응이다.

$$N_2 + 3H_2 \longrightarrow 2NH_3$$

다음은 수소 분자(H_2) 10개와 질소 분자(N_2) 3개가 반응하는 모습이다.

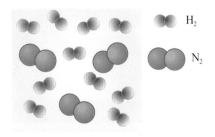

(1) 생성물의 분자 구조를 위의 모형을 이용해 그리시오.

(2) 그림과 같은 수의 수소와 질소 분자가 서로 반응할 때 생성물의 분자 개수와 반응하지 않고 남는 분자의 종류와 개수를 쓰시오.

　① 생성물의 분자 개수 :
　② 반응하지 않고 남은 분자의 종류 :　　　　　　　개수 :

(3) $N_2(g)$의 부피가 0 ℃, 1기압에서 67.2 L 였다면, 반응하지 않고 남은 기체의 부피를 구하시오. (단, 온도와 압력이 일정하다.)

추리 단답형

08

일정한 온도와 압력에서 수소는 산소와 반응하여 수증기를 생성한다.

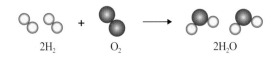

기체가 1 L 당 다음과 같이 들어 있다. 이 수소 기체가 산소 기체와 완전히 반응하여 수증기를 생성할 때, 필요한 산소 분자와 생성된 수증기 분자를 육면체 안에 그려 넣어 보시오.

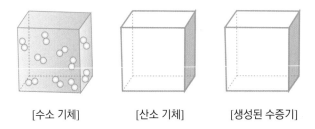

[수소 기체]　　　[산소 기체]　　　[생성된 수증기]

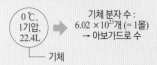
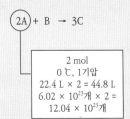
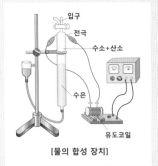

● 논리 서술형

09 다음 제시문을 읽고, 물음에 답하시오.

> 미국의 달 탐사선 아폴로 13호는 달에 거의 도착할 무렵 산소 탱크 폭발로 위험에 처했지만 어렵게 무사
> 귀환하였다. 호흡으로 발생하는 이산화 탄소는 밀폐된 좁은 공간에서는 매우 위험하다. 아폴로 13호에
> 서는 호흡에서 발생한 이산화 탄소 문제를 직접 수산화 리튬 필터를 만들어 해결했다.
>
>
>
> ▲ 실제 아폴로 13호에서 만들어 사용했던 이산화탄소 제거기(왼쪽 원안)
> 와 실화를 바탕으로 한 영화 '아폴로 13호'
>
> 우주선이나 잠수함에서 발생하는 이산화 탄소를 제거하기 위해 초과산화 칼륨(KO_2)을 사용하면 더 효
> 과적이다. 생성되는 산소를 호흡에 이용할 수도 있기 때문이다.
>
> $$4KO_2(s) + 2CO_2(g) \longrightarrow 2K_2CO_3(s) + 3O_2(g)$$

(1) 수산화 리튬(LiOH)과 이산화 탄소(CO_2)의 화학 반응식이 다음과 같을 때, 이산화 탄
소 4.4 g 을 제거하기 위해 필요한 수산화 리튬의 질량과 이때 제거된 C, O 원자의 개
수를 각각 구하시오. (단, 아보가드로수는 6×10^{23}이고, 원자량은 H, Li, C, O가 각
각 1, 7, 12, 16이다.)

$$2LiOH + CO_2 \longrightarrow Li_2CO_3 + H_2O$$

· 필요한 수산화 리튬의 질량 :

· 제거된 C, O 원자의 개수 :

(2) NaOH, KOH도 공기 중에 있는 이산화 탄소 기체를 잘 흡수한다. 우주 왕복선에 이
산화 탄소 제거제로 NaOH, KOH 대신 LiOH를 사용하면 어떤 장점이 있을지 쓰시오.

(3) 초과산화 칼륨과 20 L 의 이산화 탄소가 반응했을 때 생성되는 산소의 부피가 30 L
가 되려면 어떤 조건이 필요한가?

(4) 온도가 일정할 때, 잠수함에서 초과산화 칼륨과 이산화 탄소가 반응한다면 잠수함 내
부에 어떤 변화가 일어날지 아보가드로 법칙을 이용하여 설명하시오.

🜂 우주복 내의 압력

우주복 내의 압력은 0.3기압 정도이며 존재하
는 기체는 산소가 100%이다. 우주선에서 선외
활동을 위해 우주복을 입을 때는 미리 산소 호
흡을 한다.
1 기압의 우주선에서 0.3 기압의 우주복을 입
으면 기압이 낮아져 혈액 중에 녹아 있던 질소
기체가 방출되므로 몸 속에 녹아 있는 질소를
없애기 위함이다.
많은 안전 장비를 부착한 우주복은 질량이 48
~ 100 kg 정도이지만 거의 무중력 상태이므로
무게를 느끼지는 않는다.

🜂 아보가드로 법칙

"모든 기체는 온도와 압력이 같을 때 같은 부피
속에 같은 수의 분자를 포함한다."
모든 기체는 0 ℃, 1 기압에서 22.4 L 안에
6.02×10^{23}개의 분자가 포함되어 있다.

⬡ 플라스크 A, B의 부피와 온도, 압력이 같고, O_2가 3.2g 들어 있다면....

· O_2의 몰수는? 0.1몰

· O_2의 분자 수는? 6.02×10^{22}개

· NH_3의 질량은? 1.7 g (0.1몰)(분자량비 = 질
량비)

· 플라스크 B 속에 들어 있는 N와 H의 원자 수
는?

N : 6.02×10^{22}개,
H : 1.806×10^{23}개

몰수 $= \dfrac{질량}{분자량} = \dfrac{분자 수}{6.02 \times 10^{22}}$
$= \dfrac{부피(0\,℃, 1\,기압)}{22.4\,L}$

○ 연료의 종류

연료	특징	예
고체	• 불 붙이기가 어렵다. • 수송이 어렵고 연소시 재가 남는다.	나무, 석탄, 숯
액체	• 불 붙이기가 쉽지만 가격 변동이 심하고 냄새가 난다.	석유, 휘발유
기체	• 불이 매우 잘 붙는다. • 누출되면 폭발의 위험이 있다.	LNG, LPG

○ 천연가스

주성분은 메테인이고, 소량의 에테인, 프로페인 등이 함유되어 있다.

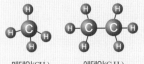

메테인(CH₄)   에테인(C₂H₆)

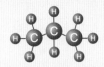

프로페인(C₃H₈)

· 천연가스의 생성 과정

 플랑크톤 등의 수많은 바다 생물의 시체가 바닥에 쌓인다.

 그 위에 흙이나 자갈이 쌓인다.

 높은 압력과 열에 의해 바다 생물의 시체가 분해된다.

 석유와 천연가스가 생긴다.

10 그림은 유리컵의 안쪽을 물로 적신 후 철가루를 뿌리고 물이 담긴 그릇에 거꾸로 세운 것을 나타낸 것이다. 이 상태로 오랜 시간 동안 두었다. 다음 물음에 답하시오.

유리컵   철가루   물

(1) 오랜 시간이 지난 후 유리컵 안의 철은 산화 철(III)[Fe₂O₃]이 되었다. 유리컵 안쪽에서는 어떤 변화가 일어나는지 그 이유와 함께 쓰시오.

(2) 철이 산소와 반응해서 붉은색의 산화 철이 되는 반응을 화학 반응식으로 쓰시오.

11 자동차의 연비는 흔히 연료 1 L 로 달릴 수 있는 거리로 나타내며 연비가 큰 자동차일수록 연료 소비율이 좋다.

자동차의 연료가 완전히 연소되면 이산화 탄소와 수증기가 생성된다. 연비가 12.2 km 인 자동차에서 연료 1 L 가 모두 연소되었을 때 475 g 의 이산화 탄소와 219 g 의 물이 생성된다. (단, 연료 1 L 의 질량은 154 g 이다.)

(1) 154 g 의 연료가 모두 연소되었을 때 소모된 산소의 질량(g)을 구하시오.

(2) 이 자동차가 42.7 km 를 달리는 동안 필요한 산소의 질량(g)을 구하시오.

● 논리 서술형

12 다음 제시문을 읽고, 물음에 답하시오.

(가) 마그네슘은 반응성이 큰 금속으로 미세한 가루는 공기 중에서 백색광을 내면서 타기 때문에 옛날에는 사진 플래시 리본에도 이용하였다.

(나) 드라이아이스에 구멍을 파고, 마그네슘 가루를 넣는다. 마그네슘 리본을 도화선으로 불을 붙인 후 위에 같은 크기의 드라이아이스 조각을 덮는다.

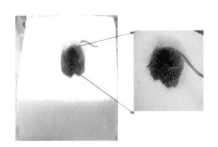 

(1) (가)에서의 화학 반응식을 적고, 반응 전후의 마그네슘 가루의 질량은 어떻게 될지 적으시오.

(2) 쌓여 있는 산업용 마그네슘에 불이 붙었지만 천천히 꺼졌다고 한다. 이유가 무엇인지 쓰시오.

(3) (나)에서 반응 후 남은 검은색 물질이 생성되었다. 이 물질은 어떤 물질인지 쓰시오.

(4) 마그네슘에 불이 붙었을 때 불을 끄기 위해 소화기를 사용하거나 물을 뿌리면 안 된다. 물을 뿌리면 어떤 현상이 나타날지 쓰시오.

○ 금속과 비금속의 연소 생성물

• 금속의 연소 생성물은 이온 결합 물질이다. 이온 결합으로 된 물질은 상온에서 모두 고체 상태이다.

$$2Fe(s) + 3O_2(g) \rightarrow 2\,Fe_2O_3(s)$$

• 비금속의 연소 생성물은 공유 결합 물질이다.

$$S(s) + O_2(g) \rightarrow SO_2(g)$$

01 어떤 사람의 몸에 70 kg 의 물(H_2O)이 있다면, 이 사람의 몸에 들어 있는 물(H_2O)을 구성하는 원자 수로 가장 가까운 수를 고르시오. (단, H, O의 원자량은 각각 1, 16이고, 아보가드로수는 6×10^{23}이다.)

[대회 기출 유형]

① 7×10^{25} ② 7×10^{26} ③ 7×10^{27} ④ 7×10^{28}

02 3.4 g 의 $C_{12}H_{22}O_{11}$에는 얼마나 많은 양의 H 원자가 들어 있는지 구하시오.

[대회 기출 유형]

① 6.02×10^{23} ② 1.32×10^{23} ③ 3.82×10^{23} ④ 1.22×10^{23}

03 헤모글로빈은 적혈구에서 산소를 운반하는 단백질이다. 한 분자의 헤모글로빈은 4개의 철(Fe)원자를 포함하고 있는데 철의 중량은 전체의 0.3%이다. 헤모글로빈의 분자량을 구하시오. (단, Fe의 원자량은 56이고, 소수점 첫째 자리에서 반올림한다.)

[대회 기출 유형]

04 $Al_2(SO_4)_3 \cdot 18H_2O$의 산소의 질량 퍼센트를 구하여라. (단, $Al_2(SO_4)_3 \cdot 18H_2O$의 분자량은 666.43이다.)

[대회 기출 유형]

① 9.6 %   ② 28.8 %   ③ 43.2 %   ④ 72 %

05 그림은 물질의 화학 반응에서의 양적 관계를 나타낸 것이다. 그림 (가)는 구리와 산소가 반응하여 산화 구리(CuO) 4.0 g 이 생성된 것이고, 그림 (나)는 마그네슘과 산소가 반응하여 산화 마그네슘(MgO) 4.0 g 이 생성된 것이다.

[대회 기출 유형]

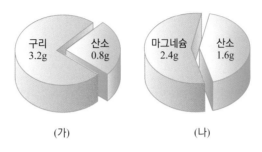

구리 3.2g | 산소 0.8g   마그네슘 2.4g | 산소 1.6g

(가)   (나)

위 그림에 대한 설명으로 옳은 것을 있는 대로 고르시오. (단, O, Mg, Cu의 원자량은 16, 24, 64이다.)

① 산소 4 g 과 반응하는 마그네슘은 3 g 이다.
② 일정량의 산소와 반응하는 구리와 마그네슘의 질량비는 4 : 3이다.
③ 마그네슘과 산소가 반응할 때 반응 전과 후에 질량은 변하지 않는다.
④ 구리의 산화물이 만들어질 때 구리와 산소는 일정 성분비로 결합한다.
⑤ 구리와 산소가 1 : 1의 원자 수비로 반응하면 반응한 구리의 질량은 산소의 4배이다.

06 탄소와 산소가 반응하여 이산화 탄소를 생성할 때, 서로 반응하는 탄소와 산소의 질량비는 3 : 8이다. 다음 물음에 답하시오.

[대회 기출 유형]

(1) 탄소 9 g 과 산소 27 g 을 반응시키면 생성된 이산화 탄소의 질량은 몇 g 이며, 남아 있는 물질과 그 질량은 몇 g 인지 구하시오.

(2) 24 g 의 탄소가 반응할 때 필요한 산소의 질량은 몇 g 인지 구하시오.

07 강철솜 5 g 을 완전 연소시키면 7 g 이 된다. 15 g 의 강철솜을 연소시켰더니 연소 후 강철솜의 질량은 17 g 이었다. 연소된 17 g 의 강철솜을 완전 연소시키려면 몇 g 의 산소가 더 필요한지 구하시오.

[과학고 기출 유형]

08 25.0 g 의 시험관에 산화 구리(II) 가루와 탄소 가루를 8 : 1의 질량비로 섞어서 넣고 질량을 재어 보니 29.5 g 이었다. 이 시험관을 가열하여 두 물질을 반응시키고 식힌 후 질량을 재어 보니 28.2 g 이었다. 다음 물음에 답하시오.

[과학고 기출 유형]

(1) 반응 후 시험관에 남은 구리의 질량(g)을 구하시오.

(2) 산화 구리(II)가 잃어버린 산소의 질량(g)을 구하시오.

(3) 산화 구리(II)와 구리의 질량비를 구하시오.

09 B(볼트) 8개와 N(너트) 4개를 결합시킬 때 B와 N이 2 : 1의 비율로 모두 반응하여 B_2N이 4개 생성되었다. 각각의 질량은 다음과 같았다. 물음에 답하시오.

[과학고 기출 유형]

B(볼트) 8개의 질량 : 40.0 g   N(너트) 4개의 질량 : 12.0 g B_2N 1개의 질량 : 13.0 g

(1) 생성된 B_2N의 총 질량을 구하시오.

(2) 이 실험으로 설명이 가능한 화학의 기본 법칙은 무엇인가?

10 다음 표와 같은 상대 질량과 동위 원소 비율을 가진 원소 A, B의 반응으로 화합물 AB를 만들었다. 이에 관한 설명 중 옳은 것을 〈보기〉에서 있는 대로 고르시오.

[대회 기출 유형]

동위 원소	상대 질량	존재 비율(%)
^{14}A	14.0	40
^{15}A	15.0	60
^{16}B	16.0	40
^{17}B	17.0	60

보기

가. 질량이 다른 4 종류의 AB 분자가 생성된다.
나. B_2 분자에 있는 양성자의 수는 모두 같다.
다. 반응물 A_2 분자들의 평균 분자량은 29.0이다.
라. 질량이 가장 큰 B_2 분자의 상대 질량은 34이다.

11 자연계에 존재하는 염소(Cl)의 질량 스펙트럼을 관찰하면 질량 대 전하비($\frac{m}{e}$)가 35 와 37 인 피크가 3 : 1 의 비율로 존재한다. 다음 설명 중 옳지 않은 것은?

[대회 기출 유형]

① Cl 의 평균 원자량은 35.5 이다.
② 질량 스펙트럼에서 Cl_2 에 대한 피크는 세 개로 나타난다.
③ Cl_2 의 피크 중 가장 큰 것은 72 에서 나타난다.
④ Cl_2 의 분자량은 71 이다.
⑤ Cl 은 동위 원소가 두 개 존재한다.

12 물 분자(H_2O)는 오른쪽 그림과 같이 수소 원자(H) 2개와 산소 원자(O) 1개로 구성된다. 사람 몸무게의 70%가 물로 이루어져 있다고 할 때, 몸무게가 60 kg 인 사람 몸속의 물을 구성하는 수소의 원자 수를 구하시오. (단, H, O의 원자량은 각각 1, 16이며, 아보가드로수는 6×10^{23}이다.)

[과학고 기출 유형]

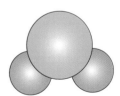
물 분자

13 A 원자로 구성된 분자 1개와 B 원자로 구성된 분자 3개가 반응하여 분자 2개의 기체가 생성되었다. (단, A 원자의 모형은 ○, B 원자의 모형은 ● 로 나타낸다.)

[대회 기출 유형]

(1) A 원자로 구성된 분자의 모형을 그리시오.

(2) B 원자로 구성된 분자의 모형을 그리시오.

(3) 생성된 기체 분자의 모형을 그리시오.

(4) 생성된 기체의 분자식을 쓰시오.

14 지금부터 약 200년 전에 돌턴은 원자설을 발표하고, 모든 물질은 원자로 이루어져 있다고 하였다. 수소 기체는 수소 원자가, 산소 기체는 산소 원자가 모여 있는 것이며, 물은 수소 원자와 산소 원자가 하나씩 결합한 복합 원자로 되어 있다고 생각했다.

[돌턴의 생각]

[아보가드로의 생각]

얼마 후에 아보가드로는 수소와 산소 기체는 원자 두 개씩이 붙은 분자로 되어 있고, 물은 수소 원자 두 개와 산소 원자 한 개가 결합한 분자로 되어 있다고 생각하였다. 수소와 산소가 반응하여 물을 만들 때, 아보가드로의 생각의 결과가 같은 것을 있는 대로 고르시오. (단, 같은 부피의 기체 속에 존재하는 기체의 입자 수는 같다고 한다.)

[대회 기출 유형]

① 반응한 수소와 산소의 부피비
② 반응한 수소와 산소의 질량비
③ 반응한 수소와 산소 질량의 합과 생성된 물의 질량과의 관계
④ 물속에 포함된 수소와 산소의 질량비
⑤ 수소 기체 1 L 속에 들어 있는 수소 원자 수
⑥ 수증기 1 L 속에 들어 있는 산소 원자 수

15 다음 표는 0 ℃, 1 기압에서 기체 A 와 B 의 부피를 다르게 반응시켜 기체 C 를 생성한 실험 결과를 나타낸 것이다.

[대회 기출 유형]

실험	A의 부피(mL)	B의 부피(mL)	반응하지 않고 남은 기체와 그 부피	C의 부피(mL)
1	10	40	기체B, 10mL	20
2	30	30	기체A, 20mL	20
3	25	75	남은 기체 없음	50

위 자료로부터 기체 A, B 가 반응하여 기체 C 가 생성되는 반응의 화학 반응식이 다음과 같다면 이때 계수 $a + b + c$ 는 얼마인가?

$$\boxed{a}\ A(g) + \boxed{b}\ B(g) \longrightarrow \boxed{c}\ C(g)$$

① 4   ② 5   ③ 6   ④ 7   ⑤ 8

16 표는 화합물 (가) ~ (다)에 대한 자료의 일부이다.

[수능 기출 유형]

화합물	실험식	분자식	분자량
(가)		AB_2C	65
(나)		C_2B_2	70
(다)	AB_2		46

이에 대한 설명으로 옳은 것만을 〈보기〉에서 있는 대로 고른 것은? (단, A ~ C 는 임의의 원소 기호이다.)

보기

ㄱ. 원자량은 B > A이다.

ㄴ. 실험식량은 (다)가 가장 크다.

ㄷ. 1몰에 들어 있는 B의 원자 수는 (다) > (가)이다.

① ㄱ   ② ㄴ   ③ ㄱ, ㄷ   ④ ㄴ, ㄷ   ⑤ ㄱ, ㄴ, ㄷ

17 그림은 용기에 XY, Y_2 를 넣고 반응시켰을 때, 반응 전과 후 용기에 존재하는 물질을 모형으로 나타낸 것이다.

[수능 기출 유형]

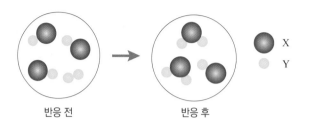

이 반응에 대한 설명으로 옳은 것만을 〈보기〉에서 있는 대로 고른 것은? (단, X, Y 는 임의의 원소 기호이다.)

보기
ㄱ. 생성물의 종류는 2가지이다. ㄴ. 반응하는 XY와 Y_2의 몰수비는 3 : 1이다. ㄷ. 용기에 존재하는 물질의 총 질량은 반응 전과 후가 같다.

① ㄱ   ② ㄷ   ③ ㄱ, ㄴ   ④ ㄴ, ㄷ   ⑤ ㄱ, ㄴ, ㄷ

18 다음은 A 와 B 가 반응하여 C 와 D 를 생성하는 화학 반응식이다.

[수능 기출 유형]

$$2A(g) + bB(g) \longrightarrow C(g) + 2D(g) \ (b는 \ 반응 \ 계수)$$

표는 실린더에 A(g)를 x L 넣고 B(g)의 부피를 달리하여 반응을 완결시켰을 때, 반응 전과 후에 대한 자료이다.

실험	반응 전		반응 후
	A의 부피(L)	B의 부피(L)	$\dfrac{\text{전체 기체의 몰수}}{\text{C의 몰수}}$
I	x	4	4
II	x	9	4

$\dfrac{x}{b}$ 는? (단, 온도와 압력은 일정하다.)

① $\dfrac{3}{4}$ ② $\dfrac{4}{3}$ ③ 2   ④ 3   ⑤ 12

19 다음은 기체 A와 B가 각각 연소할 때의 식과 산소와 반응하는 부피비를 나타낸 것이다.

[과학고 기출 유형]

A + 산소 ⟶ 이산화 탄소 + 물		
B + 산소 ⟶ 이산화 탄소 + 물		
반응물	A : 산소	B : 산소
반응 부피비	1 : 2	2 : 7

A와 B가 9 : 1 의 부피비로 혼합되어 있는 어떤 가스 연료 1 L 를 완전 연소시킬 때, 소모되는 산소 기체의 부피는 몇 L 인가? (단, 가스 연료와 산소 기체의 온도와 압력은 같다.)

20 그림과 같이 크기가 같은 3개의 용기가 연결되어 있고, 용기 (가)에는 질소 기체 12.6 g, 용기 (나)에는 수소 기체 1.8 g 이 들어 있으며, 용기 (다)에는 아무 기체도 들어 있지 않다.

[과학고 기출 유형]

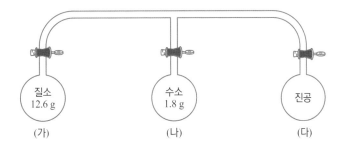

콕을 모두 열어 질소 기체와 수소 기체를 완전히 반응시킨 후 충분한 시간이 흘렀을 때, 용기 (다)에 존재하는 암모니아 기체의 질량(g)을 구하시오. (단, 질소 원자의 질량은 수소 원자의 14배이고, 각 용기 사이의 연결관의 부피는 무시한다.)

나폴레옹은 누가 죽였나?

▲ 헬레나 섬에서 프랑스를 바라 보고 있는 나폴레옹

1815년 워터루에서 패배한 나폴레 옹은 대서양의 작은 세인트 헬레나 섬으로 추방되어 그곳에서 생의 마 지막을 보낸 후 1821년 5월 5일 51 세로 사망하였다.

한동안 그의 죽음을 둘러싸고 많은 논란이 있 었다. 나폴레옹의 부검을 한 의사는 그가 위암 으로 죽었다고 발표하였으나 1961년 그의 머 리카락을 분석한 결과, 많은 양의 비소가 포함 되어 있어, 독살에 의해 죽었을 것이라는 가능 성이 제기되었기 때문이다. 비소(As, 원자 번호 33번) 원소 자체는 유해하지 않지만 물에 용해 되어 생성된 산화 비소(III) As_2O_3는 독약으로 사용된다. '아비산'이라고도 불리는 As_2O_3는 흰 색의 분말로 맛이 없다. 또한 이 독약은 일 정 기간 동안 조금씩 양을 늘려가며 투약하면 나중에는 치사량의 2배까지 복용하게 되어도 독성이 나타나지 않는다. 그러나 어느날 투여 를 중단하면 목숨을 잃게 된다.

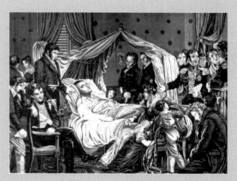

▲ 나폴레옹의 머리카락

▲ 죽음을 맞이하는 나폴레옹

Imagine Infinitely

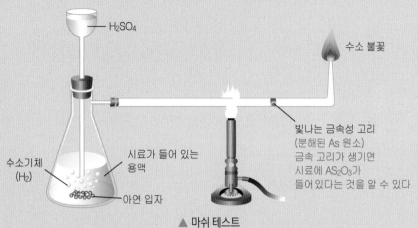

H₂SO₄

수소 불꽃

빛나는 금속성 고리
(분해된 As 원소)
금속 고리가 생기면
시료에 AS₂O₃가
들어 있다는 것을 알 수 있다

수소기체
(H₂)

시료가 들어 있는
용액

아연 입자

▲ 마쉬 테스트

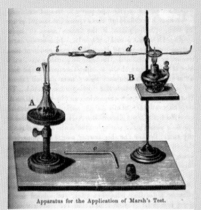

Apparatus for the Application of Marsh's Test.

1832년 영국의 화학자 제임스 마쉬(James Marsh)가 비소를 검출하기 위한 기구로 마쉬 테스트를 고안해 냈다. 이 기구는 As_2O_3가 들어 있을 것이라고 예상되는 시료를 수소와 반응시키면(이때 수소는 아연과 황산을 반응시켜 만든다.) '아르센(As_2O_3)'이라는 유독 가스가 만들어지는 것으로 시료에 비소가 들어 있는지 확인할 수 있다. 아르센 가스에 열을 가하면, 분해하여 비소(As)와 수소 기체가 발생한다.

1961년 마쉬 테스트를 이용해 나폴레옹의 머리카락을 분석한 결과, 다량의 비소가 발견되어 비소로 인한 독살설이 신빙성을 얻게 되었다. 하지만 당시 유럽 왕궁과 귀족 저택에 사용된 페인트나 벽지에서도 많은 양의 비소가 검출되었다. 헬레나 섬의 높은 습도가 벽지의 곰팡이를 잘 자라게 하였고, 곰팡이는 비소 성분을 휘발성이고 독성이 강한 트라이메틸아르센[$(CH_3)_3As$]으로 바꾸었을 것이다. 따라서 이 증기에 오랫동안 노출된 나폴레옹의 몸에 비소가 축적되어 왔다고 설명할 수 있다. 뿐만 아니라 당시 이 시대 대부분의 사람들의 머리카락에서도 비소가 많이 검출되었기 때문에 나폴레옹의 독살설은 신빙성을 잃게 되었다.

▲ 비소(As)

비소에 중독이 되면 구토, 심한 설사 등의 소화기 장애, 단백뇨, 혈뇨, 소변량의 감소 등의 신장장해 증세가 나타난다. 비소 중독을 예방하기 위해서는 비소에 오염된 원인 물질을 먹거나 가까이 하는 것을 피하고 오염되지 않은 야채 과일 등을 먹어야 한다.

몸에 축적된 비소를 배출하기 위해서는 셀레늄, 철, 아이오딘, 칼슘, 마그네슘, 아연, 비타민 C, 황 함유 아미노산이 많은 자연 식품을 먹는 것이 좋다.

정답 12쪽

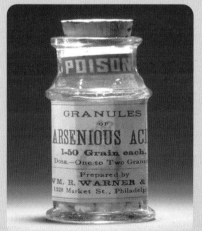

▲ 독약으로 사용되는 아비산

Q 마쉬테스트로 비소를 검출하는 방법은?

Chemistry

II

02
분자 운동과
기체

기체를 구성하는 입자는 어떤 운동을 할까?

1. 분자 운동

(1) 분자 운동

① **분자 운동** : 물질을 이루고 있는 분자들이 스스로 끊임없이 여러 방향으로 움직이는 현상이다.

• **분자 운동의 빠르기**

온도	상태	분자량
높을수록 빠르다	고체 < 액체 < 기체 순으로 빠르다	작을수록 빠르다

• **분자 운동의 증거** : 증발과 확산

② **증발** : 액체 표면에서 액체가 기체로 변하여 공기 중으로 날아가는 현상이다.

▲ 염전에서 소금을 얻는다.

▲ 얼굴에 바른 알코올이 날라간다.

▲ 가뭄이 들어 땅이 마른다.

• **증발이 잘 일어나는 조건**

> ① 바람이 강할수록 : 증발된 수증기가 넓은 공간으로 이동하기 때문
> ② 온도가 높을수록 : 온도가 높을수록 분자 운동이 활발해지기 때문
> ③ 건조할수록 : 공기 중의 수증기가 부족하기 때문
> ④ 분자 사이의 인력이 작을수록 : 분자 사이의 인력을 끊고 기체로 되기 쉽기 때문
> ⑤ 표면적이 넓을수록 : 공기와 접촉하는 면적이 넓고, 더 넓은 면적에서 열을 흡수하고 기화하여 빠져나
>   가는 분자의 수가 많기 때문

③ **확산** : 물질을 이루고 있는 분자들이 스스로 운동하여 액체나 기체 속으로 퍼져 나가는 현상이다.

연기가 공기 중으로 퍼져나간다.

꽃병의 꽃 향기가 방안 전체에 퍼진다.
▲ 기체 속에서의 확산

물에 잉크를 떨어뜨리면 물 전체가 잉크색으로 변한다.

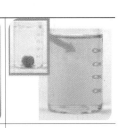
각설탕을 넣어 두면 물에서 단맛이 난다.
▲ 액체 속에서의 확산

• **확산이 빨리 일어나는 조건**

> ① 분자량이 작을수록 : 분자량이 작을수록 분자 운동이 활발해지기 때문
> ② 온도가 높을수록 : 온도가 높을수록 분자 운동이 활발해지기 때문
> ③ 고체 < 액체 < 기체 분자 : 고체, 액체, 기체 순으로 분자 운동이 활발하기 때문
> ④ 액체 속 < 기체 속 < 진공 속 : 액체 속, 기체 속, 진공 속 순으로 분자의 움직임을 방해하는 입자가 적
>   기 때문

정답 12쪽

Q1 수증기(H_2O)와 폼산(HCOOH) 중 확산 속도가 빠른 것은?

정답 12쪽

사이드바

⚙ 브라운 운동

• 기체나 액체 분자의 무질서한 운동

• 고체는 진동 운동만 하므로 브라운 운동을 하지 않는다.

• 분자가 움직이면서 공간에 있는 다른 분자와 충돌하거나 벽면과 부딪혀 방향이 바뀌게 되어 불규칙한 운동이 나타난다.

• 우리 주변의 브라운 운동
  ① 담배 연기 입자들이 어지럽게 흩어지는 현상
  ② 어두운 방에 한 줄기 햇빛이 들어올 때 빛이 지나가는 길을 자세히 관찰해 보면 먼지 입자들이 불규칙하게 움직이는 것을 볼 수 있다.

▲ 브라운 운동

⚙ 증발과 끓음

증발과 끓음은 모두 기화 현상이지만 다음과 같은 차이가 있다.

구분	증발	끓음
장소	액체 표면	액체 전체
온도	모든 온도	끓는점 이상
모형	증발	끓음
원인	분자가 스스로 운동해서	외부로부터 열을 받아서

⚙ 온도와 확산 속도

▲ 20℃의 물   ▲ 40℃의 물
온도가 높을수록 확산 속도가 빨라진다.

┌ 미니사전 ┐

염전
태양열이나 풍력 등의 천연 에너지를 이용하여 바닷물을 농축하여 소금을 얻는 시설. 이렇게 해서 얻은 소금을 천일염이라고 한다.

(2) 기체 분자 운동

① **기체 분자 운동** : 기체 분자는 기체의 종류에 관계없이 빈 공간을 빠른 속도로 자유롭게 운동하며 열에 의해 분자 운동 에너지가 달라진다.

기체 분자 운동론		
기체 분자들은 무질서한 방향으로 끊임없이 불규칙한 운동을 한다. 	기체 분자들의 속력은 각각 다르며 등속직선 운동을 한다. 	기체 분자들 사이에는 인력이나 반발력이 작용하지 않는다. 
기체 분자는 충돌하더라도 충돌에 의한 에너지 손실은 없다. → 완전 탄성 충돌 	기체 분자의 크기는 기체가 차지하는 전체 부피에 비해 무시할 정도로 작다. 	기체 분자의 평균 운동 에너지는 절대 온도에만 비례한다. 분자의 크기, 종류, 모양에는 영향받지 않는다. 

② **기체의 확산 속도**

• **기체의 평균 속력**

온도가 높을수록 기체 분자들은 빠르게 운동한다. : $v^2 \propto T$ 	같은 온도에서 평균적으로 가벼운 분자들이 더 빠르게 움직인다. : $v^2 \propto \dfrac{1}{M}$ (M : 분자량) 

• **그레이엄 확산 법칙** : 같은 온도와 압력에서 두 기체의 확산 속도는 분자량의 제곱근에 반비례한다.

$$\frac{v_A}{v_B} = \sqrt{\frac{M_B}{M_A}} = \sqrt{\frac{d_B}{d_A}} = \frac{t_B}{t_A} \ (v : \text{확산 속도}, \ M : \text{분자량}, \ d : \text{밀도}, \ t : \text{분출 시간})$$

• **염화 수소와 암모니아의 확산 속도** : 진한 암모니아수를 묻힌 솜과 진한 염산을 묻힌 솜을 유리관 양쪽 끝에 동시에 끼워 넣고 고무마개로 막으면 잠시 후 염화 암모늄(NH_4Cl)의 흰 연기가 생성된다.

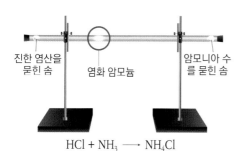

진한 염산을 묻힌 솜 　 염화 암모늄 　 암모니아 수를 묻힌 솜

$$HCl + NH_3 \longrightarrow NH_4Cl$$

• 염화 수소(HCl) 분자량 : 36.5
• 암모니아(NH_3)의 분자량 : 17

$$\frac{v_{HCl}^2}{v_{NH_3}^2} = \frac{17}{36.5} \fallingdotseq \frac{1}{2}$$

$$\frac{v_{HCl}}{v_{NH_3}} \fallingdotseq \frac{1}{1.4}$$

∴ 암모니아의 확산 속도는 염화 수소의 확산 속도의 약 1.4배이다.

⚙ **분자 간 평균 거리**

$$분자\ 간\ 평균\ 거리 \propto \frac{V\,(부피)}{n\,(분자\ 수)}$$

부피가 같을 때 기체 분자 수가 적을수록 분자 간 평균 거리가 멀고, 분자 수가 같을 때 부피가 작을수록 분자 간 평균 거리가 가깝다.

⚙ **분자량과 확산 속도**

같은 부피의 질소(N_2)와 헬륨(He) 기체를 불어 넣은 고무풍선을 가만히 놓아두면 분자량이 작은 헬륨 기체가 질소 기체보다 더 빨리 고무풍선의 작은 구멍을 통해 공기 중으로 빠져 나가기 때문에 헬륨이 들어있는 고무풍선의 크기가 더 빨리 작아진다.

⚙ **확산과 분출**

• 확산 : 기체 분자가 스스로 운동하여 다른 기체 속으로 균일하게 퍼져 나가는 현상

• 분출 : 기체가 분자 운동에 의해 작은 구멍을 통해서 빠져 나가는 현상

⚙ **확산 법칙에서 제곱근**

제곱하여 a 되는 수를 a의 제곱근이라 한다. 그레이엄 확산 법칙에서 두 기체의 확산 속도는 분자량의 제곱근에 반비례한다.

$$\frac{v_A}{v_B} = \sqrt{\frac{M_B}{M_A}}$$

따라서 다음과 같이 나타낼 수 있다.

$$\frac{v_A^2}{v_B^2} = \frac{M_B}{M_A}$$

┌ **미니사전** ┐

등속 직선 운동
물체의 속도와 방향이 일정한 운동

(예) 노란 구는 X 방향으로 10m/s의 속력으로 등속 직선 운동한다.

2. 기체의 압력, 온도와 부피 사이의 관계

(1) 압력[1][2]

① 기체의 압력

- **대기압의 측정** : 토리첼리가 1643년에 측정한 대기압은 지구를 둘러싼 공기에 의한 압력으로 시간과 장소에 따라 변한다.

1 기압(1 atm) (0 ℃) = 수은 기둥의 높이가 760 mm = 760 mmHg = 760 torr

※ **해수면(중력 가속도 9.8 m/s²)에서 측정 → 해발 고도가 높아질수록 중력 가속도가 작아진다.**

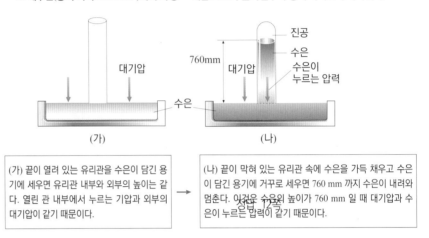

(가) | (나)

(가) 끝이 열려 있는 유리관을 수은이 담긴 용기에 세우면 유리관 내부와 외부의 높이는 같다. 열린 관 내부에서 누르는 기압과 외부의 대기압이 같기 때문이다.

(나) 끝이 막혀 있는 유리관 속에 수은을 가득 채우고 수은이 담긴 용기에 거꾸로 세우면 760 mm 까지 수은이 내려와 멈춘다. 이것은 수은의 높이가 760 mm 일 때 대기압과 수은이 누르는 압력이 같기 때문이다.

- **압력의 측정** : 용기 속에 들어 있는 기체의 압력은 수은이 들어 있는 U자관 장치로 측정할 수 있다.

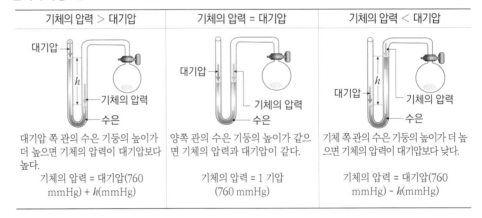

기체의 압력 > 대기압	기체의 압력 = 대기압	기체의 압력 < 대기압
대기압 쪽 관의 수은 기둥의 높이가 더 높으면 기체의 압력이 대기압보다 높다.	양쪽 관의 수은 기둥의 높이가 같으면 기체의 압력과 대기압이 같다.	기체 쪽 관의 수은 기둥의 높이가 더 높으면 기체의 압력이 대기압보다 낮다.
기체의 압력 = 대기압(760 mmHg) + h(mmHg)	기체의 압력 = 1 기압 (760 mmHg)	기체의 압력 = 대기압(760 mmHg) − h(mmHg)

- **기체의 압력이 나타나는 이유** : 기체 분자들이 끊임없이 운동하면서 용기 벽면에 충돌하기 때문이다.

기체의 압력과 방향	기체의 압력이 커지는 요인
・기체 분자는 모든 방향으로 움직이므로 모든 방향의 압력은 같다. ・풍선이 동그란 이유도 이 때문이다.	① 기체 분자의 수가 많을수록 → 용기 벽과 충돌하는 횟수가 많아진다. ② 온도가 높을수록 → 분자 운동 속도가 빠르다. ③ 부피가 작을수록 → 단위 부피 당 분자 수가 증가한다. 압력이 작다 / 압력 / 분자 수가 적고, 온도가 낮으면 압력이 작다. 압력이 크다 / 압력 / 분자 수가 많고, 온도가 높으면 압력이 크다.

정답 12쪽

Q2 압력을 변화시키기 위해 접촉 면적을 좁게 하는 것과 넓게 하는 것의 예를 생각해 보자.

왼쪽 여백:

① 압력의 크기

압력 : 면에 수직으로 작용하는 힘을 그 힘이 작용하는 면의 면적으로 나눈 값

압력

= $\dfrac{\text{수직으로 작용하는 힘 (N, kgf)}}{\text{힘이 작용한 면의 넓이(m}^2\text{, cm}^2\text{)}}$

(가) | (나) | (다)

① 접촉 면적 : (가) = (나)
  힘의 크기 : (가) < (나)

② 접촉 면적 : (나) > (다)
  힘의 크기 : (나) = (다)

면에 작용하는 압력의 크기
  : (가) < (나) < (다)

② 압력의 단위

파스칼 (Pa)		1Pa = 1N/m² 101300 Pa = 1atm
수은 기둥 의 높이	mmHg	수은 기둥이 누르는 압력. 온도에 따라 다르다.
	torr	0℃ 일 때, 수은 기둥이 누르는 압력. 토리첼리를 기념하기 위해 사용되는 단위 1 torr = 1 mmHg
	기압 (atm)	1 atm = 0 ℃ 일 때, 수은 기둥 760 cm가 누르는 압력 = 1033.6 cm 의 물기둥이 누르는 압력

⚙ 기체 압력과 충돌수

기체의 압력은 단위 시간 동안 단위 면적 당 충돌수와 충격량에 비례한다.

$$P \propto 충돌수 \times \sqrt{MT}$$
(M : 분자량, T : 절대 온도)

⚙ 접촉 면적과 압력

- 접촉 면적을 좁게 하면 압력이 커진다.
  예 압정의 끝은 뾰족하여 작은 힘으로도 벽에 압정을 꽂을 수 있다.
- 반대로 접촉 면적을 넓게 하면 힘을 분산시켜 압력을 줄일 수 있다.
  예 스키는 면적이 넓어서 눈속으로 빠지지 않는다.

(2) 보일 법칙[3]

① 기체의 압력과 부피의 관계

외부 압력 감소 ←

외부 압력 증가 →

풍선의 크기가 커진다.

풍선의 크기가 작아진다.

일정한 온도에서 일정량의 기체에 가하는 압력이 커지면 기체의 부피는 작아지고, 압력이 작아지면 기체의 부피는 커진다.

② 보일 법칙 : 일정한 온도에서 일정량의 기체의 부피는 압력에 반비례한다.

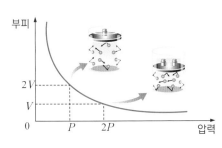

부피

$2V$

V

0　　P　　$2P$　　압력

P(압력) $\times$ V(부피) = 일정

• 기체의 압력이 n배 커지면 기체의 부피는 $\frac{1}{n}$배로 줄어든다.

$$P_{처음} \times V_{처음} = P_{나중} \times V_{나중}$$

• 기체의 부피와 압력은 반비례 관계이다.

$$V \propto \frac{1}{P}$$

온도 일정	온도 일정	온도 일정
V vs P 그래프	$\frac{1}{V}$ vs P 그래프	PV vs P(또는 V) 그래프
• 기체의 압력(P)과 부피(V)는 서로 반비례한다.	• 기체의 압력(P)과 부피(V)는 서로 반비례하므로 압력(P)은 $\frac{1}{부피(V)}$에 비례한다.	• 기체의 압력(P)과 부피(V)는 서로 반비례하므로 압력과 부피의 곱은 항상 일정하다.

③ 기체 분자 운동과 보일 법칙

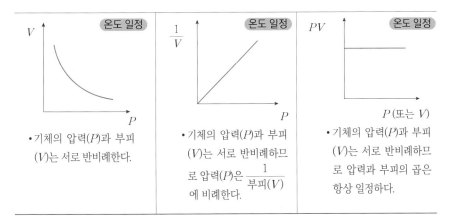

압력 증가

압력 증가

부피 감소

부피 감소

: 외부 압력 증가 → 부피 감소 → 기체 분자들이 용기 벽과 충돌하는 횟수 증가 → 용기 내부 기체의 압력 증가(외부 압력과 같아질 때까지)

정답 12쪽

Q3 일정한 온도에서 외부 압력이 작아졌을 때의 부피와 충돌 횟수, 용기 내 압력은 어떻게 변하겠는가?

---

③ 보일의 법칙에 관련된 현상

• 풍선이 하늘로 올라가면 점점 커지다가 터진다. : 상공으로 올라갈수록 공기가 희박해 진다→공기를 이루는 분자 수가 줄어든다→외부 압력이 작아진다.

• 잠수부가 호흡할 때 생기는 공기 방울은 수면 가까이 올라갈수록 커진다.

▲ 10 m 깊어질 때마다 수압은 약 1기압씩 증가한다.

⚙ 압력에 따른 부피 측정

처음 압력과 부피의 곱은 나중 압력과 부피를 곱한 값과 같다.

추1개당 압력 =1		
압력	1	2
부피	1	0.5
압력×부피	1 × 1 = 1	2 × 0.5 = 1

⚙ 잠수병

물속에서는 10 m 깊어질 때 마다 1기압의 압력이 추가되며 수면에서의 1기압이 추가되어 물속 10 m 에서 받는 압력은 2기압이 된다. 인간의 몸은 거의 수분으로 되어 있어서 이러한 압력의 변화에도 잘 적응한다. 하지만 폐와 기관지의 호흡 기관, 귀 속의 공간 등은 수분으로 채워지지 않았으므로 잠수한 다음 갑자기 수면으로 올라오면 급격한 압력 감소로 인해 심한 경우 폐포가 파열되거나 고막이 손상되는 문제가 발생하게 된다. 그러므로 잠수 후 수면으로 올라올 때 10 m 마다 한 번씩 멈춰서 외부 압력에 적응을 해야 한다.

▲ 물속에서는 천천히 상승해야 한다.

섭씨 온도와 화씨 온도

화씨 온도 = $\frac{9}{5}$ 섭씨 온도 + 32

4 절대 온도

	어는점 (물)	끓는점 (물)
섭씨 온도[℃]	0 ℃	100 ℃
화씨 온도[℉]	32 ℉	212 ℉
절대 온도[K]	273 K	373 K

물의 끓는점 212℉ 100℃ 373K
물의 어는점 32℉ 0℃ 273K
절대 영도 -459℉ -273℃ 0K
화씨 온도 섭씨 온도 절대 온도

- 절대 온도에서 -273 ℃ 를 0 K(절대 영도)로 놓는다.
- 절대 영도는 사실상 이론 상의 온도이고 실제로 도달할 수 없는 온도이다.

절대 영도의 특징

- 부피가 0이 된다.
- 분자의 운동이 0이 된다.
- 내부 에너지가 0이다.
- 절대 온도는 음의 값을 가질 수 없다.

샤를 법칙에 관련된 현상

- 여름철에는 자전거 바퀴에 공기를 적게 넣는다 → 여름철에는 온도가 높아 바퀴 안의 공기가 팽창하여 팽팽해지기 때문이다.
- 찌그러진 탁구공을 물에 넣으면 원래대로 펴진다.

뜨거운 물을 담은 그릇이 식탁에서 저절로 움직이는 이유

분자 운동은 온도가 높을수록 활발해지는데, 그릇 바닥의 오목한 부분에 있는 기체 분자들이 뜨거운 물에서 나오는 열을 받아 분자 운동이 활발해지면서 부피가 커진다. 때문에 그릇이 조금 들어 올려져서 미끄러지듯이 움직이는 것이다.

---

(3) 샤를 법칙

① **기체의 온도와 부피의 관계** : 일정한 압력에서 일정량의 기체는 온도가 높아지면 기체의 부피가 커지고, 온도가 낮아지면 기체의 부피가 작아진다.

② **절대 온도[4]** : -273 ℃ 를 0으로 하는 온도로 단위는 K(Kelvin,켈빈) 이다.

- **절대 온도와 섭씨 온도 와의 관계**

$$절대 온도\ T(K) = 273 + 섭씨 온도\ t\,(℃)$$

③ **샤를 법칙** : 압력이 일정할 때 일정량의 기체의 부피(V)는 절대 온도(T)에 비례한다. → 섭씨 온도를 기준으로 압력이 일정할 때 일정량의 기체의 부피는 온도 1 ℃ 증가할 때마다 0 ℃ 부피의 $\frac{1}{273}$ 씩 증가함

$$V_t = V_0 + \left(V_0 \times \frac{t}{273} \right) \quad (V_0 : 0\,℃에서\ 기체의\ 부피,\ : t\,℃에서\ 기체의\ 부피)$$

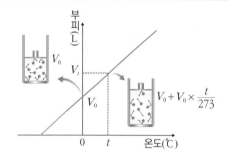

부피(L)

$V = V_0 \left(1 + \frac{t}{273} \right) = \frac{V_0}{273} T$

$V_0 + V_0 \times \frac{t}{273}$

$\frac{V_1}{T_1} = \frac{V_2}{T_2}$

- 기체의 부피(V)는 절대 온도(T)에 비례한다.

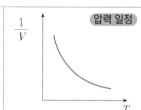

- 기체의 부피(V)는 절대 온도(T)에 비례하므로 절대 온도(T)은 $\frac{1}{부피(V)}$에 반비례한다.

- 기체의 부피(V)는 절대 온도(T)와 서로 비례하므로 온도가 변해도 $\frac{부피(V)}{절대 온도(T)}$는 일정하다.

③ **기체 분자 운동론과 샤를 법칙**

- **일정한 압력에서 기체의 온도 상승** : 기체의 부피가 증가한다.

가열

기체 분자 운동 에너지 증가 ⇒ 기체 분자의 충돌 횟수 증가 ⇒ 압력 증가 ⇒ 기체의 부피 증가 ⇒ 분자 사이의 거리 증가

정답 12쪽

Q4 -23 ℃ 를 절대 온도로 바꾸어 보시오.

3. 이상 기체 상태 방정식

(1) 기체 관련 법칙

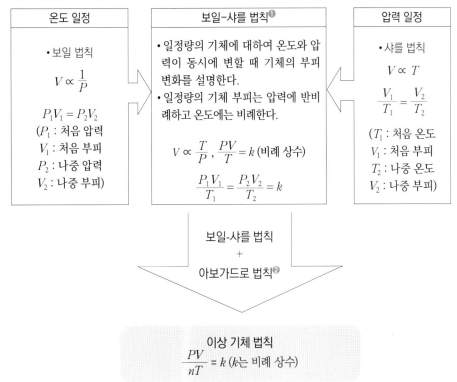

온도 일정	보일-샤를 법칙[1]	압력 일정
• 보일 법칙 $V \propto \dfrac{1}{P}$ $P_1 V_1 = P_2 V_2$ (P_1 : 처음 압력 V_1 : 처음 부피 P_2 : 나중 압력 V_2 : 나중 부피)	• 일정량의 기체에 대하여 온도와 압력이 동시에 변할 때 기체의 부피 변화를 설명한다. • 일정량의 기체 부피는 압력에 반비례하고 온도에는 비례한다. $V \propto \dfrac{T}{P}$, $\dfrac{PV}{T} = k$ (비례 상수) $\dfrac{P_1 V_1}{T_1} = \dfrac{P_2 V_2}{T_2} = k$	• 샤를 법칙 $V \propto T$ $\dfrac{V_1}{T_1} = \dfrac{V_2}{T_2}$ (T_1 : 처음 온도 V_1 : 처음 부피 T_2 : 나중 온도 V_2 : 나중 부피)

보일-샤를 법칙
+
아보가드로 법칙[2]

이상 기체 법칙
$$\dfrac{PV}{nT} = k \ (k\text{는 비례 상수})$$

(2) 기체 상수(R) : 0 ℃, 1 기압에서 기체 1몰의 부피가 22.4 L 이므로 이 값을 이용하여 구한 비례 상수이다.

$$R = \dfrac{PV}{nT} = \dfrac{1 \text{ atm} \times 22.4 \text{ L}}{1 \text{ mol} \times 273 \text{ K}} = 0.082 \text{ atm} \cdot \text{L / mol} \cdot \text{K} = 8.1 \text{ J / mol} \cdot \text{K}$$

(3) 이상 기체 상태 방정식 : 기체 상수(R)로 이상 기체 법칙을 나타낸 식이다.

$$PV = nRT$$
(P : 기체의 압력(atm), V : 기체의 부피(L),
n : 기체의 몰수(mol), R : 기체 상수(0.082 atm · L / mol · K), T : 절대 온도(K))

(4) 기체의 분자량

① 기체의 질량(w)을 측정하여 기체의 몰수 $n = \dfrac{w}{M}$ 를 이상 기체 방정식에 대입하여 분자량(M)을 구한다.

$$M = \dfrac{wRT}{PV}$$

② 기체의 밀도(d) = $\dfrac{w}{V}$ 을 이상 기체 방정식에 대입하여 분자량(M)을 구한다.

$$M = \dfrac{dRT}{P}$$

정답 12쪽

Q5 어떤 조건에서 실제 기체가 이상 기체처럼 행동할 수 있는가?

---

1 보일-샤를 법칙과 그래프

• 보일 법칙과 온도

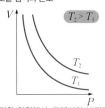

일정한 압력에서 T_2에서의 부피가 T_1에서보다 크므로 온도는 $T_2 > T_1$이다.

• 샤를 법칙과 압력

일정한 온도에서 P_1에서의 부피가 P_2에서보다 크므로 압력은 $P_1 < P_2$이다.

• 보일-샤를 법칙

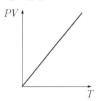

압력과 부피의 곱(PV)은 절대 온도(T)에 비례한다.

2 아보가드로 법칙

일정한 압력과 온도에서 기체의 부피는 그 기체의 몰수에 비례한다.($V \propto n$)

미니사전

실제 기체 일반적으로는 이상 기체 상태 방정식이 적용되지 않는다. 온도가 높을수록, 압력이 낮을수록, 분자량이 작을수록 이상 기체 상태 방정식에 맞는다.

구분	이상 기체	실제 기체
분자 크기	×	○
분자가 치지하는 부피	×	○
분자 간 인력/반발력	×	○
이상 기체 상태 방정식	완전히 일치	고온, 저압에서 일치

II. 분자 운동과 기체　**59**

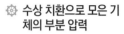
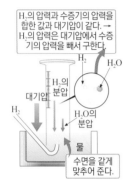

H₂의 압력과 수증기의 압력을 합한 값과 대기압이 같다. → H₂의 압력은 대기압에서 수증기의 압력을 빼서 구한다.

H_2 부분 압력 + 수증기 압력 + 물기둥 압력 = 대기압 760 mmHg

(1) 측정관의 수면과 수조의 수면이 일치 하는 경우

$$P_{H_2} = 대기압 - P_{H_2O}$$

(2) 측정관의 수면과 수조의 수면이 일치 하지 않는 경우(측정관 내의 수면이 h만큼 높은 경우)

$$P_{H_2} = 대기압 - P_{H_2O} - P_{물기둥h}$$

⚙ **몰 분율과 부분 압력의 법칙**

$$X_A = \frac{n_A}{n_A + n_B}, \quad X_B = \frac{n_B}{n_A + n_B}$$

$$P_T = n_T \frac{RT}{V}, \quad P_A = \frac{n_A RT}{V}$$

$$P_A = P_T \times X_A = \frac{n_T RT}{V} \times \frac{n_A}{n_A + n_B}$$

$$n_T = n_A + n_B$$

4. 혼합 기체의 압력

(1) 부분 압력과 전체 압력
서로 반응하지 않는 두 종류의 기체가 일정한 부피의 용기 속에 혼합되어 있을 때 혼합 기체의 전체 압력은 각 성분 기체의 부분 압력의 합과 같다. → 각 성분 기체가 나타내는 압력은 각 성분 기체의 부분 압력이다.

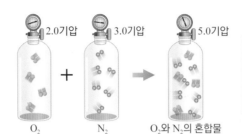

부분 압력 : O₂ = 2 기압
            N₂ = 3 기압
전체 압력 : 2 + 3 = 5 기압

(2) 부분 압력 법칙

① 혼합 기체가 나타내는 전체 압력은 각 성분 기체의 부분 압력의 합과 같고, 일정한 온도에서 같은 부피의 기체의 압력은 기체의 종류에 관계없이 기체 분자의 몰수에 의해 결정된다.

$$P_T = P_A + P_B + P_C \cdots (P_T : 전체 압력, P_A, P_B, P_C : 각 성분 기체의 부분 압력)$$

일정 온도(293 K)와 일정 부피(5 L)에서		
H₂	He	H₂ + He
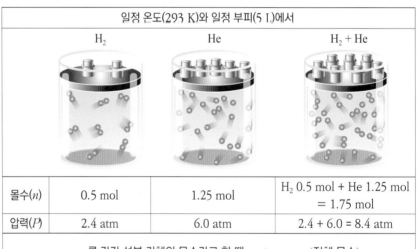		
몰수(n) 0.5 mol	1.25 mol	H₂ 0.5 mol + He 1.25 mol = 1.75 mol
압력(P) 2.4 atm	6.0 atm	2.4 + 6.0 = 8.4 atm

n_A, n_B를 각각 성분 기체의 몰수라고 할 때, $n_A + n_B = n_T$ (전체 몰수)

이상 기체 상태 방정식에 의해 $P_A = \dfrac{n_A RT}{V}$ $P_B = \dfrac{n_B RT}{V}$

$$P_T(전체 압력) = P_A + P_B = (n_A + n_B)\frac{RT}{V} = n_T \frac{RT}{V}$$

② **몰 분율** : 혼합 기체에서 해당 기체의 몰수를 전체 기체의 몰수로 나눈 값이다.

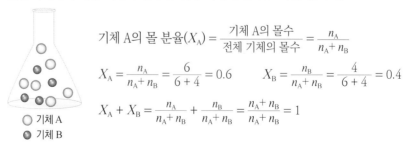

○ 기체 A
● 기체 B

기체 A의 몰 분율(X_A) = $\dfrac{기체 A의 몰수}{전체 기체의 몰수}$ = $\dfrac{n_A}{n_A + n_B}$

$$X_A = \frac{n_A}{n_A + n_B} = \frac{6}{6+4} = 0.6 \qquad X_B = \frac{n_B}{n_A + n_B} = \frac{4}{6+4} = 0.4$$

$$X_A + X_B = \frac{n_A}{n_A + n_B} + \frac{n_B}{n_A + n_B} = \frac{n_A + n_B}{n_A + n_B} = 1$$

정답 12쪽

Q6 $Cl_2(g)$가 0.2 mol, $NH_3(g)$가 0.3 mol 이 들어 있는 용기에서 NH_3의 몰 분율을 구하시오.

개념 확인 문제

분자 운동

01 다음 중 증발이 잘 일어나는 조건으로 옳지 않은 것을 고르시오.

① 바람이 강할수록　② 온도가 높을수록
③ 습도가 낮을수록　④ 표면적이 작을수록
⑤ 분자 사이의 인력이 작을수록

02 다음 중 증발에 의한 현상에는 '증', 확산에 의한 현상에는 '확'을 적으시오.

(1) 염전에 바닷물을 가두어 소금을 얻는다.
　　　　　　　　　　　　　　　　(　)
(2) 방 안에 장미 꽃을 놓아두면 방 전체에서 장미 냄새가 난다.　　　　　(　)
(3) 가뭄이 들어 땅이 마른다.　　(　)
(4) 물에 잉크를 떨어뜨리면 물 전체가 잉크색으로 변한다.　　　　　(　)
(5) 맑은 날 젖은 빨래가 잘 마른다.　(　)

03 다음에서 설명하는 현상은 무엇인가?

> 담배 연기 입자들이 어지럽게 흩어지는 것처럼 기체나 액체 입자들이 하는 무질서한 운동이다. 이 현상은 분자들이 움직이면서 공간에 있는 다른 분자들과 충돌하거나 용기 벽면과 부딪혀 방향이 바뀌게 되기 때문에 나타난다.

04 증발과 끓음은 모두 기화 현상이지만 서로 차이가 있다. 증발과 끓음에 관하여 각각 바르게 연결하시오.

(1) 증발 •

• 열을 가하지 않아도 일어난다.
• 끓는점 이상에서만 일어난다.

(2) 끓음 •

• 액체 전체에서 일어난다.
• 액체 표면에서만 일어난다.

05 다음 중 〈기체 분자 운동론〉에서 다루는 기체 분자에 대한 가정으로 옳은 것을 고르시오.

① 기체 분자들은 모두 일정한 방향으로 움직인다.
② 기체 분자들은 규칙적인 운동을 한다.
③ 기체 분자들 사이에는 힘이 존재하지 않는다.
④ 기체 분자들끼리 충돌 시 에너지가 감소한다.
⑤ 기체 분자들의 크기를 고려하여 실제 부피를 작게 계산한다.

06~07 다음 그림과 같이 둥근바닥 플라스크에 유리관을 끼우고 한쪽 끝에 붉은색 잉크 방울을 넣었다. 둥근바닥 플라스크를 두 손으로 감싸 쥐었더니 잠시 후 잉크 방울이 오른쪽으로 이동하였다.

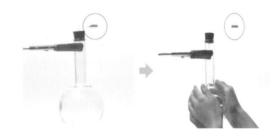

06 이 실험에서 온도를 높일 때에 일어나는 변화로 옳은 것을 고르시오.

	분자 운동	분자의 충돌 횟수	부피
①	활발	증가	감소
②	활발	증가	증가
③	활발	감소	증가
④	둔해짐	증가	증가
⑤	둔해짐	감소	감소

07 이 실험에 대한 설명으로 옳은 것을 고르시오.

① 온도가 올라가면 공기 분자의 개수는 많아진다.
② 온도가 올라가면 공기 분자 사이의 거리는 멀어진다.
③ 온도가 올라가면 공기 분자가 차지하는 공간이 좁아진다.
④ 온도가 올라가면 분자들은 오른쪽으로만 이동하려 한다.
⑤ 온도와 분자 운동과는 상관이 없다.

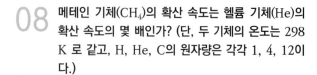
08 메테인 기체(CH_4)의 확산 속도는 헬륨 기체(He)의 확산 속도의 몇 배인가? (단, 두 기체의 온도는 298 K 로 같고, H, He, C의 원자량은 각각 1, 4, 12이다.)

09 일정한 온도와 압력에서 기체 A 100 mL 가 확산되는데 4초가 걸렸다. 같은 조건에서 산소 기체(O_2) 100 mL 가 확산되는 데에는 2초가 걸렸다면 기체 A의 분자량은? (단, 확산 속도는 mL/초, $50^2 = 2500$, $25^2 = 625$이며, O의 원자량은 16이다.)

① 8　　② 16　　③ 32　　④ 64　　⑤ 128

기체의 압력, 온도와 부피와의 관계

10 다음 중 접촉 면적을 넓게 하여 압력을 작게 만든 것에 대한 현상을 고르시오.

① 책장을 넘기다가 얇은 종이에 손을 베었다.
② 버스 안에서 하이힐 굽에 발을 밟혀 눈물이 찔끔 났다.
③ 스케이트가 더 잘 미끄러지게 하기 위해서 스케이트 날을 날카롭게 하였다.
④ 탄산 가스의 압력을 견디기 위해 탄산 음료 캔의 바닥을 오목하게 만든다.
⑤ 나무를 심으려고 땅을 쉽게 파기 위해 삽을 더 날카롭게 만들었다.

11 다음 중 기체의 압력에 대한 설명으로 옳은 것은 ○표, 옳지 않은 것은 ×표 하시오.

(1) 기체의 압력은 분자량이 큰 기체일수록 크다.
　　　　　　　　　　　　　　(　)
(2) 기체의 압력은 모든 방향에 같은 크기로 작용한다. 　　　　　　　　　　(　)
(3) 기체 분자의 움직임이 활발할수록 압력이 커진다. 　　　　　　　　　　(　)
(4) 온도가 증가할수록 기체의 압력은 커진다.
　　　　　　　　　　　　　　(　)
(5) 기체 분자가 벽면에 충돌하는 횟수가 작을수록 압력은 작아진다. 　　　　　(　)
(6) 같은 부피에서 기체 분자의 수와 압력은 상관 없다. 　　　　　　　　　(　)

12 다음 그림을 보고 물음에 답하시오.

(1) 일정 압력에서 300 K, 5 L 짜리 실린더를 가열하여 온도를 300 K 증가시켰을 때 나중 부피를 구하시오.

(2) 일정 온도에서 부피 2 L, 압력 3 atm 의 실린더의 압력을 1 atm 까지 낮추었을 때 나중 부피를 구하시오.

(3) (1)과 (2)에서 알 수 있는 압력과 온도, 부피에 관련된 법칙을 쓰고 각 법칙에 해당하는 그래프를 보기에서 찾아 각각 적으시오.

	①	②
법칙		
그래프		

> **보기**
>
>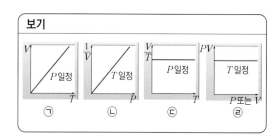

13 그림은 크기와 질량이 같은 벽돌을 스펀지 위에 올려 놓은 것이다. 각각 스펀지에 작용하는 압력의 크기를 비교하시오.

(1)　　　　　　　　　　(2)

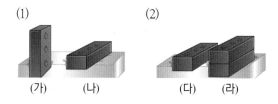

(가)　　(나)　　　　(다)　　(라)

14 그림과 같이 일정한 온도에서 압력을 변화시켰을 때 실린 더 내부의 기체 분자의 변화에 대해 알맞은 것을 ( ) 안에서 고르시오.

(1) 기체의 압력　　　　　　　(증가, 감소, 일정)
(2) 기체의 부피　　　　　　　(증가, 감소, 일정)
(3) 기체의 질량　　　　　　　(증가, 감소, 일정)
(4) 기체 분자의 개수　　　　　(증가, 감소, 일정)
(5) 기체 분자의 충돌 횟수　　　(증가, 감소, 일정)
(6) 기체 분자의 크기　　　　　(증가, 감소, 일정)
(7) 기체 분자의 운동 속도　　　(증가, 감소, 일정)

15 다음과 같이 무게가 $200 \, N$인 물체가 바닥에 놓여있다.

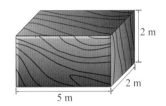

(1) 바닥에 수직으로 작용하는 압력의 크기를 계산하여 다음 빈칸을 채우시오.

$$\boxed{} \frac{N}{m^2} = \boxed{} \ \text{Pa} = \boxed{} \ \text{atm}$$

(2) (1)에서 계산한 압력이 어떤 장소에서 작용하는 기압이라고 가정했을 때 그 기압에 해당하는 수은 기둥의 높이와 물기둥의 높이를 구하시오.

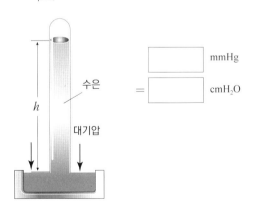

16 다음 그림에 대한 설명으로 옳지 않은 것을 고르시오.

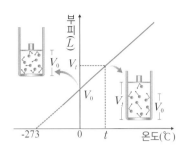

① 0 ℃ 일 때의 부피를 V_0 라고 한다면 t ℃ 일 때의 부피는 V_t 이다.
② 샤를 법칙에 의해 증가한 부피는 $V_0 \times \dfrac{t}{273}$ 이다.
③ 처음 부피가 5 mL 이고 온도가 273 ℃ 증가하였다면 나중 부피는 6 mL 이다.
④ t 가 27 ℃ 라면 절대 온도는 300 K 이다.
⑤ 압력이 일정할 때 절대 온도와 부피는 비례한다.

17 찌그러진 탁구공에 뜨거운 물을 부었을 때 증가하지 않는 것은?

① 부피　　　　② 온도　　　　③ 압력
④ 분자의 개수　　⑤ 분자의 충돌 횟수

18 그림은 일정한 압력에서 온도를 변화시켰을 때의 변화를 나타낸 것이다. 이에 대한 설명으로 옳은 것을 고르시오.

① 분자의 개수가 줄어 들어 부피가 감소했다.
② 분자의 질량이 줄어 들어 부피가 감소했다.
③ 분자의 운동 속도는 온도와 관계없이 일정하다.
④ 분자 사이의 거리는 부피와 관계없이 일정하다.
⑤ 부피는 분자의 질량과 관계없이 온도에만 비례한다.

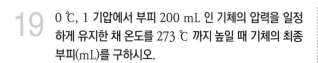

19 0 ℃, 1 기압에서 부피 200 mL 인 기체의 압력을 일정하게 유지한 채 온도를 273 ℃ 까지 높일 때 기체의 최종 부피(mL)를 구하시오.

20 0 ℃, 1 기압에서 어떤 기체의 부피는 134 mL 이다. 이때 압력을 일정하게 유지하면서 부피를 2배 증가시키려면 온도는 몇 ℃ 가 되어야 하는가?

이상 기체 상태 방정식

21 다음 중 이상 기체와 실제 기체에 대한 설명으로 옳은 것만을 있는 대로 고르시오.

① 이상 기체 분자의 크기는 전체 부피에 비해 무시할 만큼 작다.
② 실제 기체 분자가 차지하는 부피도 전체 부피에 비해 무시할 만큼 작다.
③ $PV = nRT$를 따르는 것은 이상 기체이다.
④ 이상 기체의 분자들 사이에는 인력만이 존재한다.
⑤ 0 K(절대 영도)에서 이상 기체의 부피는 0 ℃의 $\frac{1}{273}$배이다.

22 27 ℃ 에서 부피가 10 L 인 어떤 탱크 안에 수소 기체(H_2)가 20 g 이 들어 있다. 탱크 안의 수소 기체가 갖는 압력을 계산하시오. (단, 온도는 일정하고, H의 원자량은 1이며, 기체 상수(R)는 0.082 atm·L/mol·K 이다.)

23 그림에서 주어진 질소 기체(N_2)의 몰수를 계산하시오. (단, 기체 상수(R)는 0.08 atm·L/mol·K 이다.)

$N_2 (g)$
27℃, 2 atm, 10 L

24 헬륨으로 채운 기상 관측용 기구의 부피는 27 ℃, 1.00 기압에서 10,000 L 이다. 이 기구를 온도가 -33 ℃ 이고 압력이 0.40 기압이 되는 고도까지 띄웠다. 이 경우에 기구의 부피는 얼마가 되겠는가? (단, 기구는 외부 압력과 내부 압력이 같아지도록 팽창, 수축한다고 가정한다.)

25 1 기압에서 수소 2몰의 부피를 측정하였더니 48 L 였다. 수소 기체의 온도는? (단, 수소 기체는 이상 기체처럼 행동하고 기체 상수(R)는 0.08 atm·L/mol·K 으로 한다.)

① 0 ℃   ② 25 ℃   ③ 27 ℃
④ 100 ℃   ⑤ 300 ℃

26 2 기압, 27 ℃ 에서 기체 X 56 g 이 24 L 의 부피를 차지하고 있다. 기체 상수(R)를 0.08 atm·L/mol·K 이라고 할 때 기체 X의 분자량을 구하시오.

27 다음 그래프를 보고 물음에 답하시오.

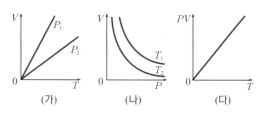

(가)   (나)   (다)

(1) (가)에서 P_1, P_2 의 크기를 비교하시오.

(2) (나)에서 T_1, T_2 의 크기를 비교하시오.

(3) (다)를 이용하여 0 ℃, 1 기압(atm) 22.4 L 조건에 있는 기체 1 mol 의 기체 상수(R)를 계산하시오.

28 어떤 기체가 72 L 의 플라스크 속에 가득 들어 있을 때 온도는 300 K 이고, 내부 압력은 1 기압이었다. 이 기체가 들어 있는 플라스크의 무게는 108.3 g 이고 플라스크만의 무게는 102.3 g 이다. 다음 원자량을 참고하면, 이 기체는 다음 중 어떤 것인가? (단, 기체 상수(R)는 0.08 atm·L/mol·K 이다.)

원소	H	C	He	Cl
원자량	1	12	4	35.5

① H_2 ② He ③ CH_4 ④ HCl ⑤ Cl_2

29 27 ℃ 에서 10 L 플라스크에 이산화 탄소(CO_2) 기체를 채워 압력이 912 mmHg 가 되게 하려고 한다. (단, C, O 의 원자량은 각각 12, 16이고, 기체 상수(R)는 0.08 atm·L/mol·K 이다.)

(1) 이산화 탄소 기체는 몇 몰이 필요한가?

(2) 필요한 이산화 탄소 기체의 질량은?

(3) 온도를 같게 유지하며 압력을 456 mmHg 가 되게 하려면 몇 g 의 이산화 탄소 기체를 빼내야 하는가?

30 다음 중 혼합 기체의 압력에 대한 설명으로 옳지 않은 것을 고르시오.

① 서로 반응하지 않는 기체 혼합물에서 각 성분 기체가 나타내는 압력을 부분 압력이라고 한다.
② 혼합 기체에서 성분 기체의 압력은 성분 기체의 몰수에 비례한다.
③ 성분 기체의 부분 압력은 각 기체의 몰 분율에 전체 압력을 곱하여 구한다.
④ 돌턴의 부분 압력의 법칙에 의해 성분 기체의 부분 압력의 합은 전체 기체의 압력과 같다.
⑤ 성분 기체의 분자량이 작을수록 부분 압력은 증가한다.

31 2 g 의 수소 기체(H_2)와 8 g 의 산소 기체(O_2)를 9.6 L 의 플라스크에 채웠더니 플라스크 내의 전체 압력이 5기압이 되었다. 기체 상수(R)가 0.08 atm·L/mol·K 라고 할 때, 플라스크 내 기체의 온도(℃)를 구하시오. (단, H, O 의 원자량은 각각 1, 16이고, 수소 기체와 산소 기체는 서로 반응하지 않는다.)

32 다음 그림과 같이 1몰의 산소 기체와 1.5몰의 헬륨 기체가 들어 있는 용기의 압력이 3 기압이었다. 다음을 각각 구하시오.

산소
헬륨

(1) 산소의 몰 분율
(2) 헬륨의 몰 분율
(3) 산소의 부분 압력
(4) 헬륨의 부분 압력

33 질소(N_2) 5.6 g 과 아르곤(Ar) 8 g 이 들어 있는 용기의 전체 압력이 10 기압이었다. 질소와 아르곤의 부분 압력을 구하시오. (단, N, Ar의 원자량은 각각 14, 40이다.)

	질소	아르곤		질소	아르곤
①	3 기압	7 기압	②	4 기압	6 기압
③	5 기압	5 기압	④	6 기압	4 기압
⑤	7 기압	3 기압			

34 다음 그림을 보고 물음에 답하시오. (단, 각 플라스크의 온도는 500 K 로 일정하다.)

기체 A
2 기압
1 L

기체 B
3 기압
1 L

기체
A+B
1 L

(가) (나) (다)

(1) 온도가 일정할 때 기체 A 와 B 를 섞은 혼합 기체가 들어 있는 (다)의 총 압력은? (단, A 와 B 를 혼합할 때 화학 반응은 일어나지 않는다.)

(2) 500 K 에서 (다)의 기체 A 와 B 의 몰수를 구하시오. (단, 기체 상수(R) = 0.082 L·atm/mol·K 이다.)

(3) (다)에서 기체 A 와 B 의 몰 분율을 각각 구하시오. (단, 소수점 셋째 자리에서 반올림한다.)

개념 심화 문제

01 같은 부피의 주사기 끝을 고무마개로 막은 다음 공기와 물을 각각 담았다. 같은 힘을 가하여 피스톤을 눌렀을 때 물에 비해 공기가 더 쉽게 압축되는 이유는 무엇인지 쓰시오. (단, 물 분자와 공기 분자는 크기와 모양이 같다고 가정한다.)

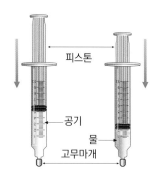

02 향수병의 뚜껑을 열어 놓으면 향수 분자가 증발하여 공기 중으로 확산되어 주위로 퍼져 멀리서도 냄새를 맡을 수 있다. 다음 그림의 향수병의 뚜껑을 열었을 때 분자 운동의 변화를 그림으로 나타내시오.

뚜껑 열기 전   뚜껑을 연 후

03 그림과 같이 용기에 들어 있던 기체들이 분자 충돌 없이 작은 구멍을 통해 외부로 퍼져 나가는 분출 실험을 통해 그레이엄의 확산 속도의 법칙이 분출에서도 성립함을 실험적으로 증명하였다. 다음 물음에 답하시오.

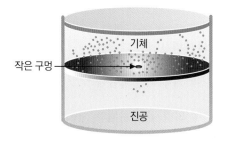

(1) 일정 온도와 압력에서 헬륨(He)과 메테인(CH_4), 이산화 황(SO_2)의 분출 속도의 비를 구하시오.

원자의 종류	H	He	C	O	S
원자량	1	4	12	16	32

(2) 이산화 황(SO_2) 기체 120 mL가 일정 온도와 압력에서 분출하는데 40초가 걸렸다면 이산화 황(SO_2) 기체의 분출 속도(mL/초)를 구하시오.

(3) (2)와 같은 조건에서 종류를 모르는 기체 A 80 mL 가 분출하는데 10초가 걸렸다면 기체 A의 분자량을 구하시오.

04 다음을 읽고, 이에 대한 설명으로 옳은 것만을 있는 대로 고르시오.

갈릴레이의 조수였던 토리첼리는 공기가 압력을 미친다는 사실을 수은이 들어 있는 용기를 이용해 실험적으로 증명하였다. 즉, 0 ℃ 에서 대기압과 수은의 압력이 같을 때 수은 기둥의 높이는 760 mm 이다.

저울의 한쪽에 수은이 들어 있는 끝이 막힌 유리관을 놓아두었다면, 반대쪽에는 같은 단면적의 공기 기둥을 지구 꼭대기까지 (~150 km) 놓아 둔 것과 같다.

수은 기둥의 높이는 수은의 질량과 공기 기둥의 질량이 같아지도록 조절되었기 때문에 기후 변화에 의해 대기압이 변한다면 수은 기둥의 높이도 달라질 것이다.

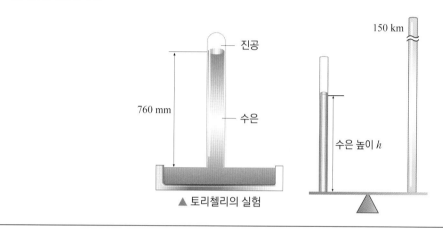

▲ 토리첼리의 실험

① 0 ℃ 일 때 높이 76 cm 의 수은 기둥이 누르는 압력을 1 atm 이라고 하고 이때 수은 대신 물을 채운 기둥의 높이는 1033.6 cm 이다.

② 유리관의 끝이 깨지면 대기압이 변하지 않는 이상 수은의 높이는 760 mm 로 일정하다.

③ torr는 토리첼리를 기념하기 위해 사용되는 단위로 0 ℃ 일 때 1 torr 는 760 mmHg 이다.

④ 높은 곳에서는 대기압이 상대적으로 낮아 수은 기둥의 높이는 줄어든다.

⑤ 에베레스트 산 정상에서의 압력이 0.349 atm 일 때 수은 기둥의 높이는 2177 mm 이다.

05 그림에서 기체 주입기와 수은 기둥이 연결된 (가) 장치에 어떠한 조작을 하였더니 (나)와 같이 수은 기둥의 높이가 변하였다. (가)에서 (나)로 기체의 압력을 변화시키기 위한 방법을 2가지 쓰시오.

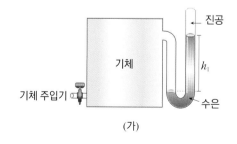

(가)

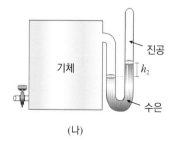

(나)

06 그림 (가)는 25 ℃ 에서 눈금 실린더에 산소 기체를 포집하는 실험 장치이고, (나)는 산소가 포집된 후의 모습이다.

산소통

물

(가)　　　　　(나)

포집된 산소 기체에 대한 설명으로 옳은 것만을 〈보기〉에서 있는 대로 고른 것은?

> **보기**
>
> ㄱ. 포집된 산소 기체의 압력은 대기압과 같다.
> ㄴ. 포집된 산소 기체의 부피는 눈금 실린더 내부 수증기의 부피와 같다.
> ㄷ. 눈금 실린더를 천천히 눌러 내리면 포집된 산소 기체의 부피는 증가한다.

① ㄱ　　　　② ㄴ　　　　③ ㄷ　　　　④ ㄱ, ㄴ　　　　⑤ ㄴ, ㄷ

07 그림 (가)는 25 ℃, 아르곤(Ar) 기체를 1 기압으로 넣은 것이고, (나)는 (가)에서 온도를 일정하게 유지하면서 압력을 주어 부피를 반으로 줄인 것이다.

25℃ 1기압
Ar

Ar

(가)　　　　　(나)

(가)에서 (나)로의 변화에서 아르곤의 변하지 않는 값을 〈보기〉에서 있는 대로 고르시오.

> **보기**
>
> ㄱ. 기체의 압력　　　　　　　ㄴ. 기체의 분자 수
> ㄷ. 기체 분자의 크기　　　　　ㄹ. 기체의 평균 운동 에너지

08 그림과 같이 유리 막대에 페놀프탈레인 지시약을 몇 방울 떨어뜨린 솜을 세 단계로 끼우고 유리병에 암모니아수를 넣은 다음 변화를 관찰하였다. 다음 물음에 답하시오.

페놀프탈레인을 적신 솜

암모니아수

(1) 시간이 흐를수록 유리병 안의 솜은 어떻게 변하는지 그 이유와 함께 쓰시오.

(2) 솜의 색깔 변화가 빨리 일어나게 하기 위해서는 어떻게 해야 하는지 쓰시오.

(3) 아래 '개념 돋보기'의 지시약에 대한 설명을 읽고 위 실험에서 페놀프탈레인 이외에 사용할 수 있는 지시약에는 어떤 것이 있는지 쓰시오.

개념
돋보기

지시약의 종류와 변색 범위

지시약은 용액의 상황이 변함에 따라 눈에 띄는 변화가 나타나는 물질이다. 이러한 변화가 색깔로 나타나는 지시약도 있고, 형광이나 발광 등으로 나타나는 것도 있다. 또한 용액이 혼탁해지거나 침전물이 생성되는 경우도 있는데 이 중 가장 널리 사용되는 것은 색깔의 변화가 나타나는 지시약이다.

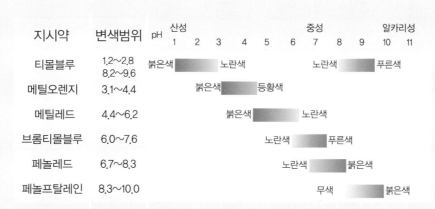

지시약	변색범위
티몰블루	1.2~2.8 / 8.2~9.6
메틸오렌지	3.1~4.4
메틸레드	4.4~6.2
브롬티몰블루	6.0~7.6
페놀레드	6.7~8.3
페놀프탈레인	8.3~10.0

09 그림과 같이 300 K, 2.0 L 강철용기에 들어 있는 질소의 압력은 3.0 기압이다. 이 강철용기를 완전히 비어 있는 5.0 L 강철용기와 연결하고 콕을 열어 충분한 시간이 지난 후 용기 내부의 온도를 재보니 양쪽 모두 100 K 였다. 두 용기의 압력이 같을 때 질소 기체의 압력을 구하시오. (단, 소수점 셋째 자리에서 반올림한다.)

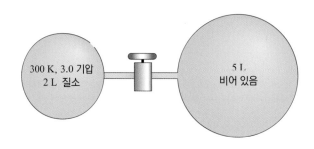

10 그림은 온도가 같은 기체 A 와 B 가 각각 들어 있는 동일한 두 개의 실린더에 같은 질량의 추로 압력을 가할 때 기체가 분출되는 모습을 나타낸 것이다. 두 피스톤이 동일한 높이에서 실린더 바닥에 닿을 때까지 걸린 시간은 기체 B 가 기체 A의 2배이다.

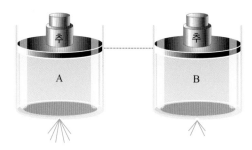

기체 A 와 B 에 대한 설명으로 옳은 것만을 〈보기〉에서 있는 대로 고른 것은? (단, 기체의 온도는 일정하며, 피스톤의 마찰은 무시한다.)

보기

ㄱ. 분자량은 B 가 A 의 4배이다.
ㄴ. 분자의 평균 속도는 A 와 B 가 같다.
ㄷ. 실린더 내 단위 부피 당 분자 수는 A 가 B 보다 크다.

---

① ㄱ   ② ㄴ   ③ ㄱ, ㄷ   ④ ㄴ, ㄷ   ⑤ ㄱ, ㄴ, ㄷ

11 그림에서 보고 샤를 법칙을 이용하여 91 ℃ 에서의 부피(V_t)를 구하시오.

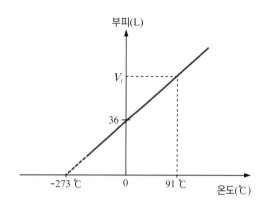

12 그림은 아르곤(Ar)이 들어 있는 세 개의 실린더이며, 가벼운 피스톤이 자유롭게 위아래로 운동할 수 있다. 피스톤을 고정한 후 실린더 내 아르곤의 온도, 압력, 몰수를 그림과 같이 되도록 하였다.

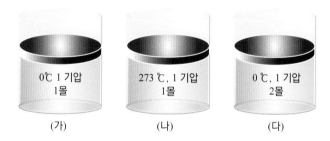

피스톤의 고정 장치를 풀었을 때 (가) ~ (다)의 아르곤 기체의 부피를 옳게 비교한 것은? (단, 온도는 일정하고, 외부 압력은 1 기압이며, 피스톤의 마찰은 무시한다.)

① (가) > (나) > (다)　　　　　　② (가) = (나) = (다)　　　　　　③ (나) = (다) > (가)
④ (다) > (가) > (나)　　　　　　⑤ (다) > (가) = (나)

개념
돋보기

◯ [개념 보기]에서 학습한 유용한 법칙 및 공식들을 정리해 보자.

보일 법칙	$P_1V_1 = P_2V_2$	P_1 : 처음 압력	돌턴의 부분 압력 법칙		
		P_2 : 나중 압력			
샤를 법칙	$\dfrac{V_1}{T_1} = \dfrac{V_2}{T_2}$	V_1 : 처음 부피 V_2 : 나중 부피 T_1 : 처음 온도 T_2 : 나중 온도	기체 A의 몰 분율(x_A) = $\dfrac{\text{기체 A의 몰수}}{\text{전체 기체의 몰수}} = \dfrac{n_A}{n_A + n_B}$		
	$V_t = V_0 + (V_0 \times \dfrac{t}{273})$, t : 절대 온도(K)		$x_A + x_B = \dfrac{n_A}{n_A + n_B} + \dfrac{n_B}{n_A + n_B} = \dfrac{n_A + n_B}{n_A + n_B} = 1$		

13~15 이상 기체 상태 방정식을 이용하여 다음을 계산하시오.

13 작은 기포가 8 ℃, 6.4 atm 인 호수 바닥에서, 25℃, 1.0 atm 인 물의 표면까지 떠오르고 있다. 호수 바닥에서의 부피가 2.1 mL 일 때, 물의 표면에서의 기포의 부피를 구하시오.

14 0.990 atm, 55 ℃ 에 있는 이산화 탄소(CO_2)의 밀도($\dfrac{\text{질량(g)}}{\text{부피(L)}}$)를 구하시오. (단, C, O의 원자량은 각각 12, 16이다.)

15 아자이드화 소듐(NaN_3)은 자동차의 에어백에 사용된다. 충돌의 충격으로 NaN_3는 다음과 같이 분해된다.

$$2NaN_3(s) \longrightarrow 2Na(s) + 3N_2(g)$$

순간적으로 생성된 질소 기체는 운전자와 앞 유리 사이에 에어백을 팽창시킨다. 60.0 g 의 NaN_3 의 분해로 인해 80 ℃, 823 mmHg 에서 생성된 N_2의 부피를 구하시오. (단, N, Na의 원자량은 각각 14, 23 이다.)

▲ 에어백의 팽창

개념 돋보기

● **화학 반응식**

화학 반응이 일어날 때 반응하는 물질과 생성되는 물질을 화학식으로 나타낸 것을 말하는데, 화살표(→)를 경계로 왼쪽은 반응물, 오른쪽은 생성물을 의미한다.

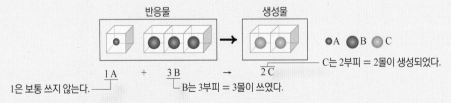

16 Dalton의 부분 압력의 법칙을 설명하기 위해 다음과 같은 실험을 수행하였다.

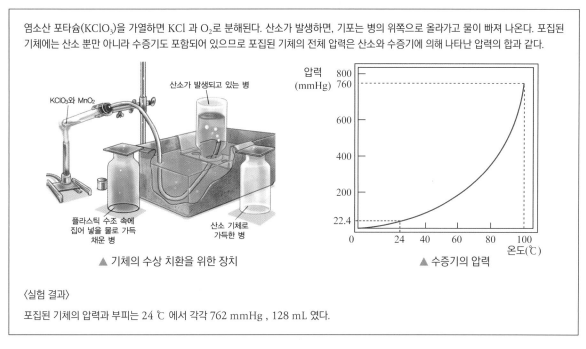

염소산 포타슘($KClO_3$)을 가열하면 KCl 과 O_2로 분해된다. 산소가 발생하면, 기포는 병의 위쪽으로 올라가고 물이 빠져 나온다. 포집된 기체에는 산소 뿐만 아니라 수증기도 포함되어 있으므로 포집된 기체의 전체 압력은 산소와 수증기에 의해 나타난 압력의 합과 같다.

▲ 기체의 수상 치환을 위한 장치

▲ 수증기의 압력

〈실험 결과〉

포집된 기체의 압력과 부피는 24 ℃ 에서 각각 762 mmHg , 128 mL 였다.

(1) 포집된 기체의 전체 압력(P_T)과 산소와 수증기의 부분 압력(P_{O_2}, P_{H_2O})과의 관계를 P_T, P_{O_2}, P_{H_2O}를 이용해 표현해 보시오.

(2) 포집된 기체에서 순수한 산소 기체의 압력(atm)을 구하시오.

(3) 생성된 산소의 질량을 계산하시오. (단, O의 원자량은 16이고, 기체 상수(R) = 0.082 L·atm/mol·K 이다.)

17 크기가 같은 세 개의 풍선에 종류가 다른 기체 A, B, C를 각각 같은 부피로 넣었더니 〈그림 1〉과 같았다. 일정한 온도와 압력에서 시간이 지난 후 풍선은 〈그림 2〉와 같이 바뀌었다.

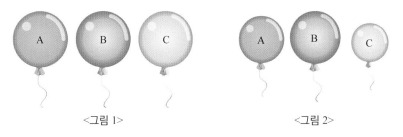

〈그림 1〉   〈그림 2〉

(1) 확산이 가장 잘 일어나는 기체 순으로 쓰시오.

(2) A, B, C 기체 분자의 분자량을 작은 순서대로 비교하시오.

(3) A, B, C 기체 분자의 운동 속도를 비교하시오.

(4) A, B, C 기체 분자의 평균 운동 에너지를 비교하시오.

18 온도가 T, 압력이 P, 부피가 V 일 때, n몰의 기체 시료가 오른쪽 그림과 같이 움직이는 피스톤이 장착된 실린더에 들어 있다고 하자. 다음 (1) ~ (4)의 변화를 주었을 때 기체의 상태를 잘 나타낸 실린더를 〈보기〉에서 각각 고르시오. (단, 진한 색은 밀도가 큰 상태, 옅은 색은 밀도가 작은 상태를 나타낸다.)

▲ 피스톤이 장착된 실린더

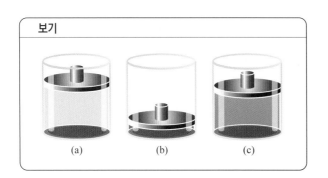

보기

(a)　(b)　(c)

(1) 일정한 n 과 T 에서 피스톤의 압력을 세 배로 하였을 때

(2) 일정한 n 과 P 에서 온도를 두 배로 하였을 때

(3) 일정한 n 과 P 에서 다른 기체 n몰을 첨가하였을 때

(4) 온도를 반으로 줄이고 피스톤의 압력을 $\frac{1}{4}$ 로 줄였을 때

19 그림은 헬륨(He)이 들어 있는 강철용기 (가)와 네온(Ne)이 들어 있는 실린더 (나)를 콕으로 연결한 것을 나타낸 것이다. 이때 온도를 일정하게 유지하면서 콕을 열어 평형에 도달하게 하였다.

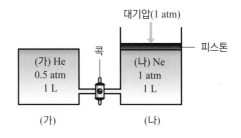

대기압(1 atm)

피스톤

(가) He
0.5 atm
1 L

콕

(나) Ne
1 atm
1 L

(가)　(나)

이에 대한 설명으로 옳은 것만을 〈보기〉에서 있는 대로 고른 것은? (단, 피스톤과 용기 사이의 마찰과 피스톤의 무게는 무시한다.)

보기

ㄱ. He 과 Ne 의 분자 수의 비는 2 : 1 이다.

ㄴ. 평형에 도달한 상태에서 Ne 의 부분 압력은 $\frac{2}{3}$ atm 이다.

ㄷ. 평형에 도달한 상태에서 (나)의 부피는 0.5 L 이다.

① ㄱ　② ㄴ　③ ㄱ, ㄷ　④ ㄴ, ㄷ　⑤ ㄱ, ㄴ, ㄷ

20 그림은 기체 분자의 속도 분포를 나타낸 것이다. 다음 물음에 답하시오.

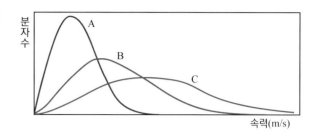

(1) 위 그림이 같은 기체 분자의 속도 분포라고 할 때 A, B, C 를 온도가 증가하는 순서대로 쓰시오.

(2) 위 그림이 같은 온도에서의 서로 다른 기체 분자들의 속도 분포라고 할 때 A, B, C 에 해당하는 분자들로 바르게 연결된 것을 고르시오. (단, He, N, Cl의 원자량은 각각 4, 14, 35.5이다.)

	A	B	C
①	Cl_2	N_2	He
②	Cl_2	He	N_2
③	N_2	Cl_2	He
④	He	Cl_2	N_2
⑤	He	N_2	Cl_2

개념 돋보기

🔵 기체의 평균 속력

기체 분자들은 끊임없이 충돌하며, 충돌하는 방향에 따라서 기체 분자의 속력은 느려지기도 하고 빨라지기도 한다. 따라서 같은 온도에서도 제각기 다른 속력을 가지며, 이들의 평균을 평균 속력이라고 한다.

온도와 평균 속력	분자량과 평균 속력
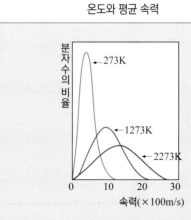	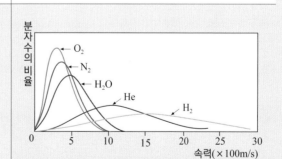
온도가 높을수록 기체의 평균 운동 속력이 증가하며, 매우 빠른 속력을 가지는 분자의 비율도 크다.	일정한 온도에서 분자량이 작은 기체일수록 운동 속력이 빠른 분자 수의 비율이 크다. → 분자량 : O_2 > N_2 > H_2O > He > H_2 평균 운동 속력 : O_2 < N_2 < H_2O < He < H_2

창의력을 키우는 문제

⬡ 공기의 압력

공기의 압력은 어느 정도일까?
우리가 즐겨 마시는 음료수 캔을 공기의 압력 차이를 이용하여 쉽게 찌그러뜨릴 수 있다.

[실험]

① 조금 넓은 그릇에 1/5 정도의 물을 붓고 고무판을 그릇 속에 넣는다.

② 음료수 캔의 밑면만 덮을 수 있는 아주 적은 양의 물을 넣는다.

③ 장갑을 끼고 물이 끓을 때까지 음료수 캔을 충분히 가열한다.

④ 충분히 가열된 음료수 캔을 거꾸로 엎어 물이 든 넓은 그릇의 고무판 위에 거꾸로 엎어 살짝 누른다.

[결과]
잠시 후 퍽! 소리와 함께 음료수 캔이 찌그러진 것을 확인할 수 있다.
깡통에 물을 조금 넣고 끓이면 물이 가열되어 수증기로 변화되면서 깡통안의 공기를 밀어 내고 수증기로 가득 차게 된다. 이때 가열된 깡통 안을 갑자기 식히게 되면 늘어난 수증기의 부피가 줄어들면서 거의 진공 상태가 된다. 그렇게 되면 깡통 안의 기압이 바깥에 비해 상대적으로 낮아지면서 바깥의 공기의 압력에 밀려 깡통이 찌그러진다. 깡통 속의 낮아진 대기압이, 상대적으로 높은 깡통 바깥의 대기압에 의해 밀려 들어와 이와 같이 현상이 생긴다.

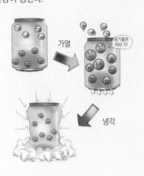

◉ 논리 서술형

01 커피는 철로 만든 캔을 이용하여 쉽게 찌그러지지 않지만 탄산음료는 알루미늄 캔을 이용하기 때문에 쉽게 찌그러진다. 음료수를 각각 재료가 다른 캔에 담는 이유는 무엇인지 쓰시오.

◉ 논리 서술형

02 거꾸로 세운 플라스크에 염화 수소(HCl) 기체를 넣고 아래 그림처럼 장치한 다음 스포이트의 고무를 눌러서 작은 양의 물(H_2O)을 플라스크로 주입시키면, 긴 유리관으로부터 물이 분출된다. 이 현상을 설명해 보시오. (단, 염화 수소는 물에 녹는 성질이 있다.)

$HCl(g)$
H_2O
고무구
H_2O

● 단계적 문제 해결형

03 다음 그림과 같이 각각 다른 기체가 든 플라스크가 연결되어 있다. 온도가 300 K 로 일정할 때 잠금 꼭지를 모두 열고 난 후의 상태에 대한 각 물음에 답하시오. (단, 연결하고 있는 관의 부피는 아주 작다고 가정하고, 기체 상수(R)은 0.082 L·atm/mol·K 이며, 소수점 셋째 자리에서 반올림한다.)

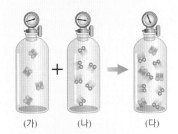

용기	(가)	(나)	(다)
물질	O_2	N_2	$O_2 + N_2$
몰수	4 mol	6 mol	x
압력	2 atm	3 atm	y
부피	모두 같다.		

단, O_2와 N_2는 혼합 시 화학 반응이 일어나지 않는다고 가정한다.

1) x [= (다)의 총 몰수] 구하기

(다)의 총 몰수 = O_2의 몰수 + N_2의 몰수 = 4 + 6 = 10

∴ 10 mol

2) y [= (다)의 압력] 구하기

(다)의 압력 = O_2의 압력 + N_2의 압력 = 2 + 3 = 5

∴ 5 atm

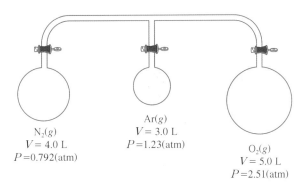

N₂(g)
V = 4.0 L
P = 0.792(atm)

Ar(g)
V = 3.0 L
P = 1.23(atm)

O₂(g)
V = 5.0 L
P = 2.51(atm)

(1) 각 기체의 부분 압력을 구하시오.

3) 몰 분율과 부분 압력

기체 A의 몰분율(x_A)

$$= \frac{기체 A의 몰수}{전체 기체의 몰수} = \frac{n_A}{n_A + n_B}$$

• $x_{O_2} = \frac{4}{4+6} = 0.4$

• $x_{N_2} = \frac{6}{4+6} = 0.6$

• $P_A = P_T \times x_A$이므로

$P_{O_2} = 5 \times 0.4 = 2$ atm

$P_{N_2} = 5 \times 0.6 = 3$ atm

∴ 위의 계산값과 일치한다.

(2) 총 내부 압력을 구하시오.

(3) 각 기체의 질량을 구하시오. (단, N, O, Ar의 원자량은 각각 14, 16, 40이다.)

과염소산 암모늄
(ammonium perchlorate)

과염소산과 암모니아의 화합물이다. 분자식 NH_4ClO_4, 무색의 결정이다. 과염소산 나트륨과 황산 암모늄 또는 염화 암모늄의 복분해에 의해 생기며, 또 과염소산 수용액에 암모니아를 통과시킨 다음 증발·결정시키고, 다시 물에서 재결정시켜도 얻어진다.
과염소산염 폭약의 주성분이며, 규소철·톱밥·바셀린을 가하여 폭발력·안정성을 증가시켜서 주로 토목 공사용으로 사용된다. 이 밖에 최근에는 폴리에스터 등 결합제로 고체화시켜 콤퍼지트 추진제(로켓 고체 연료)의 산화제로도 사용된다.

▶ 단계적 문제 해결형

04 다음을 읽고 물음에 답하시오.

과염소산 암모늄(NH_4ClO_4)은 우주 왕복선의 고체 연료로 사용되고 있다. 이것을 200 ℃ 이상으로 가열하면, 여러 기체로 분리되는데 주로 질소, 염소, 산소, 수증기 등이 생긴다. 만약, 이 네 가지 화합물이 생성물의 전부라고 가정하면 분해 반응의 균형 화학 반응식은 다음과 같다.

$$2NH_4ClO_4(s) \longrightarrow N_2(g) + Cl_2(g) + 2O_2(g) + 4H_2O(g)$$

◀ 우주 왕복선의 발진

(1) 순식간에 고열의 기체 생성물이 생성되면서, 압력과 온도가 갑자기 증가하여 로켓트를 추진한다. 7.00×10^5 kg (우주 왕복선 부스터 로켓의 전형적인 연료량)을 800 ℃에서 진화하여 부피가 6400 m³(6.40×10^6 L) 인 공간을 채웠을 때, 기체의 전체 압력을 구하시오. (단, NH_4ClO_4의 분자량은 117.5 이고, 기체 상수(R)는 0.082 L·atm/mol·K 이다.)

(2) 생성된 기체 혼합물에서 염소의 몰 분율과 부분 압력을 구하시오.

(3) (1)의 기체 혼합물을 냉각시켜서 200 ℃ 와 3.20 기압이 되도록 하였다. 이때의 혼합물의 부피를 구하시오.

추리 단답형

05 다음을 읽고 물음에 답하시오.

그림은 기체의 분자량을 측정하기 위한 원시적인 방법이다. 그림에서와 같이 주사 바늘을 이용하여 고무 마개를 통해 0.018 g 의 액체를 주사기 속으로 주입한 다음 45 ℃ 로 덥혀진 욕조로 옮기자 액체는 증발해 버렸다. 증발한 기체의 마지막 부피는 5.58 mL 였고, 대기압은 760 mmHg 이다.

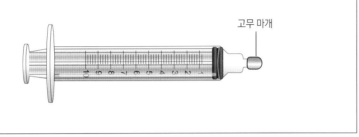

고무 마개

다른 실험에 의해 화합물의 실험식이 CH_2로 주어졌다면, 이 화합물의 분자량을 계산하고 분자식을 결정하시오. (단, 기체 상수(R)는 0.082 L·atm/mol·K 이다.)

(1) 분자량 :

(2) 분자식 :

화학식의 종류

● 실험식 : 가장 간단한 화학식
각 성분 원소의 원자수의 비율을 가장 간단한 정수비로 나타낸다.
예 COH_2
● 분자식 : 분자를 구성하는 원자의 원자 수를 모두 나타낸 식
예 $C_2O_2H_4$
● 시성식 : 분자가 가지는 특성을 알 수 있도록 작용기를 써서 나타낸 식 ※ 작용기 : 분자의 성질을 결정하는 원자 집단
예 CH_3COOH
● 구조식 : 분자를 구성하고 있는 각 원자가 분자 내에서 어떻게 결합해 있는가를 선으로 나타낸 식

$$
\begin{array}{c}
\text{H} \\
\text{H} - \text{C} - \text{C} \overset{\displaystyle O}{\underset{\displaystyle OH}{\Big\backslash}} \\
\text{H}
\end{array}
$$

분자식의 결정

분자식은 실험식의 정수배이다.
실험식량과 분자량의 관계를 통해 n값을 결정한다.

분자식 = (실험식)$_n$

$n = \dfrac{\text{분자량}}{\text{실험식량}}$ (단, n은 정수)

논리 서술력

06 빨대를 이용해서 주스를 마실 때, 에베레스트 산 정상과 산 아래 중에서 물을 마시기 쉬운 곳을 쓰고, 그 이유를 설명하시오.

산의 고도와 기압

● 지표에서 기압 = 1 기압 = 1013 hPa
● 지상에서 5500 m 상승할 때마다 기압은 반씩 감소한다.
● 그러므로 높이가 약 8800 m 인 에베레스트산 꼭대기의 기압은 334.6 hPa = 약 0.33 기압이다.

▲ 산꼭대기로 올라갈수록 대기압이 감소한다.

● 단계적 문제 해결력

07 다음 글을 읽고 물음에 답하시오.

이상 기체란, 빈 공간 속에서 자유롭게 운동하며, 기체의 종류에는 관계없이 열에 의해서만 분자의 운동 에너지가 변하는 기체로 기체 분자 운동론을 만족하는 가상의 기체이다.

이상 기체는 다음의 4가지 조건을 만족해야 한다.

1. 기체 분자들은 서로 멀리 떨어져 있으므로 기체 분자들 자체가 차지하는 부피는 용기의 부피에 비해 무시할 수 있다.

2. 기체 분자들은 계속해서 직선 운동을 하며 용기의 벽이나 다른 분자들과 충돌한다.

3. 충돌이 일어나도 기체 분자들의 총 에너지는 변하지 않는다. (완전 탄성 충돌)

4. 충돌할 때를 제외하고는 분자 사이에 인력이나 반발력이 작용하지 않는다.

따라서 기체 분자 운동론을 만족하는 이상 기체는 질량과 에너지는 갖고 있지만, 기체 분자 간에 인력이나 반발력이 전혀 작용하지 않는다. 그리고 분자 자체의 부피가 없기 때문에 절대 온도 0 K 에서 부피가 0이며 평균 운동 에너지는 절대 온도에 비례한다. 따라서 보일, 샤를, 돌턴 법칙을 아우르는 기체 상태 방정식 $PV = nRT$ 은 이상 기체에 정확히 적용된다. 그리고 이것을 '이상 기체 상태 방정식'이라고 부른다. 그러나 이상 기체는 말 그대로 실존하지 않는 기체이므로 실제 기체에 이상 기체 상태 방정식을 그대로 적용하면 안된다.

다음은 이상 기체와 실제 기체 N_2, CH_4, H_2 를 비교한 그래프이다.

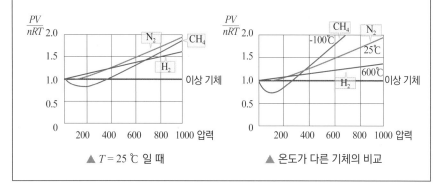

▲ $T = 25\,℃$ 일 때　　　　▲ 온도가 다른 기체의 비교

(1) 그래프를 참고하여 실제 기체가 이상 기체처럼 행동하기 위해서는 온도, 압력, 분자량이 각각 어떻게 달라져야 하는지 쓰시오.

(2) 25 ℃, 200 atm 에서 가장 이상 기체처럼 행동하는 물질은 무엇인가?

(3) 25 ℃, 600 atm 에서 N_2 는 인력과 반발력 중 어느 것이 우세한가?

08 다음을 읽고 물음에 답하시오.

1816년 스코틀랜드의 목사 로버트 스털링이 발명한 스털링 엔진은 그간 다른 엔진들에 밀려 관심을 받지 못했다가 최근 다시 많은 관심을 받고 있다. 실린더와 피스톤으로 이루어진 공간 내에 수소나 헬륨 등의 기체를 밀봉하고, 이를 외부에서 가열/냉각시킴으로서 피스톤을 상하로 움직여 기계적 에너지를 얻게 되는 외연기관인 스털링 엔진은 소음과 진동이 적을 뿐만 아니라 휘발유 외에 천연 가스나 석탄, 태양열 등을 다양하게 이용할 수 있어 미래형 엔진으로 기대가 모아지고 있다.

▲ 스털링 엔진 모형

이상적인 상태를 가정한다면, 엔진의 작동 원리는 과정 1 ~ 4와 같다.

과정 1(등온 팽창)	과정 2(등적 냉각)	과정 3(등온 압축)	과정 4(등적 가열)
가열된 기체가 팽창하여 파워 피스톤을 민다.	저열원의 실린더에 모인 기체가 냉각된다.	냉각된 기체가 수축하면서 기체를 고열원으로 보낸다.	고열원의 실린더에 모인 기체가 가열된다.
P는 위로 올라가면서 외부 일을 하고, D는 제자리에 있다.	P는 제자리에 있고, D는 오른쪽으로 이동한다.	P는 아래로 이동하고, D는 제자리에 있다.	P는 저열원의 접촉을 차단하면서 제자리에 있고, D는 왼쪽으로 이동한다.

위 과정을 보고 I, II, III, IV의 압력과 부피, 온도를 정리한 표는 다음과 같다. 빈칸에 알맞은 값을 쓰시오. (단, 소수점 셋째 자리에서 반올림한다.)

	I	II	III	IV
압력(atm)	1.25			
부피(L)	0.5	1.30		0.5
온도(K)	500		350	

스털링 엔진

• 스털링 엔진은 외부에서 열을 가하면 동작하는 기관이다. 이러한 특징 때문에 열원의 다양성을 가질 수 있으며 초기에 밀폐 기술이 좋지 않아 실용화되지 못했던 것에 비해 현대에는 밀폐 기술의 발전에 의하여 내부의 가스가 외부로 유출되지 않아 효율이 좋아지게 되었다.

▲ 스털링 엔진

• 스털링 엔진은 가열과 냉각 작용을 통해서 피스톤 운동을 일으켜 동작한다. 가열을 하면 실린더 내의 공기 또는 가스(헬륨, 수소)가 팽창하여 압력을 발생시키고, 냉각을 하게 되면 수축하여 체적을 줄이는 반복 동작한다.

• 스털링 엔진의 특징
① 폭발음이 없어 배기 소음이 작다.
각종 디젤 가솔린을 사용하는 엔진들은 자체 폭발 행정에 의해서 힘을 얻기 때문에 소음이 대단히 크다. 그러나 스털링 엔진은 폭발의 힘을 이용하지 않고 가열 등 연소의 열원을 사용하기 때문에 조용한 엔진이라고 한다.
② 친환경적인 엔진이다.
디젤, 가솔린을 사용하는 엔진들은 연료를 폭발시켜 작동하기 때문에 필연적으로 질소 화합물(NO_x)등 여러 가지 공해 물질을 배출한다. 그러나 스털링 엔진은 외부에서 연소되는 열원을 사용하거나, 지열, 태양열 등을 사용하기 때문에 공해 물질 발생이 훨씬 적다.

채유

지하 유층(油層)에서 원유를 채취하는 일로 1
차 채유와 2차 채유로 구분된다. 유층 안에서
자연 에너지에 의하여 원유를 채취하는 것을 1
차 채유라고 하고 유층 내에 인공적 에너지를
가하여 원유의 채취 속도를 올리거나 채취율을
높이거나 하는 방법을 2차 채유라고 한다.

● 논리 서술형

09 감압 펌프로 우물을 퍼 올릴 수 있는 최대 거리는 10.3 m 이다. 하지만 우리가 사용하는 석유
는 지구 표면 아래 수백 미터로부터 원유를 뽑아내어 정제해 사용한다. 압력을 이용하여 원유를
뽑아내는 방법을 써 보시오.

● 단계적 문제 해결형

10 다음을 보고 물음에 답하시오.

기온이 27 ℃ 인 실험실에 내부 부피가 227 L, 내부 온도가 0 ℃ 로 유지되는 냉장고를 설치했다. 이 냉장고의 문에는 고무파킹이나 자석같은 장치가 없으며, 안과 밖의 기압차로만 열고 닫히게 설계되었다. (단, 실험실 안의 기압은 1 atm 이다.)

기압계 내부 온도 0 ℃

부피 227 L

(1) 같은 크기의 냉상실과 냉동실이 아래와 위에 위치한 냉장고가 있다면 문을 열기 더 쉬운 쪽을 적고 그 이유를 말하시오.

(2) 전원이 연결되지 않은 냉장고의 문을 열었다 닫으면 냉장고 안에 존재하는 공기는 몇 개인가? (단, 0 ℃, 1 atm 일 때 1몰의 부피는 22.4 L 인 것을 이용한다. 1몰은 6.02 × 10^{23}개다.)

(3) 전원을 연결한 후 냉장고 안의 온도가 0 ℃ 가 되었을 때 드라이아이스를 넣었다. 드라이아이스의 질량이 몇 g 보다 많이 줄어들어야 냉장고 문이 스스로 열릴까? (단, 온도는 일정하고, 드라이아이스가 차지하는 부피는 무시하며 C, O의 원자량은 각각 12, 16이다.)

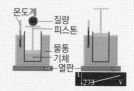

◎ 샤를 법칙

(모든 기체는 온도가 1 ℃ 상승할 때마다 0 ℃ 부피의 $\frac{1}{273}$씩 증가한다.)

$$V = V_0 + \frac{1}{273} V_0 t$$
$$= V_0 (1 + \frac{t}{273}) = \frac{V_0}{273}(273 + t)$$

V_0 : 0℃때 부피, V : t℃에서의 부피

$$V = kT, \frac{V}{T} = k \quad \frac{P_1 \times T_1}{T_1} = \frac{P_2 \times T_2}{T_2}$$

온도계   질량 피스톤
물통
기체
열판

◎ $\frac{1}{273}$ 은 어떻게 구했을까?

프랑스 과학자 게이 뤼삭의 측정에 따르면 0 ℃ 에서 100 ℃ 로 온도가 올라갈 때 기체의 부피는 본래 부피의 1.375배 증가했다.(나중에 더 정확하게 측정한 결과 1.366배)

0 ℃ 에서부터 100 ℃ 가 되면 1.366배가 된다고 하는 것은 0.366배 만큼 커졌다는 것을 의미, 따라서 1 ℃ 온도가 올라갔을 때는 0.00366배 만큼 커진다.

$$0.00366 = \frac{1}{273}$$

	0 ℃ 에서의 부피(mL)	100 ℃ 에서의 부피(mL)
공기	100	137.50
수소	100	137.52
산소	100	137.49
질소	100	137.49

◎ 보일-샤를 법칙

일정량의 기체의 부피는 압력에 반비례하고, 절대 온도에 비례한다.

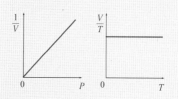

● 단계적 문제 해결형

11 이탈리아의 과학자 토리첼리는 그림과 같이 수은을 가득 채운 유리관을 수은이 담긴 용기에 거꾸로 세워 유리관 속 수은의 높이가 760 mm 로 유지되는 실험을 통하여 해수면에서 대기압이 1 기압, 760 mmHg 인 것을 측정하는 데 성공하였다.

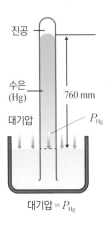

(1) 더 가는 유리관을 사용하여 실험한다면 유리관 속 수은의 높이는 어떻게 될지 설명하시오.

(2) 유리관을 기울인다면 유리관 속 수은의 높이는 어떻게 될지 설명하시오.

(3) 높은 산의 정상에서는 수은 기둥의 높이가 어떻게 될지 말하시오.

(4) 그림은 서울특별시 과학 전시관에 설치된 물 기압계이다. 전시관 내의 기압이 1 atm 일 때 버튼을 누른다면 물기둥은 몇 m 까지 올라갈지를 설명하시오. (단, 수은의 밀도는 13.6g/cm³이다.)

추리 단답형

12 다음을 보고 물음에 답하시오.

원자폭탄과 원자력 발전에 이용되는 물질은 각각 우라늄 235로 같다. 천연 우라늄에는 우라늄 235가 0.7 % 밖에 없으며, 나머지는 대부분 우라늄 238이다. 자연에 존재하는 우라늄 235를 90 % 이상까지 고농축한 것이 원자폭탄의 에너지원이며, 3 % 정도로 높인 저농축 우라늄은 원자력 발전(경수로)의 에너지원이 된다.

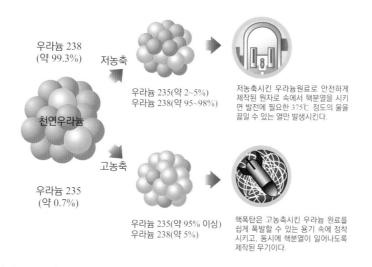

저농축시킨 우라늄연료로 안전하게 제작된 원자로 속에서 핵분열을 시키면 발전에 필요한 375℃ 정도의 물을 끓일 수 있는 열만 발생시킨다.

핵폭탄은 고농축시킨 우라늄 원료를 쉽게 폭발할 수 있는 용기 속에 정착시키고, 동시에 핵분열이 일어나도록 제작된 무기이다.

2차 세계대전 중 '맨해튼 계획'이라고 붙여진 원자폭탄 제조 계획에서 대부분이 우라늄 238인 천연 우라늄에서 우라늄 235을 분리하기 위해 우라늄을 기화가 잘 되는 육플루오르화 우라늄(UF_6)으로 바꾸었다.

(1) 천연 우라늄에서 우라늄 235를 농축하는 방법을 설명하시오.

(2) 밀폐된 용기의 왼쪽에 $^{235}UF_6(g)$과 $^{238}UF_6(g)$가 1 : 1의 비로 들어 있다.

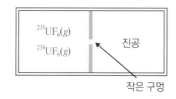

진공 상태로 된 오른쪽과의 경계 부분에 작은 구멍을 뚫어 혼합 기체를 분출시킨다면, 오른쪽 부분에 존재하는 $^{235}UF_6(g)$과 $^{238}UF_6(g)$의 속력비를 구하시오. (단, F의 원자량은 19이며, 일단 분출된 기체는 다시 되돌아가지 않는다.)

⬦ 원자 구조

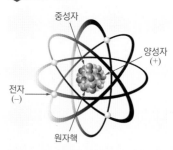

⬦ 우라늄 발전의 원리

우라늄과 같은 무거운 원자핵은 외부에서 중성자를 흡수하면 둘로 쪼개지는데 이를 원자핵 분열이라 한다. 이때 많은 에너지와 2 ~ 3개의 중성자가 함께 나오고 이 중성자들이 다른 원자핵들에 흡수되면서 핵분열이 연속적으로 일어나게 된다.

U-235 원자핵

중성자를 흡수하면 원자핵이 두 개로 쪼개진다.

핵분열 시 열 에너지와 중성자 두 세개가 같이 나온다.

U-235 1 g 으로부터 석탄 3톤에 해당하는 에너지를 얻을 수 있다.

⬡ 핵분열에서 에너지가 나오는 원리는 아인슈타인의 상대성 이론에 기초를 두고 있다.

$E = mc^2$(E는 에너지, m은 질량, c는 빛의 속도) 핵분열 전후에 생긴 질량 결손만큼 에너지가 발생한다.

⬦ 우라늄 분리

기체 확산법 : 초기에 사용한 우라늄 농축법으로 우라늄을 화학적으로 안정한 기체인 UF_6 형태로 만들어 미세한 구멍을 통과시키면 가벼운 우라늄 화합물이 먼저 퍼져 나가는 원리를 이용해 우라늄 235를 분리한다.
원심 분리법 : 우라늄을 원심 분리기에 넣어 빠른 속도로 회전시키면 조금 무거운 우라늄 238이 밖으로 나가고, 가벼운 우라늄 235는 안쪽에 모인다.

13 피펫을 물로 씻은 후, 피펫에 조금 남아 있는 물기를 빼내는 방법을 다음 그래프 중 하나를 선택하여 설명하시오.

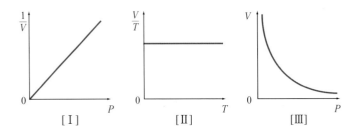

[I]　　　[II]　　　[III]

14 헬륨으로 채운 기상 관측용 기구의 부피는 30 ℃, 1 기압에서 1.0×10^4 L 이다. 이 기구를 온도가 -20 ℃ 이고, 압력이 0.6 기압이 되는 고도까지 띄웠다. 다음 물음에 답하시오.

(1) 이 경우 기구의 부피는 어떻게 될지 서술하시오. (단, 기구 내부의 압력과 외부 압력이 같아질 때까지 부피가 변한다.)

(2) 기상 관측용 기구를 채우는데 필요한 헬륨의 질량(kg)을 구하시오. (단, He의 원자량은 4 이고, 기체 상수(R)는 0.082 L·atm/mol·K 이다.)

헬륨 가스로 채워진 풍선

2001년 영국의 이안 애시폴은 고도 1.5 km 까지 기구를 타고 올라가 헬륨 가스로 채워진 풍선 600개를 타고 분당 300 m 의 속도로 고도 3.34 km 까지 올라갔다. 거기서 풍선이 터지기 시작하자 풍선을 자른 후 낙하산으로 지상에 착륙했다.

높은 곳에서 왜 풍선이 터지기 시작했을까?

대류권(10~15 km)에서는 높이 오를수록 기온과 기압이 모두 낮아지지만, 온도에 의한 부피 감소 영향보다 대기압에 따른 부피 증가 요인이 더 크게 작용하여 풍선이 터진다.

정답 및 해설 23쪽

● 단계적 문제 해결형

15 **각각 다른 기체로 채워진 3개의 동일한 플라스크 A, B, C 가 있을 때, 다음 물음에 답하시오.**

[과학고 기출 유형]

> 플라스크 A : 800 torr 와 0 ℃ 에 있는 CO_2
> 플라스크 B : 300 torr 와 0 ℃ 에 있는 N_2
> 플라스크 C : 100 torr 와 0 ℃ 에 있는 H_2

(1) 플라스크 A, B, C 중 어떤 플라스크의 기체 분자가 가장 큰 평균 운동 에너지를 가지는지 쓰시오.

(2) 플라스크 A, B, C 중 어떤 플라스크의 기체 분자가 가장 큰 평균 속력을 가지는지 쓰시오.

(3) 실제 기체는 분자의 부피가 있고, 분자 간 인력이 존재하기 때문에 이를 고려하여 이상 기체 상태 방정식을 수정한 반데르 발스 방정식은 다음과 같다. 플라스크 A, B, C에 들어 있는 세 기체 중 반데르 발스 상수 b 값이 가장 큰 기체는 무엇인지 쓰시오. (단, a 와 b는 상수이다.)

$$\left(P + a\left(\frac{n}{V}\right)^2 \right)(V - nb) = nRT$$

(4) 세 기체 CO_2, N_2, H_2 중 반데르 발스 상수 a 가 가장 클 것으로 예상되는 기체와 반데르 발스 상수 a 가 의미하는 것은 무엇인지 쓰시오.

○ 기체 분자 평균 운동 속도

온도가 T (K) 일 때, 기체 분자의 평균 분자 운동 속도(v)는 다음과 같다.

$$E_k = \frac{1}{2}Mv^2 = \frac{3}{2}kT$$

(E_k : 평균 분자 운동 에너지, M : 분자량)

$$v = \sqrt{\frac{3RT}{M}}$$

(단, k = 8.31 J/mol·K)

○ 반데르 발스 방정식

실제 기체는 분자 간 인력이 존재하고, 기체 분자 자체의 부피가 존재하기 때문에 이를 무시한 이상 기체 상태 방정식에는 성립하지 않는다. 실제 기체에 적용될 수 있는 몇 가지 기체 상태 방정식 중 가장 많이 알려진 것이 반데르 발스 방정식이다.

이상 기체 상태 방정식 $PV = nRT$에서 실제 기체는 분자 자체의 부피가 존재하기 때문에 이상 기체 상태 방정식에서 계산된 부피보다 조금 커지게 된다. 기체 분자 수가 많아질수록 기체의 부피가 커지므로 다음과 같이 나타낼 수 있다.

$$V = \frac{nRT}{P} + nb, \quad P = \frac{nRT}{V - nb}$$

(nb : 실제 기체들이 차지하는 부피)

또, 실제 기체는 분자 간 인력이 작용하여 벽면을 때리는 힘이 이상 기체보다 약해지므로 이상 기체 상태 방정식에 계산된 압력보다 조금 작아지게 된다. 압력은 분자 간 인력이 커질수록 작아지고, 농도에 비례하므로 감소되는 압력은 몰 농도의 제곱에 비례한다.

$$P = \frac{nRT}{V - nb} - a\left(\frac{n}{V}\right)^2$$

($a\left(\frac{n}{V}\right)^2$: 분자 간 인력에 의해 감소된 압력)

따라서 일반적으로 반데르 발스 방정식은 다음과 같다.

$$P + a\left(\frac{n}{V}\right)^2 (V - nb) = nRT$$

01 영희네 반에서는 잠수함처럼 물속을 오르내릴 수 있는 기구를 만들어 보기 위하여 빨대와 페트병으로 다음과 같은 실험을 하였다.

[대회 기출 유형]

> **실험 과정**
>
> (1) 빨대를 반으로 꺾은 다음, 아래 그림과 같이 클립을 이용하여 빨대 끝을 연결하고 추를 매달아 잠수함 모형을 만들었다.
> (2) 1.5 L 페트병에 물을 넣고 잠수함 모형을 넣은 다음 뚜껑을 꼭 닫았다.
> (3) 페트병을 손으로 눌렀더니 잠수함 모형이 아래로 가라앉았고, 페트병을 놓았더니 다시 떠오르는 것을 관찰할 수 있었다.
>
>
>
> (1)　　　　(2)　　　　(3)

페트병을 손으로 눌렀을 때 나타나는 현상을 바르게 설명한 것을 있는 대로 고르시오.

① 페트병의 부피가 늘어난다.
② 페트병 속의 압력이 높아진다.
③ 페트병 속에 있는 물의 밀도가 작아진다.
④ 잠수함 모형의 빨대 속에 있는 공기의 부피가 늘어난다.
⑤ 잠수함 모형(빨대와 빨대 속에 든 공기와 물, 클립)의 무게가 무거워진다.
⑥ 잠수함 모형(빨대와 빨대 속에 든 공기와 물, 클립)의 부력이 작아진다.

02 온도, 압력, 부피가 동일한 질소 기체와 암모니아 기체가 있다. 두 기체가 동일한 값을 가지는 것을 〈보기〉에서 있는 대로 고른 것은?

[대회 기출 유형]

> **보기**
>
> a. 분자 수　　　　b. 질량　　　　c. 평균 속력

① a, b　　　　② a　　　　③ a, d　　　　④ a, c

03 수소 기체를 채운 풍선이 공중으로 올라가면 풍선이 커진다. 풍선이 커지는 주된 이유를 고르시오.

[대회 기출 유형]

① 풍선 속 수소 기체의 평균 운동 에너지 증가
② 풍선 밖 공기의 평균 운동 에너지 감소
③ 풍선 속 수소 기체의 풍선 벽면에 대한 충돌 빈도 증가
④ 풍선 밖 공기의 풍선 벽면에 대한 충돌 빈도 감소

04 상온(25 ℃)에서 기체 분자들의 평균 속도의 순서는? (단, H, N, O, Ne, Ar의 원자량은 각각 1, 14, 16, 20, 40이다.)

[대회 기출 유형]

① 수소 > 질소 > 산소 > 네온 > 아르곤
② 수소 > 질소 > 네온 > 산소 > 아르곤
③ 수소 > 네온 > 질소 > 산소 > 아르곤
④ 수소 > 질소 > 산소 > 네온 > 아르곤

05 풍선은 높이 올라갈수록 부풀어 오르고, 잠수부가 내뿜은 공기 방울은 수면에 가까워질수록 그 부피가 커진다. 이와 같이 기체의 부피는 압력에 따라 달라진다. 그림은 일정한 온도에서 기체의 압력과 부피의 관계를 알아보기 위한 실험 도구이다. 실험을 진행하였을 때, 실험에 대한 설명 중 옳은 것을 있는 대로 고르시오.

[대회 기출 유형]

① 압력이 높아지면 기체 분자의 수는 줄어든다.
② 압력이 높아지면 기체 분자의 부피가 작아진다.
③ 압력이 낮아지면 기체 분자 사이의 거리가 멀어진다.
④ 압력이 높아지면 피스톤 벽면에 충돌하는 힘이 커진다.
⑤ 압력이 높아지면 피스톤 벽면에 충돌하는 분자의 수가 적어진다.

06 그림 (가)는 진공 펌프에 연결된 밀폐된 상자 안에 풍선이 들어 있고, 그림 (나)는 주사기 안에 풍선이 들어 있다. (가)에서 펌프를 작동 시켜 상자 안의 압력을 반으로 줄였으며, (나)에서 주사기의 피스톤을 잡아당겨 주사기 안의 부피를 2배로 증가시켰다.

[대회 기출 유형]

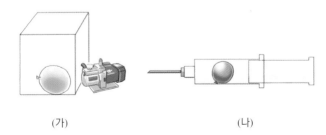

(가)   (나)

(가)와 (나)에 대한 설명으로 옳은 것을 있는 대로 고르시오. (단, 온도는 일정하며, 풍선을 통한 물질의 이동은 없다.)

① 두 풍선의 부피가 커진다.
② 두 풍선 안의 입자 속도가 빨라진다.
③ 두 풍선 안의 입자 간 충돌 횟수가 줄어든다.
④ (가)의 상자와 풍선의 압력이 모두 줄어든다.
⑤ (가)의 상자 안과 (나)의 주사기 안의 기체 입자 수가 일정하다.

07 온도를 증가시켰을 때, 기체의 분자 속도에 따른 분자 수의 분포의 변화를 설명한 것 중 옳지 <u>않은</u> 것은?

[대회 기출 유형]

① 가장 빈도수가 높은 분자 속도의 크기가 증가한다.
② 가장 빈도수가 높은 분자 속도를 갖는 분자의 수가 증가한다.
③ 분자들의 평균 속도가 증가한다.
④ 분자 속도의 분포가 더 넓어진다.

08 5 L의 헬륨이 들어 있는 풍선을 넣어 둔 용기(1 기압, 25 ℃)가 있다. 이 용기의 압력을 80 %로 낮추고, 온도도 변화시켜 헬륨 풍선의 부피에 변화가 없도록 하고자 한다. 최종 온도로 가장 가까운 것은?

[대회 기출 유형]

① -35 ℃   ② 0 ℃   ③ 20 ℃   ④ 100 ℃

09 그림은 압력(P)이 일정할 때, 일정량의 어떤 기체의 부피와 온도 관계를 나타낸 것이다. 다음 물음에 답하시오.

[대회 기출 유형]

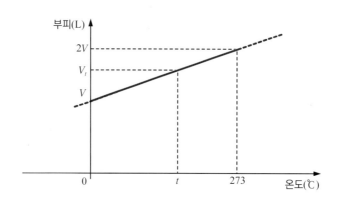

(1) t ℃에서의 기체의 부피 V_t를 0 ℃ 때의 부피 V_0와 온도 t로 나타내시오.

(2) 압력이 일정할 때, 100 ℃인 일정량의 어떤 기체를 그 부피가 3배가 되게 하려면 절대 온도는 몇 K일지 쓰시오.

(3) 기체의 부피, 온도, 압력과의 관계를 이용하여 압력이 760 mmHg, 온도 27 ℃에서 3 L인 공기를, 압력을 190 mmHg, 온도를 57 ℃로 변화시키면 부피는 몇 L가 되는가?

10 다음은 자전거 타이어에 공기를 넣는 상황을 나타낸 것이다.

이때, 타이어 안에서 일어나는 현상과 관련된 다음 설명 중 옳은 것을 있는 대로 고르시오. (단, 온도의 변화는 없다고 가정한다.)

[대회 기출 유형]

① 이 현상은 샤를 법칙과 관련이 있다.
② 공기를 구성하는 분자의 운동이 활발해 진다.
③ 공기를 구성하는 분자들끼리 충돌하는 횟수가 많아진다.
④ 공기를 구성하는 분자의 크기가 커져 타이어가 팽팽해 진다.
⑤ 공기를 구성하는 분자의 타이어 안쪽 벽에 충돌하는 횟수가 많아진다.

11 다음은 페트병에 구멍을 내고 풍선을 불었을 때에 대한 설명이다.

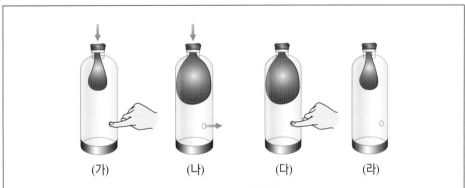

(가) (나) (다) (라)

(가) 구멍을 손가락으로 막고 풍선을 불었더니 풍선이 약간 팽창하였다.

(나) 구멍을 막은 손가락을 떼고 풍선을 불었더니 풍선이 크게 팽창하였다.

(다) 과정 (나)에서 구멍을 손가락으로 막고 풍선에서 입을 떼었더니 풍선의 크기가 거의 변하지 않았다.

(라) 과정 (다)에서 구멍을 막은 손가락을 떼었더니 풍선이 원래 크기(과정 (가)에서 불기 전의 크기)로 줄었다.

이에 대한 설명으로 옳은 것을 있는 대로 고르시오. (단, 페트병 속의 공기는 풍선이 차지하고 있는 공간을 제외한 공간에 들어 있는 공기를 말한다.)

[대회 기출 유형]

① 페트병 속 공기의 압력은 (가)보다 (나)가 낮다.
② 페트병 속 공기의 질량은 (가)와 (나)가 같다.
③ 페트병 속 공기 분자 수는 (나)와 (다)가 같다.
④ 페트병 속 공기 분자 수는 (가)보다 (라)가 많다.
⑤ 풍선 속의 공기의 압력은 (다)와 (라)가 같다.

12 피스톤 안에 실린더에 의해 가두어진 기체가 있다고 가정하여 보자. 기체의 부피가 2.00 L 이고, 압력이 398 torr 이었다. 온도가 일정할 때 피스톤이 움직여 압력이 5.15 atm 으로 변했다면 부피는 몇 L 로 변하겠는가? (단, 1 atm 은 760 torr 이다.)

[대회 기출 유형]

① 0.20 　　　　② 0.40 　　　　③ 1.00 　　　　④ 2

13 그림은 수은이 들어 있는 시험관을 그린 것이다. [그림 2]와 [그림 3]은 [그림 1]에 수은을 부은 상태를 표현한 것이다. 다음 물음에 답하시오. (단, 대기압은 1 기압이고 수은 1 mL = 1 mmHg 이다.)

[대회 기출 유형]

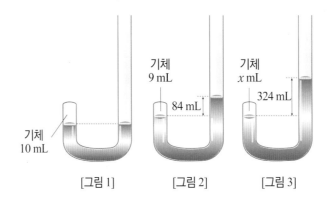

기체
9 mL

84 mL

기체
x mL

324 mL

기체
10 mL

[그림 1]　　　　[그림 2]　　　　[그림 3]

(1) 1 기압에 해당하는 수은 기둥의 높이를 구하시오.

(2) [그림 3]에서 기체의 부피(x)를 구하시오.

14 그림과 같이 좌우로 움직이는 피스톤으로 분리된 용기에 헬륨 2.4 g 과 산소 12.8 g 을 넣었더니 그림 (가)와 같이 평형을 이루었
다. 이후 용기의 오른쪽에 일정량의 산소를 더 넣었더니 그림 (나)와 같이 피스톤이 중앙으로 이동하였다.

[대회 기출 유형]

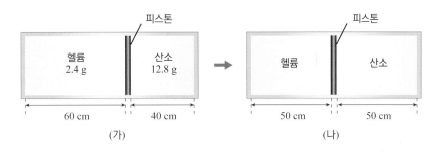

이에 대한 설명으로 옳은 것을 있는 대로 고르시오. (단, 용기 안의 온도는 일정하며, 용기와 피스톤의 마찰은 무시한다.)

① 분자 1개의 질량은 산소가 헬륨보다 더 크다.
② 그림 (가)에서 헬륨과 산소의 분자 수의 비는 3 : 2이다.
③ 그림 (가)와 (나)에서 헬륨의 압력비는 5 : 6이다.
④ 그림 (가)에서 (나)로 변화시키는데 필요한 산소의 질량은 3.2 g 이다.
⑤ 단위 시간 동안 피스톤과 충돌하는 산소의 분자 수는 (가) > (나)이다.

15 그림과 같이 똑같은 부피의 두 개의 강철용기에 같은 양의 기체 a 와 b 를 각각 분리시켜 넣었다. 콕을 열었을 때 기체 a 의 압력은
그래프와 같이 변하였다.

[대회 기출 유형]

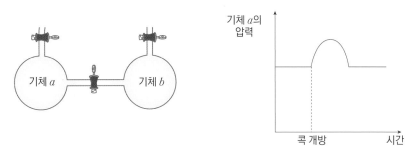

이 결과에 대한 설명으로 옳은 것만을 〈보기〉에서 있는 대로 고르시오. (단, 온도는 일정하고, 기체 a 와 b 는 반응하지 않는다.)

보기

ㄱ. 기체의 밀도는 기체 a 가 b 보다 크다.
ㄴ. 기체의 확산 속도는 a 가 b 보다 느리다.
ㄷ. 분자 수는 a 가 b 보다 작다.

16 그림 (가)와 같이 용기의 왼쪽에는 수소(H_2) 2 g 이, 오른쪽에는 미지의 기체 56 g 이 들어 있고, 용기 안의 피스톤은 양쪽의 압력이 같아질 때까지 움직인다. 이때 온도를 일정하게 유지하며 오른쪽 콕을 연 후 피스톤이 정지하는 순간 콕을 닫았더니, 그림 (나)와 같이 되었다. 다음 물음에 답하시오. (단, 수소의 원자량은 1이다.)

[과학고 기출 유형]

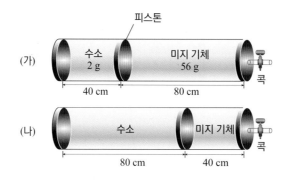

(1) (나)에서 수소와 미지 기체의 분자 수의 비를 구하시오.

(2) 미지 기체의 분자량을 구하시오.

17 그림은 헬륨(He) 기체가 2몰 들어 있는 플라스크 A 와 헬륨(He) 기체가 들어 있는 8.2 L 의 플라스크 B 를 연결한 것이다. 일정한 온도에서 수조 안에 잠기게 한 후 일정 시간이 지나고 압력을 재었더니 A 의 압력은 1 atm, B 의 압력은 3 atm 이었다. 이 상태에서 콕을 열고 수조에 잠긴 상태에서 일정 시간이 지난 후 다시 압력을 재었더니 $\frac{9}{7}$ atm 이었다. 다음 물음에 답하시오.

[대회 기출 유형]

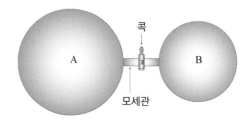

(1) 처음 플라스크 B 안에 들어 있던 헬륨(He)은 몇 몰인가? (단, 모세관의 부피는 무시한다.)

(2) 플라스크 A 의 부피는 몇 L 인가?

18 그림은 400 K 에서 두 강철 용기 CH_4 과 O_2 가, 실린더에 He 이 들어 있는 것을 나타낸 것이다. 콕 a를 열어 CH_4 을 완전 연소시켜 반응이 완결된 후, 콕 b를 열고 충분한 시간 동안 놓아두었다. 현재 대기압은 1기압이고, 피스톤의 오른쪽은 열려있다.

[수능 기출 유형]

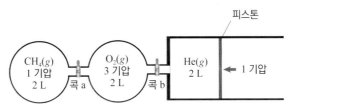

400 K 에서 실린더 속 CO_2의 몰수를 구하시오. (단, 연결관의 부피, 피스톤의 마찰은 무시하고, 400 K 에서 RT = 33기압·L/몰 이다.)

① $\dfrac{1}{33}$ ② $\dfrac{2}{55}$ ③ $\dfrac{1}{11}$ ④ $\dfrac{2}{11}$ ⑤ $\dfrac{6}{5}$

19 그림은 일정한 압력에서 질량이 같은 여러 가지 기체의 온도와 부피를 점 ㉠ ~ ㉤으로 나타낸 것이다. ㉠ ~ ㉤에 해당하는 기체는 모두 순물질이고, ㉠과 ㉤에 해당하는 기체의 분자량은 각각 $2M$, M이며 0 ℃ 는 273 K 이다.

[수능 기출 유형]

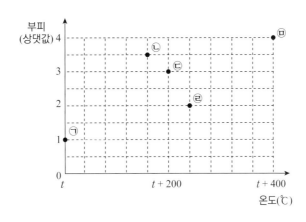

이에 대한 설명으로 옳은 것만을 〈보기〉에서 있는 대로 고른 것은?

> **보기**
>
> ㄱ. t = 127이다.
> ㄴ. 몰수가 가장 큰 기체는 ㉤에 해당하는 기체이다.
> ㄷ. 분자량이 M 보다 큰 기체는 3 가지이다.

① ㄱ   ② ㄴ   ③ ㄱ, ㄷ   ④ ㄴ, ㄷ   ⑤ ㄱ, ㄴ, ㄷ

인간이 도달할 수 있는 가장 낮은 온도는 몇 도일까? 열역학 제 3법칙에 의해 0 K(이른바 '절대 영도'라 불리는 -273 ℃)는 모든 물질이 완전 결정을 이루며 에너지가 0이 되는 극한적인 온도이다. 과학자들은 좀 더 차가운 상태를 얻기 위해 노력을 기울여 왔으며, 현재는 원자를 냉동시킬 만큼 절대 온도에 근접하게 도달해 있다.

우주의 한계를 뛰어 넘으려는 과학자들의 노력

극저온의 세계

인간의 수명 연장을 위한 생명체의 냉동

죽음에서 부활한 영국 선원 토링톤 사건

◀ 존 토링톤의 시신

1845년 토링톤은 북극 탐험에 나섰다가 구조 요청도 못한 채 얼어 죽고 말았다. 그로부터 138년이 지난 1983년 얼음 무덤 속에 묻혀 있던 그의 시체가 우연히 발견되었는데 놀라운 것은 토링톤의 시체가 완벽히 보존되어 있었다는 것이다. 1998년 독일의 리히터 박사는 그 시체를 독일로 운송한 후 토링톤을 부활시키기 위해 여러 실험을 했고 소생시키는데 성공했다고 주장했다. 리히터 박사는 토링톤이 서 있는 모습의 사진까지 제시했지만, 사람들은 믿지 않았고 이후 이것은 거짓으로 밝혀졌다. 그러나 이를 계기로 냉동 인간의 부활에 대한 사람들의 관심은 커져갔다.

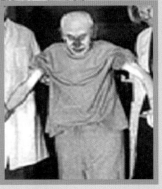

리히터 박사가 제시한 사진 ▶

다시 사실 그날까지 냉동해 드립니다!

세계 최대의 인체 냉동 보존 서비스 조직인 '알코르 생명연장 재단'(Alcor Life Extension Foundation)은 1972년부터 냉동 보존 서비스를 제공하고 있으며 현재 냉동 보존된 사람은 1백여명 정도라고 밝히고 있다.

알코르는 고객을 '환자', 사망한 사람을 '잠재적으로 살아 있는 자' 라고 부른

Imagine Infinitely

다. 환자가 일단 임상적으로 사망하면 알코르의 냉동 보존 기술자들은 현장으로 달려간다. 그들은 먼저 시신을 얼음 통에 집어넣고 산소 부족으로 뇌가 손상되는 것을 방지하기 위해 심폐 소생 장치를 사용해 호흡과 혈액 순환 기능을 복구시킨다. 이어서 피를 뽑아내고 정맥주사를 놓아 세포의 부패를 지연시킨 후 환자를 애리조나 주에 있는 알코르 본부로 이송한다.

본부로 이송된 시신에 혈액을 부동액으로 바꾸는 등의 특수 처리를 하여 -196 ℃ 로 급속 냉동시켜 탱크에 보관하게 된다. 인체의 냉동 보존에는 비용이 많이 소요되는데 12만-13만 달러 정도를 내면 몸 전체를 보존해 주지만, 5만 달러로는 머리만 냉동 보존해 준다.

알코르 홈페이지를 보면 '우리는 뇌 세포와 뇌의 구조가 잘 보존되는 한, 심장 박동이나 호흡이 멈춘 뒤 아무리 오랜 시간이 흘러도 그 사람을 살려낼 수 있다고 믿는다. 심박과 호흡의 정지는 곧 '죽음'이라는 구시대적 발상에서 아직 벗어나지 못한 사람들이 많다. '죽음'이란 제대로

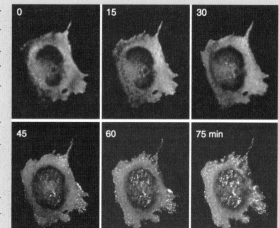
▲ 냉동시 파괴되는 세포

보존되지 못해 다시 태어날 수 없는 상태일 뿐이다'라고 적혀있다. 그러나 현대 과학은 아직까지 냉동 인간을 소생시킬 수 있는 수준에 도달하지 못한 상태이다.

▲ 냉동 보존을 위해 수술중인 알코르의 과학자들

▲ 알코르 본사

▲ 알코르에서 사용하는 냉동 탱크

 ## 극저온에서 일어나는 초전도 현상

초전도 현상은 1911년 네덜란드의 카메를링 오너스(H. K. Onnes 1853~1926)가 액체 헬륨을 이용하여 극저온 실험을 하던 도중에 처음으로 발견했다. 그는 수은의 전기 저항이 헬륨의 액화 온도인 4.2 K 근방에서 갑자기 없어지는 것을 발견했다. 초전도 현상이 일어나는 매우 낮은 온도를 임계 온도라고 한다. 금속마다 임계 온도는 제각각 다르다. 이후 납, 탈륨을 비롯하여 25종의 금속 원소와 수천 종의 합금, 화합물에서 초전도가 일어나는 것이 밝혀졌다.

초전도체는 전기 저항이 없어 저항에 의한 열손실을 막을 수 있다. 그리고 큰 전류가 흐를 수 있어 전자석을 만들 경우 매우 강한 자기장을 만들 수 있다. 이를 이용한 것이 자기 부상 열차이다. 자기 부상 열차의 기본 원리는 열차와 선로의 자기적인 반발력으로 열차를 띄워 추진력을 얻는 것인데 보통의 전자석은 저항으로 인한 전력 손실 때문에 큰 자기장을 만들기 어렵다. 육중한 열차를 들어 올리려면 초전도 자석이 안성맞춤이다.

Q 사람을 냉동 보존하고 추후에 다시 소생시키는 일이 가능하겠는가? 각자의 의견을 간단히 적어 보자.

Chemistry

III

어떠한 온도에도 액화하지 않는 기체가 있을까?

03
물질 변화와 에너지

1. 물질의 세 가지 상태

(1) 물질의 상태 변화[1][2]

① **상태 변화** : 물질의 성질은 변하지 않고 고체, 액체, 기체로 상태만 변하는 현상이다.

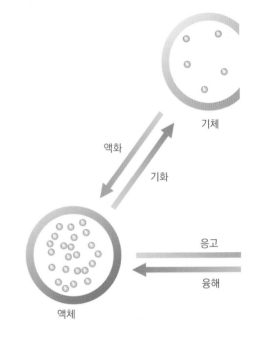

기체

액화

기화

응고

융해

액체

---

❶ 물체의 상태와 특징

상태	고체	액체	기체
모양	일정	담는 그릇에 따라 변함	
부피	일정		온도, 압력에 따라 크게 변함
모양과 부피 변화	모양 일정 부피 일정	모양 변함 부피 일정	모양 변함 부피 변함
압축되는 정도	압축되지 않음	거의 압축되지 않음	압축 잘 됨 → 분자 간 거리가 멀어 빈 공간이 많기 때문
흐르는 성질	없음	있음	
예	얼음, 나무, 철, 플라스틱 등	물, 식초, 사이다, 식용유 류 등	수증기, 공기, 산소, 질소 등

---

❷ 상태 변화 시 물의 부피 변화

대부분 물질의 부피	고체<액체≪기체
물의 부피	액체<고체≪기체

물은 다른 물질과는 달리 얼음으로 응고될 때 부피가 증가한다.

물이 응고될 때 얼음 분자들은 육각 구조를 이루기 때문이다. 육각 구조 사이에는 빈 공간이 존재하므로 물보다 더 가벼워져 얼음이 물 위에 뜬다.

빈 공간

물   얼음

⚙ 김과 수증기
- 김 : 물이 끓을 때 나오는 수증기가 주변의 차가운 공기에 의해 냉각되어 생긴 작은 물방울이며 수증기로 쉽게 기화된다.
- 수증기 : 물이 기화된 상태인 기체로 물 분자의 형태이다. 눈에 보이지 않고 공기 중에 섞여 있는 상태이다.

액화 : 기체 → 액체

- 이른 새벽 풀잎에 이슬이 맺힌다.

- 뜨거운 국물을 마시면 안경에 김이 서린다

- 기체에 압력을 가해 분자 간의 거리가 좁아져 액체가 될 경우

기화 : 액체 → 기체

- 물이 끓어 수증기가 된다.

- 젖은 빨래가 마른다

- 마개를 열어 둔 아세톤의 양이 줄어들었다.

※ 기화의 종류

증발	끓음
액체의 표면에서 기화가 일어난다.	액체의 표면과 내부에서 기화가 일어난다.

융해 : 고체 → 액체

- 얼음이 녹아서 물이 된다.

- 양초에 불을 붙이면 촛농이 녹아서 흘러내린다.

※ 물의 경우 고체에 압력을 가하면 액체가 된다.

- 스케이트 날에 접촉한 얼음이 압력에 의해 융해 되므로 스케이트 날이 잘 미끄러진다.

② 상태 변화의 원인

• 온도와 압력에 따라 물질의 상태가 변한다.
• 주요 원인은 온도이다.

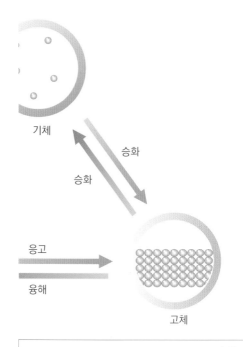

기체

승화

승화

응고

융해

고체

☼ 물질의 상태와 분자 배열

	고체	액체	기체
분자의 배열	촘촘하고 규칙적	고체보다 불규칙적	매우 불규칙적
분자 사이의 거리	← 증가 ── 매우 증가 → 매우 가까움	고체보다는 멀다	매우 멀다
분자 사이의 인력	← 감소 ── 매우 감소 → 강함	약함	거의 없음
분자 운동	진동	진동, 회전, 병진	진동, 회전, 병진
	제자리 진동운동	자리를 바꾸는 등 비교적 자유로운 운동	매우 빠르고 자유로운 운동

승화 : 기체 → 고체

• 늦가을 새벽, 잎에 서리가 내린다.

◀ 꽃잎의 서리

• 구름 속 수증기가 직접 눈 결정이 된다.

◀ 눈 결정 모양

☼ 물질이 상태 변화할 때 변하는 것/변하지 않는 것

변하는 것	변하지 않는 것
• 분자 배열 • 분자 사이의 거리 • 분자 사이의 인력	• 분자의 종류 • 분자의 개수 • 분자의 모양 • 분자의 크기
부피 (분자 사이의 거리가 변하므로)	• 질량 (분자의 개수는 변하지 않으므로) • 성질 (물질의 상태가 변해도 분자 자신의 성질은 변하지 않으므로)

승화 : 고체 → 기체

• 옷장 속 나프탈렌이 작아진다.

▲ 고체 나프탈렌

• 드라이아이스를 상온에 가만히 놓아두면 크기가 점점 작아진다.
• 드라이아이스로 만드는 안개 : 공연장에서 안개와 같은 효과를 내는 드라이아이스는 기체 상태의 물질이 아니라 드라이아이스가 승화되면서 주위 온도가 낮아지기 때문에 수증기가 액화되어 생긴 작은 물방울이다.

▲ 드라이아이스

※ 상온에서 승화성 물질이 고체에서 기체로 쉽게 변하는 이유
• 승화성 물질은 분자 간의 결합이 매우 약하기 때문이다.
• 승화성 물질 : 드라이아이스, 나프탈렌(좀약), 요오드 등

미니사전

병진 운동
다른 위치로 불규칙하게 평행 이동하는 운동

회전 운동
팽이처럼 한 정점 주위를 원을 그리며 회전하는 운동

진동 운동
분자를 이루는 원자들의 떨림이 일어나는 운동

응고 : 액체 → 고체

• 용암이 굳어서 암석이 되었다.
• 한겨울 처마 끝에 고드름이 달렸다.

▲ 굳고 있는 용암　　▲ 고드름

정답 27쪽

 Q1 물질이 상태 변화할 때 무엇의 영향을 가장 많이 받는가?

2. 상태 변화와 열에너지

(1) 열에너지

① **열에너지**❶ : 분자의 운동 에너지로 나타나는 에너지로 물질의 온도나 상태 변화를 일으킨다.

② **열에너지의 이동**❷

• 이동 방향 : 온도가 높은 물질 → 온도가 낮은 물질

• 두 물질의 온도가 같아질 때까지 이동한다.

• 에너지가 낮은 상태에서 높은 상태가 되려면 에너지를 흡수해야 하고, 에너지가 높은 상태에서 낮은 상태가 되려면 에너지를 방출해야 한다.

③ **열에너지와 온도**

• 분자가 열에너지를 흡수 → 분자 운동이 빨라짐 → 물질의 온도 상승

• 분자가 열에너지를 방출 → 분자 운동이 느려짐 → 물질의 온도 하강

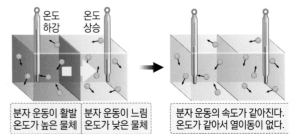

분자 운동이 활발 / 온도가 높은 물체 | 분자 운동이 느림 / 온도가 낮은 물체

분자 운동의 속도가 같아진다. / 온도가 같아서 열이동이 없다.

④ **계와 주위**❸의 온도 변화

• 계❹ : 주위로부터 열을 흡수 → 계의 온도 상승

• 주위 : 계로 열을 빼앗김 → 주위의 온도 하강

• 계가 흡수하는 열에너지와 주위가 방출한 열에너지의 양은 같다.

(2) 상태 변화와 열에너지

① **상태 변화 과정** : 열이 흡수되거나 방출된다.

② **열에너지의 양** : 고체 < 액체 < 기체

③ **열에너지의 흡수** : 융해, 기화, 승화 (고체 → 기체) → 주위의 온도는 낮아진다.

④ **열에너지의 방출** : 응고, 액화, 승화 (기체 → 고체) → 주위의 온도는 높아진다.

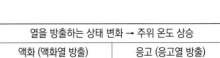

승화열 방출 / 융해열 흡수 / 기화열 흡수 / 고체 ⇄ 액체 ⇄ 기체 / 응고열 방출 / 액화열 방출 / 승화열 흡수

열을 흡수하는 상태 변화 → 주위 온도 하강		열을 방출하는 상태 변화 → 주위 온도 상승	
융해 (융해열 흡수)	기화 (기화열 흡수)	액화 (액화열 방출)	응고 (응고열 방출)

아이스박스에 얼음을 채우고 음식을 넣어두면 음식을 차갑게 보관할 수 있다.	수영을 하다가 물 밖으로 나오면 춥다.	비가 오기 전에는 공기 중의 수증기가 액체로 되면서 액화열을 방출하기 때문에 날씨가 후덥지근하다.	겨울철 오렌지의 냉해를 막기 위해 물을 뿌리면 물이 얼면서 응고열을 방출하여 오렌지가 얼지 않는다.

왼쪽 여백

❶ **열에너지의 양**

0 ℃ 의 물 < 100 ℃ 의 물

같은 질량을 가진 액체 상태라도 온도가 높은 100 ℃ 물이 포함한 열에너지가 더 많다.

❷ **열에너지의 이동**

온도가 높은 물질(분자 운동이 활발)과 온도가 낮은 물질(분자 운동이 느림)을 섞으면 활발하게 움직이던 분자는 느린 분자와 충돌하여 느려지고 느리게 움직이는 분자는 충돌 후 빨라진다. 즉, 열에너지는 분자의 충돌에 의해 전달된다.

❸ **계와 주위**

• 계 : 우리가 관심을 갖는 특정한 부분

• 주위 : 계를 제외한 나머지

❹ **계의 종류**

열린계	닫힌계	고립계
수증기 열	열	
물질 이동○ 열 이동○	물질 이동× 열 이동○	물질 이동× 열 이동×

⚙ **승화열의 흡수와 방출**

• 승화열의 흡수 (고체→기체) : 주위 온도 하강. 아이스크림을 포장할 때 드라이아이스를 주위에 놓으면 드라이아이스가 승화하면서 주위의 열에너지를 흡수하여 아이스크림이 녹지 않는다.

• 승화열의 방출(기체→고체) : 주위 온도 상승. 눈이 올 때 수증기가 상공에서 얼음으로 승화되어 열에너지를 방출하므로 날씨가 포근하다.

정답 27쪽

Q2 열에너지의 온도에 따른 이동 방향을 쓰시오.

(3) 상태 변화와 온도 : 물질을 가열·냉각할 때 온도가 일정한 구간이 나타나며, 이때 물질의 상태 변화가 일어난다. ❺

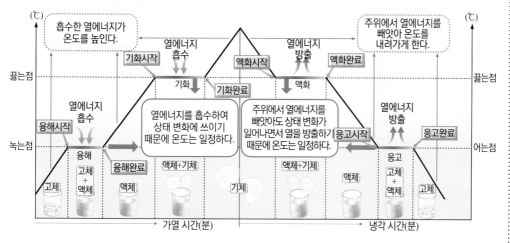

구분	녹는점	어는점	끓는점
뜻	고체가 액체로 상태 변화하는 동안 일정하게 유지되는 온도	액체가 고체로 상태 변화하는 동안 일정하게 유지되는 온도	액체가 기체로 상태 변화하는 동안 일정하게 유지되는 온도
상태 변화	융해 고체 $\xrightarrow[\text{흡수}]{\text{열에너지}}$ 액체	응고 액체 $\xrightarrow[\text{방출}]{\text{열에너지}}$ 고체	기화 액체 $\xrightarrow[\text{흡수}]{\text{열에너지}}$ 기체
	한 물질에서 응고열과 융해열은 같다. 융해열 = 응고열		

(4) 녹는점(어는점)과 끓는점의 특징

물질의 종류	물질의 양	불꽃세기
온도 / 시간 (가), (나)	온도 / 시간 A B C	온도 / 시간 A B C
녹는점, 끓는점 : (가) ≠ (나) (가)와 (나)는 다른 물질이다.	녹는점, 끓는점 : A = B = C : A, B, C는 같은 물질이다.	
녹는점(어는점), 끓는점 : (가) > (나) 분자 사이의 인력 : (가) > (나)	(가열 불꽃 세기가 일정할 때) 물질의 양 : A < B < C	(물질의 양이 일정할 때) 가열 불꽃 세기: A > B > C
	물질의 양이 적을수록 녹는점,끓는 점에 빨리 도달한다.	불꽃 세기가 클수록 녹는점,끓는점 에 빨리 도달한다.

(5) 물질의 상태와 분자 운동

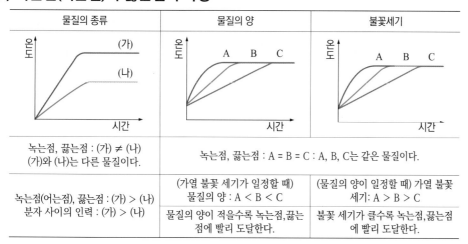

분자 간 거리	고체		액체		기체
열에너지					
무질서도 ❼	규칙적	< 증가	불규칙적	≪ 매우 증가	매우 불규칙적
분자 배열					
분자의 운동	제자리에서 진동 운동		진동, 회전, 병진 운동 ❻		진동, 회전, 병진 운동
분자 사이의 끄는 힘(인력)					

⚙ **상태 변화 시 온도가 일 정하게 유지되는 증거**

- 종이컵에 물을 넣고 불로 직접 가 열해도 종이컵은 타지 않는다.
- 누룽지를 만들 때 밥에 물을 조금 넣고 열을 가하면 밥이 타지 않고 누룽지가 된다.

❺ **온도에 따른 물질의 상태**

❻ **진동·회전·병진운동**

진동운동	회전운동	병진운동
고정된 위치에서 중심 쪽으 로 왔다 갔다 하면 서 떨리는 운동	분자의 무게 중심 주위를 회전하는 운동	분자가 직선 방향으로 이동해 나가는 운동

❼ **무질서도**

무질서도의 개념은 1865년 루돌프 클라시우스에 의해 도입되었다. 질서 있는 상태에서 무질서한 상태로 변 하면 무질서도가 증가되었다고 한다.

무질서도 증가

3. 액체와 고체

(1) 물

❶ 수소 결합

▲ 물의 수소 결합

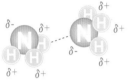

▲ 암모니아의 수소 결합

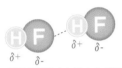

▲ 플루오린화 수소의 수소 결합

① 물 분자의 구조와 극성

◎ 물 분자의 구조	◎ 물 분자의 극성
결합각이 104.5°인 굽은 형을 이룬다. 물 분자가 굽은 형을 이루지 않는다면 수소 결합을 할 수 없다.	산소 원자는 같은 분자 내의 수소 원자의 전자 구름을 끌어당겨 산소 원자는 약간의 -전하($\delta-$)를 띠고 수소 원자는 약간의 +전하($\delta+$)를 띤다.

② 수소 결합❶

- F(플루오린), O(산소), N(질소) 원자에 H(수소)원자가 결합된 분자에서 F, O, N 원자와 이웃하는 분자의 수소 원자 사이에서 생기는 인력이다.
- 분자 사이에 작용하는 힘 중 매우 강하게 작용하는 인력이다.

③ 물의 끓는점(녹는점)

- 액체 분자 사이의 결합이 강할수록 가해주어야 하는 열에너지는 많아져 끓는점이 높아지는데, 물은 분자 사이의 수소 결합으로 인하여 다른 물질보다 끓는점이 높다.

④ 물의 밀도 변화

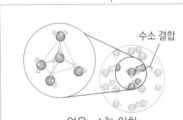

수소 결합

<물> 4 ℃
- 분자 간의 거리가 가장 가깝다.
- 최대의 밀도(1 g/cm³)을 갖는다.

<얼음> 4 ℃ 이하
- 얼음 분자 하나 당 4개의 분자와 수소 결합하여 정사면체를 만든다.
- 정사면체 구조가 연속적으로 이어지면 빈 공간이 많은 육각고리 모양을 만들어 부피가 커진다.

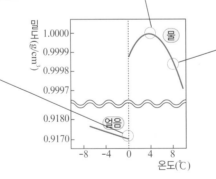

<물> 4 ℃ 이상
온도가 올라가면서 분자 운동이 활발해져 분자 사이의 거리가 멀어지면 부피가 커진다.

❷ 표면 장력의 예

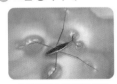

▲ 소금쟁이가 물위에 뜬다.

▲ 물이 가득 담긴 유리컵에 클립이나 동전을 올려놓아도 물이 넘치지 않는다.

⑤ 물의 표면 장력

- 표면 장력❷ : 액체가 기체나 고체의 물질과 접촉할 경우 액체의 접촉 면적을 가능한 작게 하려는 힘으로 분자 사이의 작용하는 힘이 클수록 더 둥근 모양을 나타낸다.

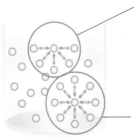

액체 표면(표면 장력)
인력이 위쪽 방향으로 작용하지 않고 안쪽으로만 작용하기 때문에 물속으로 끌어 당겨진다. 이 힘 때문에 표면의 분자들은 표면적을 작게 하려고 한다.

액체 내부(응집력)
인력이 모든 방향에서 작용한다.

⑥ **물의 모세관 현상**

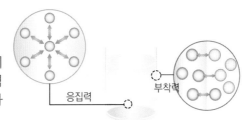

응집력 · 부착력

- 모세관 현상 : 액체 속에 가는 관(모세관)을 세우면 관과 액체의 부착력과 액체끼리의 응집력으로 인해 액체가 외부 액면보다 상승하거나 하강하는 현상

구분	물	수은
모세관 현상에서의 액면	위로 올라간다. 오목하다.	아래로 내려간다. 볼록하다.
힘의 크기	응집력 < 부착력[3]	응집력 > 부착력

⑦ **물의 비열** : 물은 수소 결합을 하고 있으므로 분자 간 힘이 크기 때문에 다른 물질에 비해 비열이 훨씬 크다. → 물의 온도를 높이려면 물 분자 사이의 수소 결합을 끊어야 하기 때문

⑧ **물의 융해열과 기화열** : 물은 분자량이 비슷한 다른 물질에 비해 융해열과 기화열이 크다.
→ 물 분자 사이에는 수소 결합이 형성되어 분자 간 인력이 크기 때문

(2) 고체

① **결합 방식에 따른 분류** : 이온 결정, 원자 결정, 분자 결정, 금속 결정으로 분류한다.[4]

화학 결합	결정의 종류	구성 입자	결합력	전기 전도성		녹는점	예
				고체	액체		
이온 결합	이온 결정	양이온과 음이온	정전기적 인력	없음	있음	비교적 높음	염화 나트륨, 산화 칼슘 등
공유 결합	원자 결정	원자	공유 결합력	없음 (예외 : 흑연)	없음	매우 높음	다이아몬드, 흑연 등
	분자 결정	분자	분자 간 인력	없음	없음	매우 낮음	드라이아이스, 나프탈렌 등
금속 결합	금속 결정	금속 양이온과 자유 전자	정전기적 인력	있음	있음	비교적 높음	구리, 아연, 철, 은 등

② **결정 구조에서의 단위 세포**[5]

결정 구조	단순 입방 격자	체심 입방 격자	면심 입방 격자
정의	정육면체의 8개의 꼭짓점에 같은 종류의 원자들이 위치한 구조	단순 입방 격자의 단위 세포 중심에 1개의 원자가 위치한 구조	단순 입방 격자의 단위 세포의 6개 면 중심에 원자가 위치한 구조
단위 세포			
단위 세포 속의 입자 수	꼭짓점에 있는 입자는 8개의 단위 격자에 의해 나누어지므로 꼭짓점에 있는 입자의 $\frac{1}{8}$ 이 단위에 속한다. $\frac{1}{8} \times 8 = 1$(개)	중심에 위치한 입자 1개와 꼭짓점에 있는 입자의 $\frac{1}{8}$ 이 단위에 속한다. $\frac{1}{8} \times 8 + 1 = 2$(개)	면에 있는 입자는 2개의 단위 격자에 의해 나누어 지므로 면에 있는 입자의 $\frac{1}{2}$과 꼭짓점에 있는 입자의 $\frac{1}{8}$ 이 단위에 속한다. $\frac{1}{8} \times 8 + \frac{1}{2} \times 6 = 4$(개)

❸ **응집력과 부착력**
- 응집력 : 같은 분자끼리 잡아당기는 힘
- 부착력 : 다른 분자끼리 잡아당기는 힘

❹ **결합 방식에 따른 결정**
- 이온 결정 : 염화 나트륨($NaCl$)

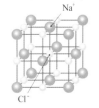
Na^+
Cl^-

- 원자 결정 : 다이아몬드(C)

- 분자 결정 : 드라이아이스(CO_2)

❺ **결정과 단위 세포**

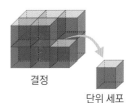

결정   단위 세포

⚙ **결정성 고체와 비결정성 고체**
- 결정성 고체 : 고체를 이루는 원자, 이온, 분자 등이 규칙적으로 배열, 입자 사이의 결합력이 일정하여 녹는점이 일정하다. 예 다이아몬드, 소금, 얼음, 석영
- 비결정성 고체 : 고체를 이루는 원자, 이온, 분자 등이 불규칙적으로 배열, 입자 사이의 결합력이 일정하지 않아 녹는점이 일정하지 않다. 예 유리, 플라스틱, 고무, 엿 등

┌─── **미니사전** ───┐

융해열(kJ/g)
고체 1 g 을 융해시키는 데 필요한 에너지

기화열(kJ/g)
액체 1 g 을 기화시키는 데 필요한 에너지

└─────────┘

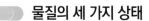
물질의 세 가지 상태

01 다음 중 물질의 세 가지 상태에 대한 설명으로 옳은 것을 ○표, 옳지 않은 것을 ×표 하시오.

(1) 물질은 상태에 따라 고체, 액체, 기체로 나뉜다.

( )

(2) 물질의 상태는 온도에 따라 변한다. ( )

(3) 같은 물질이라도 상태가 변하면 그 성질이 달라진다. ( )

(4) 분자 사이의 거리는 기체가 가장 멀다. ( )

(5) 진동, 회전, 병진 운동을 하는 것은 액체와 기체 분자이다. ( )

02~04 다음 그림을 보고 물음에 답하시오.

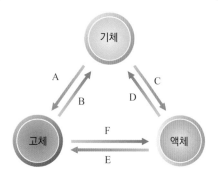

02 위의 상태 변화 A ~ F 중에서 가열에 의한 과정과 그 이름을 쓰시오.

03 위의 상태 변화 A ~ F 중에서 냉각에 의한 과정과 그 이름을 쓰시오.

04 다음은 상태 변화에 관련된 예이다. 그림에서 각 예에 해당하는 상태 변화의 기호를 쓰시오.

(1) 날씨가 더워서 아이스크림이 녹았다. ( )

(2) 목욕하는 동안 목욕탕 거울이 흐려졌다. ( )

(3) 영하의 추운 겨울날, 그늘에 쌓여 있던 눈의 양이 줄어들었다. ( )

(4) 용암이 굳어서 화산암이 되었다. ( )

(5) 젖은 빨래가 마른다. ( )

(6) 옷장 안의 나프탈렌의 양이 줄었다. ( )

05 초콜릿이 녹아도 초콜릿의 맛과 냄새는 변하지 않는다. 그 이유로 옳은 것을 고르시오.

① 분자의 종류가 변하지 않아서
② 분자의 배열이 변하지 않아서
③ 분자의 거리가 변하지 않아서
④ 분자의 개수가 변하지 않아서
⑤ 분자의 운동 속도가 변하지 않아서

상태 변화와 열에너지

06 다음 중 물질의 질량이 같을 때 열에너지를 가장 많이 가지고 있는 것은?

① 0 ℃ 의 얼음 ② 0 ℃ 의 물 ③ 70 ℃ 의 물
④ 100 ℃ 의 물 ⑤ 100 ℃ 의 수증기

07~09 다음 그림은 물질의 상태 변화를 나타낸 것이다. 각 물음에 답하시오.

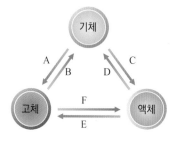

07 열을 방출하는 경우와 흡수하는 과정의 기호를 쓰시오.

열을 방출하는 경우	열을 흡수하는 경우

08 다음 현상과 관련 있는 상태 변화 과정에 해당하는 기호를 쓰고 출입하는 열의 종류를 쓰시오.

(1) 땀을 흘리면 땀이 증발하면서 시원해진다.

(2) 큰 얼음 조각 근처에 있으면 시원하다.

(3) 에스키모인들은 얼음집 안에서 물을 뿌려 따뜻하게 한다.

(4) 눈이 올 때 날씨가 포근하다.

09 다음은 얼음을 가열할 때 시간에 따른 온도 변화를 나타낸 것이다. (가), (나)에 해당하는 상태 변화를 위 그림 A ~ F 중에서 찾아 쓰시오.

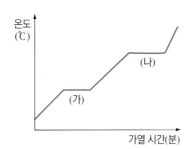

10~11 아래 그림은 고체인 파라디클로로벤젠의 가열-냉각 곡선이다.

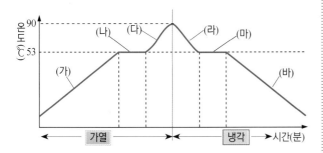

10 다음에 해당하는 구간의 기호를 쓰시오.

(1) 파라디클로로벤젠이 융해되는 구간　　(　　)

(2) 파라디클로로벤젠이 응고되는 구간　　(　　)

(3) 고체 상태로만 존재하는 구간　　　　(　　)

(4) 액체 상태로만 존재하는 구간　　　　(　　)

(5) 고체와 액체가 함께 존재하는 구간　　(　　)

11 위 그래프에 대한 내용으로 옳은 것을 고르시오.

① 파라디클로로벤젠의 끓는점은 90 ℃ 이다.
② 파라디클로로벤젠의 어는점은 53 ℃ 이다.
③ (가) 구간에서 열에너지는 상태 변화에 쓰인다.
④ 주위가 따뜻해지는 구간은 (가)와 (다)이다.
⑤ (나) 구간에서 얻은 열에너지는 (마) 구간에서 잃은 열에너지에 비해 크다.

12 다음 표는 어떤 순수한 고체를 가열하면서 2분마다 온도를 측정하여 기록한 표이다. 다음 물음에 답하시오.

시간(분)	0	2	4	6	8	10	12	14	16	18	20
온도(℃)	32	38	38	38	50	65	82	82	82	82	82

(1) 이 물질의 끓는점을 쓰시오.

(2) 이 물질의 어는점을 쓰시오.

(3) 80 ℃ 에서 이 물질은 어떤 상태인지 쓰시오.

13 다음 중 녹는점과 끓는점에 대한 내용으로 옳은 것을 고르시오.

① 녹는점에서 물질은 액체 상태이다.
② 끓는점은 액체 표면에서 기화가 일어날 때의 온도이다.
③ 녹는점이 낮은 물질일수록 고체 분자 간 인력이 강하다.
④ 끓는점에서 온도가 일정한 이유는 흡수한 열을 다시 외부로 방출하기 때문이다.
⑤ 녹는점과 어는점의 온도가 같은 이유는 출입하는 열에너지의 양이 같기 때문이다.

14~15 그림은 물질의 세 가지 상태를 분자의 운동 모형으로 나타낸 것이다. 다음 물음에 답하시오.

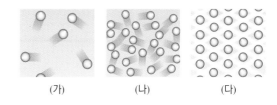

(가)　　　　(나)　　　　(다)

14 위 그림을 보고 다음 물음에 답하시오.

(1) (가) ~ (다) 중 분자 사이의 거리가 가장 먼 상태를 고르시오.

(2) (가) ~ (다) 의 분자들이 가지고 있는 열에너지의 크기를 비교하여 부등호로 나타내시오.

15 다음 중 위 그림에 대한 설명으로 옳은 것을 고르시오.

① (다)는 병진 운동을 하지 않는다.
② 같은 질량일 때 부피가 가장 큰 것은 (다)이다.
③ 분자 사이의 인력이 가장 큰 것은 (가)이다.
④ (나)에서 (가)로 상태 변화할 때 기화열을 방출한다.
⑤ (다)에서 (가)로 상태 변화할 때 융해열을 흡수한다.

16 다음 중 분자 운동이 활발해지는 경우를 있는 대로 고르시오.

① 양초의 촛농이 흘러내리면서 굳었다.
② 얼음물이 든 컵 표면에 물방울이 생겼다.
③ 헤어 드라이기로 젖은 머리카락을 말린다.
④ 드라이아이스의 크기가 점점 줄어들었다.
⑤ 고깃국을 식히면 표면에 하얀 기름덩어리가 생긴다.

17 다음은 어떤 물질의 녹는점과 끓는점을 나타낸 것이다.

녹는점 : 375 K	끓는점 : 1230 K

위 물질을 상온(25℃)에 두었을 때 물질의 상태에 대한 설명으로 옳은 것은?

① 분자 사이의 거리가 가장 멀다.
② 분자 사이의 인력이 가장 강하다.
③ 분자들은 진동, 회전, 병진 운동을 한다.
④ 가열하면 열에너지를 흡수하여 기체 상태로 변한다.
⑤ 가열하면 물질의 온도는 올라가지만 부피는 변하지 않는다.

18 그림은 열에너지를 가해 주었을 때 일어나는 상태 변화를 알아보기 위해 비커에 물을 넣고 얼음이 담긴 시계접시를 올려 놓은 후, 알코올 램프로 가열하였다. 다음 중 (가) ~ (다)에 대한 설명으로 옳지 않은 것은?

	구분	(가)	(나)	(다)
①	상태 변화	기화	액화	융해
②	열에너지	흡수	방출	흡수
③	부피	증가	감소	증가
④	분자 운동	활발해짐	둔해짐	활발해짐
⑤	분자 사이의 인력	감소	증가	감소

액체와 고체

19 다음 〈보기〉 중 물이 다른 물질에 비해 끓는점이 높은 이유로 옳은 것만을 있는 대로 고른 것은?

보기
ㄱ. 물 분자의 크기가 작기 때문이다.
ㄴ. 물 분자 간 결합력이 강하기 때문이다.
ㄷ. 물 분자들 사이에 수소 결합을 형성하기 때문이다.
ㄹ. 분자 간 거리가 다른 물질에 비해 멀기 때문이다.

① ㄱ　　　　　② ㄴ　　　　　③ ㄱ, ㄴ
④ ㄴ, ㄷ　　　　⑤ ㄷ, ㄹ

20 더운 여름날에는 땀을 흘림으로써 체온을 일정하게 유지할 수 있다. 이 사실과 관계가 깊은 물의 성질로 옳은 것은?

① 물은 기화열이 크다.
② 물은 끓는점이 높다.
③ 물은 4 ℃ 에서 밀도가 가장 크다.
④ 물은 응집력보다 부착력이 크다.
⑤ 물 분자보다 수증기 분자 사이의 인력이 약하다.

21 그림은 물 분자 간 수소 결합을 모형으로 나타낸 것이다.

이와 같이 수소 결합이 작용하는 물질을 〈보기〉에서 있는 대로 고른 것은?

보기

ㄱ. NH_3 ㄴ. C_2H_5OH ㄷ. CH_4 ㄹ. HF

① ㄱ   ② ㄱ, ㄹ   ③ ㄴ, ㄷ
④ ㄱ, ㄴ, ㄷ   ⑤ ㄱ, ㄴ, ㄹ

22 그림은 물의 상태 변화를 나타낸 그림이다. 상태 변화가 일어날 때 밀도가 감소하는 경우를 모두 고르시오.

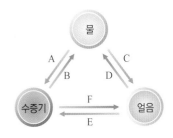

23 물이 가득 든 페트병을 냉동실에 넣어 얼렸더니 페트병의 아래와 옆면이 불룩하게 튀어나왔다. 그 이유를 고르시오.

① 물이 얼면 물 분자들의 크기가 커지기 때문이다.
② 물이 얼면 물 분자들의 개수가 증가하기 때문이다.
③ 물이 얼면 응집력이 커져 표면장력이 커지기 때문이다.
④ 물이 얼면 분자 사이의 인력이 작아져 분자 간 거리가 가까워지기 때문이다.
⑤ 물이 얼면 물 분자들이 일정한 구조를 이루어 빈 공간이 생기기 때문이다.

24~25 아래 그래프는 온도에 따른 물의 밀도와 부피 변화를 나타낸 것이다. 각 물음에 답하시오.

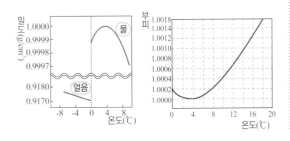

24 물의 밀도가 가장 클 때의 온도는?

① -8℃   ② -4℃   ③ 0℃   ④ 4℃   ⑤ 8℃

25 위 그래프와 관련된 현상으로 옳지 않은 것을 고르시오.

① 빙산이 바닷물 위에 떠 있다.
② 한겨울 수도관이 얼어서 터진다.
③ 식용유와 물을 섞으면 식용유가 물 위에 뜬다.
④ 한겨울 호수가 얼어도 물고기들은 얼어 죽지 않는다.
⑤ 암석 틈에 스며든 물이 얼어 암석의 풍화를 일으킨다.

26 얼음과 물(4 ℃)에 대한 비교로 옳은 것을 있는 대로 고른 것은?

보기

ㄱ. 밀도 : 물 > 얼음
ㄴ. 무질서도 : 물 > 얼음
ㄷ. 분자 간 인력 : 물 > 얼음
ㄹ. 분자 간 평균 거리 : 물 > 얼음

① ㄱ   ② ㄱ, ㄴ   ③ ㄴ, ㄷ
④ ㄱ, ㄷ   ⑤ ㄴ, ㄹ

27 이른 아침 풀잎에 맺힌 이슬은 둥근 모양을 하고 있다. 이 현상과 관계있는 물의 특성은?

① 밀도   ② 비열   ③ 기화열
④ 응고열   ⑤ 표면 장력

28 다음 그림과 관련 있는 현상이 <u>아닌</u> 것은?

① 물수제비 뜨기를 할 수 있다.
② 빙산이 바닷물 위에 떠 있다.
③ 두 개의 물방울이 부딪히면 하나의 큰 물방울로 합쳐진다.
④ 물을 가득 채운 컵에 동전을 넣어도 물이 쉽게 넘치지 않는다.
⑤ 잔잔한 호수에 작은 돌을 떨어뜨리면 물방울이 둥근 모양으로 튀어 오른다.

29 그림 (가)는 유리판 위에 액체 A 와 B 를 한 방울씩 떨어뜨렸을 때의 모양을 나타낸 것이고, (나)는 일정 시간이 지났을 때의 상태를 나타낸 것이다.

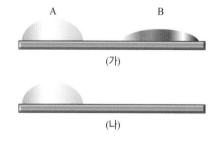

액체 A 와 B 를 비교한 설명으로 옳은 것만을 〈보기〉에서 있는 대로 고른 것은?

> **보기**
>
> ㄱ. 표면 장력이 더 큰 액체는 A 이다.
> ㄴ. 분자 간의 힘이 더 큰 액체는 B 이다.
> ㄷ. 끓는점이 높은 것은 A 이다.

① ㄱ   ② ㄴ   ③ ㄷ
④ ㄱ, ㄴ   ⑤ ㄱ, ㄷ

30 물과 수은 속에 가는 모세관을 세웠을 때 모세관 속의 액면의 모양을 관찰하기 위해 다음 그림과 같이 장치하였다.

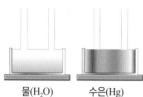

물(H₂O)   수은(Hg)

이 실험의 결과에 대한 설명으로 옳은 것을 고르시오.

① 모세관 속의 액면은 물과 수은 둘 다 상승한다.
② 모세관 속의 액면은 수은은 위로 상승하고 물은 아래로 하강한다.
③ 물의 액면은 볼록하고 수은의 액면은 오목하다.
④ 수은은 응집력과 부착력의 크기가 같다.
⑤ 물은 응집력의 크기가 부착력의 크기보다 작다.

31 다음 중 열량에 대한 설명으로 옳지 <u>않은</u> 것을 고르시오.

① 열은 상태 변화의 원인이다.
② 물질에 가해준 열의 양을 '열량'이라고 한다.
③ 물질 1 g 의 온도를 1 ℃ 올리는데 필요한 열의 양을 비열이라고 한다.
④ 비열이 작은 물질일수록 물질 1 g 의 온도를 1 ℃ 올리는데 가열 시간이 오래 걸린다.
⑤ 가열 시간이 길어질수록 흡수하는 열에너지의 양이 많아져 온도 변화는 커진다.

32 다음은 같은 질량의 물과 식용유를 동시에 가열했을 때의 온도 변화를 나타낸 것이다.

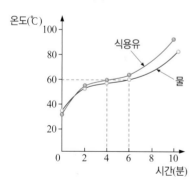

이에 대한 설명으로 옳은 것만을 〈보기〉에서 있는 대로 고르시오.

> **보기**
>
> ㄱ. 물의 비열이 식용유보다 더 크다.
> ㄴ. 식용유가 물보다 먼저 뜨거워진다.
> ㄷ. 식용유 분자 간 인력이 물 분자 간 인력보다 더 크다.

33 다음은 물 100 g 의 가열 곡선을 나타낸 것이다.

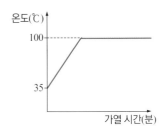

35 ℃ 에서 10분 간 가열하였을 때 가해준 열량이 3500 cal 이었다. 가열 시간이 10분일 때 물의 온도를 계산하시오. (단, 물의 비열은 1 cal/g·℃ 이다.)

34 다음은 같은 질량의 물질 A, B, C 에 같은 열량을 가하였을 때, 온도 변화를 정리한 표이다. 다음 물음에 답하시오.

온도(℃) \ 물질	A	B	C
처음 온도	27	18	22
나중 온도	58	74	73

(1) 다음 표를 보고 A, B, C에 해당하는 물질을 쓰시오. [비열의 단위 : cal/g·℃]

물질	구리	납	은
비열	0.092	0.031	0.056

(2) 물질 100 g 을 1 ℃ 올리는 시간이 오래 걸리는 순으로 쓰시오.

35 지구는 지표면의 70 % 를 물이 차지하고 있기 때문에 다른 행성과는 달리 일교차가 매우 작아 생명체들이 살아갈 수 있는 공간을 제공한다. 이와 같은 현상과 가장 관계가 있는 것은 무엇인가?

① 물의 높은 비열 ② 물의 밀도
③ 물의 높은 끓는점 ④ 물의 표면 장력
⑤ 물과는 상관 없음

36 다음은 얼음을 가열할 때 가해준 열량에 따른 온도 변화를 나타낸 것이다. 다음 물음에 답하시오.

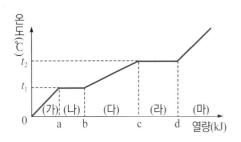

(1) 융해되는 구간을 쓰시오.

(2) 무질서도가 최대인 구간을 쓰시오.

(3) t_1 과 t_2 의 온도를 쓰시오.

37 그림 (가)는 소금, (나)는 드라이아이스, (다)는 다이아몬드 결정의 구조를 모형으로 나타낸 것이다.

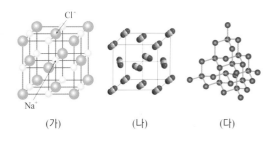

(가)   (나)   (다)

결정 (가), (나), (다)에 대한 설명으로 옳은 것만을 〈보기〉에서 있는 대로 고른 것은?

보기
ㄱ. (가)는 고체 상태에서 전기 전도성을 가진다.
ㄴ. (나)는 분자 간 인력에 의해 결정을 이룬다.
ㄷ. (다)는 자유 전자를 가지고 있다.

① ㄱ   ② ㄴ   ③ ㄷ
④ ㄱ, ㄴ   ⑤ ㄷ, ㄹ

38 그림은 Cu 의 결정 구조를 모형으로 나타낸 것이다. 단위 세포 안에 있는 Cu 의 원자 수를 구하시오.

개념 심화 문제

01 그림은 고체 상태의 아이오딘을 비커에 넣고, 얼음물이 들어 있는 둥근 바닥 플라스크를 비커 위에 올려놓은 후 서서히 가열하고 있는 실험을 나타낸 것이다. 다음 물음에 답하시오.

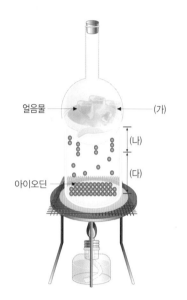

얼음물 ← (가)

(나)

(다)

아이오딘 ←

(1) 이 실험에 대한 설명으로 옳은 것을 있는 대로 고르시오.

① 아이오딘은 고체 → 액체 → 기체 → 고체로 상태 변화한다.
② 아이오딘이 (나)에서 액화되는 것은 차가운 얼음물 때문이다.
③ (가)에서는 액화, (나)와 (다)에서는 승화가 일어난다.
④ 아이오딘 기체는 보라색으로 눈에 보인다.
⑤ 얼음물의 얼음은 물로 융해된다.
⑥ (다)의 아이오딘과 (나)의 아이오딘의 성질은 다르다.
⑦ 불을 끄면 (나)의 아이오딘은 다시 상태 변화하여 비커 바닥에 쌓인다.
⑧ 얼음물이 아닌 뜨거운 물을 둥근 바닥 플라스크에 담는다면 둥근 바닥 플라스크 밑바닥에서 고체 아이오딘을 얻을 수 없다.

(2) (가), (나), (다)에서 일어나는 상태 변화의 예를 각각 2개 이상 적으시오.

(가)	
(나)	
(다)	

02 겨울철에는 암석 틈에 스며든 물이 얼면서 암석이 쪼개지는 풍화 현상이 일어난다. 물이 얼어서 일어나는 풍화 현상에 대한 설명으로 옳은 것을 있는 대로 고르시오.

① 물이 응고되어 얼음이 될 때 부피가 커지기 때문이다.
② 물 분자끼리 수소 결합을 하려는 성질 때문이다.
③ 물은 응고될 때 수소와 산소가 연결된 육각형 모양을 갖게 되기 때문에 빈 공간이 생긴다.
④ 물이 응고되면서 물 분자의 크기가 커지고 수가 늘어나기 때문에 풍화 현상이 일어난다.
⑤ 갈라진 틈 속에서 물이 얼면 단면적이 커져 압력이 작아지기 때문이다.

03 그림은 프로페인(C_3H_8), 암모니아(NH_3), 물(H_2O), 에탄올(C_2H_5OH)이 각각 액체 상태로 존재하는 온도 구간을 나타낸 것이다. 다음 물음에 알맞은 물질을 찾아 쓰시오.

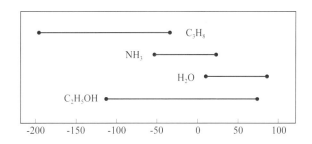

(1) 끓는점과 녹는점의 차이가 가장 큰 물질

(2) 10 ℃ 에서 분자 사이의 평균 거리가 가장 먼 물질

(3) -30 ℃ 에서 분자 사이의 힘이 가장 강한 물질

개념
돋보기

○ 물의 수소 결합과 부피 변화

물 분자(H_2O)를 이루는 수소 원자(H)와 산소 원자(O)는 각각 부분적으로 (+) 전하와 (-) 전하를 띤다. (+) 전하를 띠는 수소 (H)는 인력에 의해 다른 물 분자의 (-) 전하를 띠는 산소(O)와 결합을 하는데 이것을 수소 결합이라고 한다.

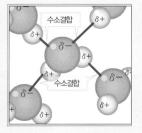

▲ 물 분자 사이의 수소 결합

04 그림과 같이 두 개의 컵에 같은 양의 35 ℃ 의 찬 물과 100 ℃ 의 뜨거운 물을 각각 담고 냉동실에 넣었더니 찬물보다 뜨거운 물이 더 빨리 얼었다. 그 이유는 무엇인가?

05 영희는 그림과 같이 일반적인 물질의 세 가지 상태(고체, 액체, 기체)에 대하여 분자 크기의 수준에서 입자 모델을 그려 보았다.

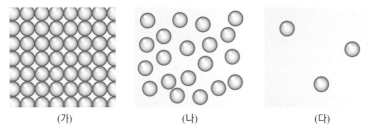

(가)　　　　　　　　　(나)　　　　　　　　　(다)

위의 입자 모델이 맞다고 가정할 때, 영희가 생각한 것 중 옳지 않은 것은? (단, ◯ 는 물질을 이루는 최소 단위로서의 원자 또는 분자를 나타내고, 각 상태 (가), (나), (다)에서는 같은 부피 안의 입자 배열을 보여준다.)

① (나)에서 (다)로 변할 때 외부로 열을 방출한다.
② 입자 사이의 평균 거리는 (다)가 (나)보다 크다.
③ 1 기압, 상온에서 나프탈렌은 (가)에서 (다)로 변한다.
④ 입자 사이의 인력의 크기는 (가) > (나) > (다) 순이다.
⑤ 일반적으로 (가)의 밀도가 (나)의 밀도보다 크지만 물은 예외이다.

개념 돋보기

○ **음펨바 효과**

특정한 상황에서 고온의 물이 저온의 물보다 더 빨리 어는 현상을 말한다. 음펨바 효과는 발견자인 탄자니아의 에라스토 음펨바(Erasto B. Mpemba)의 이름을 딴 것이다. 음펨바는 아이스크림을 만드는 것을 배우는 조리 수업 중에 뜨거운 용액과 식힌 용액을 냉장고에 넣어 얼렸는데, 뜨거운 용액이 식힌 용액보다 먼저 어는 것을 발견하게 된다. 그 후 고등학교에 진학한 음펨바는 데니스 오스본 박사의 물리학 강의 시간에 "같은 부피인 35도의 물과 100도의 물을 냉동실에 넣으면, 뜨거운 100도의 물이 먼저 얼었습니다. 왜 그렇습니까?"라고 질문 해 놀림을 받았다. 처음에는 오스본 박사도 반신반의하였으나 후에 음펨바의 발견을 검증하여 음펨바와 함께 1969년 연구 결과를 정리하여 발표하였다.

06 물질은 융해되거나 기화할 때 열을 흡수한다. 다음 그림은 1 g 의 얼음을 -10 ℃부터 가열하면서 측정한 열에너지 곡선이다. 다음 물음에 답하여라.

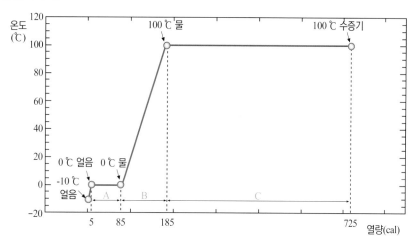

(1) 물의 기화열은 얼음의 융해열의 몇 배인가?

(2) A ~ C 구간 중 얼음과 물이 공존하는 구간은?

(3) 0 ℃ 의 물을 가열하여 100 ℃ 가 될 때 흡수한 열량을 구하시오. (단, 이때 상태 변화는 일어나지 않았다.)

(4) 물의 몰 융해열과 몰 증발열(기화열)을 계산하시오. (단, H_2O 분자량은 18이다.)

07 그림 (가)는 종류를 알 수 없는 3가지 액체 물질 A, B, C 를 가열하였을 때의 온도 변화를 나타낸 것이고, (나)는 어떤 고체의 가열·냉각 곡선을 나타낸 것이다.

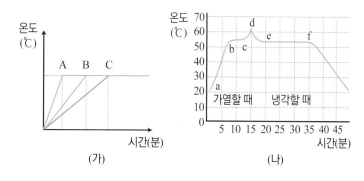

두 그래프에 대한 설명으로 옳은 것만을 있는 대로 고르시오.

① 그래프 (가)의 A, B, C 는 서로 다른 물질이다.
② 그래프 (가)에서 질량이 가장 큰 것은 C 이다.
③ 그래프 (나)의 b, c 구간은 액체 상태로 존재한다.
④ 그래프 (가)와 (나)에서 평평한 부분은 두 가지 상태가 공존하는 구간이다.
⑤ 그래프 (가)에서 평평한 부분은 끓는점이고, (나)에서 평평한 부분은 녹는점과 어는점이다.

08 그림은 얼음(질량 : m)을 가열하였을 때 가해준 열량에 따른 온도 변화를 나타낸 것이다. 이에 대한 설명으로 옳지 <u>않은</u> 것은?

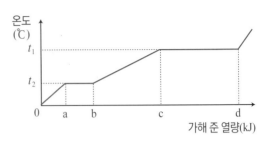

① 분자 사이의 인력이 가장 큰 구간은 0 ~ a 구간이다.
② b ~ c 구간의 기울기가 작을수록 비열이 크다.
③ c ~ d 구간은 물의 상평형 그림에서 승화 곡선을 통과하는 과정이다.
④ 두 가지의 상이 공존하는 구간은 a ~ b, c ~ d 구간이다.
⑤ a ~ b, c ~ d 구간에서 가한 열량은 분자 사이의 인력을 끊고 상태를 변화하는데 사용된다.

09 그림은 식용유와 물이 함께 들어 있는 비커에 얼음을 넣은 것을 나타낸 것이다. 이에 대한 설명으로 옳은 것만을 〈보기〉에서 있는 대로 고른 것은? (단, 얼음은 식용유에 잠겨 있다.)

> **보기**
>
> ㄱ. 얼음이 녹아도 식용유의 높이(h)는 변하지 않는다.
> ㄴ. 얼음이 녹으면 수소 결합 수는 감소한다.
> ㄷ. 식용유와 물이 섞이지 않는 것은 밀도가 다르기 때문이다.

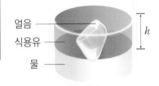

① ㄱ   ② ㄴ   ③ ㄷ   ④ ㄱ, ㄴ   ⑤ ㄱ, ㄷ

🔍 개념 돋보기

⚪ 극성 물질과 무극성 물질

물질이 서로 섞이는지 섞이지 않는지를 화학적으로 설명할 수 있는 것이 바로 극성과 무극성이다. 극성 물질끼리는 서로를 잘 녹이는 성질이 있다.

• 극성 물질 - 물(H_2O), 에탄올(C_2H_5OH), 소금($NaCl$), 설탕($C_{12}H_{22}O_{11}$)
• 무극성 물질 - 메테인(CH_4), 사염화 탄소(CCl_4), 산소(O_2), 수소(H_2), 이산화 탄소(CO_2), 식용유와 같은 기름 종류

식용유와 물을 섞어도 서로 섞이지 않는 이유는 물은 극성, 식용유는 무극성 물질이기 때문이다.

재네 둘은 별로 안친한가봐~

10 같은 재질과 크기의 비커에 50 ℃ 의 물과 식용유를 각각 10 g 씩 넣고 동일한 조건에서 식히면서 온도 변화를 관찰하여 그림과 같은 결과를 얻었다. 이와 같은 현상과 관련이 깊은 것을 〈보기〉에서 있는 대로 고른 것은?

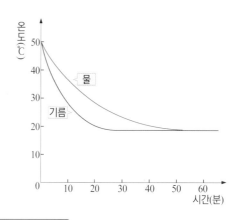

> **보기**
>
> ㄱ. 식용유는 물 위에 뜬다.
> ㄴ. 뜨거운 식용유에 물을 넣으면 물과 식용유가 튄다.
> ㄷ. 일정량에 같은 열량을 가했을 때, 온도 변화는 식용유가 물보다 크다.

① ㄱ   ② ㄷ   ③ ㄱ, ㄴ   ④ ㄴ, ㄷ   ⑤ ㄱ, ㄴ, ㄷ

11 다음 (가)는 눈의 결정, (나)는 물방울, (다)는 얼음 분자의 결합 모형을 나타낸 것이다. 이에 대한 설명으로 옳은 것만을 있는 대로 고르시오.

(가) 눈의 결정

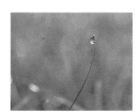

(나) 물방울

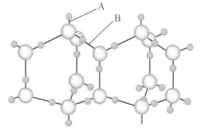

(다) 얼음 분자의 결합 모형

① 그림 (다)에서 물의 수소 결합은 A 이다.
② 결합 B 로 인해 물방울은 둥근 모양이다.
③ (나)에 열을 가하면 결합 A 가 끊어진다.
④ (나)에서 (가)로 변하면 밀도는 감소한다.
⑤ (가)보다 (나)의 분자 배열이 더 규칙적이다.
⑥ (나)에서 동그란 모양은 (다)의 결합 A 때문이다.
⑦ 빙하가 바닷물 위에 떠 있는 것은 결합 B 때문이다.
⑧ 질량이 같을 때 (가)에서 (나)로 변하면 부피는 감소한다.
⑨ (가)에서 분자 하나 당 결합하는 분자의 개수는 4개이다.
⑩ (가)에서 (나)로 변하면 분자 하나 당 결합하는 B 의 개수는 많아진다.

개념 심화 문제

12 그림은 실험을 통해 상온에서의 물의 질량 증가에 따른 물리량의 변화를 측정한 결과이다.

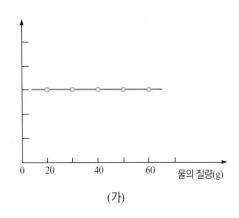
(가)

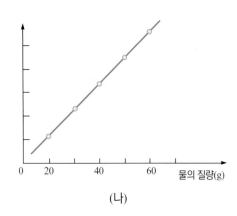
(나)

(가), (나) 그래프의 y 축에 해당하는 물리량으로 올바르게 짝지은 것은?

	(가)	(나)			(가)	(나)			(가)	(나)
①	부피	분자 수		②	밀도	온도		③	부피	밀도
④	온도	부피		⑤	분자 수	밀도				

13 그림 (가)는 아크릴판 위에 같은 부피의 액체를 떨어뜨렸을 때 나타나는 모습이고, (나)는 유리판 위에 물방울을 떨어뜨리고 거기에 액체 비누를 떨어뜨렸을 때의 물방울의 변화를 나타낸 그림이다.

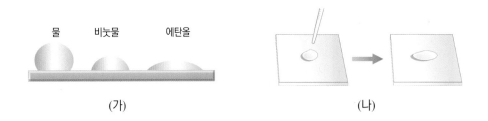

물   비눗물   에탄올

(가)   (나)

이에 대한 설명으로 옳은 것만을 〈보기〉에서 있는 대로 고르시오.

보기

ㄱ. 클립은 물보다 에탄올에 띄우기 쉽다.

ㄴ. 물에 비누를 녹이면 표면 장력이 줄어든다.

ㄷ. 비누는 물을 다른 물질로 변화시킨다.

ㄹ. 비누는 물의 비열을 감소시킨다.

ㅁ. 물에 띄운 나무 조각의 근처에 에탄올을 살짝 떨어뜨리면 나무 조각은 에탄올을 떨어뜨린 쪽으로 움직인다.

---

14 빙산은 바다 위를 표류하는 큰 얼음 덩어리이다. 빙산의 일각이란 바닷물 아래에는 바닷물 위 부분 질량의 약 9배나 되는 빙산이 잠겨 있기 때문에 바닷물 위에 보이는 빙산은 전체 빙산의 일부분에 지나지 않는다는 말이다. 바닷물 아래에 잠겨 있는 빙산이 선박에 충돌하면 매우 위험하다. 1912년 영국의 호화 여객선 타이타닉호의 사고는 빙산으로 인해 일어난 사고 중 가장 큰 재난으로 유명하다.

▲ 출항을 준비하는 타이타닉호

▲ 타이타닉호와 충돌했을 것이라 추정되는 빙산

◀ 타이타닉호 침몰에 관한 기사

그림 (가)는 부피가 200 cm³ 인 얼음 조각을 4 ℃ 물에 넣었을 때의 모습이고, (나)는 온도에 따른 물의 밀도를 나타낸 것이다.

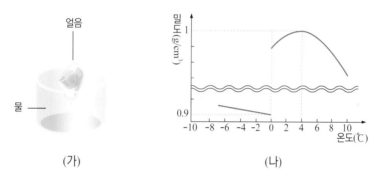

(가)   (나)

얼음의 온도를 0 ℃ 라 했을 때, 전체 얼음 중에서 물에 잠겨 있는 부분의 질량(g)을 구하시오.

개념 돋보기

● 비누

① 비누의 구조

소수기   친수기

• 친수기 : 물과 친화력이 큰 부분
• 소수기 : 물과 친화력이 약하고 기름과 친화력이 큰 부분

② 비누를 물에 섞으면 친수기 부분만 물과 결합한다.

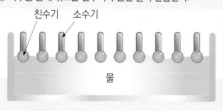

친수기 소수기

물

● 빙산의 일각

물은 얼면 부피가 팽창하므로 얼음은 물보다 가볍다. 따라서 얼음 조각을 물 속에 넣으면 물 위로 떠오른다. 예를 들어, 무게가 92 g 이고, 부피는 100 mL 인 얼음이 있고, 이 얼음이 물위에 떠 있으려면 물로부터 92 g 에 해당하는 힘을 받아야 한다. 1 g = 1 mL 라고 할 때, 얼음은 92 mL 의 물을 밀어내야 하므로 얼음의 92 % 가 물에 잠기고 8 % 가 물 위로 떠오른다.

얼음이 물에 잠겨 있는 부분의 부피는 물의 밀도가 클수록 작아진다.

15 이온 결합 물질은 양이온과 음이온이 정전기적 인력에 의해 규칙적으로 배열되어 있는 구조를 가진다. 결정을 이루는 이온들의 기본 구조를 단위 결정이라고 하는데, 다음은 면심 입방 구조와 체심 입방 구조를 나타낸 것이다.

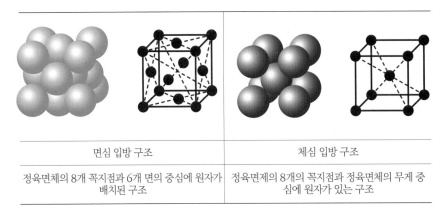

면심 입방 구조	체심 입방 구조
정육면체의 8개 꼭지점과 6개 면의 중심에 원자가 배치된 구조	정육면체의 8개의 꼭지점과 정육면체의 무게 중심에 원자가 있는 구조

각 결정 구조에 들어 있는 이온의 개수를 구하시오.

(1) 면심 입방 구조

(2) 체심 입방 구조

16 그림은 NaCl 의 단위 결정 구조이다. 결정 구조 한 개를 이루는 Na^+와 Cl^- 이온의 개수를 각각 구하시오.

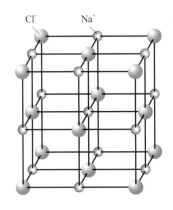

Cl^- Na^+

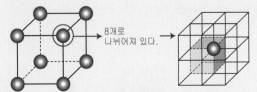

개념 돋보기

● **단순 입방 구조에 들어 있는 이온의 개수 구하기**

8개로 나뉘어져 있다.

• 모서리에 채워지는 이온의 수 : 8개
• 모서리에 있는 하나의 이온은 8개로 나뉘어져 있다.
  그러므로, 단위 결정 안에 들어 있는 이온(파란 공)의 수 : $8 \times \dfrac{1}{8} = 1$ 개
• 단순 입방 구조는 1개의 이온이 채워져 있다.

17 그림은 염화 세슘(CsCl) 이온 결정의 단위 격자를 나타낸 것이다.

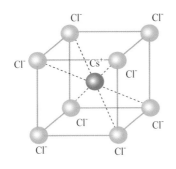 

염화 세슘(CsCl)에 대한 설명으로 옳은 것만을 〈보기〉에서 있는 대로 고르시오.

보기

ㄱ. Cs^+ 의 배위수는 8이다.

ㄴ. Cs^+ 과 Cl^- 은 1 : 1의 개수비로 결합하고 있다.

ㄷ. 단위 격자 속에 존재하는 입자의 총 수는 3개이다.

---

18 표는 고체 A ~ D 에 대한 자료이다. 다음 물음에 답하시오.

물질	녹는점(℃)	끓는점(℃)	전기 전도성	
			고체	액체
A	1,440	2,355	없음	없음
B	114	183	없음	없음
C	680	1,120	있음	있음
D	800	1,413	없음	있음

(1) A ~ D 의 결정의 종류를 각각 쓰시오.

(2) 양이온과 음이온의 정전기적 인력에 의해 형성된 물질을 고르시오.

**개념
돋보기**

🔍 결정 구조의 배위수

• 기준이 되는 입자를 가장 가까운 거리에서 둘러싸고 있는 입자 수로, 단순 입방 구조에서는 6개의 입자에 의해 둘러싸여 있으므로 배위수가 6이다. 체심 입방 구조는 중심 입자를 8개의 입자가 둘러싸고 있으므로 배위수는 8, 면심 입방 구조의 배위수는 12이다.

❶ 열량의 단위

J(줄), cal(칼로리)

4.19 J = 1 cal

✿ 냉장고의 원리

냉매가 기화되면서 열을 흡수하여 주위의 온도가 낮아지는 원리를 이용한다.

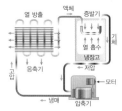

- 증발기 : 액체 냉매가 기체로 기화시킨다. → 기화열 흡수
- 응축기 : 기체 냉매를 액체로 액화시킨다. → 액화열 방출

✿ 스팀 난방의 원리

수증기가 액화되면서 방출되는 열에너지가 주위의 온도를 높힌다.

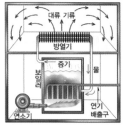

- 보일러 : 물이 수증기로 기화될 때 기화열 흡수
- 방열기 : 수증기가 물로 액화될 때 액화열 방출

❷ 물질의 비열과 걸리는 시간, 단위 시간 당 온도 변화의 관계

✿ 물의 비열과 우리 생활

- 바닷물의 비열은 모래보다 크므로 해안 지방은 내륙 지방보다 일교차가 작다.
- 사람의 체액은 주로 물로 이루어져 있기 때문에 체온은 쉽게 변하지 않는다.
- 육지는 바닷물보다 비열이 작아서 빨리 가열되고, 빨리 냉각되기 때문에 바닷가에서 낮에는 해풍이 불고, 밤에는 육풍이 분다.

4. 화학 반응과 열

(1) 열량❶

① **열** : 물질의 온도를 변화시키거나 물질의 상태를 변화시킨다.

② **열량** : 물질에 가해준 열의 양, 가열 시간이 길수록 증가한다.

③ **비열**(c) : 물질 1 g 의 온도를 1 ℃ 높이는데 필요한 열량이고, 단위는 cal/g·℃, J/g·℃ 이다.

• **비열과 온도 변화의 관계(같은 질량)❷**

같은 질량의 물과 식용유를 동시에 가열하면 어느 것이 더 빨리 뜨거워질까?

두 개의 비커에 물 100 g 과 식용유 100 g 을 각각 넣고, 같은 세기로 가열하면서 온도 변화를 측정한다.

(단위 : ℃)

시간(분)	물	식용유
0	34	32
2	55	57
4	58	60
6	60	65
10	80	95

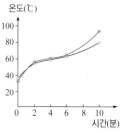

같은 양의 물과 식용유를 같은 온도까지 가열하는데 걸리는 시간 : 식용유 < 물

→ 식용유가 먼저 뜨거워진다. (60 ℃ 까지 가열하는데 물은 6분, 식용유는 4분이 걸림)

∴ 비열이 큰 물질일수록 같은 온도까지 가열 시간이 오래 걸린다. → 온도 변화가 적다.

• **질량과 온도 변화와의 관계(같은 물질)**

물 100 g 과 200 g 을 가열하여 같은 온도까지 높이는데 걸리는 시간

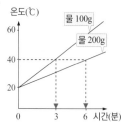

- 40 ℃ 까지 가열하는데 걸리는 시간
  물 100 g → 3분
  물 200 g → 6분
- 물의 양이 많을수록 가열 시간은 길다.
- 가열 시간이 길어질수록 온도는 증가한다.

∴ 질량이 클수록 가열 시간이 오래 걸린다. → 온도 변화가 적다.

④ **열용량**(C) : 물질의 온도를 1 ℃ 높이는데 필요한 열량이고, 단위는 cal/℃, J/℃ 이다.

$$열용량(C) = 비열(c) \times 질량(m)$$

⑤ **열량 구하기** : 가열 시간이 길수록 열량이 많이 공급되며, 열량은 물질의 비열, 질량, 온도 변화의 곱으로 나타낸다.

$$Q = c \cdot m \cdot \Delta t = C \cdot \Delta t$$

(Q : 반응열, c : 비열, C : 열용량, m : 질량, Δt : 온도 변화)

예 0 ℃ 물 10 g 을 가열 할 때 (가) 구간에서 물이 흡수한 열량(Q) 구하기

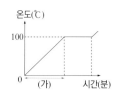

- 물의 비열[c] = 1 cal/g·℃
- 질량 = 10 g
- 온도 변화 = (100 − 0)℃

$$Q = c \times m \times \Delta t$$
$$= 1 \text{ cal/g·℃} \times 10 \text{ g} \times 100 \text{ ℃}$$
$$= 1000 \text{ cal}$$

(2) 반응열(Q)

① 물질이 화학 반응할 때 방출 또는 흡수되는 열량

② 반응물과 생성물의 에너지 차이

반응열(Q) = 반응물의 총 에너지 − 생성물의 총 에너지

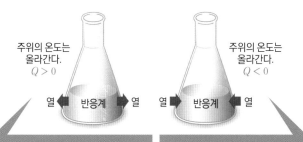

주위의 온도는
올라간다.
$Q > 0$

주위의 온도는
올라간다.
$Q < 0$

열 ← 반응계 → 열

열 → 반응계 ← 열

발열 반응	흡열 반응
화학 반응 시 열을 방출하는 반응	화학 반응 시 열을 흡수하는 반응

발열 반응

반응물의 에너지 > 생성물의 에너지
→ 생성물이 반응물보다 안정하다.

주위의 온도는 올라간다. → $Q > 0$

예 뷰테인 가스의 연소 반응

뷰테인 가스로 라면을 끓여 먹는다. 뷰테인 가스가 에너지를 방출하므로 물이 끓어 라면을 끓일 수 있다.

열의 이동 : 불꽃 → 라면 → 주위 온도 상승

예 물질의 연소 반응

열의 이동 : 모닥불 → 사람

흡열 반응

반응물의 에너지 < 생성물의 에너지
→ 반응물이 생성물보다 안정하다.

주위의 온도는 내려간다. → $Q < 0$

예 식물의 광합성 : 식물이 광합성을 하려면 태양 에너지가 필요하다.

열의 이동 : 태양 → 식물

예 질산 암모늄의 용해 반응

질산 암모늄이 물에 녹으면서 공기 중의 수증기의 열에너지를 흡수한다. 열에너지를 빼앗긴 수증기는 얼음으로 상태 변화하면서 플라스크와 나무판을 떨어지지 않게 만든다.

(3) 엔탈피(H)와 엔탈피 변화(ΔH)❸

- 엔탈피(H) : 물질들이 가지고 있는 각각의 고유한 열에너지

- 반응 엔탈피 (ΔH, 엔탈피 변화) : 생성물과 반응물의 에너지 차이

엔탈피 변화(ΔH) = 생성물의 총 엔탈피 − 반응물의 총 엔탈피

⚙ **반응계와 주위**

반응계 : 반응이 직접 일어나는 영역
반응물과 생성물
주위 : 반응계를 제외한 나머지 영역

주위 → 반응계 = A와 B
주위 → 주위 = 플라스크 + 공기 + 기타
반응계 A+B

⚙ **물질의 안정성**

에너지가 낮을수록 물질은 더 안정하다.

높은 곳이 무서워~

낮은 곳은 안 무서워!

❸ **반응열과 반응 엔탈피**

- 반응열(Q) = 반응물의 총 에너지 − 생성물의 총 에너지
- 엔탈피 변화(ΔH) = 생성물의 총 엔탈피 − 반응물의 총 엔탈피

<table>
<tr><td colspan="3">❹ 발열 반응과 흡열 반응</td></tr>
</table>

구분	발열 반응	흡열 반응
열의 출입	열 방출	열 흡수
안정한 물질	생성물	반응물
반응열(Q)	$+(Q>0)$	$-(Q<0)$
엔탈피 변화(ΔH)	$-(\Delta H<0)$	$+(\Delta H>0)$

✿ 생성열과 분해열과의 관계

생성열과 분해열은 크기가 같고 열이 출입하는 방향만 다르다.
• 물의 전기 분해 반응

$$H_2O(l) \rightarrow H_2(g) + \frac{1}{2}O_2(g) - 286kJ$$

흡열 반응

• 물의 합성 반응

$$H_2(g) + \frac{1}{2}O_2(g) \rightarrow H_2O(l) + 286kJ$$

발열 반응

(l : 액체(liquid), g : 가스(gas))

✿ 홑원소

한 가지 종류의 원소로 이루어진 물질 예 Fe, Ag, H_2, O_2 등

✿ 가장 안정한 홑원소 물질

$H_2(g)$, $O_2(g)$, $N_2(g)$, $F_2(g)$, $Cl_2(g)$, $Br_2(l)$, $I_2(s)$, $Na(s)$, $S(s)$, $C(s, 흑연)$

❺ 표준 생성열(ΔH_f°)

25 ℃, 1 기압에서의 생성열, 온도나 압력이 표시되지 않은 경우의 표준 생성열을 의미한다.

---

① **발열 반응**($\Delta H < 0$)❹

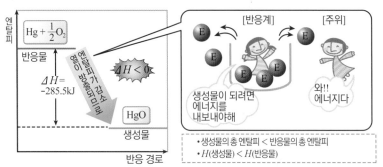

② **흡열 반응**($\Delta H > 0$)❹

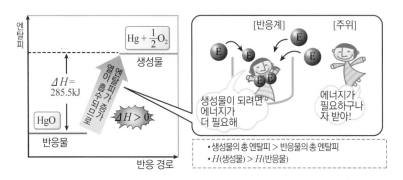

(4) 반응열의 종류

① **연소열** : 물질 1몰이 완전 연소할 때 방출되는 열량

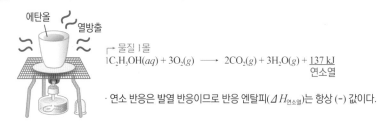

$$C_2H_5OH(aq) + 3O_2(g) \longrightarrow 2CO_2(g) + 3H_2O(g) + \underline{137\ kJ}_{연소열}$$

· 연소 반응은 발열 반응이므로 반응 엔탈피($\Delta H_{연소열}$)는 항상 (-) 값이다.

② **용해열** : 물질 1몰이 충분한 양의 물에 용해될 때 흡수 또는 방출되는 열량

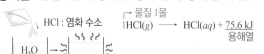

HCl : 염화 수소

$$HCl(g) \longrightarrow HCl(aq) + \underline{75.6\ kJ}_{용해열}$$

· 고체의 용해 : 대부분의 고체는 물에 용해될 때 열을 흡수하는 흡열 반응이 일어나지만 NaOH, KOH, $CaCl_2$ 등은 열을 방출하는 발열 반응이 일어난다.
· 기체의 용해 : 대부분의 기체는 물에 용해될 때 열을 방출하는 발열 반응이 일어난다.

③ **생성열** : 가장 안정한 홑원소 물질로부터 물질 1몰이 생성될 때 방출 또는 흡수하는 열량

$$C(흑연)(s) + O_2(g) \longrightarrow CO_2(g) + \underline{393.5\ kJ}_{생성열}$$

• 홑원소 물질의 표준 생성열❺은 0이다. (단, 동소체가 있는 경우에는 가장 안정한 홑원소 물질의 표준 생성열이 0)
• 같은 원소로 이루어진 물질 중 표준 생성열이 작을수록 안정하다.

④ **분해열** : 물질 1몰이 그 물질을 이루는 성분 홑원소 물질로 분해될 때 흡수 또는 방출되는 열량

$$CO_2(g) \longrightarrow C(s) + O_2(g) - \underline{393.5\,kJ} \text{ (흡열 반응)}$$

물질 1몰   분해열

· 생성열과 크기는 같고, 부호가 반대이다.

⑤ **중화열** : 산의 H^+ 과 염기의 OH^- 이 중화 반응하여 H_2O 1몰이 생성될 때 방출하는 열량

$$H^+(aq) + OH^-(aq) \longrightarrow H_2O(l) + \underline{57.7kJ}$$

중화열

· 중화 반응의 알짜 이온 반응식은 같기 때문에 중화 반응하는 산과 염기의 종류에 관계없이 항상 $\Delta H = -57.7\ kJ/mol$ 로 일정하다.

(5) 열화학 반응식

① **열화학 반응식** : 화학 반응이 일어날 때 흡수하거나 방출하는 열을 함께 나타낸 식이다.

② **열화학 반응식 쓰기** : 일정한 압력에서 출입하는 열에너지와 엔탈피 변화는 서로 같으므로 열화학 반응식을 반응열과 엔탈피 변화로 나타낼 수 있다.

<예> 메테인의 연소 반응 : 발열 반응

$$CH_4(g) + 2O_2(g) \longrightarrow CO_2(g) + 2H_2O(g) + \underline{891kJ} \quad \text{반응열}(Q) \text{ 사용}$$
$$Q > 0 \text{ 주위 온도 상승}$$

$$CH_4(g) + 2O_2(g) \longrightarrow CO_2(g) + 2H_2O(g), \Delta H = -\underline{891kJ} \quad \text{엔탈피}(\Delta H) \text{ 사용}$$
$$\Delta H < 0 \text{ 반응계 온도 하강}$$

<예> 물의 분해 반응 : 흡열 반응

$$H_2O(l) \longrightarrow H_2(g) + \frac{1}{2}O_2(g) - \underline{286kJ} \quad \text{반응열}(Q) \text{ 사용}$$
$$Q < 0 \text{ 주위 온도 하강}$$

$$H_2O(l) \longrightarrow H_2(g) + \frac{1}{2}O_2(g), \Delta H = +\underline{286kJ} \quad \text{엔탈피}(\Delta H) \text{ 사용}$$
$$\Delta H > 0 \text{ 반응계 온도 상승}$$

(6) 에너지 보존 법칙

반응계의 에너지 + 주위의 에너지 = 일정

▲ 흡열 반응 시 에너지 보존

① **발열 반응** : 반응계가 잃은 에너지의 양 = 주위가 얻은 에너지의 양
② **흡열 반응** : 반응계가 얻은 에너지의 양 = 주위가 잃은 에너지의 양

정답 33쪽

Q3 20 ℃ 의 물 50 g 을 10분간 가열하였더니 물의 온도가 70 ℃ 가 되었다. 물이 흡수한 열량(cal)을 구하시오.

Q4 $H_2(g) + \frac{1}{2} O_2(g) \longrightarrow H_2O(l)$ 의 반응 엔탈피$(\Delta H) = -286\ kJ$ 일 때, $H_2O(l)$ 의 분해열(ΔH)을 구하시오.

Q5 반응물의 총 엔탈피가 생성물의 총 엔탈피보다 작아 반응 엔탈피(ΔH)가 0 보다 큰 반응을 무엇이라 하는가?

① 물질의 상태 표기
물질이 가지고 있는 에너지는 상태에 따라 달라진다.
고체 = s(solid), 액체 = l(liquid)
기체 = g(gas), 수용액 = aq(aqueous)

② 온도와 압력 표시
물질이 가지고 있는 에너지는 온도와 압력에 따라 달라진다. → 온도와 압력이 표시되어 있지 않을 때에는 25 ℃, 1 기압을 의미한다.

③ 반응열은 물질의 양에 비례한다.
→ 반응식의 계수가 2배이면, 반응열도 2배이다. 891 kJ × 2 = 1782 kJ
$2CH_4(g) + 4O_2(g)$
$\rightarrow 2CO_2(g) + 4H_2O(l) + 1782\ kJ$

④ 반응열(Q)과 엔탈피(ΔH)는 크기는 같고 부호는 반대이다.

5. 상평형 그림

(1) 상평형 그림 한 물질의 여러 상(상태)들이 안정하게 존재할 수 있는 압력과 온도의 영역을 나타낸 그림이다.

(2) 물질의 상평형 그림

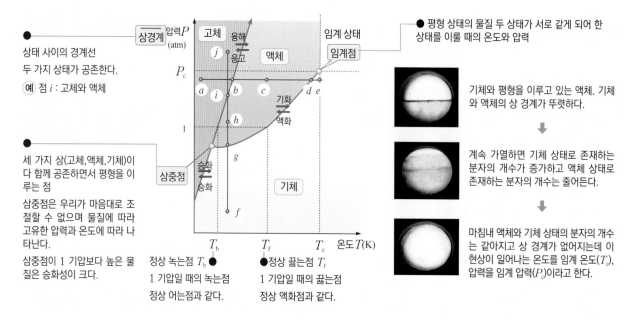

● 상태 사이의 경계선
두 가지 상태가 공존한다.
(예) 점 i : 고체와 액체

● 세 가지 상(고체,액체,기체)이 다 함께 공존하면서 평형을 이루는 점
삼중점은 우리가 마음대로 조절할 수 없으며 물질에 따라 고유한 압력과 온도에 따라 나타난다.
삼중점이 1 기압보다 높은 물질은 승화성이 크다.

정상 녹는점 T_b ●
1 기압일 때의 녹는점
정상 어는점과 같다.

●정상 끓는점 T_f
1 기압일 때의 끓는점
정상 액화점과 같다.

● 평형 상태의 물질 두 상태가 서로 같게 되어 한 상태를 이룰 때의 온도와 압력

기체와 평형을 이루고 있는 액체. 기체와 액체의 상 경계가 뚜렷하다.

계속 가열하면 기체 상태로 존재하는 분자의 개수가 증가하고 액체 상태로 존재하는 분자의 개수는 줄어든다.

마침내 액체와 기체 상태의 분자의 개수는 같아지고 상 경계가 없어지는데 이 현상이 일어나는 온도를 임계 온도(T_c), 압력을 임계 압력(P_c)이라고 한다.

• **승화 곡선** : 고체와 기체가 평형을 이루며 공존하는 온도와 압력을 나타내는 곡선

• **증기 압력 곡선** : 액체와 기체가 평형을 이루며 공존하는 온도와 압력을 나타내는 곡선

• **융해 곡선** : 고체와 액체가 평형을 이루며 공존하는 온도와 압력을 나타내는 곡선

(3) 일반적인 물질과 물의 상평형 그림 비교

① 압력과 물질의 녹는점(어는점)

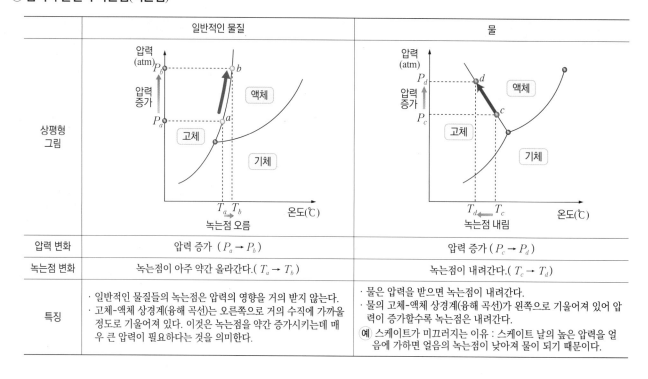

	일반적인 물질	물
상평형 그림	녹는점 오름	녹는점 내림
압력 변화	압력 증가 ($P_a \rightarrow P_b$)	압력 증가 ($P_c \rightarrow P_d$)
녹는점 변화	녹는점이 아주 약간 올라간다.($T_a \rightarrow T_b$)	녹는점이 내려간다.($T_c \rightarrow T_d$)
특징	· 일반적인 물질들의 녹는점은 압력의 영향을 거의 받지 않는다. · 고체-액체 상경계(융해 곡선)는 오른쪽으로 거의 수직에 가까울 정도로 기울어져 있다. 이것은 녹는점을 약간 증가시키는데 매우 큰 압력이 필요하다는 것을 의미한다.	· 물은 압력을 받으면 녹는점이 내려간다. · 물의 고체-액체 상경계(융해 곡선)가 왼쪽으로 기울어져 있어 압력이 증가할수록 녹는점은 내려간다. **(예)** 스케이트가 미끄러지는 이유 : 스케이트 날의 높은 압력을 얼음에 가하면 얼음의 녹는점이 낮아져 물이 되기 때문이다.

• 일정 압력 : 온도 증가 : $a \rightarrow e$

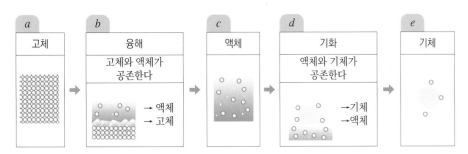

• 일정 온도 : 압력 증가 : $f \rightarrow j$

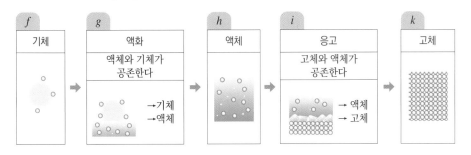

② 압력과 물질의 상태 변화(일반적인 물질과 물의 비교)

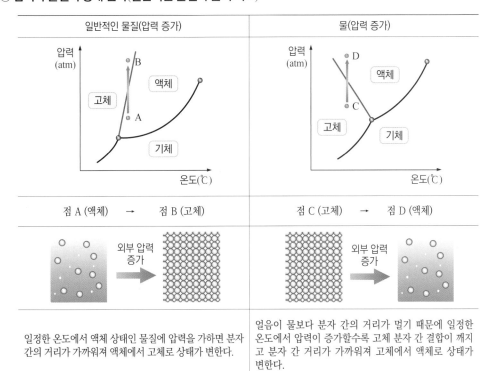

정답 33쪽

Q6 일정한 온도에서 수증기가 아닌 기체에 가해지는 압력이 증가할 경우 상태는 어떻게 변화할까?

⚙ **외부 압력에 따른 끓는 점 변화**

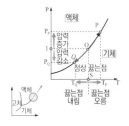

• [O → Q] 과정

외부에서 누르는 압력이 감소하면 액체 분자들이 기체로 증발되기 쉬워 끓는점이 낮아진다.

〔예〕 높은 산에서 밥을 지으면 쌀이 설 익는다 → 기압이 낮아서 물이 100 ℃ 보다 낮은 온도에서 끓는다 → 쌀이 익기 위한 온도보다 낮다.

• [O → P] 과정

외부에서 누르는 압력이 높아지면 액체 분자들이 증발되기 어렵기 때문에 끓는점은 증가한다.

〔예〕 압력솥에서 밥을 지으면 밥이 빨리 된다 → 외부 압력이 증가하면 끓는점이 높아진다 → 압력 밥솥 안의 쌀이 100 ℃ 보다 더 뜨거워져서 더 빨리 익는다.

▲ 압력 밥솥 : 압력에 의해 끓을 때의 온도가 100 ℃ 보다 높아진다.

화학 반응과 열

39 다음 중 발열 반응에 대한 설명으로 옳지 <u>않은</u> 것은?

① 열을 방출하는 반응이다.
② 엔탈피 변화는 0보다 크다.
③ 생성물이 반응물보다 안정하다.
④ 메탄올의 연소 반응은 발열 반응이다.
⑤ 반응이 일어나면 주위의 온도가 올라간다.

40 다음의 변화 중 흡열 반응을 있는 대로 고르시오.

① 양초의 연소 반응
② 물의 전기 분해 반응
③ 기체 아이오딘의 승화 반응
④ 식물의 광합성 반응
⑤ 진한 황산이 물에 녹는 용해 반응

41 다음 반응을 바르게 나타낸 그림은?

$$CaCO_3(s) \longrightarrow CaO(s) + CO_2(g) \quad \Delta H = 178.3 \text{ kJ}$$

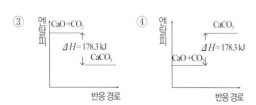

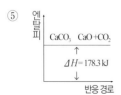

42 다음 중 반응열에 대한 설명으로 옳지 <u>않은</u> 것은?

① 연소열은 물질 1몰이 완전 연소할 때 방출 또는 흡수되는 열량을 말한다.
② 반응열(Q)는 반응물의 총 에너지 - 생성물의 총 에너지로 계산한다.
③ 용해열은 물질 1 g 이 충분한 양의 물에 용해될 때 흡수되는 열량이다.
④ 물질 1몰이 그 물질을 이루는 성분 홑원소로부터 생성될 때, 흡수 또는 방출되는 열량을 생성열이라고 한다.
⑤ 같은 물질이 서로 생성되고 분해되는 경우, 생성열과 분해열은 크기가 같고 열이 출입하는 방향만 다르다.

43 다음 중 열화학 반응식과 반응열이 바르게 연결된 것은?

① $CH_4 \longrightarrow C + 4H + Q$ (분해열)
② $CaO + CO_2 \longrightarrow CaCO_3 + Q$ (생성열)
③ $C + O_2 \longrightarrow CO_2 + Q$ (생성열)
④ $NH_4Cl + H_2O \longrightarrow NH_4OH + HCl + Q$ (용해열)
⑤ $2C_2H_2 + 5O_2 \longrightarrow 4CO_2 + 2H_2 + Q$ (연소열)

44 다음 〈보기〉는 여러 가지 열화학 반응식이다.

> **보기**
>
> ㄱ. $H_2(g) + I_2(g) \longrightarrow 2HI(g) + 49.6 \text{ kJ}$
> ㄴ. $2NH_3(g) \longrightarrow N_2(g) + 3H_2(g) - 92.2 \text{ kJ}$
> ㄷ. $N_2(g) + O_2(g) \longrightarrow 2NO(g), \quad \Delta H = + 181.0 \text{ kJ}$
> ㄹ. $CH_4(g) + 2O_2(g)$
> $\longrightarrow CO_2(g) + 2H_2O(g), \quad \Delta H = -891 \text{ kJ}$

위 반응을 발열 반응과 흡열 반응으로 옳게 구분한 것은?

	발열 반응	흡열 반응		발열 반응	흡열 반응
①	ㄱ, ㄴ	ㄷ, ㄹ	②	ㄱ, ㄷ	ㄴ, ㄹ
③	ㄱ, ㄹ	ㄴ, ㄷ	④	ㄴ, ㄹ	ㄱ, ㄷ
⑤	ㄴ, ㄷ	ㄱ, ㄹ			

45 25 ℃, 1 기압에서 1 L 의 사산화 이질소(N_2O_4)가 이산화 질소(NO_2)로 분해될 때 2.6 kJ 의 열을 흡수한다. 다음 물음에 답하시오.

(1) 이 분해 반응을 반응열(Q)을 이용한 열화학 반응식으로 나타내시오.

(2) 생성된 이산화 질소(NO_2)의 부피를 구하시오.

46 그림은 수소 기체와 산소 기체가 반응하여 물과 수증기가 되는 과정의 엔탈피 변화를 나타낸 것이다. 이에 대한 설명으로 옳은 것은?

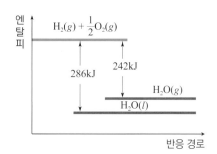

① $H_2O(l)$의 생성 엔탈피는 286 kJ/mol 이다.
② $H_2O(g)$의 분해 엔탈피는 -242 kJ/mol 이다.
③ $H_2O(l)$ 1 g 을 $H_2O(g)$로 만드는데 필요한 에너지는 44.0 kJ 이다.
④ 같은 물질이라면 상태에 따라 가지고 있는 에너지의 양이 같다.
⑤ $H_2O(l)$ 1 g 이 생성되는데 방출되는 에너지는 $H_2O(g)$ 1 g 이 생성되는데 필요한 에너지보다 크다.

상평형 그림

47 다음 중 상평형에 대한 설명으로 옳은 것을 있는 대로 고르시오.

① 물의 기화 곡선은 끊이지 않고 계속 뻗어 나간다.
② 삼중점에서는 고체, 기체, 액체의 상태가 동시에 존재한다.
③ 임계점에서 아무리 온도를 올려도 상태 변화는 일어나지 않는다.
④ 어떤 물질이 고체 상태에서 승화 곡선을 넘어 기체로 갈 때 에너지를 흡수한다.
⑤ 물의 융해 곡선은 음의 기울기를 가지고 있어서 삼중점에 이르기 전에는 압력을 내릴수록 녹는점은 올라간다.

48~49 다음은 어떤 물질의 상평형 그림이다.

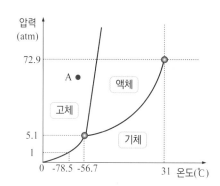

48 다음 물음에 해당하는 답을 위의 상평형 그림에서 찾아 쓰시오.

(1) 삼중점에서 온도와 압력 ( )
(2) 임계점에서 온도와 압력 ( )
(3) 20 ℃, 70 atm 에서 물질의 상태 ( )
(4) 액체로 존재하기 위한 최저 온도 ( )

49 점 A의 상태에 대한 설명으로 옳지 않은 것은?

① 압력이 일정할 때, 녹는점은 -56.7 ℃ 이상이다.
② 일정한 온도에서 압력을 낮추면 기체가 된다.
③ 일정한 온도에서 압력을 높이면 액체가 된다.
④ 일정한 압력에서 온도를 높이면 고체 → 액체 → 기체가 된다.
⑤ 50 ℃, 80 atm 이상의 조건에서는 임계 상태로 존재한다.

50 압력솥에 밥을 지을 때 적용되는 원리와 똑같은 원리로 설명할 수 있는 경우를 〈보기〉에서 있는 대로 고른 것은?

> **보기**
>
> ㄱ. 소금물의 끓는점은 물보다 높다.
> ㄴ. 물의 양이 많을수록 끓는점에 도달하는 시간이 오래 걸린다.
> ㄷ. 높은 산에 가서 밥을 하면 밥이 설익는다.
> ㄹ. 물은 비열이 커서 온도가 쉽게 올라가지 않는다.

① ㄱ   ② ㄴ   ③ ㄷ
④ ㄱ, ㄴ   ⑤ ㄷ, ㄹ

51 그림은 물의 상평형 그림을 나타낸 것이다. (가)와 (나) 현상과 관계가 있는 곡선을 옳게 짝지은 것은?

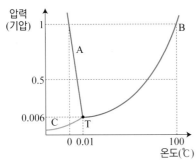

(가) 추운 겨울에 수도관이 얼어 터진다.
(나) 높은 산에 올라가면 밥이 설익는다.

	(가)	(나)		(가)	(나)
①	AT	BT	④	BT	AT
②	AT	CT	⑤	CT	BT
③	BT	CT			

52 다음은 물의 상평형 그림을 나타낸 것이다.

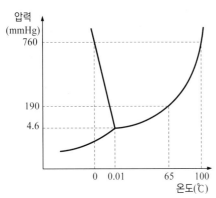

이에 대한 설명으로 옳은 것만을 〈보기〉에서 있는 대로 고른 것은?

보기

ㄱ. 압력 760 mmHg 에서 물은 100 ℃ 에서 끓는다.
ㄴ. 압력이 증가하면 녹는점과 승화점은 낮아지는 반면 끓는점은 높아진다.
ㄷ. 65 ℃, 190 mmHg 에서 물이 수증기와 같이 존재할 때, 물의 증발 속도와 수증기의 응축 속도는 같다.
ㄹ. 얼음을 승화시키려면 수증기의 압력을 4.6 mmHg 미만으로 낮추어야 한다.

① ㄱ, ㄴ   ② ㄱ, ㄷ   ③ ㄱ, ㄷ, ㄹ
④ ㄴ, ㄷ, ㄹ   ⑤ ㄱ, ㄴ, ㄷ, ㄹ

53 다음은 물과 이산화 탄소의 상평형 그림이다.

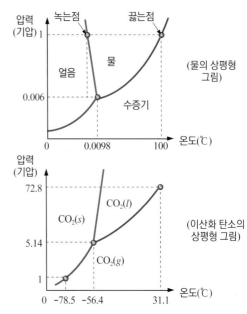

위 그림에 대한 설명으로 옳지 않은 것은?

① 분자 사이의 인력은 물이 이산화 탄소보다 크다.
② 이산화 탄소는 5.14 기압 아래에서 승화가 일어난다.
③ 정상 녹는점과 정상 끓는점은 물이 이산화 탄소보다 높다.
④ 1 기압, 300 K 에서 두 물질은 얼음과 드라이아이스로 존재한다.
⑤ 물은 1 기압 하에서 온도를 조절하는 것에 따라 고체, 액체, 기체의 형태를 갖는다.

54 스케이트를 타면 미끄러지듯이 앞으로 나아갈 수 있다. 그 이유를 다음의 물의 상평형 그림을 이용하여 설명하시오.

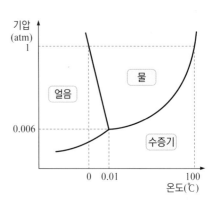

개념 심화 문제

19 다음은 에어컨의 원리에 대한 글이다. 글을 읽고 물음에 답하시오.

에어컨은 냉매가 기화되면서 열을 흡수하여 주위의 온도가 낮아지는 원리를 이용한 것이다. 냉매란 저온의 물체에서 열을 빼앗아 고온의 물체로 열을 운반해 주는 매체를 통틀어 일컫는 말이다. 다음은 에어컨의 구조를 간단하게 나타낸 것으로 냉매가 압축기 → 응축기 → 모세관 → 증발기로 이동하면서 시원한 바람을 생성시키는 과정을 보여준다.

① 압축기	② 응축기	③ 모세관	④ 증발기
기체 상태인 냉매를 압축하여 액체가 되기 쉽게 만든다.	압축된 기체 상태의 냉매가 액화된다.	가느다란 관으로 액체 냉매를 고압으로 이동시킨다.	고압으로 모세관을 통과한 액체가 갑자기 부피가 커지면 압력이 낮아지면서 기화된다.

④ 증발기   ① 압축기   ② 응축기   ③ 모세관

(1) 열에너지를 흡수하는 곳과 그 이유를 쓰시오.

(2) 에어컨의 실외기는 실내기와는 달리 뜨거운 바람이 나온다. 위의 그림 ① ~ ④에서 실외기를 연결해야 할 부분을 찾아 이유와 함께 쓰시오.

(3) 에어컨을 켜면 물이 생기기 때문에 설치 시 물 빠짐 배수관이 필요하다. 위의 그림 ① ~ ④에서 배수관이 필요한 부분을 찾아 이유와 함께 쓰시오.

개념 돋보기

🔍 에어컨의 역사

현대식 에어컨을 처음 발명한 사람은 '에어컨의 아버지'라 불리는 미국인 윌리스 캐리어(Willis Haviland Carrier, 1875~1920)이다. 캐리어는 1902년 미국 뉴욕의 한 기계설비 회사에 입사한 후 뉴욕 브루클린의 한 출판사로부터 "한 여름의 무더위와 습기로 종이가 멋대로 수축, 팽창해 도무지 깨끗한 인쇄를 할 수 없다"는 고민을 듣게 된다.
캐리어는 너무도 쉽게 해법을 생각해 냈는데, 뜨거운 증기를 파이프로 순환시켜 공기를 따뜻하게 만드는 난방이 가능하다면 차가운 물을 이용한 냉방도 가능하지 않겠느냐는 역발상으로 인류 최대의 발명품으로 꼽히는 에어컨을 최초로 만들었다.

▲ 캐리어 박사

▲ 캐리어 박사와 최초의 에어컨

개념 심화 문제

20~22 일정한 온도에서 액체 1 g 을 증발시키는데 필요한 열량을 증발열(기화열, cal/g)이라고 하고, 액체 1몰의 증발열을 몰 증발열(cal/mol)이라고 한다. 다음 〈보기〉를 참고하여 물음에 답하시오.

> **보기**
>
> - 에탄올의 끓는점 : 78 ℃
> - 물의 비열 : 1.00 cal/g℃
> - 물의 증발열 : 540.0 cal/g
> - 에탄올의 몰 증발열 : 9450 cal/mol
> - 수증기의 비열 : 0.481 cal/g℃
> - 물의 분자량 : 18
> - 얼음의 비열 : 0.492 cal/g℃
> - 물의 융해열 : 79.8 cal/g
> - 에탄올의 분자량 : 46

20 78 ℃ 에서 에탄올 1 g 을 기화시키는데 필요한 열량은 몇 cal 인가?

21 -5 ℃ 의 냉동실에서 얼음 5 g 을 꺼내서 플라스크에 담고 이것을 110 ℃ 까지 가열하여 모두 수증기로 변화시켰다.

(1) 얼음 - 물 - 수증기로 상태 변화를 물의 온도와 가열 시간의 관계를 이용하여 가열 곡선으로 나타내시오.

(2) 위의 변화를 일으키는데 필요한 열량은 몇 cal 인가?

22 100 ℃ 의 물 분자 3.01 × 10²³개를 수증기 상태로 증발시키는데 필요한 최소의 에너지는 얼마인가? (단, 아보가드로 수는 6.02 × 10²³이다.)

개념 돋보기

증발열(cal/g) 일정한 온도에서 액체 1 g 을 증발시키는데 필요한 열량

- 예를 들어 100 ℃ 의 물 1 g 이 기화되어 100 ℃ 의 수증기 1 g 이 될 때 필요한 열량을 말한다.
- 증발열은 1 g 의 액체 물질이 분자 사이의 인력을 끊고 기화하는데 필요한 열량과 같다.

몰 증발열(cal/mol) 액체 1몰의 증발열

몰 증발열 = 증발열 × 분자량

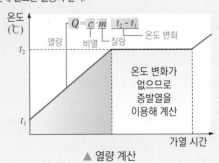

▲ 열량 계산

23 다음 글을 읽고, 물음에 답하시오.

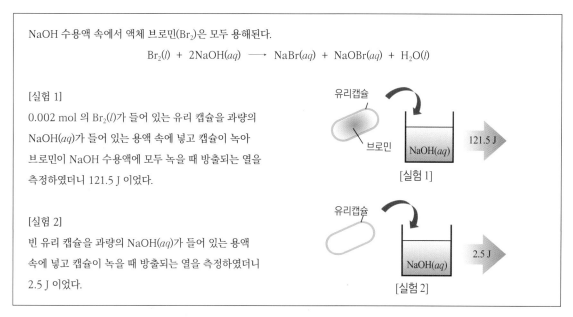

NaOH 수용액 속에서 액체 브로민(Br_2)은 모두 용해된다.

$$Br_2(l) + 2NaOH(aq) \longrightarrow NaBr(aq) + NaOBr(aq) + H_2O(l)$$

[실험 1]

0.002 mol 의 $Br_2(l)$가 들어 있는 유리 캡슐을 과량의 NaOH(aq)가 들어 있는 용액 속에 넣고 캡슐이 녹아 브로민이 NaOH 수용액에 모두 녹을 때 방출되는 열을 측정하였더니 121.5 J 이었다.

유리캡슐

브로민

NaOH(aq)

121.5 J

[실험 1]

[실험 2]

빈 유리 캡슐을 과량의 NaOH(aq)가 들어 있는 용액 속에 넣고 캡슐이 녹을 때 방출되는 열을 측정하였더니 2.5 J 이었다.

유리캡슐

NaOH(aq)

2.5 J

[실험 2]

1몰의 $Br_2(l)$를 과량의 NaOH(aq)에 녹일 때 방출되는 열을 구하시오.

24 액체 브로민($Br_2(l)$)은 붉은 인(P, 원자량 = 31)과 반응하여 243 kJ 의 열을 발생한다.

$$2P(s) + 3Br_2(l) \longrightarrow 2PBr_3(g), \qquad \Delta H = -243 \text{ kJ}$$

6.2 g 의 인이 과량의 브로민과 위와 같이 반응하였을 때 엔탈피 변화(ΔH)를 구하시오.

개념 돋보기

⭕ 반응열은 몰수에 비례한다.

$$CO_2(g) \longrightarrow CO(g) + \frac{1}{2}O_2(g), \quad \Delta H = 283 \text{ kJ}$$

이 식에 2를 곱하면 2몰의 $CO_2(g)$가 반응하는 것이므로 엔탈피 변화도 2배가 된다.

$$2CO_2(g) \longrightarrow 2CO(g) + O_2(g), \quad \Delta H = 283 \text{ kJ} \times 2 = 556 \text{ kJ}$$

25 그림은 $2S(s) + 3O_2(g) \longrightarrow 2SO_3(g)$ 반응 과정을 에너지 관계로 나타낸 것이다. 다음 물음에 답하시오.

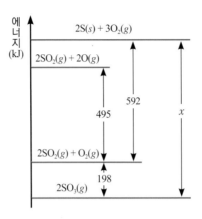

(1) $SO_2(g)$의 생성열을 구하시오.

(2) $SO_2(g)$의 연소열을 구하시오.

(3) $2S(s) + 3O_2(g) \longrightarrow 2SO_3(g)$에서 방출되는 에너지를 구하시오.

(4) $SO_3(g)$의 생성열을 구하시오.

26 다음 반응식을 이용하여 이산화 탄소(CO_2)의 생성열(ΔH)을 구하시오.

> • $2C(s, 흑연) + O_2(g) \longrightarrow 2CO(g),$ $\Delta H = -221\ kJ$
> • $2CO(g) + O_2(g) \longrightarrow 2CO_2(g),$ $\Delta H = -566\ kJ$

개념 돋보기

반응열의 종류

생성열	어떤 화합물 1몰이 그 성분 원소의 가장 안정한 홑원소 물질로부터 생성될 때 흡수 또는 방출하는 열량
분해열	화합물 1몰이 성분 홑원소 물질로 분해될 때 흡수 또는 방출되는 열량 (생성열과 크기는 같고 부호는 반대이다.)
연소열	물질 1몰이 완전 연소할 때 발생하는 열량
용해열	물질 1몰이 용매에 용해될 때 흡수 또는 방출하는 열량

27 그림은 이온 결합으로 이루어져 있는 이온 결정(NaCl)이 물에 용해되는 과정의 입자 모형을 나타낸 것이다. 용해열을 ΔH_1 과 ΔH_2을 이용하여 나타내시오.

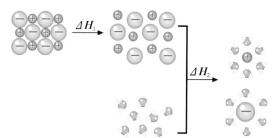

28 오른쪽 표는 25 ℃, 1 기압에서 여러 가지 물질의 생성열(ΔH)을 나타낸 것이다. 이 자료로부터 알 수 있는 사실 중 옳은 것만을 〈보기〉에서 있는 대로 고른 것은?

물질	화학식	생성열(ΔH)(kJ/mol)
일산화 탄소	$CO(g)$	-110
이산화 탄소	$CO_2(g)$	-394
수증기	$H_2O(g)$	-242
물	$H_2O(l)$	-286

보기

ㄱ. 물(l)의 기화열은 -44 kJ/mol 이다.

ㄴ. 물(l)의 분해열(ΔH)은 286 kJ/mol 이다.

ㄷ. 일산화 탄소의 연소열(ΔH)은 -284 kJ/mol 이다.

① ㄱ   ② ㄷ   ③ ㄱ, ㄴ   ④ ㄴ, ㄷ   ⑤ ㄱ, ㄴ, ㄷ

개념
돋보기

○ 헤스 법칙

화학 변화에서 반응 전 물질의 종류와 상태 및 반응 후 물질의 종류와 상태가 같으면 반응 경로가 달라도 출입하는 열량의 총합은 항상 일정하다.

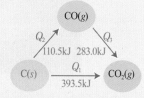

$$C(s) + O_2(g) \longrightarrow CO_2(g) \quad \Delta H_1 = -393.5 \text{ kJ}$$
$$C(s) + \frac{1}{2}O_2(g) \longrightarrow CO(g) \quad \Delta H_2 = ? \text{ kJ}$$
$$CO(g) + \frac{1}{2}O_2(g) \longrightarrow CO_2(g) \quad \Delta H_3 = -283.0 \text{ kJ}$$

$$\Delta H_1 = \Delta H_2 + \Delta H_3$$
$$\Delta H_2 = \Delta H_1 - \Delta H_3$$
$$\Delta H_2 = -393.5 - (-283) = -110.5 \text{ kJ}$$

$$\therefore Q_1 = Q_2 + Q_3 \ (393.5 \text{ kJ} = 110.5 + 283.0 \text{ kJ})$$

○ 헤스 법칙의 응용

다음 두 반응식을 이용하여 $Fe_2O_3(s) + 2Al(s) \longrightarrow Al_2O_3(s) + 2Fe(s)$의 ΔH를 구하시오.

$$2Al(s) + \frac{3}{2}O_2 \longrightarrow Al_2O_3(s) \quad \Delta H = -1672 \text{ kJ} \longrightarrow ①$$

$$2Fe(s) + \frac{3}{2}O_2 \longrightarrow Fe_2O_3(s) \quad \Delta H = -819.28 \text{ kJ} \longrightarrow ②$$

①－②식 $2Al(s) - 2Fe(s) \longrightarrow Al_2O_3(s) - Fe_2O_3(s), \quad \Delta H = -1672 - (-819.28)$

이항하면 $Fe_2O_3(s) + 2Al(s) \longrightarrow Al_2O_3(s) + 2Fe(s), \quad \Delta H = -852.72 \text{ kJ}$

개념 심화 문제

[29~30] 다음은 흑연과 다이아몬드의 결합 모형 및 엔탈피 변화를 나타낸 것이다.

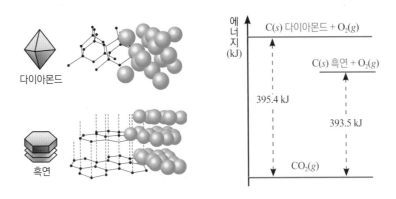

29 이에 대한 설명으로 옳은 것만을 〈보기〉에서 있는 대로 고른 것은?

> **보기**
>
> ㄱ. 흑연은 다이아몬드보다 안정한 물질이다.
> ㄴ. 흑연 1몰이 다이아몬드로 될 때 1.9 kJ 의 열을 흡수한다.
> ㄷ. 1 g 이 연소할 때 방출하는 열량은 흑연이 다이아몬드보다 크다.

① ㄱ   ② ㄷ   ③ ㄱ, ㄴ   ④ ㄴ, ㄷ   ⑤ ㄱ, ㄴ, ㄷ

30 25 ℃ 에서 다이아몬드 5 mol 과 흑연 2 mol 이 연소하였다. 다음 물음에 답하시오.

(1) 생성되는 열량(Q)을 계산하시오.

(2) 연소 후 주위 온도는 몇 ℃ 가 되겠는가? (단, 주위는 비열 1 J/g ·℃ 의 공기로 채워져 있는 부피 1000 m^3 의 밀폐된 공간이라고 가정하고, 공기 1몰의 부피는 25 L ($25 × 10^{-3}$ m^3), 공기 1몰의 질량은 29 g 이다. 열량(J) = 비열 × 질량 × 온도 변화 의 관계를 활용한다.)

정답 및 해설 35쪽

31 그림은 물의 상평형 그림이다. 〈보기〉는 상평형 그림을 이용하여 설명할 수 있는 자연 현상을 나타낸 것이다.

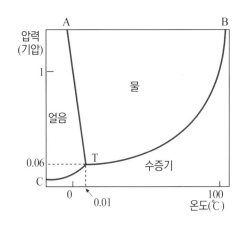

> **보기**
>
> (가) 높은 산 위에서는 밥이 설익는다.
> (나) 추운 겨울에 밖에 넣어 놓은 언 빨래가 마른다.
> (다) 얼음 위에 스케이트를 신고 올라서면 얼음이 녹는다.

각 상평형 곡선과 〈보기〉의 자연 현상을 바르게 관련지은 것은?

	(가)	(나)	(다)		(가)	(나)	(다)		(가)	(나)	(다)
①	AT	BT	CT	②	AT	CT	BT	③	BT	AT	CT
④	BT	CT	AT	⑤	CT	AT	BT				

32 그림 (가)는 Al_2SiO_6로 된 광물의 안정 범위를 나타낸 그림이고, 그림 (나)는 이산화 탄소의 상평형 그림이다.

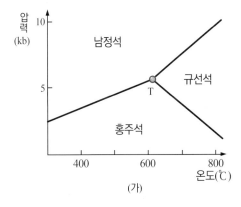

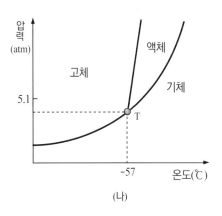

위의 그림에 대한 해석으로 옳지 <u>않은</u> 것은? (단, 1 kb = 1000 b(바), 1 b = 1000 mb = 약 1기압이다.)

① Al_2SiO_6로 된 광물은 5 kb, 400 ℃ 에서는 남정석으로 존재한다.
② 그림 (가)의 점 T에서는 홍주석, 남정석, 규선석이 함께 존재한다.
③ 이산화 탄소는 압력이 증가할수록 녹는점과 끓는점 사이의 온도 차가 작아진다.
④ 이산화 탄소는 3 기압 하에서 고체를 가열하면 승화한다.
⑤ 이산화 탄소가 액체 상태가 되려면 적어도 5.1 기압의 압력이 필요하다.

33~34 다음은 물의 상평형 그림이다. 물음에 답하시오.

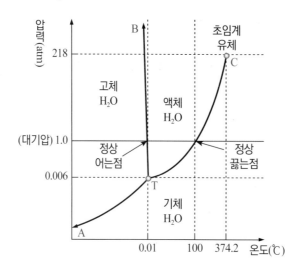

33 압력이 100 기압(atm) 씩 증가할 때마다 얼음의 녹는점은 1 ℃ 씩 낮아진다. 정상 녹는점에서 400 기압 증가할 때 물의 어는점을 구하시오.

34 그림과 같이 두 개의 책상 사이에 얼음덩어리가 떨어지지 않도록 걸쳐 놓고 얼음 덩어리 위에 10 g, 20 g, 30 g 짜리 추를 단 실을 올려놓았다.

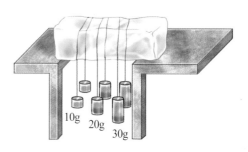

물의 상평형 그림을 참고로 하여 시간이 지난 후 관찰되는 현상으로 옳은 것을 있는 대로 고르시오.

① 실이 얼음에 달라붙는다.
② 시간이 지나도 아무런 변화가 없다.
③ 무게에 상관없이 실이 얼음을 뚫고 땅에 동시에 떨어진다.
④ 30 g 짜리 추를 단 실만 밑으로 떨어지고 나머지는 변함없다.
⑤ 실이 가하는 압력이 얼음의 녹는점을 낮추어 얼음이 녹는다.
⑥ 얼음이 아닌 드라이아이스를 이용하여도 결과는 같을 것이다.
⑦ 실이 얼음을 뚫고 밑으로 떨어지면 얼음이 네 토막으로 나뉜다.
⑧ 실이 얼음을 뚫고 땅에 떨어지는 순서는 10 g → 20 g → 30 g 순이다.
⑨ 얼음 분자 간의 거리가 물 분자 간의 거리보다 멀기 때문에 일어난다.

35 탄소는 온도와 압력에 따라 고체의 결합 구조가 달라 흑연과 다이아몬드 상태로 존재한다. 아래 그림은 온도와 압력에 따른 탄소의 상평형 그림과 다이아몬드와 흑연을 나타낸 것이다.

다이아몬드

흑연

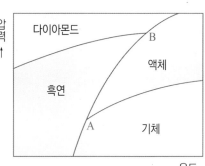

위 그림에 대한 설명으로 옳은 것을 있는 대로 고르시오.

① 삼중점이 두 개이다.

② 다이아몬드는 승화되지 않는다.

③ 액체 탄소 위에 흑연이 뜬다.

④ 흑연은 가열하면 액화할 수 있다.

⑤ 탄소는 압력이 증가할수록 녹는점이 내려간다.

⑥ 흑연을 다이아몬드로 만들려면 고압이 필요하다.

⑦ 점 A 에서 점 B 로 갈수록 무질서도는 점점 증가한다.

⑧ 점 A 에서는 다이아몬드와 흑연, 액체, 기체가 함께 존재한다.

36 그림은 물질 A 와 물질 B 의 상평형 그림을 나타낸 것이다. 이 그림에 대해 옳은 것만을 〈보기〉에서 있는 대로 고른 것은?

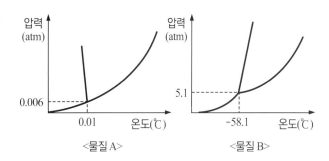

보기

ㄱ. 물질 A 의 어는점은 0.01 ℃ 보다 낮다.

ㄴ. 물질 B 는 20 ℃, 1 기압에서 고체 상태로 존재한다.

ㄷ. 1 기압에서 물질 A 는 승화성이 있으나 B 는 승화성이 없다.

ㄹ. 고체 상태에서 물질 A 의 분자 사이의 힘은 같은 온도와 압력에서 물질 B 의 분자 사이의 힘보다 크다.

① ㄱ, ㄷ   ② ㄱ, ㄹ   ③ ㄴ, ㄹ   ④ ㄱ, ㄴ, ㄷ   ⑤ ㄴ, ㄷ, ㄹ

**개념
돋보기**

○ 탄소의 형제들

▲ 풀러렌

▲ 탄소 나노 튜브

탄소로 이루어진 동소체로서 다이아몬드와 흑연 이외에 다른 것은 없을까?

미국의 화학자인 컬과 스몰리, 영국의 크로토는 우주 성간 물질의 스펙트럼으로부터 탄소 수가 60개인 화합물을 발견하고 '풀러렌'이라고 불렀다. 풀러렌이 축구공과 같은 구조임을 밝힘으로써, 이 세 사람은 1996년 노벨 화학상을 공동 수상하였다. 풀러렌을 합성할 때 탄소 수를 계속 늘려 나가면 탄소 6개로 이루어진 육각형들이 튜브 모양을 형성하는데 이를 '탄소 나노 튜브'라고 한다.

37 그림 (가)는 일정한 압력에서 어떤 고체 물질 X를 가열하면서 물질 X의 부피를 측정한 결과를 나타낸 것이고, (나)는 물질 X의 상평형 그림을 나타낸 것이다.

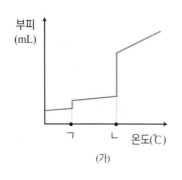

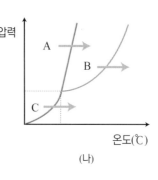

(가)

(나)

이에 대한 설명으로 옳은 것은?

① 고체 X 는 액체 X 위에 뜬다.

② 압력을 높이면 ㄱ은 작아진다.

③ ㄱ에서 일어나는 상태 변화는 C 와 같다.

④ ㄴ에서 일어나는 상태 변화는 B 와 같다.

⑤ 압력을 높이면 ㄴ은 작아진다.

38 다음은 물질 A 와 B 의 상평형 그림을 나타낸 것이다.

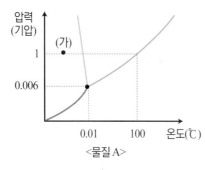

<물질 A>

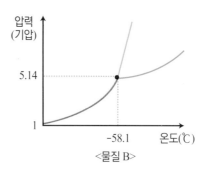

<물질 B>

이에 대한 설명으로 옳은 것만을 〈보기〉에서 있는 대로 고른 것은?

> **보기**
>
> ㄱ. 1 기압에서 (가)의 온도를 높이면 융해된다.
> ㄴ. 높은 산에서 물질 A 의 어는점과 끓는점은 높아진다.
> ㄷ. 물질 B는 5.14 기압 이하에서 고체 또는 액체 상태로 존재한다.

① ㄱ   ② ㄱ, ㄴ   ③ ㄴ, ㄷ   ④ ㄷ   ⑤ ㄱ, ㄴ, ㄷ

창의력을 키우는 문제

● 창의적 문제 해결형

01 그림은 장소에 따른 촛불의 불꽃 모양이다.

[그림 I]   [그림 II]

(1) [그림 I]의 촛불의 불꽃이 [그림 II]처럼 타게 하려면 어디에서 촛불을 켜면 될지 쓰고, 그 이유를 말하시오.

(2) 고체 양초가 탈 때 양초의 상태 변화를 설명하시오.

(3) 입김으로 불면 양초의 불꽃은 왜 꺼지게 될까? 다음 그림과 연관지어 설명하시오.

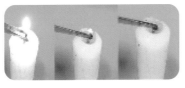 

▲ 핀셋으로 심지를 잡으면 불꽃이 꺼진다.   ▲ 호일을 감싸면 불이 붙지 않는다.

● 논리 서술형

02 그림과 같이 물이 담긴 큰 비커 속에 물이 담긴 작은 비커를 넣었고 알코올 램프로 가열하였다. 시간이 지난 후 큰 비커와 작은 비커 속의 물의 온도 변화를 비교하였다.

(1) 어느 비커의 물이 끓는가?

(2) 물이 끓지 않는 비커가 있다면 그 이유는 무엇인가?

○ 석탄 가스화

석탄은 다른 화석 연료와 비교하여 매장량이 풍부하고 가격 변동이 크지 않아 사용량이 계속 증가될 것으로 예측되고 있다. 하지만 석탄을 연료로 사용함에 따라 CO_2 등의 온실 가스 배출이 늘어남에 따라 온실가스의 배출을 줄이기 위해 여러 가지 노력을 하고 있다.

IGCC 기술(가스화 복합 발전 기술)은 고체 연료인 석탄을 고온, 고압의 가스화기에서 수증기와 함께 연소시켜 합성 가스를 만들어 정제시킨 후 사용한다.

이것은 석탄을 가스화시키는 기술로 환경 오염 물질 배출을 줄이고 석탄 가스를 다시 액화시켜 에너지로 사용하는 친환경 기술로 발전하고 있다.

○ 지문 현출 방법

(1) 분말법

미세한 분말을 지문이 있다고 생각되는 물체에 도포하여 분비물에 부착, 잠재 지문을 검출하는 방법이다.

(2) 진공 금속 증착법(VMD)

증거물을 진공통에 넣고 진공 상태에서 금과 아연을 증발시켜 증거물에 입힘으로써 지문을 얻는 방법

(3) 접착제 훈증법(CA)

접착제를 가열하면 발생되는 증기가 수분과 반응하여 하얗게 달라붙는 것을 이용한 것이다. 이 방법은 매우 유독하여 반드시 밀폐된 훈증 챔버를 이용한다.

(4) 닌히드린 법

아미노산과 반응하여 보라색으로 변하는 성질을 이용한 것이다.

◉ 논리 서술형

03 다음 글을 읽고 물음에 답하시오.

> 우리가 일상 생활에서 많이 사용하는 뷰테인은 상온에서 기체 상태로 존재하는데 높은 압력을 가하면 액체 상태로 된다. 즉, 뷰테인 가스통 속에는 높은 압력 상태의 액화된 뷰테인이 들어 있는데 우리가 이를 사용할 때에는 압력을 낮춰 다시 기체 상태로 만들어 연소시킨다.

(1) 기체 상태인 뷰테인을 액화시키는 방법을 쓰시오.

(2) 뷰테인 가스를 오랫동안 분사시킨 뷰테인 가스 통 입구 주변에 물방울이 맺혀 있는 것을 볼 수 있다. 물방울이 생기는 이유는 무엇인가?

◉ 창의적 문제 해결형

04 과학수사대는 증거로 수집한 볼펜에서 범인의 지문을 떠내려고 아이오딘을 이용하려 한다. 아이오딘 분자는 지문의 지방 성분에 들러붙는 성질이 있다. 실험실에 있는 재료들을 적당히 이용하여 고체 아이오딘을 직접 볼펜에 붓으로 묻히지 않고, 지문에 들러붙게 하기 위한 실험 장치를 꾸미고 지문에 아이오딘이 들러붙는 과정을 상태 변화 과정으로 설명하시오.

▲ 실험실 재료

● 단계적 문제 해결형

05 **다음 글을 읽고 물음에 답하시오.**

> 라바 램프(Lava Lamp)를 처음 발명한 사람은 1950년대에 에드워드 크레이븐 워커(Edward Craven Walker)이다. 워커는 이 램프를 Astro Light라 불렀고, 독일에서 열린 무역 전시회에서 이 램프를 발견한 두 명의 사업가가 미국 내 특허를 얻어 Lava lite라는 제품으로 판매하기 시작하면서 실내 장식용으로 인기를 얻게 되었다.
>
>
>
> 램프를 작동시키면 열을 공급해 주는 전구에 의해 움직임이 없던 고체 상태의 왁스가 위, 아래로 움직이면서 빛을 낸다.

라바 램프의 왁스가 상승하는 이유와 하강하는 이유를 다음 단어를 이용하여 설명하시오.

고체, 액체, 열에너지, 밀도, 분자 간 거리

- 상승하는 이유 :

- 하강하는 이유 :

○ **밀도**

일반적으로 빽빽한 고체 상태의 물질의 밀도가 가장 크다. 액체 상태의 물질은 고체 상태에 비해 분자 간의 거리가 멀기 때문에 좀 더 큰 부피를 차지하고, 고체보다 작은 밀도를 갖는다. 기체 상태의 물질은 분자 간의 거리가 매우 멀어 같은 수의 분자에 대해 차지하는 부피가 고체나 액체에 비해 훨씬 크다. 그래서 밀도가 매우 작은 편이다.

따라서 일반적으로 밀도는 고체 > 액체 > 기체의 순이며 밀도가 작은 물질일수록 위로 뜬다.

물의 경우는 예외적으로 수소 결합에 의해 고체의 부피가 액체의 부피보다 커 액체 > 고체 > 기체 순으로 밀도가 크기 때문에 얼음이 물 위에 뜬다.

▲ 얼음이 물보다 가벼우므로
물 위에 뜬다.

○ **밀도의 계산**

$$밀도(g \cdot m^3) = \frac{질량(g)}{부피(m^3)}$$

창의력을 키우는 문제

비스무트의 특별 처방

1600년경 프랑스에서 처음 만들어진 '블랑드 파르(흰 미안료)'이라는 이름의 화장품은 비스무트(Bi)를 포함하고 있었다. 때문에 영국에서는 '비스무트의 특별 처방'이라고도 불렸고 이 분을 피부에 바르면 하얀 광택을 내 반짝이는듯 했으므로 '펄 화이트(흰 진주)'라고도 했다.

이 흰 가루는 오랫동안 내버려 두면 회색으로 변하고 가끔 얼굴에 경련성 증세가 일어나고 마비를 일으키는 일도 있었다.

〈비스무트의 특별 처방〉 때문에 생긴 재미난 에피소드가 있었는데, 피부를 희게 하고 싶은 욕구가 강했던 부인이 이 화장품을 바르고 온천에 들어가서 목욕을 했더니 그 아름답던 피부가 방금 먹칠을 한 것처럼 새까맣게 변했다. 부인은 비명을 지르면서 기절했는데 하인이 물로 씻기자 검은 것이 떨어져 나갔다.

온천수에는 황 이온이 포함되어 있는데, 이것이 비스무트와 결합하면서 검은 화합물인 황화 비스무트가 되었기 때문이다.

○ 단계적 문제 해결형

06 금속의 한 종류인 비스무트는 다음과 같은 특징을 가지고 있다.

원소 기호	Bi
원자 번호	83
원자량	209
정상 녹는점(℃)	271
정상 끓는점(℃)	1560
고체 비스무트의 밀도(g/cm³)	9.8
액체 비스무트의 밀도(g/cm³)	10.03

다음은 일반 금속을 이용하여 인쇄용 활자를 만드는 과정이다.

(1) 일반 금속을 사용하였을 때, 틀에 넣고 금속을 식힌 후 예상되는 결과를 이유와 함께 쓰시오.

(2) 1450년 이후, 비스무트가 인쇄용 금속 활자를 만드는데 사용되었다. 그 이유는 무엇인가?

특별한 경우가 아니면 자연계에서 물질들은 안정한 상태로 존재하려고 한다. (에너지를 적게 가질수록 안정한 상태이다.) 냉동실의 물의 경우 온도가 낮은 곳에 있을 때 에너지를 적게 가진다. 음식물의 수분은 음식물 속보다 상대적으로 온도가 낮은 냉동실 벽에 있을 때 더 안정한 상태가 된다.

● 추리 단답형

07 다음은 2009년 8월 신문 기사 중 일부이다.

> 가스레인지는 공기 중 산소를 태워 일산화 탄소 및 이산화 탄소 등 인체에 해로운 공기를 배출시킨다. 또 가스레인지의 매연 중 라돈 가스는 여성 폐암과 유방암 유발의 원인으로도 알려져 있어 주부들의 건강을 위협한다. 연예인 여운계씨가 폐암으로 사망한 이후 여성 폐암의 주 원인인 주방의 일·이산화 탄소의 문제점이 더욱 대두되었다.
>
> [중략]
>
> 영양소 파괴를 최소화하는 압력 요리는 무산소 요리이기 때문에 산화를 방지할 뿐만 아니라 살아 있는 맛과 영양을 제공한다. 압력솥을 이용하면 요리 시간이 일반 요리의 70 % 이상 줄어듦과 동시에 50 % 이상의 에너지 효율도 얻게 되므로 매우 경제적이다.

위의 글로 추론할 수 있는 사실 중 옳은 것을 있는 대로 고르시오.

① 일반솥을 사용하면 연료가 더 소모된다.
② 물의 끓는점은 일반솥보다 압력솥이 더 높다.
③ 압력솥에서는 1 기압보다 높은 압력일 때 물이 끓는다.
④ 물의 끓는점이 높을수록 요리 시간은 길어진다.
⑤ 외부 압력의 변화로 물의 끓는점을 변화시킬 수 있다.
⑥ 높은 산에서 밥을 하면 산 아래서 밥을 하는 것보다 이산화 탄소 배출량이 줄어든다.
⑦ 배출되는 이산화 탄소의 양을 줄이려면 압력솥 대신 일반솥을 사용해야 한다.

○ 서리

서리는 0 ℃ 이하의 온도에서 공기 중의 수증기가 땅에 접촉하여 얼어붙은 작은 얼음이므로 춥고 맑은 새벽에 발생한다.

○ 제설기

스키장의 눈 만드는 기계인 제설기는 물을 아주 가는 입자로 만들어 공중에 뿌려 바깥의 찬 공기에 의해 얼어 떨어지도록 한다. (입자가 작으면 표면적이 커져, 열을 더 쉽게 외부로 빼앗김)

● 논리 서술형

08 그림은 늦가을에 서리가 내린 그림이다.

(1) 서리가 내린 아침은 추운데, 서리가 내린 날은 오히려 따뜻하다. 왜 그럴까?

(2) 냉동실의 성에는 어디에서 오는 것일까?

(3) 냉동실 속의 음식물은 왜 건조해지는 것일까?

(4) 포장 냉동 식품을 구입할 때 오래된 음식을 구분하는 방법을 생각해 보자.

○ 인공 눈을 만들기 위한 조건

온도가 영하 2 ~ 3도, 습도는 60 % 이하, (습도가 많으면 물방울의 열을 잘 빼앗지 못하므로)

• 인공 눈과 자연 눈 중 어디에서 넘어졌을 때 더 아플까? 인공 눈 (자연 눈은 온도나 습도 변화에 따라 다양한 결정 모양을 갖지만, 인공 눈은 빈틈이 없는 얼음 알갱이에 가까워 더 밀도가 높기 때문)

• 스키를 탈 때는 인공 눈이 자연 눈보다 마찰력이 커서 스피드가 더 좋다? 인공 눈은 자연 눈에 비해 밀도가 커서 마찰력이 크며, 스키면과 눈 사이의 마찰력에 의해 열이 발생하고 이 열이 순간적으로 눈을 녹여 스키가 잘 미끄러지기 때문

• 인공 눈과 자연 눈 중 눈싸움 하기 좋은 눈은? 자연 눈 (인공 눈은 습기가 적어 잘 뭉쳐지지 않는다.)

트랜스 지방

불포화 지방이지만 수소 첨가에 의해 구부러진 모양이 아니라 직선형의 포화 지방산에 더 가깝다.

자연 상태에서도 존재하지만 오늘날 사람이 섭취하는 트랜스 지방은 대부분 액체인 불포화 지방을 인위적으로 고체 상태로 만드는 과정에서 생성된 것이다.

전이 지방이라고 불리는 트랜스 지방은 팝콘, 냉동 피자, 감자튀김, 닭튀김, 케이크, 도넛, 패스트리, 쿠키 등에 많이 들어 있다. 트랜스 지방은 식물성이지만 몸에 해로운 콜레스트롤 수치를 증가시키고 이로운 콜레스테롤 수치를 낮추는 물질로, 동물성 포화 지방보다 더 해로운 것으로 파악되고 있다. 심장병, 동맥경화증, 간암, 유방암, 위암, 대장암 등의 원인이 된다는 것이 학계의 연구 결과이다.

• 1869 : 나폴레옹 3세가 전쟁에 필요한 물자를 보충하기 위해 변질되지 않는 버터를 만들도록 하여 마가린이 탄생함.

• 1902 : 독일의 과학자 빌헬름 노만(1870~1939)이 식물성 기름에 대한 수소 첨가로 특허를 얻음.

• 1988 : 심혈관 질환을 일으키는 원인으로 지목됨.

• 1994 : 미국에서 3만명의 심장병 사상자를 발생시키는 것으로 발표됨.

• 2006 : 미국 뉴욕시 보건위원회에서 모든 식당 내 사용을 금지함.

• 2009 : 우리나라에서도 트랜스 지방의 함유량 표시가 의무화될 예정임.

▲ 뉴욕시 포스터

09 다음 제시문을 읽고 물음에 답하시오.

[제시문 1]

물질의 끓는점은 분자 간의 인력뿐만 아니라 분자의 모양에도 영향을 받는다. 이웃하는 분자와 접촉 면적이 넓을수록 인력이 커지므로 끓는점은 높아진다.

예를 들어 같은 뷰테인(C_4H_{10})이라도 분자 구조에 따라 끓는점이 다르다.

분자 모양	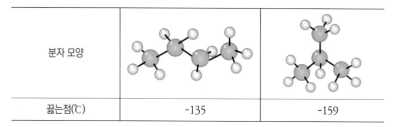	
끓는점(℃)	-135	-159

[제시문 2]

지방은 인체에 해로운 지방인 포화 지방산과 유익한 지방인 불포화 지방산으로 나눌 수 있다. 포화 지방산은 돼지 기름, 버터 등에 들어 있으며 심장병이나 암, 비만을 유발하므로 섭취를 최대한 줄여야 한다. 이와는 달리 불포화 지방산은 식용유, 올리브유, 생선 기름 등에 들어 있으며 두뇌 발달에 도움이 되므로 많이 섭취할수록 좋다.

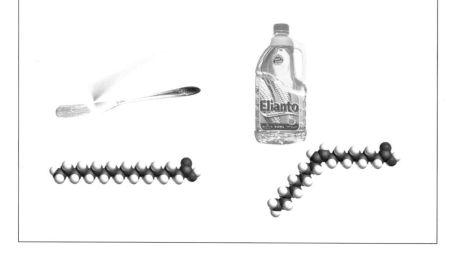

상온에서 포화 지방산과 불포화 지방산은 각각 어떤 상태로 존재할지 그 이유와 함께 쓰시오.

● 추리 단답형

10 다음은 분자 구조와 분자량, 끓는점에 관한 자료이다.

분자 구조	물질	분자량
정사면체형	CH_4	16
	SiH_4	32
	GeH_4	77
	SnH_4	123
굽은 형	H_2O	18
	H_2S	34
	H_2Se	81
	H_2Te	130

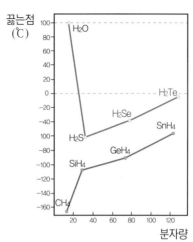

(1) 분자량과 끓는점의 관계를 간단히 서술하시오.

(2) 물이 굽은 형 구조를 하는 다른 물질들에 비해 분자량이 작은데도 불구하고 끓는점이 높은 이유를 쓰고, 물의 이러한 성질로 인해 나타나는 현상을 쓰시오.

○ 극성 분자와 무극성 분자

• 극성 분자
분자 내에서 부분적으로 양전하와 음전하를 띤 분자. 분자 모양이 비대칭이다.

• 무극성 분자
분자 모양이 대칭이고 분자 전체에 전하가 균일하게 분포되어 있는 분자.

극성 분자   무극성 분자

○ 분자 간의 힘

(1) 쌍극자 사이의 힘
• 극성 분자 사이의 힘
• 극성 분자들 사이에 한 분자의 부분적인 + 전하(δ^+)를 띤 부분과 다른 분자의 부분적인 -전하(δ^-)를 띤 부분 사이의 인력

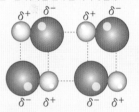

(2) 분산력
• 무극성 분자가 접근하면 한 분자 핵이 인접한 분자의 전자 구름을 잡아 당겨 전자가 한쪽으로 쏠려 일시적인 극이 생긴다.
• 유발 이중 극자 형성 과정

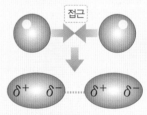

① 전자가 쏠린 쪽 : 약간의 δ^-전하
② 반대 쪽 : 약간의 δ^+전하

(3) 수소 결합
H와 F, O, N 원자가 각각 결합된 분자와 분자 사이에 작용하는 힘

○ 분자 간 힘의 크기

수소 결합 > 쌍극자 사이의 결합 > 분산력

창의력을 키우는 문제

빙하

눈이 오랫동안 쌓이고 다져져 육지의 일부를 덮고 있는 얼음층

빙산

육지의 빙하에서 떨어져 나온 높이가 5 m, 지름이 15 m 이상인 얼음 덩어리

B15-A 빙산

B15 빙하(크기-너비 37 km 지름 295 km)에서 갈라져 나온 빙산이 B15-A이다.

녹고 있는 빙하

지구 온난화가 진행되면 얼음이 녹는데, 육지의 얼음인 빙하가 녹아 바다로 흘러 들어가면 해수면이 높아진다.

부력

중력이 작용할 때 물속에 있는 물체가 받는 중력과 반대 방향의 힘으로 물 위로 뜨려는 힘이다.
부력의 크기는 물속에 잠긴 물체의 부피와 같은 부피를 가지는 물의 무게와 같다.
물체의 전체 무게가 부력보다 크면, 그 물체는 가라앉고, 무게가 부력보다 작으면 그 물체는 물에 뜬다. 일반적으로 물보다 비중이 큰 쇳덩어리는 물에 가라앉지만, 철로 만든 배가 물에 뜨는 것은 배 전체의 무게는 그대로이지만 물에 잠기는 부피를 크게 하여 배 무게보다 부력을 크게 하였기 때문이다.

▲ 물 위에 떠 있는 거대한 배

● 단계적 문제 해결형

11 다음을 보고 물음에 답하시오.

> 1912년 4월 14일 밤 대서양을 횡단하기 위해 첫 항해를 하던 타이타닉호는 빙산과 충돌하여 침몰하여 1500여명의 희생자를 내었다. 93년이 지난 2005년 4월 길이 115 km, 표면적 2,500 km^{2}인 제주도의 1.5배 크기의 세계 최대 빙산이 남극의 과학 기지로 통하는 맥머드만과 충돌하여 맥머드만의 빙설이 5 km 정도 떨어져 나갔다.

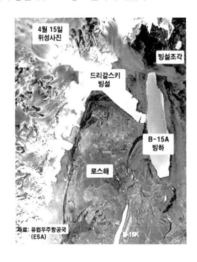

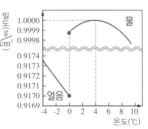

(1) 거대한 빙산이 어떻게 물 위에 뜰 수 있을지 설명하시오.

(2) 어느 지역을 떠돌던 빙산이 물과 온도가 같게 되었다면, 그 빙산의 물 위에 보이는 부분의 비율은 얼마인지 설명하시오.

(3) 같은 크기의 빙산이 강물과 바닷물에 떠 있다면 어디에 있는 빙산이 수면 위에 더 올라와 있을까?

(4) 10 mL 의 0 ℃ 물과 10 mL 의 8 ℃ 물을 섞으면 20 mL 가 되지 않는다. 왜 그럴까?

(5) 붕돌은 낚시에서 찌의 부력과 무게의 균형을 맞추어주는 낚시용품이다. 여름철 낚시와 겨울철 낚시에서 사용하는 붕돌은 어떻게 다를까?

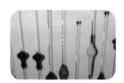

단계적 문제 해결형

12 다음은 얼음의 융해열을 측정하기 위한 실험 과정과 결과이다.

물질의 융해열(cal/g)

금	15.3
에탄올	26.1
드라이아이스	43.2
아세트산	45.9

① 저울을 평평한 곳에 놓고 영점 조절을 한 후, 뚜껑을 닫은 스티로폼 컵의 질량을 측정한다.

② 눈금 실린더로 물 200 mL 를 측정하여 스티로폼 컵에 붓고 뚜껑을 닫는다.

③ 스티로폼 컵 뚜껑의 구멍으로 온도계를 꽂고, 물의 온도를 측정한다.

④ 스티로폼 컵에서 온도계를 뺀 후, 물이 담긴 스티로폼 컵의 질량을 측정한다.

⑤ 스티로폼 컵의 뚜껑을 열어 0 ℃ 의 녹지 않은 얼음 조각을 넣은 후, 재빨리 뚜껑을 닫고 질량을 측정한다.

⑥ 물의 온도가 변화하지 않을 때, 물과 얼음이 들어 있는 스티로폼 컵에 온도계를 꽂은 후 온도를 측정한다.

	물의 양 (g)	물의 처음 온도(℃)	물의 나중 온도(℃)	얼음의 양 (g)	얼음의 처음 온도(℃)
실험 1	200	20	16	10	0
실험 2	200	20	14	15	0
실험 3	200	20	12	20	0

위의 실험 결과를 이용하여 다음을 계산하시오.

(1) 물이 잃은 열량과 얼음이 얻은 열량을 각각 계산하시오. (단, 얼음의 비열은 0.5 cal/g·℃, 물의 비열은 1 cal/g·℃ 이다.)

(2) 얼음의 융해열(cal/g)과 몰 융해열(cal/mol)을 각각 계산하시오. (단, 물(H_2O)의 분자량은 18 이다.)

(3) 얼음의 질량과 융해열과의 관계를 설명하시오.

석빙고

냉장고가 없었던 옛날에는 더운 여름철 음식을 어떻게 보관하고 사용하였을까?

석빙고는 돌로 만든 창고로 얼음을 저장하였다가 일년 내내 꺼내 쓸 수 있었다. 지증왕 6년(505년)에 얼음을 저장하는 창고를 만들라는 왕명이 있었다는 기록이 있긴 하지만, 석빙고는 신라시대에 만들어진 것이 아니고 조선시대에 만들어진 것이다.

석빙고 내부의 천장에는 환기 구멍이 세 군데 있다. 아치형 천장 사이에는 움푹 들어간 빈 공간으로 되어 있는데, 이것은 내부의 더운 공기를 빼어내는 역할을 했다. 여름에 얼음을 내기 위해 수시로 문을 여닫을 때 더운 공기의 유입이 생기고 이때 더운 공기는 위로 올라가게 되고 이 공간에 갇혀 있다가 위쪽 환기구를 통해 밖으로 빠져나가게 된다. 이렇게 해서 초여름에도 0도 안팎의 온도를 유지했다고 한다.

▲ 석빙고

창의력을 키우는 문제

열용량(cal/℃)

어떤 물질의 온도를 1 ℃ 높이는 데 필요한 열량.

물체의 온도가 얼마나 쉽게 변하는지를 알려주는 값이다.

질소

- 1789년에 A.L.라부아지에에 의해서 처음으로 이름이 붙여졌는데, 산소와 달리 호흡과 관련이 없다는 뜻에서 '생명을 지속한다'는 뜻의 'zotikos'에 '부정'을 뜻하는 접두사 a를 붙여 'azote'라고 명명하였다.
- 질소의 성질 : 질소 분자는 질소 분자 2개가 삼중 결합을 하고있어 결합을 끊기가 어렵기 때문에 상온에서 매우 안정하다.
① 과자 봉지를 부풀게 하거나 백열 전구의 내부를 채우는 물질로 쓰인다.
② 끓는점이 -196 ℃ 로 매우 낮아 냉각제로 이용된다.

▲ 액화 질소로 아이스크림을
만드는 과정

단계적 문제 해결형

13 에스키모인들은 이글루의 벽이나 바닥에 물을 뿌려 이글루 안을 따뜻하게 만든다. 부피가 18 m^3 인 이글루 안의 현재 온도와 압력이 20 ℃, 1 기압이다. 다음 자료를 이용하여 (1) 이글루 안의 온도를 25 ℃까지 올리기 위해 필요한 물의 양(g)과 (2) 이글루 안의 온도를 1 ℃ 올리는데 필요한 열량(열용량)을 구하시오. (단, 뿌리는 물의 온도는 0 ℃ 이며, 0 ℃ 의 얼음으로 모두 응고된다고 가정한다.)

- 물의 응고열 : 80 cal/g
- 공기의 비열 (일정한 압력에서) : 0.24 cal/g℃
- 공기의 밀도 (20 ℃, 1 기압) : 1200 g/m^3

추리 단답형

14 다음 정보를 이용하여 질소(N_2)의 압력-온도 상평형 그림을 그리고, 표에 제시된 각 점에 해당하는 압력과 온도를 표시하시오. (단, 온도는 절대 온도이다.)

구분	삼중점	임계점	정상 끓는점	정상 녹는점
P(압력, atm)	0.123	33.40	1.0	1.0
T(온도, K)	63.2	126.2	77.2	65.15

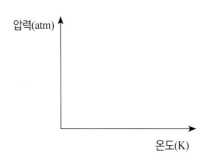

▲ 고체 분자 모형   ▲ 액체 분자 모형

압력(atm)

온도(K)

15 다음 뉴스를 읽고 각 물음에 답하시오.

앵커 : 어제까지 이틀 동안 중부 지방에 최고 350 mm 가 넘는 폭우를 쏟아 부은 저기압은 마치 소형 태풍처럼 폭풍까지 동반했습니다. 하지만 내륙에서 빠른 속도로 이동했기 때문에 강도에 비해 피해는 크지 않았습니다. ○○○ 기자의 보도입니다.

기자 : 지난 4일, 태풍으로 변한 모라꼿은 갈수록 세력이 더욱 강해집니다. 결국 대형급의 강한 태풍으로 발달한 모라꼿은 타이완과 중국을 잇따라 강타해 엄청난 피해를 준 뒤 상하이 부근에서 소멸했습니다.

하지만 모라꼿이 소멸하며 형성된 열대성 구름이 서해 상을 지나며 다시 발달했습니다. 서해 상으로부터 열에너지를 공급받았기 때문입니다.

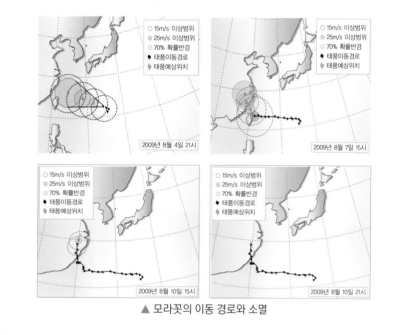

▲ 모라꼿의 이동 경로와 소멸

(1) 태풍이 육지에 도달하면 세력이 매우 약해지는 이유가 무엇인지 다음 단어를 이용하여 설명하시오.

수증기, 액화열, 해상, 육지

(2) 아래 그림과 같이 태풍과 같은 열대성 저기압은 적도 부근에서 발생된다. 그 이유를 쓰시오.

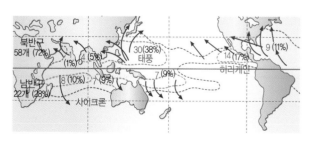

○ 태풍

· 공기의 거대한 소용돌이.
· 태풍의 발생 : 수온이 27 ℃ 이상으로 높은 열대 해상에서 고온다습한 공기는 상승 기류가 되어 하늘로 올라가고 이때 수증기가 응결해 거대한 구름이 형성해 큰 비가 내린다. 또한 수증기가 응결하여 구름이 될 때 방출되는 에너지는 태풍의 소용돌이를 유지한다.

○ 태풍의 눈

태풍의 가운데 부분에 구멍이 뚫린것 처럼 보이는 부분으로 구름의 벽으로 둘러싸여 있다. 구름이 없고 바람과 비도 거의 없는 지역이다.

○ 태풍의 예보

태풍이 발생하면 비행기 관측으로 중심 기압이나 정확한 위치 등이 확정된다. 태풍이 육지에 상륙하였을 경우에는 아메다스(AMEDAS)라고하는 지역 기상 관측망으로 태풍의 상세한 움직임이나 구조가 탐지된다.

▲ 아메다스

냉동 건조의 장단점

	장점	단점
다공질	복원성이 높다.	습기나 냄새를 흡수하기 쉽다.
진공건조	열에 의한 성분 변화가 작다.	다량의 에너지를 사용한다.
저수분	보존성이 뛰어나다.	잘 부서진다.

냉동 건조가 잘 안되는 식품

- 야채, 과일 등 세포벽이 있는 식물
- 염분, 당분 포함 식품 : 동결시킬 때 막이 생겨 수증기가 잘 빠져나가지 못한다. 기압이 높아져 얼음이 승화하지 않고, 녹아서 물이 된다.
- 냉동 건조 = 동결 건조 : 열에 약한 물질의 건조에 유용

물의 상평형 그림

상평형 그림에서 승화 곡선은 얼음의 증기 압력 곡선이라고도 한다.

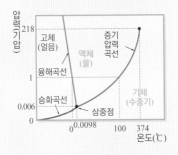

온도 (℃)	압력 (mmHg)	온도 (℃)	압력 (mmHg)
0	4.6	60	149.4
10	9.2	70	233.7
20	17.5	80	355.1
21	18.7	90	525.8
22	19.8	91	546.0
23	21.1	92	567.0
24	22.4	93	588.6
25	23.8	94	610.9
26	25.2	95	633.8
27	26.7	96	657.6
28	28.3	97	682.1
29	30.0	98	707.3
30	31.8	99	733.2
40	55.3	100	760.0
50	92.5	110	1074.4

▲ 온도에 따른 물의 증기 압력

● 단계적 문제 해결형

16 **다음 뉴스를 읽고 각 물음에 답하시오.**

> 한국 최초 우주인 이소연 박사와 또 한 번의 최초란 수식어를 달고 우주로 날아갈 우주 한국 식품 10종에 관심이 쏠리고 있다.
>
> ...중략
>
> 우주 식품 된장국은 된장과 시금치를 주원료로 하고 각종 부재료와 조미료를 배합해 된장국을 조리한 후 농축해 급속 냉동 건조한 제품으로 온수에 금방 용해돼 원래의 된장국 맛을 그대로 살렸다.

(1) 된장국을 냉동 건조하는 방법을 설명하시오.

(2) 영하의 아주 추운 겨울철, 처마에 매달린 고드름의 크기가 작아지는 현상을 설명하시오.

(3) 마술사인 철수가 관객에게 마술을 선 보이기 위해 물이 끓는 것을 보여 준 후, 맨손을 끓었던 물에 한참 넣었다가 꺼냈다. 그런데 손이 데지 않고 멀쩡했다. 어떻게 한 것일까?

● 논리 서술형

17 다음은 과학축전 체험 부스에서 소개된 실험이다.

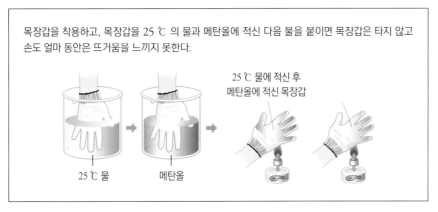

목장갑을 착용하고, 목장갑을 25 ℃ 의 물과 메탄올에 적신 다음 불을 붙이면 목장갑은 타지 않고 손도 얼마 동안은 뜨거움을 느끼지 못한다.

25 ℃ 물에 적신 후 메탄올에 적신 목장갑

25 ℃ 물   메탄올

(1) 불이 붙어 있는데도 목장갑이 타지 않는 이유는 무엇인가?

(2) 실험에서 수증기 9×10^{23} 분자가 생성되려면 메탄올 몇 g을 태워야 하는가? (단, 물은 증발되지 않고 모두 기화하며, 메탄올이 연소할 때 발생한 수증기는 무시하고, 또 이때 발생한 열은 모두 물이 흡수한다고 가정한다. 메탄올의 연소열은 23.8 kJ/g, 물의 비열은 4.2 J/g·℃, 물의 기화열 2.26 kJ/g 이다.)

● 창의적 문제 해결형

18 사막을 가로질러 다니는 유목민들은 양가죽으로 만든 물주머니에 물을 넣어 다니며 시원한 물을 마신다. 우리 선조들은 유약을 바르지 않은 토기로 만든 항아리에 물을 담아 놓고 시원해진 물을 마셨다. 이러한 원리를 이용하여 한국 과학기술연구원(KIST) 연구팀은 물로 작동하는 에어컨을 만들었다.

(1) 양가죽으로 만든 물주머니의 물이 시원함을 유지하는 이유는 무엇일까?

(2) 위와 같은 원리의 예를 2가지 설명하시오.

(3) 저렴한 비용의 물 에어컨을 설계해 보시오.

○ 사막에서 금속 통이나 플라스틱 통에 물을 담는다면?
→ 아주 뜨거운 물을 마셔야 한다.

○ 물을 기화시키려면, 1 g 당 540 cal 가 필요하다. 무더운 여름철, 나무 그늘밑이 시원한 이유도 물의 기화열 때문이다. 나무의 잎 표면에서 습기가 증발하면서 기화열을 가져가기 때문이다.

땀샘이 없는 개는 혀를 내밀어 몸의 액체를 기화시킨다.

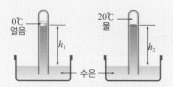

19 물질의 상태는 온도와 압력에 따라 결정되는데, 이들 사이의 관계를 나타낸 그림을 상평형 그림이라고 한다. 다음은 물의 상평형 그림을 나타낸 것이다.

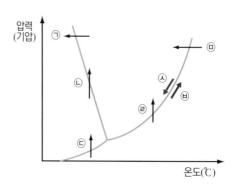

아래 현상들의 이유를 상평형 그림의 ㉠ ~ ㉕의 기호를 골라서 연결지어 설명하시오.

(1) 아이스바를 먹으려다 혀가 아이스바에 붙었다.

(2) 스케이트 날은 뾰족하고, 스키의 날은 납작하다.

(3) 높은 산에서 냄비에 밥을 지으려다 잘 되지 않아 뚜껑에 돌을 올려놓았다.

(4) 끓는점 차이를 이용하면 원유를 나프타(40 ~ 160 ℃), 등유(160 ~ 250 ℃), 경유(250 ~ 300 ℃), 중유·잔사유(찌꺼기유)(300 ℃ 이상) 등으로 분리할 수 있다. 이때 중유·잔사유를 높은 압력의 장치에서 끓는점까지 가열하면 중유·잔사유에 포함되어 있는 윤활유를 분해해서 얻을 수 있다. 이처럼 고온에서 분해되기 쉬운 유기 화합물의 혼합물을 분리할 수 있는 또 다른 방법을 서술하시오. (단, ( )안은 끓는점이다.)

● 단계적 문제 해결력

[20~21] 체중이 70 kg 인 어떤 사람이 포도당이 45 g 들어 있는 포도 주스를 마시고 운동으로 포도당 45 g 을 모두 연소하여 소모하였다. 이에 대한 각 물음에 답하시오.

> 체내에서 포도당의 연소열 ΔH = -2860 kJ/mol
> 포도당($C_6H_{12}O_6$)의 분자량 = 180

20 포도당이 연소하여 물과 이산화 탄소를 생성하는 화학 반응식을 쓰고, 포도당이 연소하여 발생한 열량을 구하시오.

(1) 화학 반응식

(2) 발생한 열량

21 포도당의 연소 과정에서 체온은 몇 ℃ 증가하였는지 계산하시오. (단, 체중 70 kg 인 사람의 열용량은 286 kJ/℃ 이고, 에너지의 20 % 만 체온을 올리는 데 쓰인다고 가정한다.)

⬡ 열용량

물질의 온도를 1 ℃ 올리는데 필요한 열량

열량(Q) = 열용량 × 온도 변화

⬡ 비열

물질 1 g 을 1 ℃ 올리는데 필요한 열량

열량(Q) = 비열 × 질량 × 온도 변화

⬡ 열량계의 종류

화학 반응 시 출입하는 열량을 직접 측정하기는 매우 어렵다.

• 열량계의 온도 변화는 열량의 변화를 나타내므로 화학 반응에서 출입하는 열량을 열량계의 온도 변화를 이용하여 측정한다.
• 열량계 내부의 열의 출입을 전량 물이 흡수한다고 가정한다.

① 간이 열량계

온도계
물
알코올 램프
공기구멍

② 스티로폼 컵 열량계

온도계
젓는 막대
물
소금

③ 봄베 열량계

자기 방어를 위해 개미산을 방출하는 동식물

- 개미 : 독침대신 배 끝에서 개미산(HCOOH)를 방출한다. 개미와 벌은 같은 '벌목'이다.

- 쐐기풀: 가시에 포름산(개미산)이 들어 있어 찔리면 쐐기한테 쏘인 것처럼 아프다.

화학 반응에서 열의 출입이 있을 때 온도계로 측정하는 것은 물질이 가지고 있는 고유한 에너지가 아니라 반응물질이 가지고 있는 총 엔탈피와 생성물질이 가지고 있는 총 엔탈피의 차이이다.

손난로

철가루, 탄소 가루, 염화 나트륨으로 이루어진다.

- 철가루: 산소와 반응, 발열 반응
- 탄소 가루, 염화 나트륨: 철의 산화를 촉진시키고, 오래가도록 한다.

$$4Fe(s) + 3O_2(g)$$
$$\rightarrow 2Fe_2O_3(s) , \Delta H < 0$$

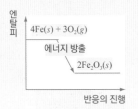

◉ 단계적 문제 해결형

22 폭격수딱정벌레는 거미나 개구리 등, 적을 만나면 100 ℃ 에 이르는 독성 분비물을 폭발음과 함께 목표물을 향해 분사한다.

폭격수딱정벌레는 복부에 과산화 수소를 저장하는 샘과 하이드로 퀴논을 저장하는 샘을 가지고 있으며 위험을 느끼면 효소(카탈라아제, 페록시다아제)가 있는 반응실로 하이드로 퀴논과 과산화 수소를 보내 폭발적으로 반응시켜 생성된 퀴논과 분비물을 뿜어낸다.

$$C_6H_4(OH)_2(aq) + H_2O_2(aq) \xrightarrow{\text{효소}} C_6H_4O_2(aq) + 2H_2O(l) , \quad \Delta H = ?$$

(하이드로 퀴논)　(과산화 수소)　　　(퀴논)　　　(물)

(1) 제시문을 보고 위 반응이 진행될 때 반응물의 총 엔탈피와 생성물의 총 엔탈피의 변화와 반응의 엔탈피 변화(ΔH)가 $\Delta H > 0$ (흡열 반응)인지, $\Delta H < 0$ (발열 반응) 인지 설명하시오.

(2) 하이드로 퀴논 11 g 을 과산화 수소와 반응시키면 반응 전후에 반응물과 생성물 간에 20.4 kJ 의 에너지 차이가 생긴다. 아래 엔탈피 변화 그래프에서 올바른 생성물의 상태를 찾아 엔탈피 변화(ΔH)값을 넣으시오. (단, H, C, O의 원자량은 각각 1, 12, 16이다.)

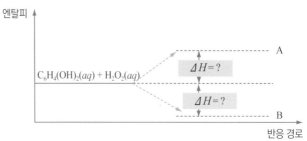

(3) 효소인 카탈라아제가 관여하는 반응의 화학 반응식을 쓰시오.

● 단계적 문제 해결형

23 다음은 산소와 이산화 탄소가 관련된 화학 반응의 예이다.

[제시문 1]
철 솜 5.6 g 을 연소시켰더니 산화 철 X가 생성되었고 철 솜의 질량 변화는 그래프와 같았다. (단, Fe, O의 원자량은 각각 56, 16 이다.)

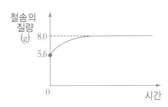

[제시문 2]
빵 반죽에 베이킹 파우더(NaHCO_3)를 넣고 굽는다.

[제시문 3]
그림 (가)는 분말 소화기로 탄산 수소 나트륨의 미세한 분말을 질소 가스로 분사하는 것이고, 그림 (나)는 산알칼리 소화기로 탄산 수소 나트륨 수용액과 황산을 분리 저장했다가 혼합하여 사용한다.

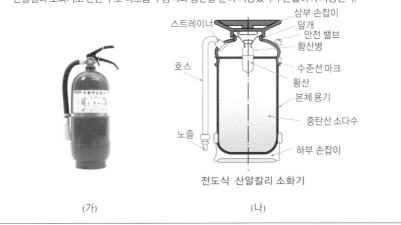

전도식 산알칼리 소화기

(가)   (나)

(1) [제시문 1]에서 생성된 산화 철 X의 화학식을 적으시오.

(2) [제시문 3]의 (가), (나)의 반응이 일어날 때 열의 출입과 같은 것을 제시문 1 또는 2와 짝지으시오.

(3) [제시문 3]의 (나)의 소화기를 작동시키기 위해서는 소화기를 뒤집어야 한다. 왜 그럴까?

○ 철의 산화물

• FeO : 공기 중에서 가열하면 Fe_2O_3가 된다.
• Fe_2O_3 : 적색 분말, 자연에서는 적철석에 포함되어 있음

• Fe_3O_4 : 흑색 분말, 자연에서는 자철석에 포함되어 있음

• Fe_2O_3·H_2O : 녹

○ 녹청 (CuCO_3·Cu(OH)_2)

• 구리 표면에 생성된 초록색의 녹
• 구리가 공기 중에서 습기와 이산화 탄소와 반응하여 생성된 염기성 탄산 구리

○ 소화기의 적응 화재 표시

화재의 종류에 따라 적용되는 소화기가 달라진다.

A일반화재용   A급 화재 : 종이, 나무 등과 같이 재가 남는 일반 화재
B유류화재용   B급 화재 : 기름, 알콜 등과 같이 재가 남지 않는 유류 화재
C전기화재용   C급 화재 : 전기 설비에서 일어나는 전기 화재

● 단계적 문제 해결형

24 그림 (가)와 (나)는 금속 나트륨(Na)의 결정 구조를 나타낸 것이다. 그림 (나)에서 한 변의 길이는 a cm, 금속 나트륨의 밀도는 d g/cm³, 원자량은 M 이다.

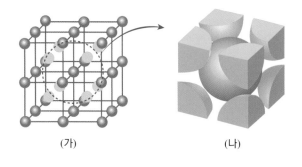

(가)   (나)

(1) 그림 (나)에 존재하는 Na 원자의 수를 구하시오.

(2) (나)의 질량을 구하시오.

(3) 아보가드로수를 M, a, d 로 나타내시오.

◯ 아보가드로수

아보가드로수는 기체 1몰에 존재하는 입자 수로 0 ℃, 1 기압에서 1몰은 6.02×10^{23} 개이다.

몰수 = $\dfrac{개수}{아보가드로수}$ 이므로

아보가드로수 = $\dfrac{개수}{몰수}$ 이다.

또한, 아보가드로수 = $\dfrac{전체\ 질량}{입자\ 1개의\ 질량}$ 이다.

대회 기출 문제

정답 및 해설 43쪽

01 다음은 물질의 세 가지 상태에 대해 학습한 두 학생의 대화이다.

[영재고 기출 유형]

> **대화 내용**
>
> 소현 : 풍선에 산소 기체를 넣고 액체 질소에 넣었더니 산소 기체가 액체로 변했어. 푸른색을 띠는 것이 너무 예쁘더라고.
>
> 현수 : 맞아, 액체 질소는 끓는점이 –196 ℃ 이니까 여기에 산소 기체를 넣으면 액체 산소를 얻을 수 있겠다. 산소가 액체가 되다니 너무 신기한 걸? 산소가 액체가 되면 분자 사이의 거리가 좁아지니까 풍선의 크기가 작아지겠네?
>
> 소현 : 맞아. 산소를 담은 풍선은 금방 쪼그라들고 부피는 크게 감소했어. 더 신기한 건 온도를 낮춰주면 산소가 고체도 될 수 있다는 사실이지.
>
> 한수 : 온도에 따라 변하는 고체, 액체, 기체... 너무 재미있다. 참! 궁금한 것이 있는데, 유리는 고체야? 액체야?
>
> 소현 : 그것은...

(1) 질소와 산소 중 끓는점이 높은 물질을 쓰시오.

(2) 이어질 소현이의 대답은 유리의 '고체'로서의 특징과 '액체'로서의 특징을 모두 설명하고 있다.

　① 겉보기 성질을 기준으로 유리의 고체로서의 특징을 설명하시오.

　② 분자 배열의 관점에서 유리의 액체로서의 특징을 설명하시오.

02 슬기는 추운 겨울날 학교에 등교할 때 손난로를 가지고 다닌다. 손난로에는 다음 그림과 같이 비닐팩에 액체와 얇은 금속판이 들어 있으며, 얇은 금속 판에 약간의 충격을 주면 손난로가 따뜻해진다.

[대회 기출 유형]

손난로와 같은 방식으로 열이 방출되는 현상에 해당되는 것을 있는 대로 고르시오.

① 알코올 램프로 가열한다.
② 알코올 묻은 솜으로 팔을 문지른다.
③ 에스키모인들이 이글루에 물을 뿌린다.
④ 눈이 오는 날은 눈이 오지 않는 날에 비해 날씨가 포근하게 느껴진다.
⑤ 추운 겨울 과일의 냉해 방지를 위하여 과일 창고에 물이 가득 든 통을 둔다.

03 고체 드라이아이스를 사용하여 다음과 같은 실험을 실시하였다.

[대회 기출 유형]

실험 과정

(가) 500 mL 의 비커 A 와 B 를 준비하고, 비커 B 에는 25 ℃ 증류수 300 mL 를 붓는다.

(나) 질량과 표면적이 같은 고체 드라이아이스 5 g 을 비커 A 와 B 에 넣는다.

위 실험에 대한 설명으로 옳은 것을 있는 대로 고르시오.

① 비커 A 안의 기체 조성은 과정 (가)와 과정 (나)에서 같다.
② 비커 B 에서 과정 (가)의 액체 온도는 과정 (나)보다 높다.
③ 비커 B 에서 드라이아이스 부피 감소 속도는 일정하다.
④ 비커 A 와 B 에서 고체 드라이아이스는 기체로 변한다.
⑤ 드라이아이스의 부피는 비커 A 보다 비커 B 에서 빨리 감소한다.

04 슬기는 물을 가열하면서 온도를 측정하여 (가)와 같은 결과를 얻었다. 가열 전 물의 온도는 20 ℃ 였고, 가열 후 32분이 되자 물이 모두 기화하여 사라졌다. 슬기는 다른 장소에서 동일한 양의 물과 가열 장치로 실험하면 (나)의 결과를 얻을 것이라고 생각하였다.

[대회 기출 유형]

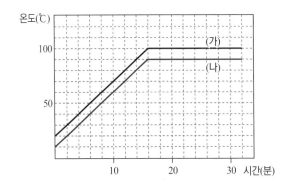

다음 중 슬기가 (나)의 그래프를 그리면서 (가)와 같다고 가정한 것으로 옳은 것을 있는 대로 고르시오.

① 대기압   ② 비열   ③ 어는점   ④ 증기 압력   ⑤ 기화열

05 철수는 동일한 조건의 알루미늄 깡통으로 다음과 같은 실험을 하였다. 물음에 답하시오.

[영재고 기출 유형]

> (가) 알루미늄 깡통에 약간의 물을 넣고 가열한다.
> (나) 물이 충분히 끓을 때까지 가열한 후 알루미늄 깡통의 입구를 단단히 막는다.
> (다) 찬물이 든 수조에 넣어 냉각시켰더니, 알루미늄 깡통이 찌그러졌다.

(1) 철수가 한 실험 과정에서 가열한 직후인 〈그림 A〉와 깡통이 식은 후 〈그림 B〉의 분자 배열을 모형으로 그리시오. (단, 실험 전 분자 배열 모형을 기준으로 분자의 개수와 배열 상태에 대한 논리적 설명이 가능하도록 그린다.)

(2) 철수의 알루미늄 깡통이 찌그러지는 이유를 설명하시오.

06 수희는 아주 추운 겨울날 얼음으로 덮힌 저수지에서 바닥에 구멍을 뚫고, 얼음낚시를 하는 모습을 보며 물고기는 꽁꽁 얼어붙은 연못 속에서 어떻게 살 수 있을지 의문이 들었다. 다음 그래프는 온도에 따른 물의 부피 변화를 나타낸 것이다.

[대회 기출 유형]

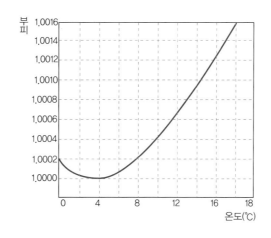

이에 대한 설명으로 옳은 것을 있는 대로 고르시오.

① 물의 온도가 올라가면 부피도 증가한다.
② 4 ℃에서 물의 부피가 최소이므로 물의 밀도는 최소이다.
③ 아주 추운 겨울날 유리컵에 물을 가득 채워 밖에 두면 유리컵은 깨질 것이다.
④ 물의 온도가 0 ℃ 가까이 내려가면 0 ℃의 물은 수면 위로 올라가 위쪽부터 언다.
⑤ 수면의 얼음으로 인해 수면 아래에서 수면 위로 열을 잘 전달하지 못해 얼음의 아래층은 잘 얼지 않는다.

07 대부분의 물질은 온도와 압력에 따라 고체, 액체, 기체의 세 가지 상태 중에서 어느 한 가지에 속하게 된다. 온도와 압력에 따라 물질의 세 가지 상태의 영역을 표시하여 그래프로 나타낸 것을 상평형 그림이라고 한다. 그림 (가)는 이산화 탄소의 상평형 그림이다. 상평형 그림을 보고 지훈이는 액체 드라이아이스를 만들기 위해 그림 (나)와 같이 일회용 스포이트의 끝부분을 조금 잘라낸 후 드라이아이스를 가루로 만들어 넣고, 펜치를 이용해 끝을 꽉 잡아 주었다. 다음 물음에 답하시오.

[대회 기출 유형]

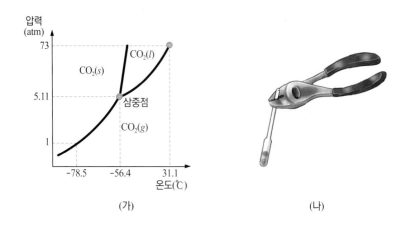

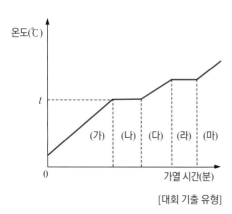

(가)   (나)

(1) 펜치를 꽉 잡고 시간이 지났을 때 스포이트 내부에 액체 이산화 탄소가 생성되는 것을 관찰할 수 있었다. 그림 (가)를 참고하여 액체 이산화 탄소가 생성된 이유가 무엇인지 2가지 이상 쓰시오.

(2) 그림 (나)에서 액체 이산화 탄소가 생긴 상태에서 펜치를 약간 풀어 주었더니 스포이트 내부에 남아 있던 액체가 다시 드라이아이스가 되었다. 그림 (가)를 참고하여 그 이유는 무엇인지 설명하시오.

08 다음은 어떤 고체 시료에 열에너지를 일정하게 공급하여 가열할 때 시료의 온도 변화를 나타낸 것이다. 물질에 대한 설명 중 옳은 것은?

[대회 기출 유형]

① 이 물질의 끓는점은 t ℃ 이다.   ② (라)에서 고체와 액체가 공존한다.
③ (나)와 (라)의 길이는 같아야 한다.   ④ (가)와 (다)의 직선 기울기는 같아야 한다.
⑤ (가)의 직선 기울기가 클수록 비열은 작다.

09 빙산의 일각이란 말은 빙산의 대부분은 수면 아래에 있고 일부분만이 수면 위에 있기 때문에 부분을 보고 전체를 판단하지 말라는 뜻으로 쓰인다.

[대회 기출 유형]

한나는 빙산의 부피를 실험적으로 측정하고자 하였다. 한나는 빙산 대신 얼음을 이용하여 얼음의 부피를 측정하기 위해 메스실린더, 얼음, 그리고 액체를 준비하였다. 물리적 힘을 가하지 않고 얼음이 액체에 완전히 잠기게 하여, 얼음의 정확한 부피를 측정하고자 한다. 실험에서 사용할 액체를 선택할 때 고려해야 할 사항으로 옳은 것을 있는 대로 고르시오.

① 색   ② 밀도   ③ 어는점   ④ 분자량   ⑤ 액체에서의 얼음의 용해도

10 그림은 온도에 따른 물의 밀도 변화를 그림으로 나타낸 것이다.

[대회 기출 유형]

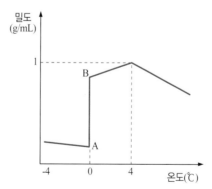

이에 대한 설명으로 옳은 것을 있는 대로 고르시오.

① 물이 수면 위부터 어는 현상을 설명할 수 있다.
② 얼음은 온도가 낮아져도 밀도가 변하지 않는다.
③ 물 분자 사이의 평균 거리는 4 ℃ 에서 가장 가깝다.
④ AB 구간의 밀도 변화가 큰 이유는 상태 변화가 일어나기 때문이다.

11 오른쪽 그림은 20 ℃, 3 기압의 수소를 포함하고 있는 금속 통의 단면 그림이다. 푸른점들은 수소 기체 분자를 나타낸다. 다음 중 어떤 그림이 이 금속 통을 -5 ℃ 로 냉각시켰을 때의 상황을 가장 잘 나타내고 있는지 고르시오. (단, 수소의 끓는점은 -242.8 ℃ 이다.)

[대회 기출 유형]

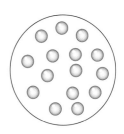

① 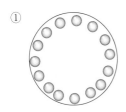 ② 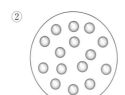 ③ 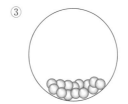 ④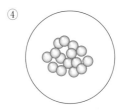

12 36 g 의 황을 25 ℃ 부터 녹기 직전까지 가열하는데 2280 J 의 열이 필요하다. 열손실이 없다고 가정할 때 황의 녹는점은 몇 ℃ 인가? (단, 황의 비열은 0.70 J/g·℃ 이다.)

① 90 ℃   ② 103 ℃   ③ 115 ℃   ④ 128 ℃

13 다음 중 무질서도가 감소하는 과정은?

[대회 기출 유형]

① 따뜻한 봄이 되어 눈이 녹는 과정
② 바람에 종이 뭉치가 흩어져 날아가는 과정
③ 구멍이 생긴 물통으로부터 물이 흘러나오는 과정
④ 컴퓨터가 실리콘, 구리, 탄소, 철 등으로부터 만들어지는 과정

14 다음 그림은 상평형 그림을 나타낸 것이다. 이 그림에 대한 내용으로 옳지 않은 것은?

[대회 기출 유형]

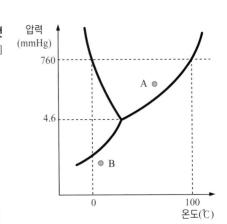

① 압력이 증가하면 녹는점과 끓는점은 높아진다.
② A 상태에서 압력을 일정하게 하고 온도를 높이면 기화가 일어난다.
③ 승화는 항상 삼중점 이하의 온도에서만 일어나고, 융해는 항상 삼중점 이상의 압력에서만 일어난다.
④ 100 ℃ 에서 액체의 증기 압력은 760 mmHg 이다.
⑤ B 상태에서 온도를 일정하게 하고 압력을 높여 주면 기체 → 고체 → 액체로 상태 변화한다.

15 다음은 주석(Sn)과 납(Pb)의 합금에 대한 상 도표(Phase diagram)이다.

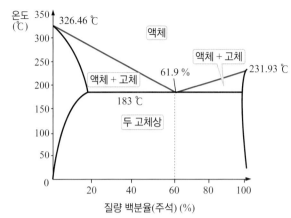

이 합금은 주석과 납의 혼합 비율에 따라 그 용도가 달라지는데, 전기 납땜에 사용하려면 순식간에 녹고 순식간에 굳는 재료가 필요하다. 다음 조합 중에서 전기 납땜 재료로 가장 적합한 Sn : Pb는?

[대회 기출 유형]

① 30 : 70　　　　② 50 : 50　　　　③ 60 : 40　　　　④ 70 : 30

16 다음 중 물질의 상태 변화에 대한 설명으로 옳지 않은 것은?

[과학고 기출 유형]

① 물질의 상태가 변하더라도 그 물질의 화학적 성질은 변하지 않는다.
② 물질의 상태가 변하면 분자 간 거리가 달라진다.
③ 온도를 변화시키면 물질의 상태를 변화시킬 수 있다.
④ 압력을 변화시키면 물질의 상태를 변화시킬 수 있다.
⑤ 냉장고의 냉동실에 성에가 생길 때에는 에너지를 방출한다.
⑥ 물질의 상태 변화가 일어나고 있을 때, 가열한 열은 분자 간의 인력을 끊는데 사용된다.
⑦ 고체가 기체로 승화하면 주위의 온도는 올라간다.

17 물질의 상태 변화에는 열에너지의 출입이 따른다. -50 ℃ 의 얼음 1 kg 을 가열하여 100 ℃ 의 수증기를 만드는데 필요한 총 열에너지는 765 kcal 이며, 물의 기화열은 융해열의 7배이다. 아래의 표를 보고 다음 물음에 답하시오.

[과학고 기출 유형]

물의 융해열(cal/g)	물의 기화열(cal/g)	얼음의 비열 (cal/g℃)	물의 비열 (cal/g℃)
a	b	0.5	1.0

(1) -50 ℃의 얼음 1 kg 을 가열하여 100 ℃ 의 수증기가 될 때까지의 과정을 쓰시오.

(2) 물의 융해열(a)과 기화열(b)을 구하고, 풀이 과정도 함께 나타내시오.

18 다음은 얼음이 수증기가 될 때까지 가열하면서 온도를 측정한 그래프이다. 다음 물음에 답하시오.

[과학고 기출 유형]

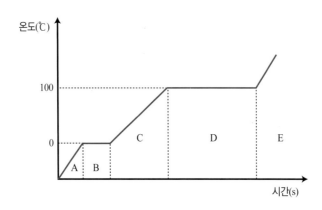

(1) 분자 사이의 인력이 가장 강한 구간을 쓰시오.

(2) 두 가지 상태가 공존하는 구간을 모두 쓰시오.

(3) 분자 간 인력이 가장 크게 변하는 구간을 쓰시오.

(4) A, C, E 구간의 기울기가 다른 이유를 쓰시오.

(5) C 구간에 대한 다음 설명 중 옳지 <u>않은</u> 것을 고르시오.

　① 분자들의 운동이 활발해진다.　　② 분자의 크기는 변하지 않는다.
　③ 분자 간 거리가 멀어진다.　　　④ 분자 간 인력이 강해진다.

19 다음은 메테인의 할로젠화 반응에 대한 열화학 반응식과 주어진 반응 경로에 대한 에너지를 나타낸 그림이다.

- 1단계 : $CH_4(g) + X(g) \longrightarrow CH_3(g) + HX(g)$ $\Delta H_1 = 4$ kJ
- 2단계 : $CH_3(g) + X_2(g) \longrightarrow CH_3X(g) + X(g)$ $\Delta H_2 = -109$ kJ

- 전체 반응 : $CH_4(g) + X_2(g) \longrightarrow CH_3X(g) + HX(g)$ $\Delta H_2 = ?$

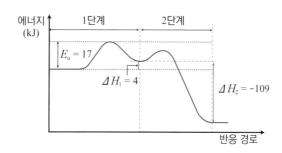

이 반응에 대한 설명으로 옳은 것만을 〈보기〉에서 있는 대로 고른 것은?

[수능 기출 유형]

보기

ㄱ. $CH_3(g)$는 중간 생성물이다.
ㄴ. 전체 반응은 흡열 반응이다.
ㄷ. 1 단계에서 역반응의 활성화 에너지는 13 kJ 이다.

① ㄱ   ② ㄷ   ③ ㄱ, ㄴ   ④ ㄱ, ㄷ   ⑤ ㄴ, ㄷ

20 다음은 몇 가지 반응의 열화학 반응식을 나타낸 것이다.

(가) $2H_2(g) + O_2(g) \longrightarrow 2H_2O(l)$, $\Delta H = -572$ kJ
(나) $C_3H_8(g) + 5O_2(g) \longrightarrow 3CO_2(g) + 4H_2O(l)$, $\Delta H = -2220$ kJ
(다) $CO_2(g) \longrightarrow C(s, 흑연) + O_2(g)$, $\Delta H = 394$ kJ
(라) $H_2SO_4(l) \xrightarrow{물} H_2SO_4(aq)$, $\Delta H = -79.8$ kJ

이에 대한 설명으로 옳은 것만을 〈보기〉에서 있는 대로 고르시오. (단, H, C의 원자량은 각각 1, 12이다.)

[대회 기출 유형]

보기

ㄱ. 물의 생성열(ΔH)은 -286 kJ 이다.
ㄴ. 진한 황산을 묽힐 때 주위에서 열을 흡수한다.
ㄷ. 프로페인(C_3H_8) 1 g 이 완전 연소할 때 약 50.5 kJ 의 열을 방출한다.
ㄹ. 이산화 탄소의 생성 반응은 흡열 반응이다.

21 그림은 냉장고의 구조를 간단하게 나타낸 것이고, 냉장고의 원리는 상태 변화에 따른 열의 출입을 이용하는 것이다. 다음 물음에 답하시오.

[대회 기출 유형]

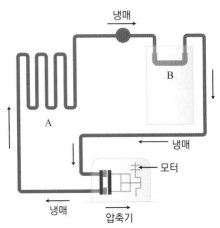

(1) 다음은 장치 A에서 일어나는 현상에 대한 내용이다. 괄호 안에 들어갈 알맞은 말을 써 넣으시오.

장치 A에서 일어나는 상태 변화를 (　　　　)라 하며, 이때 냉매는 열을 (　　　　)한다.

(2) 장치 B에서 일어나는 것과 관련된 현상을 있는 대로 고르시오.

① 일회용 뷰테인 가스를 사용할 때 통을 만져보면 차가움을 느낀다.
② 에스키모인들이 이글루에 물을 뿌려준다.
③ 옷장 속에 넣어둔 나프탈렌이 점점 작아진다.
④ 겨울철에 과일 창고 속에 물이 담긴 그릇을 놓아둔다.
⑤ 더운 여름날 옥상에 물을 뿌려주면 시원해진다.

22 그림은 물질 (가) ~ (라)의 결정 구조를 나타낸 모형이다.

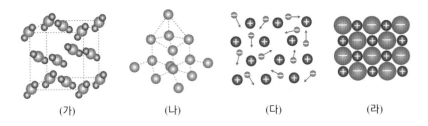

(가)　　　　(나)　　　　(다)　　　　(라)

물질 (가) ~ (라)에 대한 설명으로 옳은 것만을 〈보기〉에서 있는 대로 고른 것은?

[수능 기출 유형]

보기

ㄱ. (가)는 녹는점이 매우 높다.
ㄴ. (나)는 가열하면 쉽게 승화하는 성질이 있다.
ㄷ. (다)와 (라)는 용융 상태에서 전기 전도성이 있다.

① ㄱ　　　　② ㄴ　　　　③ ㄷ　　　　④ ㄴ, ㄷ　　　　⑤ ㄱ, ㄴ, ㄷ

23 그림은 H$_2$O 분자 사이의 결합을 모형으로 나타낸 것이다. (가)와 (나)는 각각 자연계에 존재하는 물과 얼음 중 하나이다.

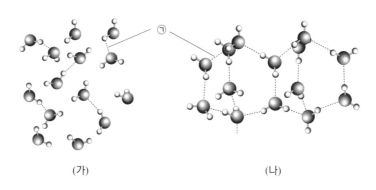

(가)   (나)

이에 대한 설명으로 옳은 것만을 〈보기〉에서 있는 대로 고른 것은?

> **보기**
>
> ㄱ. (가)는 얼음이다.
> ㄴ. ㉠은 수소 결합이다.
> ㄷ. 밀도는 (나)가 (가)보다 크다.

① ㄱ   ② ㄴ   ③ ㄷ   ④ ㄱ, ㄴ   ⑤ ㄴ, ㄷ

24 그림과 같이 컵에 물을 가득 채우고 물에 젖지 않는 종이로 컵을 반을 덮은 후에 적외선 카메라를 통하여 촬영하였더니 종이로 덮은 부분의 물의 온도가 덮여 있지 않는 부분에 비하여 상대적으로 높았다. 그 이유는 무엇인가?

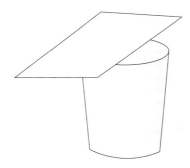

액체도 고체도 아닌 상태 :
액정 (Liquid Crystal)

액정이란 액체 결정(Liquid Crystal)의 줄인 말로 액체처럼 흐르지만 결정질 고체의 이등방성도 가지고 있는 물질이다. 따라서 액정은 액체와 고체의 중간적인 성질을 갖는 '제 4의 물질 상태' 라고 할 수 있다. 우리는 보통 액정이 LCD라고 불리며, 전자 제품에 많이 쓰이는 것으로 알고 있지만 오징어 먹물, 비눗물, 우리 몸의 혈액같이 우리 생활과 밀접한 관련이 있다.

결정질 고체(왼쪽) ▶ 와 비결정질 고체 (오른쪽)

단순 입방정계   정방정계   사방정계   마름모정계

단사정계   삼사정계   육방정계

☁ 결정질 고체 (Crystalline solid)와 비결정질 고체 (Amorphous solid)

얼음과 같은 결정질 고체는 원자나 분자, 이온이 먼 공간에 걸쳐 정해진 자리에 규칙적으로 배열되어 있는 것을 말한다. 그러나 유리와 같은 비결정질 고체는 규칙적인 배열이 없다.

모든 결정질 고체는 일곱 가지 단위 세포 중의 하나로 나타낼 수 있다. 결정질 고체의 규칙적인 분자 배열로 인해 결정에 빛을 쬐거나 전기장 또는 자기장을 걸면 배열 방향에 따라 다른 성질을 나타낸다. 이러한 고체의 고유한 성질을 이등방성이라고 한다.

☁ 액정의 역사

레만이 사용한 편광 현미경에 의해 액정 상의 관찰은 이미 1850년부터 몇몇 물리학자 또는 생물학자들에 의해 관찰되었으나 최초의 액정 상은 일찍이 1888년 오스트리아 식물학자 라이니처가 식물 내에 존재하는 콜레스테롤을 가열하면 145.5 ℃ 에서 녹아 탁한 액체가 되고, 온도를 더 높이면 178.5 ℃ 에서 갑자기 투명한 액체가 된다는 것을 발견하였고 최초의 액정인 벤조산 콜레스테롤을 합성하였다. 1889년에 라이니처는 벤조산 콜레스테롤을 독일 물리학자 레만에게 보냈는데, 레만은 자신이 발명한 편광 현미경으로 결정을 확인하고 액체(Liquid)의 흐르는 성질과 고체의 결정(Crystal)을 모두 갖는 물질이라는 데서 액정이라고 이름 붙였다.

▲ 라이니처 [F. Reinitzer](왼쪽)와 레만 [O. Lehmann]이 사용한 편광 현미경(오른쪽)

Imagine Infinitely

☁ 써모트로픽 액정 (Thermotropic Liquid Crystal)

액정의 종류 중 한가지로 써모트로픽 액정이라는 것이 있는데 이것은 초기 라이니처가 발견한 것과 같이 온도에 따라 액정성과 비액정성을 나타낸다. 써모트로픽 액정은 가열 시 녹는점에서 액정 상태를 형성하며, 두 가지 흔한 구조로 네마틱(nematic)과 스멕틱(smetic) 이 있다.

두 형태의 액정에서 분자들의 배향 : 네마틱(왼쪽)과 스멕틱(오른쪽)
네마틱은 결정 하나하나가 따로 행동하고 스멕틱은 결정이 모여 층을 이루고 있어 하나의 층이 함께 행동한다.

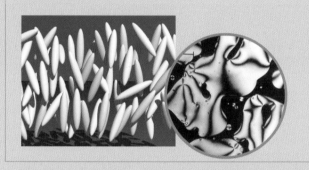

써모트로픽 액정은 과학 기술 및 의약 분야에서 널리 활용되고 있다. 우리 주위에서 많이 사용되는 계산기나 전자 시계의 흑백 디스플레이는 액정의 성질을 이용한 것이다.

써모트로픽 액정에서 또 한 가지의 형태는 콜레스테릭(cholesteric) 액정이라고 하는 것이다. 온도에 따라 색상이 변하는 콜레스테릭 액정은 의료용으로 인체의 온도를 정밀하게 측정하는데 사용된다. 국부 감염이나 암세포는 퍼져 있는 조직의 온도를 상승시키므로, 온도 차이에 민감한 콜레스테릭 액정의 색 변화는 의사에게 감염 여부나 암덩어리의 존재 여부를 알려준다.

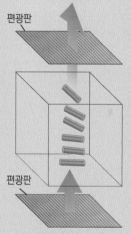

편광판

편광판

▲ 네마틱 분자가 서로 90°가 되도록 배향시키면 두 편광판 사이를 빛이 통과할 수 있게 된다.

▲ 빛이 거울에 반사 되어 편광판을 통과 하면 우리 눈에는 화면이 밝게 보인다.

▲ 콜레스테릭 (cholesteric) 액정

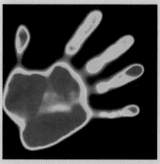

◀ 콜레스테릭(cholesteric) 액정을 이용한 사진. 빨간색은 가장 높은 온도를 나타내고, 푸른색은 가장 낮은 온도를 나타난다.

정답 47쪽

 액정의 특징을 2가지만 적어 보자.

Chemistry

IV

04
화학 평형과 용액

반응은 항상 한 방향으로 진행될까?
초고온과 초고압에서 물질의 상태는 무엇일까?

1. 용해와 용액[1]

(1) 용해와 용액

• **용해** : 한 물질이 다른 물질에 녹아서 고르게 섞이는 현상

구분	용 질		용 매[2]		용 액
뜻	다른 물질에 녹아 들어가는 물질	+	다른 물질을 녹이는 물질	→	두 가지 이상의 물질이 용해 되어 고르게 섞여 있는 액체
예	소금		물		소금물

(2) 용해와 분자 간의 인력

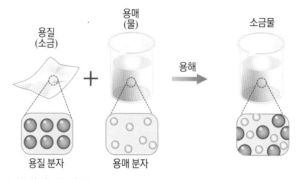

용질 입자 간 인력 / 용매 입자 간 인력 < 용질 - 용매 입자 간 인력 → 녹는다

용질 입자 간 인력 / 용매 입자 간 인력 > 용질 - 용매 입자 간 인력 → 녹지 않는다

(3) 용액의 농도

① **용액의 농도** : 용액 속에 용질이 얼마나 녹아 있는지를 나타내는 값이다.

② **농도의 변화**

• 농도에 따라 용액의 맛과 색의 진하기, 어는점과 끓는점, 밀도가 달라진다.
• 같은 물질로 여러 가지 농도를 만들 수 있으므로 농도는 물질의 특성이 아니다.

(4) 여러 가지 농도 및 계산

① **퍼센트 농도(%)** : 용액 100 g 에 녹아 있는 용질의 g 수

$$퍼센트\ 농도(\%) = \frac{용질의\ 질량(g)}{용액의\ 질량(g)} \times 100 = \frac{용질의\ 질량}{용질의\ 질량 + 용매의\ 질량} \times 100$$

Q. 물 270 g 에 설탕이 30 g 이 녹아 있을 때 용액의 퍼센트 농도를 구하시오.

$$퍼센트\ 농도(\%) = \frac{용질의\ 질량(g)}{용액의\ 질량(g)} \times 100 = \frac{30}{(30 + 270)} \times 100 = 10\ \%$$

정답 47쪽

Q1 농도가 20 % 일 때 용액 300 g 에 녹아 있는 용질의 질량(g)은?

Q2 NaCl 4.0 g 을 포함하고 있는 6.2 % 수용액의 질량(g)은?

---

❶ 용액의 특성

• 오랫동안 두어도 용질이 가라앉지 않는다. → 용액이 아닌 것 : 흙탕물, 과일주스, 우유 등 – 오래두면 가라앉는다.

• 용질 입자가 보이지 않으며 거름종이로 걸러지지 않는다.

• 투명하다.

• 섞이기 전의 용질의 성질을 그대로 가지고 있다.

✿ 용해에 따른 부피 변화, 질량 변화

부피	감소	작은 입자가 큰 입자 사이에 끼어들어 빈 공간이 줄어든다.
질량	일정	용매의 입자 수가 변하지 않는다.

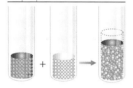

✿ 수용액

용매가 물인 용액

(예) 황산 나트륨 수용액
└ 용질 └ 용매가 물

❷ 용매와 용질의 구분

같은 액체가 용해될 때 양이 많은 쪽이 용매가 되고 양이 적은 쪽이 용질이 된다.

(예) 에탄올 20 g + 아세톤 80 g
└ 용질 └ 용매
양이 적다. 양이 많다.

② **몰 농도(M)** : 용액 1 L 에 녹아 있는 용질의 mol 수 (단위 : M 또는 mol/L)

$$몰\ 농도(M) = \frac{용질의\ 몰수(mol)}{용액의\ 부피(L)} = \frac{용질의\ 질량(g)}{용질의\ 분자량 \times 용액의\ 부피(L)}$$

Q. 황산 147 g 을 물에 녹여 용액 1 L 를 만들었다. 이 수용액의 몰 농도를 구하시오. (단, 황산의 분자량은 98이다.)

$$황산의\ 몰수 = \frac{질량}{분자량} = \frac{147}{98} = 1.5(mol), \quad 몰\ 농도(M) = \frac{용질의\ 몰수(mol)}{용액의\ 부피(L)} = \frac{1.5\ mol}{1\ L} = 1.5\ M$$

Q3 몰 농도가 2 M 인 염산(HCl, 분자량 = 36.5) 1 L 가 있다. 용액에 녹아 있는 염화 수소의 질량(g)은?

Q4 포도당($C_6H_{12}O_6$, 분자량 180) 용액 500 mL 속에 9.0 g 의 포도당이 녹아 있을 때, 포도당 용액의 몰 농도(M)를 구하시오.

Q5 황산 (H_2SO_4, 분자량 98) 7.35 g 으로 0.5 M 농도의 황산 용액 몇 mL 를 만들 수 있겠는가?

③ **몰랄 농도(m)** : 용매 1 kg 에 녹아 있는 용질의 mol 수 (단위 : m 또는 mol/kg)

$$몰랄\ 농도(m) = \frac{용질의\ 몰수(mol)}{용매의\ 질량(kg)} = \frac{용질의\ 질량(g)}{용질의\ 분자량 \times 용매의\ 질량(kg)}$$

Q. 염화 나트륨 117 g 을 물 200 g 에 녹인 용액의 몰랄 농도를 구하시오. (단, 염화 나트륨(NaCl)의 화학식량은 58.5이다.)

$$염화\ 나트륨 = \frac{질량}{화학식량} = \frac{117}{58.5} = 2(mol), \quad 몰랄\ 농도(m) = \frac{용질의\ 몰수(mol)}{용매의\ 질량(kg)} = \frac{2\ mol}{0.2\ kg} = 10\ m$$

Q6 LiCl (화학식량 42.5) 21.25 g 를 물 0.5 L 에 녹인 용액의 몰랄 농도(m)를 구하시오.

④ **농도의 환산**

Q. 밀도가 1.2 g/mL 인 20 % 수산화 나트륨(NaOH, 화학식량 40) 수용액이 있다.

(1) 퍼센트 농도(%) → 몰 농도(M)
: 용질의 화학식량, 수용액의 밀도 필요

   i) 용액 100 g → NaOH 20 g 녹아 있음

   ii) 용액의 부피 $= \dfrac{질량}{밀도} = \dfrac{100\ g}{1.2\ g/mL} = \dfrac{100}{1.2}$ mL

   iii) 용질의 몰수 $= \dfrac{질량}{분자량} = \dfrac{20}{40} = 0.5$ mol

   iv) 몰 농도(M) $= \dfrac{용질의\ 몰수(mol)}{용액의\ 부피(L)} = \dfrac{0.5mol}{\frac{100}{1.2} \times 10^{-3}} = 6$ M

(2) 몰 농도(M) → 몰랄 농도(m)
: 용질의 화학식량, 용액의 밀도 필요

   i) 6 M 용액 1 L 에 들어 있는 용질의 몰수는 6 mol,
   용질의 질량 = 몰수 × 화학식량 = 6 × 40 = 240 g

   ii) 용액 1 L의 질량 = 1.2 g/mL × 1000 mL = 1200 g

   iii) 용매의 질량 = 1200 g - 240 g = 960 g

   iv) 몰랄 농도(m) $= \dfrac{용질의\ 몰수(mol)}{용매의\ 질량(kg)} = \dfrac{6\ mol}{0.96\ kg} = 6.25$ m

Q7 60 ℃ 의 물에 황산 구리($CuSO_4$, 분자량 160)를 32 g 녹여 0.2 L 의 수용액을 만들었다. 수용액의 밀도는 1.25 g/mL 이었다.

(1) 몰 농도(M)를 구하시오.
(2) 몰랄 농도(m)를 구하시오.
(3) 퍼센트 농도(%)를 구하시오.

❶ 상온에서 액체인 물질의 증발과 끓음

액체 내부의 분자들에 비해 인력이 작기 때문에 상온 정도의 열에너지 만으로도 쉽게 떨어져 나온다.

(증발되는 분자)

(끓지 않고 있는 분자)

주위 분자들의 인력으로 인해 서로 잡아당기는 힘이 크므로 끓는점 이상의 열에너지가 필요하다.

2. 묽은 용액의 성질

(1) 동적 평형 상태

① **증발(기화)** : 액체 분자들이 액체 표면에서 떨어져 나와 기체 상태로 변하는 현상이다.❶

② **응결(액화)** : 증발된 분자들이 에너지를 잃고 다시 액체 상태로 변하는 현상이다.

③ **동적 평형 상태** : 밀폐된 용기에서 증발과 응결이 일어날 때, 증발하는 분자 수 = 응결하는 분자 수일 때를 말하고, 겉보기에는 아무런 변화가 없어 보이는 상태이다.

기체 분자

액체 분자

증발 ≫ 응결   증발 > 응결   증발 = 응결
(동적 평형 상태)

↑ 증발
↓ 응결

> 처음에는 밀폐된 플라스크 속 액체의 증발하는 분자 수가 많지만, 시간이 흐를수록 응결하는 분자 수가 증가한다. 나중에는 증발하는 분자 수와 응결하는 분자 수가 같아진쪽.
> → 동적 평형 상태

(2) 증기 압력❷

① 일정한 온도에서 밀폐된 용기에 들어 있는 액체와 그 기체가 동적 평형 상태에 있을 때 기체가 나타내는 압력이다.

② 증기 압력은 온도에만 영향을 받고 외부 압력에는 영향을 받지 않는다.

❷ 증기 압력과 끓는점

일반적으로 끓는점이 낮은 물질의 분자들은 분자 간의 인력이 작아 낮은 온도(작은 열에너지)에도 기화가 된다. 따라서 끓는점이 낮은 물질일수록 증기 압력이 높다.

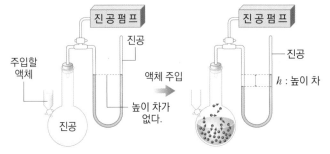

진공 펌프   진공 펌프

진공   진공

주입할 액체   액체 주입 h : 높이 차

높이 차가 없다.

진공   높이 차

> 진공으로 만든 밀폐된 플라스크 내부에 액체를 주입하여 동적 평형 상태에 도달하였을 때 증기 압력은 수은 기둥의 높이 차(h)에 해당하는 압력이다.

▲ 액체의 증기 압력 측정

(3) 분자 간의 인력과 끓는점

① 분자 간의 잡아당기는 힘이 셀수록 분자들을 분리시키는 데 많은 열에너지가 필요하기 때문에 끓는점이 높아진다.

② 외부에서 공급되는 열에너지는 분자 간의 결합을 끊는 데 사용된다.

③ **증기 압력에 영향을 미치는 요인**

❀ 여러 가지 액체의 증기 압력 곡선

물질마다 온도에 따른 증기 압력이 다르므로 물질의 특성이라 할 수 있다.

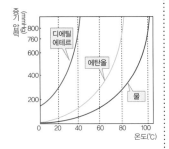

증기 압력 (mmHg)

디에틸 에테르

에탄올

물

온도(℃)

구분	분자 간의 인력	온도
원인	일반적으로 분자 간의 인력이 클수록 액체 분자 간의 결합을 끊기 힘들어지므로 기체가 되기 어려워 증기 압력은 작아진다.	온도가 높을수록 분자들의 평균 운동 에너지가 커져서 액체 분자 간의 인력을 쉽게 극복할 수 있다.
결과	분자 간의 인력 증가 → 증기 압력 감소	온도 증가 → 증기 압력 증가

정답 47쪽

┌ **미니사전** ┐

상온 평상 시의 온도. 일년 중의 평균 온도. 보통 25 ~ 27 ℃ 를 말한다.

└ ┘

08 끓는점이 5 ℃ 인 액체 A 와 80 ℃ 인 액체 B 중 상온에서 증기 압력이 더 높은 물질은?

(4) 증기 압력 내림

① **용매에 용질을 섞을 경우 용액의 증기 압력 내림**[3] : 순수한 용매에 비휘발성 용질을 넣으면 용액의 증기 압력이 낮아진다.

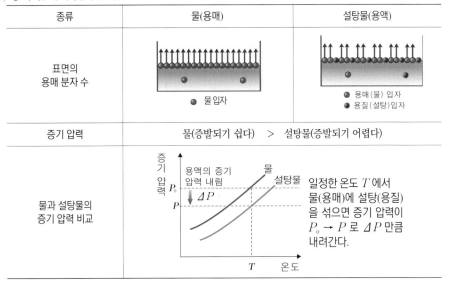

종류	물(용매)	설탕물(용액)
표면의 용매 분자 수	● 물입자	● 용매 (물) 입자 ● 용질 (설탕)입자
증기 압력	물(증발되기 쉽다) > 설탕물(증발되기 어렵다)	
물과 설탕물의 증기 압력 비교	일정한 온도 T에서 물(용매)에 설탕(용질)을 섞으면 증기 압력이 $P_0 \rightarrow P$로 ΔP만큼 내려간다.	

② **순수한 용매와 용액의 증발 정도 비교** : 순수한 물이 설탕물에 비해 증기 압력이 높기 때문에 같은 부피의 순수한 물과 설탕물을 비커에 넣고 밀폐된 공간에서 방치하면 물의 부피는 줄어들고 설탕물의 부피는 늘어난다.

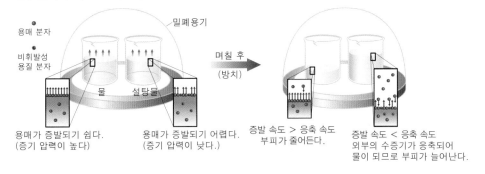

③ **용액의 증기 압력과 끓는점과의 관계** : 대기압과 증기 압력이 같아질 때의 온도가 끓는점이다. 용액의 증기 압력과 대기압이 같을 때 용액의 내부와 외부에서 동시에 기화 현상이 일어날 수 있으므로 끓는다. 용액의 온도가 높을수록 증기 압력이 증가한다.

(5) 끓는점 오름과 어는점 내림[4][5]

① **소금물의 끓는점 오름과 어는점 내림** : 액체 + 고체 혼합물

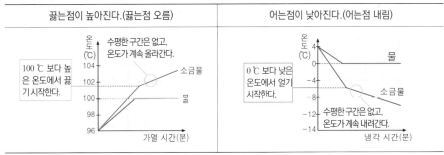

• 용액의 농도가 진할수록 더 높은 온도에서 끓기 시작하고 더 낮은 온도에서 얼기 시작한다.

⚙ **용질이 휘발성 물질일 경우의 증기 압력**

휘발성 물질(증기 압력이 높은 물질)이 용질일 경우 용액의 증기 압력은 용질과 용매의 부분 압력의 합과 같다.

용액의 증기 압력
= 용질의 부분 압력 + 용매의 부분 압력

❸ **물과 설탕물의 증기 압력 비교(25 ℃)**

순수한 물의 증기 압력 = 18.5 mmHg

설탕물(물 0.9몰, 설탕 0.1몰)의 증기 압력 = 16.2 mmHg

▲ 물과 설탕물의 증기 압력 비교

❹ **고체 + 액체 혼합물에서 수평한 구간이 없이 온도가 계속 올라가거나 내려가는 이유**

용액의 끓는점 이후에도 용매가 계속 기화하므로 용액의 농도는 진해져 끓는점과 녹는점이 계속 변하기 때문이다.

❺ **끓는점 오름과 어는점 내림**

• 끓는점 오름(ΔT_b) : 용액의 끓는점이 순수한 용매의 끓는점보다 높아지는 현상이다.
• 어는점 내림(ΔT_f) : 용액의 어는점이 순수한 용매의 어는점보다 낮아지는 현상이다.

┏━ **미니사전** ━┓

비휘발성 물질 액체 분자 간 인력이 커서 기체로 상태 변화하기 어려운 물질이며 기화한 증기가 적기 때문에 증기 압력도 낮다.

☸ 어는점과 녹는점
한 물질에 있어서 어는점과 녹는점은 같은 온도이다.

☸ 일반적인 물질의 상평형 그림

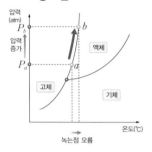

물 이외의 물질은 일반적으로 외부 압력이 증가하면 어는점(약간)과 끓는점이 증가한다.

☸ 물의 상평형 그림

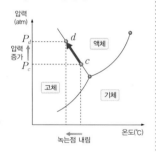

물은 외부 압력이 증가하면 어는점은 내려가고, 끓는점은 증가한다.

❻ 몰랄 오름 상수(K_b)와 몰랄 내림 상수(K_f)
용액의 농도가 1 m 일 때, 용액의 끓는점 오름과 어는점 내림 값. 몰랄 오름 상수와 몰랄 내림 상수는 용질의 종류에 관계없이 용매의 종류에 따라 달라진다.

☸ 끓는점 오름과 어는점 내림과 관련된 현상
• 끓는점 오름 : 라면을 끓일 때, 물에 스프를 먼저 넣음
• 어는점 내림 : 한 겨울에 바닷물이 얼지 않음, 자동차의 냉각수에 부동액을 넣음, 겨울철에 눈이 내리면 염화 칼슘($CaCl_2$)을 뿌림

② (고체 + 고체) 혼합물의 어는점 내림

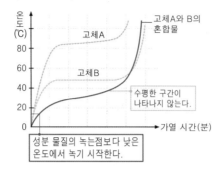

③ (액체 + 액체) 혼합물의 끓는점 오름

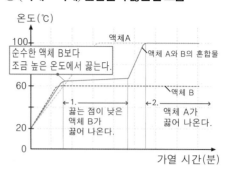

④ **상평형 그림으로 보는 용액의 끓는점, 어는점의 변화** : 용매, 용액 모두 증기 압력이 대기압과 같아지는 경우 끓는점이나 어는점에 도달한다. 물에 소금을 넣어 소금물을 만들면 증기 압력이 낮아지며, 증기 압력을 대기압과 같게 하기 위해 가열하거나(끓는점), 더 냉각시켜야(어는점)한다.

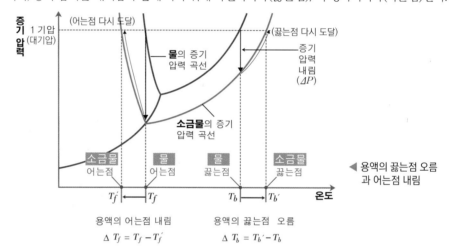

◀ 용액의 끓는점 오름과 어는점 내림

용액의 어는점 내림
$$\Delta T_f = T_f - T_f'$$

용액의 끓는점 오름
$$\Delta T_b = T_b' - T_b$$

끓는점 오름(ΔT_b) = $K_b \times m$
(K_b : 몰랄 오름 상수❻, m : 용액의 몰랄 농도)

어는점 내림(ΔT_f) = $K_f \times m$
(K_f : 몰랄 내림 상수❻, m : 용액의 몰랄 농도)

(6) 삼투압

① **삼투** : 반투막을 통해 농도가 묽은 용액의 용매 분자가 농도가 진한 용액의 쪽으로 이동하는 현상이다.

② **반투막** : 용매는 통과시키고 용질은 통과시키지 않는 막
  ㉑ 셀로판 종이, 식물의 세포막, 동물의 방광막 등

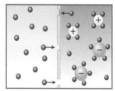

▲ 반투막에서의 입자의 이동

③ **삼투압** : 삼투 현상이 일어나지 않게 하기 위해(양쪽 수면의 높이가 다시 같아지도록 하기 위해) 농도가 큰 쪽에 가해주어야 하는 압력이다.

④ **반트 호프 법칙** : 비휘발성, 비전해질에 녹아 있는 묽은 용액의 삼투압은 용액의 몰 농도와 절대 온도에 비례한다.

삼투압(π) = $C \times R \times T$
(C : 몰 농도, R : 기체 상수(0.082 atm·L/mol·K), T : 절대 온도)

개념 확인 문제

용해와 용액

01 다음 중 용액에 대한 설명으로 옳은 것은?

① 용액을 거름종이로 거르면 용질이 걸러진다.
② 용액의 질량은 용질과 용매 질량의 합보다 작다.
③ 설탕물에서 설탕은 용액, 물은 용질, 설탕물은 용매이다.
④ 처음에는 가라앉는 물질이 없지만 시간이 지나면 용질이 가라앉는다.
⑤ 용질 분자 사이의 인력이 용매 – 용질 분자 사이의 인력보다 작으면 용질이 용매에 녹는다.

02 다음 용액을 용매와 용질로 구분하시오.

용액	용매	용질
설탕 수용액		
나프탈렌 알코올 용액		
에탄올 10 g + 아세톤 80 g		

03 다음 농도에 대한 설명 중 옳은 것은 ○표, 옳지 않은 것은 ×표 하시오.

(1) 퍼센트 농도는 용액 100 g 안에 들어 있는 용질의 질량(g)이다. ( )
(2) 몰 농도는 용액 1 L 속에 들어 있는 용질의 질량(g)이다. ( )
(3) 몰랄 농도는 용매 1 kg 속에 들어 있는 용질의 몰수이다. ( )
(4) 몰 농도의 단위는 M 이고, 몰랄 농도의 단위는 m 이다. ( )

04 다음 중 퍼센트 농도(%)가 다른 하나는?

① 물 8 g 에 소금 2 g 을 녹인 용액
② 소금이 25 g 녹아 있는 소금물 100 g
③ 설탕이 20 g 녹아 있는 설탕물 100 g
④ 물 80 g 에 소금 20 g 을 녹인 소금물
⑤ 물 104 g 에 설탕 26 g 을 녹인 용액

05 시약병에 들어 있는 황산의 농도가 30 % 이다. 황산의 퍼센트 농도(%)를 몰 농도(M)로 환산하기 위하여 필요한 자료를 〈보기〉에서 있는 대로 고르시오.

> **보기**
> ㄱ. 황산의 분자량   ㄴ. 황산 용액의 밀도
> ㄷ. 황산의 몰랄 농도   ㄹ. 황산 용액의 질량

06 다음 물음에 답하시오.

(1) 염산(HCl, 분자량 36.5) 14.6 g 을 물에 녹여 용액 2 L 를 만들었다. 몰 농도(M)를 구하시오.

(2) 메탄올(CH_3OH, 분자량 32) 38.4 g 을 물 1.2 kg 에 녹여 만든 용액의 몰랄 농도(m)를 구하시오.

(3) 설탕($C_{12}H_{22}O_{11}$, 분자량 342) 1.6 g 을 포함하고 있는 4 % 의 설탕 수용액의 질량(g)을 구하시오.

07 40 % 수산화 나트륨(NaOH, 화학식량 40) 수용액의 밀도는 0.8 g/cm³ 이다. 다음 물음에 답하시오.

(1) 수산화 나트륨 수용액 1 L 의 질량은 얼마인가?

(2) 수산화 나트륨 수용액 1 L 중의 NaOH의 양은 몇 g 인가?

(3) 수산화 나트륨 수용액의 몰랄 농도(m)를 구하시오.

08 NaCl (분자량 58.5) 11.7 g 을 물에 녹여 부피 1 L 가 되게 만든 용액이 있다. 이 용액의 몰 농도(M), 몰랄 농도(m), 퍼센트 농도(%)를 각각 구하시오. (단, 용액의 밀도는 0.8 g/cm³ 이다.)

(1) 몰 농도 : ( )
(2) 몰랄 농도 : ( )
(3) 퍼센트 농도 : ( )

09 10 % 소금물 200 g 과 15 % 소금물 100 g 을 혼합할 때 혼합 용액의 소금의 양과 농도는?

① 15 g, 7.3 %   ② 15 g, 20.2 %   ③ 20 g, 25 %
④ 250 g, 12.5 %   ⑤ 35 g, 11.7 %

묽은 용액의 성질

10 다음 빈칸에 알맞은 말을 써 넣으시오.

> 액체 표면에 있던 분자가 인력을 이기고 액체 밖으로 튀어 나가는 현상을 (ㄱ)이라고 하며 기화 현상에 속한다. 또한 증발되어 나온 증기의 분자가 에너지를 잃고 액체로 되는 현상을 (ㄴ)이라고 한다.

11 그림과 같이 밀폐된 용기 속에 액체를 넣어 두면 처음에는 수은 기둥의 높이가 높아지다가 나중에는 더 이상 수은 기둥의 높이가 변하지 않는 상태에 도달하게 된다. 이러한 상태와 이때의 압력을 무엇이라고 하는지 각각 쓰시오.

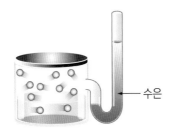

수은

12 다음 중 동적 평형 상태를 나타내는 그림을 고르시오.

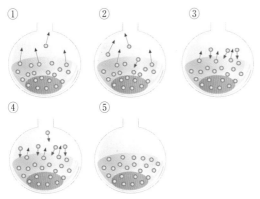

13 25 ℃, 1 기압에서 두 액체 A 와 B 의 증기 압력은 각각 20 mmHg 와 110 mmHg 이다. 액체 A 와 B 중 끓는 점이 더 높을 것이라고 예상되는 물질을 쓰시오.

14 다음은 여러 가지 물질의 끓는점을 표로 정리한 것이다.

물질	끓는점(℃)
산소	-183
질소	-196
에탄올	78
나프탈렌	218

일정한 온도에서 증기 압력이 큰 순서대로 바르게 나열한 것을 고르시오.

① 산소 > 질소 > 에탄올 > 나프탈렌
② 질소 > 산소 > 에탄올 > 나프탈렌
③ 질소 > 산소 > 나프탈렌 > 에탄올
④ 에탄올 > 나프탈렌 > 산소 > 질소
⑤ 나프탈렌 > 에탄올 > 질소 > 산소

15 그림은 에탄올과 물의 증기 압력 곡선이다.

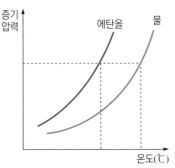

그림을 참고하여 에탄올과 물의 성질을 예측한 것으로 옳은 것만을 있는 대로 고른 것은?

> **보기**
>
> ㄱ. 증기 압력 : 물 > 에탄올
> ㄴ. 분자 간 인력 : 물 > 에탄올
> ㄷ. 끓는점 : 물 < 에탄올
> ㄹ. 휘발성 : 물 < 에탄올

① ㄱ, ㄴ   ② ㄴ, ㄹ   ③ ㄱ, ㄷ, ㄹ
④ ㄴ, ㄷ, ㄹ   ⑤ ㄱ, ㄴ, ㄷ, ㄹ

16 높은 산에서 밥을 하면 밥이 설익는 현상과 관련하여 물의 증기 압력 특징을 바르게 기술한 것은?

① 물의 증기 압력은 온도가 올라갈수록 증가한다.
② 물의 증기 압력은 고도가 올라갈수록 증가한다.
③ 물의 증기 압력은 온도가 올라갈수록 감소한다.
④ 물의 증기 압력은 고도가 올라갈수록 감소한다.
⑤ 물의 증기 압력은 고도와 관계없는 물의 특성이다.

17 물의 끓는점을 낮출 수 있는 방법으로 옳은 것을 고르시오.

① 소금을 넣어 준다.　　② 끓임쪽을 넣어 준다.
③ 물의 양을 줄여 준다.　　④ 불의 세기를 크게 한다.
⑤ 외부 압력을 낮추어 준다.

18 다음은 몇 가지 액체의 증기 압력 곡선이다.

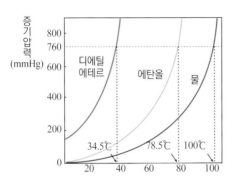

다음 중 위 그래프에 대한 설명으로 옳지 <u>않은</u> 것을 고르시오.

① 1 기압에서 디에틸에테르, 에탄올, 물의 끓는점은 각각 34.5 ℃, 78.5 ℃, 100 ℃이다.
② 같은 온도에서 디에틸에테르의 증기 압력이 가장 크다.
③ 분자 간의 인력은 물 < 에탄올 < 디에틸에테르의 순으로 커진다.
④ 세 물질의 끓는점은 외부 압력이 증가할수록 올라간다.
⑤ 1 기압, 40 ℃에서 디에틸에테르는 기체 상태이다.

19 다음은 두 가지 액체 A, B 의 가열 시간에 따른 온도 변화 그래프이다.

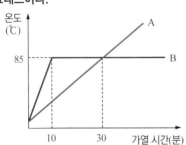

다음 중 위 그래프에 대한 설명으로 옳은 것을 있는 대로 고르시오.

① B 의 끓는점은 85 ℃ 이다.
② B 는 10 분에 끓기 시작한다.
③ A 는 30 분에도 액체 상태이다.
④ A 의 증기 압력이 B 보다 크다.
⑤ 외부 압력이 증가하면 A 와 B 의 증기 압력은 높아진다.

20 다음 중 순수한 액체의 가열 곡선으로 바른 것은?

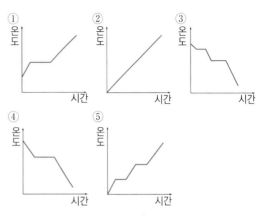

21 다음 물질에 대한 설명으로 옳은 것은?

순수한 물	2 % 설탕물	5 % 설탕물

① 끓는점은 증류수가 가장 높다.
② 농도는 달라도 질량은 모두 같다.
③ 끓는점은 순수한 물 < 2 % 설탕물 < 5 % 설탕물 순이다.
④ 어는점은 순수한 물 < 2 % 설탕물 < 5 % 설탕물 순이다.
⑤ 농도에 관계없이 2 % 설탕물과 5 % 설탕물의 어는점과 끓는점은 같다.

22 그림은 물과 소금물의 가열 곡선을 나타낸 것이다. 소금물이 끓는 동안에도 온도가 계속 높아지는 이유는 무엇인가?

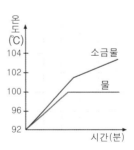

① 대기압이 높아지므로
② 소금의 양이 점점 줄어들므로
③ 소금물의 부피가 점점 늘어나므로
④ 소금물의 농도가 점점 진해지므로
⑤ 생성되는 결정의 질량이 늘어나므로

23 그림은 나프탈렌과 파라디클로로벤젠을 가열하였을 때와 두 물질의 혼합물을 가열할 때의 곡선이다.

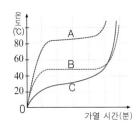

이 그래프에 대한 설명으로 옳지 <u>않은</u> 것은? (단, 나프탈렌의 녹는점은 81 ℃, 파라디클로로벤젠의 녹는점은 54 ℃ 이다.)

① A 는 나프탈렌, B 는 파라디클로로벤젠이다.
② 고체 혼합물은 각 성분보다 낮은 온도에서 녹기 시작한다.
③ C 는 나프탈렌과 파라디클로로벤젠의 혼합물이다.
④ 혼합물의 그래프에서 수평한 부분은 모두 세 군데이다.
⑤ 혼합물 곡선 모양은 성분 물질의 혼합 비율에 따라 모양이 달라진다.

24 다음은 어떤 비휘발성 고체의 양을 달리하여 각각 물 100 g 에 녹인 용액 A, B, C 를 나타낸 모형이다. 용액 A, B, C 의 어는점을 바르게 비교한 것은?

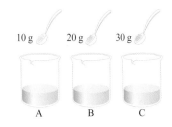

① A = B = C   ② A > B > C   ③ A = B < C
④ A < B < C   ⑤ A = B < C

25~26 (가)는 밀폐된 용기 안에 같은 부피의 순수한 물과 설탕물을 넣은 그림이고, (나)는 순수한 물과 설탕물의 증기 압력을 비교하기 위한 실험을 나타낸 그림이다.

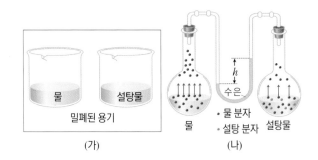

25 (가)를 오랫동안 두었을 때 나타나는 변화를 〈보기〉에서 있는 대로 고른 것은?

보기

ㄱ. 아무 변화가 없다.
ㄴ. 물이 들어 있는 비커의 부피는 줄어든다.
ㄷ. 설탕물의 농도는 묽어진다.

① ㄱ   ② ㄴ   ③ ㄷ
④ ㄱ, ㄴ   ⑤ ㄴ, ㄷ

26 다음 중 (가), (나)에 대한 설명으로 옳지 <u>않은</u> 것을 고르시오.

① 설탕물보다 물의 증기 압력이 높다.
② 증발하는 물 분자의 수는 순수한 물에서 더 많다.
③ 설탕물은 1 기압 하에서 100 ℃ 보다 낮은 온도에서 끓는다.
④ 설탕물은 순수한 물보다 더 낮은 온도에서 얼기 시작한다.
⑤ 표면에 물 분자와 설탕 분자가 섞여 있어 설탕물의 끓는점은 물보다 높다.

27 끓는점 오름과 어는점 내림을 이용한 예로 거리가 <u>먼</u> 것을 고르시오.

① 간장은 물보다 잘 얼지 않는다.
② 높은 산에서는 끓는점이 내려간다.
③ 바닷물은 한겨울에도 잘 얼지 않는다.
④ 한겨울에 눈이 오면 도로 위에 염화 칼슘을 뿌려준다.
⑤ 겨울철에는 자동차의 냉각수로 부동액을 사용하여 동파 사고를 예방한다.

개념 심화 문제

정답 및 해설 51쪽

01 수희는 다음과 같은 실험 과정을 통해 500 mL 황산 표준 용액을 만들었다.

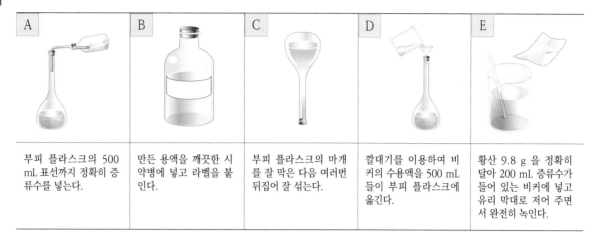

A	B	C	D	E
부피 플라스크의 500 mL 표선까지 정확히 증류수를 넣는다.	만든 용액을 깨끗한 시약병에 넣고 라벨을 붙인다.	부피 플라스크의 마개를 잘 막은 다음 여러번 뒤집어 잘 섞는다.	깔대기를 이용하여 비커의 수용액을 500 mL 들이 부피 플라스크에 옮긴다.	황산 9.8 g 을 정확히 달아 200 mL 증류수가 들어 있는 비커에 넣고 유리 막대로 저어 주면서 완전히 녹인다.

(1) 위에서 제시한 실험 과정을 순서대로 바르게 나열하시오.

(2) 위 실험에서 제조한 황산 표준 용액의 몰 농도를 계산하시오. (단, 황산(H_2SO_4)의 분자량은 98이다.)

02 그림과 같이 500 mL 부피 플라스크에 고체 NaOH 0.15몰과 0.50 M NaOH 수용액 100 mL 를 넣은 후, 표선까지 증류수를 채웠을 때 NaOH 수용액의 몰 농도(M)를 구하시오.

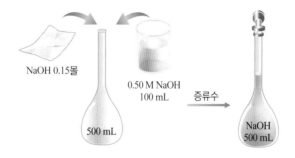

NaOH 0.15몰

0.50 M NaOH 100 mL

증류수

NaOH 500 mL

500 mL

개념 돋보기

● **표준 용액(Standard solution)** : 이미 정확한 농도를 알고 있는 용액
농도를 알고 있기 때문에 농도를 알 수 없는 다른 시료의 농도를 구할 때 표준으로 사용된다. 표준 용액으로 사용되기 위해서는 분석물과 빠르게 완전히 반응해야 한다. 또한 정확한 농도를 유지해야 하고 오랜 기간 동안 보관해도 다른 물질로 변하지 않아야 한다.

03 농도가 48.0 %, 밀도 1.5 g/mL 인 어떤 수용액이 있다. 이 수용액 1.0 L 에 물을 넣어 처음 몰랄 농도의 $\dfrac{1}{2}$ 이 되도록 희석하려고 한다. 이때 필요한 물의 양(mL)을 계산하시오.

04 40 % 의 NaCl 수용액(밀도 1.25 g/mL)에 물을 가하여 20 % 의 NaCl 수용액(밀도 1.10 g/mL) 1 L 를 만들려면 40 % 의 NaCl 수용액 몇 mL가 필요한가?

05 A % 염산 수용액의 밀도가 d(g/mL) 이고 염산(HCl)의 분자량은 M_w이다. 다음 물음에 답하시오.

(1) A % 염산 수용액의 몰랄 농도(m)를 구하시오.

(2) A % 염산 수용액에 물을 부어 부피가 1 L 인 1 M 의 염산 수용액을 만들려고 한다. 이때 필요한 A % 염산 수용액의 부피(mL)를 구하시오.

개념 돋보기

○ 농도 구하기

- 몰 농도를 몰랄 농도로 바꾸기

$$\text{몰랄 농도} = \frac{1000 \times \text{몰 농도}}{1000 \times \text{밀도} - \text{몰 농도} \times \text{분자량}} \quad [\text{단, 밀도의 단위} = \text{g/mL}]$$

- 용액의 나중 농도 구하기

몰 농도를 아는 용액에 증류수를 부어도 용액 안에 들어 있는 용질의 분자 수, 즉 몰수는 변하지 않는다.

① 처음 용질의 몰 수 = 처음 용액의 몰 농도 × 처음 용액의 부피 = $M_1 \times V_1$

② 나중 용질의 몰 수 = 나중 용액의 몰 농도 × 나중 용액의 부피 = $M_2 \times V_2$

∴ ① = ② 이므로 다음과 같이 정리할 수 있다.

$$M_1 \times V_1 = M_2 \times V_2$$

06~07 표는 원자의 원자량을 정리한 것이다.

원자 번호	1	6	8	19
원소 기호	H	C	O	K
원자량	1	12	16	39

06 각 물음에 알맞은 답을 하시오.

(1) 0.1 M 탄산 수소 칼륨(KHCO₃) 수용액 0.5 L 를 만드는 방법을 설명하시오.

(2) (1)의 용액을 0.04 M KHCO₃ 용액으로 희석시키는 방법을 설명하시오.

(3) (1)과 (2) 용액을 혼합하였을 때 용액의 몰 농도(M)를 계산하시오.

07 그림과 같이 농도가 다른 탄산 수소 칼륨(KHCO₃) 수용액을 혼합한 후, 증류수를 더 넣어 새로운 수용액 500 g 을 만들었다.

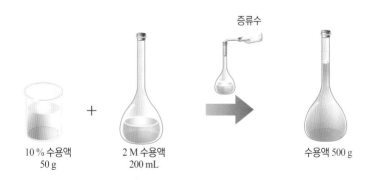

증류수

10 % 수용액
50 g

+

2 M 수용액
200 mL

수용액 500 g

만들어진 수용액의 몰랄 농도(m)를 계산하시오.

08 그림 (가) ~ (다)는 서로 다른 농도의 인산이수소 나트륨(NaH$_2$PO$_4$) 수용액을 나타낸 것이다. 물에 녹아 있는 NaH$_2$PO$_4$의 분자 수를 부등호를 이용하여 비교하시오. (단, NaH$_2$PO$_4$의 분자량은 120, 2.5 M 수용액의 밀도는 1.2 g/mL 이다.)

2.5 M
120 g

(가)

2.5 m
120 g

(나)

2.5 %
120 g

(다)

09 훈이는 25 ℃ 에서 다음과 같은 방법으로 용액 A 와 B 를 만들었다.

용액 A	용액 B
증류수 1000 g 에 NaCl 58.5 g 을 녹였다.	NaCl 58.5 g 을 증류수 200 g 에 녹인 후 물을 더 넣어 1000 mL 가 되게 하였다.

두 용액에 대한 설명으로 옳은 것만을 〈보기〉에서 있는 대로 고른 것은? (단, Na과 Cl의 원자량은 각각 23, 35.5 이다.)

보기

ㄱ. 용액 A 의 몰랄 농도는 1 m 이다.
ㄴ. 두 용액의 끓는점은 같다.
ㄷ. 온도가 높아져도 용액 B 의 몰랄 농도는 변하지 않는다.

① ㄱ   ② ㄷ   ③ ㄱ, ㄴ   ④ ㄴ, ㄷ   ⑤ ㄱ, ㄷ

개념 돋보기

◯ 맛있는 라면 끓이기

1 기압일 경우 순수한 물은 100 ℃ 에서 끓는다. 물의 끓는점은 압력이 높을수록, 불순물이 많이 섞일수록 올라간다. 그러므로 라면에 스프를 먼저 넣으면 끓는점이 높아져 면이 불기 전에 면을 익힐 수 있어 맛있는 라면을 먹을 수 있다. 이처럼 용액의 농도에 따라 끓는점이 상승하는 현상은 다른 곳에서도 관찰할 수 있다. 끓는 찌개 국물에 데일 경우 끓는 물보다 화상의 정도가 심한 것이 이것이다.

10 9.4 M 황산 수용액의 밀도는 1.5 g/cm³ 이다. 이 용액에 녹아 있는 황산의 몰랄 농도, 퍼센트 농도, 황산의 몰 분율을 계산하시오. (단, 황산(H_2SO_4)의 분자량은 98, 물(H_2O)의 분자량은 18이다.)

(1) 몰랄 농도 :

(2) 퍼센트 농도 :

(3) 황산의 몰 분율 :

11 단풍나무의 수액은 물에 설탕($C_{12}H_{22}O_{11}$)이 3 % 녹아 있는 용액으로 취급할 수 있다.

▲ 단풍나무로부터 수액을 추출하는 모습

▲ 단풍나무 시럽

수액으로부터 단풍나무 시럽을 만들려면 수액을 가열하여 농축시켜야 한다. 시럽의 전체 질량은 설탕의 질량 64 %, 물의 질량 36 % 로 구성된다. 단풍나무 시럽의 밀도가 1.3 g/cm³ 일 때, 시럽 속에 들어 있는 설탕의 몰 분율, 몰 농도, 몰랄 농도를 계산하시오. (단, 설탕의 분자량은 342, 물의 분자량은 18이다.)

(1) 설탕의 몰 분율

(2) 설탕의 몰 농도

(3) 설탕의 몰랄 농도

개념 돋보기

○ 몰 분율

- 몰 분율 : 균일한 혼합물에서 어떤 성분의 몰 수를 전체 성분의 몰 수로 나눈 값
- 용액은 용매와 용질의 혼합물이므로, 용매와 용질의 몰 분율은 다음과 같다.

$$x_{용매} = \frac{n_{용매}}{n_{용질} + n_{용매}}, \quad x_{용질} = \frac{n_{용질}}{n_{용질} + n_{용매}}, \quad x_{용매} + x_{용질} = 1$$

12 수의사들은 도노반 용액(Donovan's solution)을 사용하여 동물들의 피부병을 치료한다.

도노반 용액은 고체 AsI_3 와 고체 HgI_2 를 사용하여 만든다. 고체 AsI_3 9.12 g 과 고체 HgI_2 18.2 g 을 물에 혼합하여 전체 부피가 100 mL 가 되도록 만들었다. 고체 AsI_3 와 고체 HgI_2 는 물에 녹아 다음과 같이 모두 해리된다.

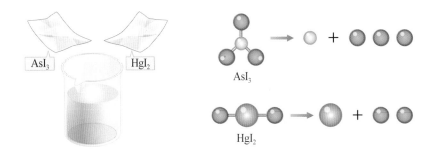

각 원소의 원자량은 아래 표로 정리하였다. 다음 물음에 답하시오.

원소	Hg	As	I
원자량	201	75	127

(1) 도노반 용액 100 mL 를 만들 때 사용되는 AsI_3 와 HgI_2 의 몰수를 각각 구하시오.

(2) 도노반 용액 100 mL 에 들어 있는 아이오딘 입자의 총 몰수를 계산하시오.

(3) 도노반 용액 100 mL 에 들어 있는 아이오딘 입자의 총 질량을 계산하시오.

(4) 도노반 용액에 들어 있는 아이오딘 입자의 몰 농도(M)와 퍼센트 농도(%)를 계산하시오. (단, 1 mL = 1 g 으로 한다.)

13~14 상온에서 액체인 물질 A, B, C 의 증기 압력을 측정하기 위해 27 ℃ 에서 다음과 같은 실험을 수행하였다.

실험 과정 Ⅰ	실험 과정 Ⅱ

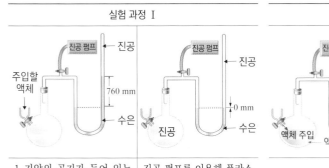

1 기압의 공기가 들어 있는 밀폐된 플라스크에 윗 공간이 진공인 수은관을 연결한다.

진공 펌프를 이용해 플라스크 내부의 공기를 모두 배낸다.

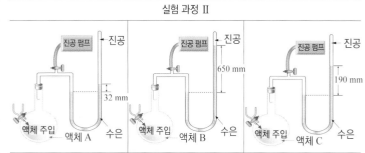

증기 압력을 측정할 액체 물질 A, B, C 를 같은 양으로 각각 주입하면 수은 기둥이 올라가다가 어느 정도 일정한 높이에서 멈추게 된다.

13 다음 중 위의 실험에 대한 설명으로 옳은 것을 있는 대로 고르시오.

① 휘발성이 가장 큰 물질은 A 이다.
② 기체의 몰 수가 가장 많은 것은 C 이다.
③ 정상 끓는점이 가장 높은 물질은 A 이다.
④ 분자 간 인력의 크기를 비교하면 A > C > B 순이다.
⑤ 실험 과정 Ⅰ에서 플라스크의 내부 압력은 0이 된다.
⑥ 기화 시 가장 많은 열에너지를 흡수하는 물질은 B 이다.
⑦ 실험 과정 Ⅱ에서 플라스크 안 기체 분자들의 평균 운동 에너지는 A > C > B 이다.
⑧ 실험 과정 Ⅱ에서 플라스크 안의 남은 액체의 양은 A가 가장 많다.
⑨ 실험 과정 Ⅱ에서 온도를 높이면 플라스크 안의 남은 액체는 줄어들 것이다.
⑩ 실험 과정 Ⅱ에서 진공 상태인 수은관의 위쪽 끝을 깨면 플라스크 내부의 액체의 양은 증가할 것이다.

14 실험에 사용한 물질이 물, 에탄올, 디에틸에테르일 때, 다음 증기 압력 곡선을 참고로 물질 A, B, C 가 무엇인지 쓰시오.

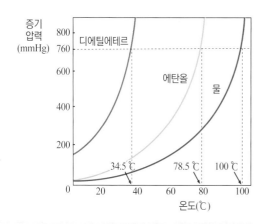

개념 돋보기

🔵 휘발성

• 휘발성 : 액체나 고체 표면에서 분자가 떨어져 나오는 현상

• 물질의 휘발성으로 인해 냄새를 맡을 수 있다. 오렌지 주스에 비해 알코올 냄새를 쉽게 맡을 수 있다는 것은 알코올의 휘발성 때문이다. 사람이 구별해 낼 수 있는 종류만으로도 1만여 종 이상이다. 이 중 2천 6백여 종 이상이 휘발성 성분이다.

• 휘발성 유기 화합물(VOCs)는 증기압이 높아 대기 중으로 쉽게 증발되어 사람에게 흡수되면 암을 일으키고 오존층을 파괴하고 지구 온난화에도 영향을 미치는 물질이다. 집을 지을 때 사용되는 페인트나 접착제 등에는 휘발성 유기 화합물인 벤젠, 톨루엔 등이 다량 포함되어 있다. 휘발성 유기 화합물은 두통, 구역질, 현기증과 같은 새집 증후군의 원인으로 알려져 있다.

▲ VOCs가 포함되어 있지 않은 친환경 페인트

개념 심화 문제

15 그림 (가)와 같이 종류가 다른 액체 A, B, C 를 같은 부피만큼 비커에 넣은 후 용기 속에 넣어 완전히 밀폐시킨 다음 변화를 관찰하였다. 그림 (나)는 액체 A, B, C 의 **포화 증기 압력** 곡선이다. 다음 물음에 답하시오.

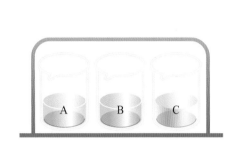

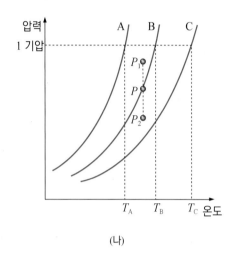

(가)   (나)

(1) 그림 (가)에서 충분한 시간이 지난 뒤 비커에서 더 이상 변화가 일어나지 않을 때 비커에 남은 액체의 양을 부등호를 이용하여 비교하시오.

(2) 끓는점이 가장 낮은 액체는 무엇인가?

(3) 분자 간 상호 작용이 가장 강한 액체는 무엇인가?

(4) 액체 B 가 점 P 의 위치에 있을 때 P_1 와 P_2 로 이동하면 각각 어떠한 상태 변화가 일어나는지 쓰시오.

(5) 몰 증발열이 가장 클 것으로 예상되는 물질은 무엇인가?

개념 돋보기

● 상평형 상태

플라스크 안에 물을 넣고 기압계를 이용하여 용기 내의 수증기압을 관측하면 수증기압은 0에서부터 서서히 증가한다.

처음에는 액체 표면에서 기체로 날아가는 분자의 수가 기체에서 액체로 되돌아오는 분자 수보다 많다. 시간이 지나면 기체 상태의 분자 개수가 증가하여 증기압에 도달하면 증발 속도와 응축 속도가 같아진다. 이 상태를 동적 평형 상태라고 하며 액체와 기체 사이에서 일어나므로 상평형 상태라고도 한다.

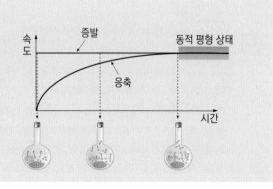

16 그림은 서로 다른 온도에서 에탄올의 증기 압력을 측정한 실험 결과를 나타낸 것이다. (가)와 (나)에 들어 있는 에탄올에 대해 비교한 내용으로 옳지 않은 것은? (단, $h_1 < h_2$ 이다.)

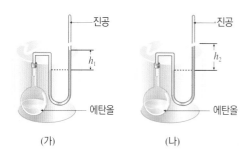

(가)   (나)

① 온도 : (가) < (나)   ② 증발 속도 : (가) < (나)   ③ 응축 속도 : (가) > (나)
④ 증기 분자 수 : (가) < (나)   ⑤ 액체 상태에서의 분자 간 인력 : (가) > (나)

17 그림은 물과 얼음의 증기 압력 곡선을 나타낸 것이다. 이에 대한 설명으로 옳은 것만을 〈보기〉에서 있는 대로 고른 것은?

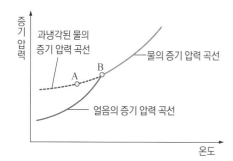

보기

ㄱ. 점 A 의 물은 불안정하여 자극을 주면 쉽게 얼음이 된다.
ㄴ. 점 B 에서 물, 얼음, 수증기가 상평형을 이룬다.
ㄷ. 얼음의 증기 압력 곡선으로 언 빨래가 영하의 추운 날씨에서 마르는 현상이 설명된다.

① ㄱ   ② ㄷ   ③ ㄱ, ㄴ   ④ ㄴ, ㄷ   ⑤ ㄱ, ㄴ, ㄷ

18 그림은 상온에서 물이 들어 있는 비커를 용기 속에 놓고 밀폐하여 용기 내부가 수증기로 포화된 상태를 나타낸 것이다. 이 상태보다 물의 증기 압력을 높일 수 있는 방법을 옳게 말한 학생만을 〈보기〉에서 있는 대로 고른 것은?

보기

철수 : 밀폐 용기 내부의 온도를 높혀야 해.
영희 : 비커에서 물을 덜어 내야 해.
민수 : 더 큰 밀폐 용기를 사용하면 돼.

① 철수   ② 영희   ③ 철수, 민수   ④ 영희, 민수   ⑤ 철수, 영희, 민수

19 그림은 비휘발성, 비전해질 용질 X 와 Y 를 같은 질량의 물에 각각 녹인 수용액의 용질의 질량에 따른 어는점 변화를 나타낸 것이다.

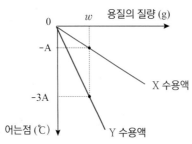

이에 대한 설명으로 옳은 것만을 〈보기〉에서 있는 대로 고르시오.

> 보기
>
> ㄱ. X 수용액의 몰랄 농도는 Y 수용액의 3배 크다.
> ㄴ. 끓는점은 X 수용액이 Y 수용액보다 낮다.
> ㄷ. 증기 압력은 X 수용액이 Y 수용액보다 작다.

20 오른쪽 그림은 순수한 물과 비휘발성 용질이 녹아 있는 수용액의 상평형 그림이다. 이 그림에 대한 설명으로 옳지 <u>않은</u> 것을 있는 대로 고르시오. (단, 현재의 기압은 1 기압이다.)

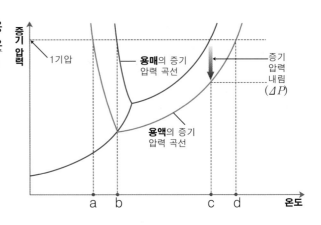

① 용액은 점 a 에서 얼기 시작한다.
② 순수한 용매의 끓는점은 d 이다.
③ 순수한 용매와 용액의 삼중점은 같다.
④ 순수한 용매와 용액의 승화 곡선은 같다.
⑤ 용액의 삼중점은 순수한 용매보다 온도만 낮아진다.
⑥ 용액의 농도가 진해질수록 a 와 b 의 간격은 커진다.
⑦ 용액이 끓거나 어는 동안 온도는 일정하게 유지된다.
⑧ 외부 압력이 높아질수록 용액의 어는점과 끓는점의 차이는 증가한다.
⑨ 용액이 얼어서 생긴 고체는 순수한 용매가 얼어서 생긴 고체와 같다.
⑩ 바닷물이 0 ℃ 보다 낮은 온도에서 어는것은 어는점이 c 에서 b 로 내려가는 것으로 설명할 수 있다.

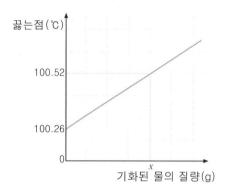

21 벤젠 100 g 에 나프탈렌 64 g 을 녹인 용액의 어는점을 구하시오. (단, 순수한 벤젠의 녹는점은 5.5 ℃ 이고, 벤젠의 몰랄 내림 상수는 5.12, 나프탈렌의 분자량은 128 이다.)

22 그림은 물 200 g 에 포도당 18 g 이 완전히 녹은 용액이 끓을 때, 기화된 물의 질량에 따른 물의 끓는점을 그래프로 나타낸 것이다. 다음 물음에 답하시오. (단, 물의 끓는점은 100 ℃ 이며, 포도당의 분자량은 180 이다.)

(1) 처음 포도당 수용액의 몰랄 농도를 구하시오.

(2) 물의 몰랄 오름 상수를 구하시오.

(3) 기화된 물의 질량(x)을 구하시오.

개념 돋보기

🔍 **용매의 끓는점 오름과 어는점 내림**

• 비휘발성이고 비전해질인 용질의 묽은 용액에서 끓는점 오름과 어는점 내림은 용액의 몰랄 농도에 비례한다.

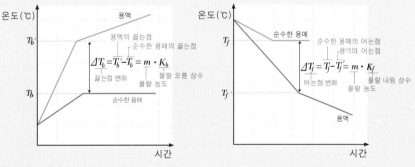

• 몇 가지 용매의 몰랄 오름 상수, 몰랄 내림 상수

용매	몰랄 오름 상수(K_b)	몰랄 내림 상수(K_f)
사염화 탄소(CCl_4)	5.03	30
벤젠(C_6H_6)	2.53	5.12
클로로포름($CHCl_3$)	3.63	4.70
이황화 탄소(CS_2)	2.34	3.83

23 그림 (가)는 부피가 같고 농도가 다른 포도당 수용액을 크기가 동일한 비커에 담아 수증기로 포화된 밀폐 용기에 넣은 그림이고, (나)는 각 비커의 수면 높이가 변하지 않을 때까지 두 수용액의 시간에 따른 증발 속도를 나타낸 것이다.

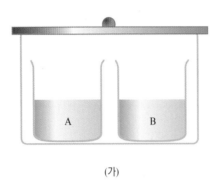

(가)

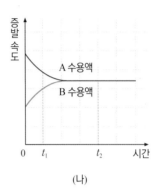

(나)

이에 대한 설명으로 옳은 것을 있는 대로 고르시오.

① 용질의 몰수는 A 가 B 보다 크다.
② t_2 에서 두 수용액의 농도는 같다.
③ 용액의 농도는 A 가 B 보다 더 크다.
④ 두 수용액의 끓는점은 100 ℃ 보다 높다.
⑤ t_1 에서 수용액 A 는 동적 평형 상태이다.
⑥ t_2 에서 수용액 A 와 B 의 용매는 모두 기화되었다.
⑦ t_1 에서 증기 압력 내림은 B 수용액이 A 수용액보다 크다.
⑧ 시간이 지날수록 A 의 수면은 낮아지고 B 의 수면은 높아진다.

24 진한 염산(HCl)을 묽혀 10 % 염산 용액과 20 % 염산 용액을 100 mL 씩 만들었다. 두 수용액을 같은 모양의 비커에 각각 넣어 온도가 일정하게 유지되는 실험실에 두었다.

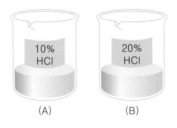

두 수용액의 시간에 따른 물의 증발 속도를 가장 적절하게 나타낸 것은? (단, 이 실험실의 온도에서 염산은 비휘발성이라고 가정한다.)

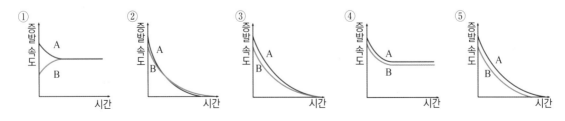

25 그림 (가)는 반투막으로 분리된 수조에 물과 0.2 M 포도당 수용액을 높이가 같게 넣고 충분한 시간이 흐른 뒤 모습이고, (나)는 (가) 속 포도당 수용액에 압력을 가해 양쪽의 수면의 높이가 같아진 모습이다.

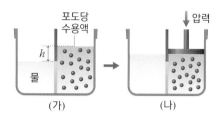

이에 대한 설명으로 옳은 것만을 〈보기〉에서 있는 대로 고르시오. (단, 물과, 포도당 수용액의 온도는 27 ℃ 이고, R 은 기체 상수 이다.)

> 보기
>
> ㄱ. (가)에서 온도를 높이면 h 는 증가한다.
> ㄴ. (나)에서 가한 압력은 $600R$ 이다.
> ㄷ. (가)에서 포도당 수용액 쪽에서 물 쪽으로 이동하는 물 분자도 있다.

26 다음은 0.1 M, 0.2 M, 0.3 M 설탕물 200 mL 를 깔때기관에 각각 넣은 후 물이 담긴 수조에 깔때기관을 순서 없이 넣고 충분한 시간이 흐른 모습이다.

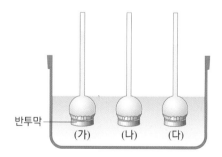

(가), (나), (다)에 넣어 준 설탕물의 농도를 각각 구하고, 수조의 물을 0.2 M 의 설탕물로 바꾼다면, (가), (나), (다) 깔때기관 속 설탕물의 높이는 어떻게 변할 것인지 이유와 함께 서술하시오. (단, 설탕물 기둥이 올라간 높이는 (가) > (다) > (나) 순이고, 수조 속 모든 액체의 온도는 20 ℃ 이며, 설탕은 비휘발성, 비전해질 물질이다.)

3. 화학 평형

(1) 가역 반응과 비가역 반응

① 정반응과 역반응

- 정반응 : 화학 반응식에서 오른쪽 방향(→)으로 진행되는 반응
- 역반응 : 화학 반응식에서 왼쪽 방향(←)으로 진행되는 반응

① **가역 반응** : 온도, 압력, 농도 등의 반응 조건에 따라 정반응과 역반응[1]이 모두 일어날 수 있는 반응이다.

석회 동굴의 생성	$CaCO_3(s) + CO_2(g) + H_2O(l) \rightleftharpoons Ca^{2+}(aq) + 2HCO_3^-(aq)$ · 정반응은 석회 동굴이 생성되는 반응이다. · 역반응은 종유석, 석순이 생성되는 반응이다.
아이오딘화 수소의 생성과 분해	$H_2(g) + I_2(g) \rightleftharpoons 2HI(g)$ · 정반응이 진행되면 보라색이 옅어진다. · 역반응이 진행되면 보라색이 진해진다.
이산화 질소(NO_2)와 사산화 이질소(N_2O_4)의 가역 반응[2][3]	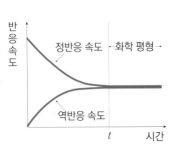 $N_2O_4(g) \rightleftharpoons 2NO_2(g)$ · 정반응이 진행되면 적갈색이 진해진다. → NO_2와 N_2O_4 혼합 기체를 뜨거운 물에 넣어주면 $N_2O_4(g) \longrightarrow 2NO_2(g)$ 반응이 진행되어 색이 진해진다. · 역반응이 진행되면 적갈색이 옅어진다. → NO_2와 N_2O_4 혼합 기체를 차가운 물에 넣어주면 $2NO_2(g) \longrightarrow N_2O_4(g)$ 반응이 진행되어 색이 옅어진다.

② **비가역 반응** : 어떤 조건에서도 역반응이 거의 일어나지 않는 반응이다.

기체 발생 반응	$Zn(s) + H_2SO_4(aq) \longrightarrow H_2(g) + ZnSO_4(aq)$ 엔트로피가 크게 증가하는 반응이므로 역반응이 잘 일어나지 않는다.
앙금 생성 반응	$AgNO_3(aq) + NaCl(aq) \longrightarrow AgCl(s) + NaNO_3(aq)$ 앙금이 생성된 반응은 조건 변화에 의해 원래의 수용액으로 돌아가지 않는다.
연소 반응	$CH_4(g) + 2O_2(g) \longrightarrow CO_2(g) + 2H_2O(l)$ 엔탈피가 크게 감소하는 발열 반응은 생성물이 매우 안정하여 역반응이 일어나기 힘들다.
산과 염기의 중화 반응	$HCl(aq) + NaOH(aq) \longrightarrow NaCl(aq) + H_2O(l)$ 물에 염을 넣어 녹여도 산과 염기의 수용액은 생성되지 않는다.

② 사산화 이질소의 평형

$N_2O_4(g) \rightleftharpoons 2NO_2(g)$

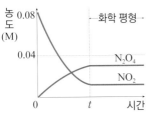

▲ 생성물인 NO_2만 넣은 경우

역반응이 우세하게 진행되어 평형 상태에 도달하였다. 평형 상태에 도달할 때까지 감소한 NO_2의 농도는 증가한 N_2O_4의 농도의 2배이다.

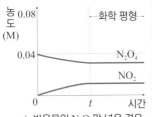

▲ 반응물인 N_2O_4만 넣은 경우

정반응이 우세하게 진행되어 평형 상태에 도달한다.

(2) 화학 평형 상태

① 가역 반응에서 정반응과 역반응이 같은 속도로 일어나 겉보기에는 반응이 정지된 것처럼 보이는 동적 평형 상태이다.

② 반응물과 생성물의 농도가 더 이상 변하지 않고 일정하게 유지된다.

$$aA + bB \underset{v_2}{\overset{v_1}{\rightleftharpoons}} cC + dD \quad \text{평형 상태} : v_1 = v_2$$

③ 온도나 압력을 변화시키지 않으면 반응물의 농도와 생성물의 농도는 일정하게 유지된다.

④ 가역 반응이므로 반응 조건이 같으면 반응물에서 시작하거나 생성물에서 시작하거나 자발적으로 같은 평형 상태에 도달하게 된다.

⑤ 화학 반응식의 계수비는 평형에 도달할 때까지 반응한 물질의 농도비이다. 평형 상태에서 존재하는 반응물과 생성물의 양은 반응식의 계수와 관계없다.

③ 반응한 농도와 농도비

$aN_2O_4(g) \rightleftharpoons bNO_2(g)$

	N_2O_4	NO_2
처음 농도(M)	2.0	0
평형 농도(M)	1.0	2.0
반응 농도(M)	1.0	2.0

반응물 N_2O_4 1.0 M 이 반응하여 생성물 NO_2 2.0 M 이 생성된다.

$N_2O_4 : NO_2$ 의 반응 농도비 = 1 : 2

$1N_2O_4(g) \rightleftharpoons 2NO_2(g)$

(3) 화학 평형과 평형 상수(K)

① **화학 평형 법칙** : 일정한 온도에서 어떤 가역 반응이 평형 상태에 있을 때, 반응물의 농도 곱에 대한 생성물의 농도 곱의 비는 항상 일정하다는 법칙이다.

② **평형 상수(K)**

$$a\text{A} + b\text{B} \rightleftharpoons c\text{C} + d\text{D} \text{ 에서 } K = \frac{[\text{C}]^c[\text{D}]^d}{[\text{A}]^a[\text{B}]^b}$$

([A], [B], [C], [D] : 평형 상태에서 각 물질의 몰 농도)

③ **평형 상수(K)의 실험적 확인**

일정한 온도에서 $N_2O_4(g) \rightleftharpoons 2NO_2(g)$ 반응을 처음에 넣어 준 반응물의 양을 달리하여 실험했을 때, 각각의 평형 상태에서의 농도를 측정하면 아래의 표와 같다.

실험	처음 농도(M)		평형 농도(M)		$\frac{[NO_2]}{[N_2O_4]}$	$\frac{[NO_2]^2}{[N_2O_4]}$	$\frac{2[NO_2]}{[N_2O_4]}$
	$[N_2O_4]$	$[NO_2]$	$[N_2O_4]$	$[NO_2]$			
1	0.100	0.000	0.040	0.120	3.000	0.360	6.000
2	0.000	0.100	0.014	0.072	5.143	0.370	10.286
3	0.100	0.100	0.070	0.160	2.286	0.366	4.571

→ 각각의 평형 농도를 여러 가지 농도비 식에 대입하였을 때, 화학 반응식의 계수를 각 물질 농도의 지수로 한 $\frac{[NO_2]^2}{[N_2O_4]}$ 의 값만 일정함을 알 수 있고, 그 값이 평형 상수가 된다.

④ **평형 상수(K)의 특징**

- 온도에 의해서만 달라지며 농도나 기체의 압력에 의해서는 달라지지 않는다.
- 역반응의 평형 상수는 정반응의 평형 상수의 역수($\frac{1}{K}$)이다.
- 반응을 2개 또는 그 이상의 반응의 합으로 나타낼 수 있는 경우 전체 반응에 대한 평형 상수는 각 반응의 평형 상수의 곱으로 나타낸다.❹
- 같은 화학 반응이라도 화학 반응식의 계수가 다르면 평형 상수 값이 다르다.
- 순수한 고체나 물과 같이 용매로 사용된 물질은 농도가 변하지 않으므로 평형 상수식에 포함시키지 않는다.

⑤ **평형 상수(K) 구하기**

① 화학 반응식의 계수를 이용하여 평형 상수식을 쓴다.
② 반응물과 생성물의 평형 상태에서의 농도를 구한다.
③ 평형 상태의 농도를 평형 상수식에 대입하여 평형 상수를 구한다.

예 일정한 온도에서 밀폐된 1 L 용기 속에 수소(H_2), 아이오딘(I_2)을 각각 1몰씩을 넣고 반응시켜 평형 상태에 도달했을 때, 아이오딘화 수소(HI)의 몰수가 1몰이었다.

	$H_2(g)$	+	$I_2(g)$	$\rightleftharpoons$	$2HI(g)$
처음 농도(mol/L)	1		1		0
반응 농도(mol/L)	- 0.5		- 0.5		+ 1
평형 농도(mol/L)	0.5		0.5		1

평형 상태에서 각 물질의 농도를 평형 상수식에 대입하여 평형 상수를 구하면 다음과 같다.

$$K = \frac{[HI]^2}{[H_2][I_2]} = \frac{(1)^2}{(0.5)(0.5)} = 4$$

만약, 평형 상태에서의 각 물질의 농도가 주어지면, 그 농도를 평형 상수식에 대입하여 평형 상수를 구할 수 있다.

❖ **평형 상수의 단위**
평형 상수 K의 단위는 평형 상수식에 따라 달라진다.
$$CO(g) + 2H_2(g) \rightleftharpoons CH_3OH(g)$$
위 반응에서 K의 단위는
$$\frac{M}{M \times M^2} = \frac{1}{M^2} \text{ 이 된다.}$$
화학식에 따라 평형 상수의 단위가 달라지므로 일반적으로 평형 상수의 단위는 쓰지 않는다.

❹ **각 반응의 평형 상수 곱**
일정한 온도에서 2단계 평형 반응을 하는 탄산(H_2CO_3)의 이온화 반응에서 평형 상수
$$H_2CO_3 \rightleftharpoons H^+ + HCO_3^-$$
$$K_1 = \frac{[H^+][HCO_3^-]}{[H_2CO_3]} = 4.2 \times 10^{-7}$$
$$HCO_3^- \rightleftharpoons H^+ + CO_3^{2-}$$
$$K_2 = \frac{[H^+][CO_3^{2-}]}{[HCO_3^-]} = 4.8 \times 10^{-11}$$
전체 반응 : $H_2CO_3 \rightleftharpoons 2H^+ + CO_3^{2-}$
$$K = \frac{[H^+]^2[CO_3^{2-}]}{[H_2CO_3]} = K_1 \times K_2 = (4.2 \times 10^{-7}) \times (4.8 \times 10^{-11}) = 2.0 \times 10^{-17}$$

❖ **기체 반응의 평형 상수**
기체 상태의 반응에서는 물질의 농도가 성분 기체의 부분 압력에 비례하므로 기체의 부분 압력을 이용하여 평형 상수를 나타낼 수 있다.
$$N_2(g) + 3H_2(g) \rightleftharpoons 2NH_3(g)$$
반응에서
$$K_p = \frac{P_{NH_3}^2}{P_{N_2}P_{H_2}^3}$$
이것은 농도로 나타낸 평형 상수와는 다르지만 일정 온도에서 일정한 값을 갖는다.

❖ **반응의 진행 방향 예측**
반응 지수(Q) : 일정한 온도에서 반응물과 생성물의 현재 농도 또는 부분 압력을 평형 상수식에 대입하여 얻어지는 값
$$a\text{A} + b\text{B} \rightleftharpoons c\text{C} + d\text{D} \text{ 반응에서}$$
$$Q = \frac{[C]^c[D]^d}{[A]^a[B]^b}$$
- $Q < K$: 생성물의 농도가 반응물의 농도에 비해 작다. 생성물을 만드는 반응(정반응) 쪽으로 진행된다.
- $Q = K$: 계가 이미 평형 상태에 도달하여 어느 쪽으로 반응이 진행되지 않는다.
- $Q > K$: 생성물의 농도가 반응물의 농도에 비해 크다. 반응물을 만드는 반응(역반응) 쪽으로 진행된다.

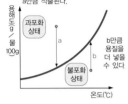
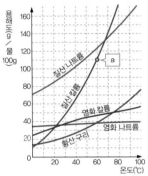
4. 용해 평형과 용해도

(1) 용해 평형 용질 입자들이 용해되는 속도와 석출되는 속도가 같은 동적 평형 상태

$$용질 + 용매 \rightleftharpoons 용액$$

① **포화 용액** : 일정한 온도에서 일정한 양의 용매에 용질이 최대한 녹은 용해 평형 상태의 용액이다. → 용해 속도 = 석출 속도

② **불포화 용액** : 포화 용액보다 용질이 적게 녹아 있어 용질을 더 녹일 수 있는 용액이다. → 용해 속도 > 석출 속도

③ **과포화 용액** : 포화 용액보다 용질이 더 많이 녹아 있어 불안정한 상태의 용액이다.

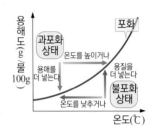

(2) 용해도

• 어떤 온도에서 용매 100 g 에 최대로 녹을 수 있는 용질의 g 수
• 온도, 압력, 용매, 용질에 따라 달라진다.

(3) 고체와 기체의 용해도

구분	고체	기체	
변수	온도	온도	압력
용해도 곡선	온도가 높아질수록 증가	온도가 낮아질수록 증가	압력이 높아질수록 증가
예	커피 가루는 온도가 높을수록 잘 녹는다.	더운 여름날, 물속에 녹아 있는 산소의 용해도가 감소하기 때문에 물고기는 수면 위로 입을 내밀고 뻐끔거린다.	뚜껑을 열면 압력이 감소하므로 음료 속의 탄산 가스의 용해도가 감소하여 거품이 많이 올라온다.

(4) 석출되는 용질의 양

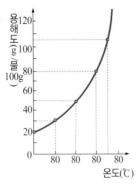

온도 (℃)	0	20	40	60	70
용해도 (g)	20	30	50	80	105

(1) 60 ℃ 의 물 100 g 에 용질을 녹여 포화 상태로 만들었다. 0 ℃ 로 냉각했을 때 석출되는 용질의 양은?

60 ℃ 용해도 = 80 → 0 ℃ 용해도 = 20 ➡ 석출되는 양 = 80 - 20 = 60 g

(포화 용액이 될 때까지 녹을 수 있는 용질의 질량)

(2) 70 ℃ 의 물 120 g 에 용질을 녹여 포화 수용액을 만들려고 할 때 녹을 수 있는 용질의 최대 질량(g)을 구하시오.

70 ℃ 물 100 g 에 최대로 녹을 수 있는 용질의 질량 = 105 g (70 ℃ 의 용해도)

➡ 비례식을 이용한다 ➡ 물 100 g : 용질 105 g = 물 120 g : 용질 x

$$x = \frac{105 \times 120}{100} = 126 \text{ g}$$

(용액의 질량이 제시되는 경우)

(3) 40 ℃ 의 포화 수용액 270 g 을 천천히 냉각시켜 20 ℃ 가 되게 하였을 때 석출되는 용질의 질량(g)을 계산하시오.

① 40 ℃ 에서 포화 수용액의 양 = 용매 100 g + 용질 50 g = 150 g

② 40 ℃ 포화 수용액 270g 에 녹아 있는 용질의 양 ➡ 비례식 이용

포화 수용액 150 g : 용질 50 g = 포화 수용액 270 g : 용질 x(g)

$$x = \frac{50 \times 270}{150} = 90 \text{ g} \text{ (40 ℃ 용매(물) 180 g 에 녹아 있는 용질의 질량)}$$

③ 20 ℃ 에서 물질 A의 용해도는 30 ➡ 물 180 g 에는 최대 54 g 이 녹을 수 있음 ➡ 석출되는 양 = 90 - 54 = 36 g

화학 평형

28 가역 반응에 대한 설명으로 옳은 것만을 〈보기〉에서 있는 대로 고른 것은?

> **보기**
> ㄱ. 겉으로 보기에는 정반응만 일어나는 것처럼 보이는 반응이다.
> ㄴ. 온도나 농도 등에 따라 정반응과 역반응이 모두 일어날 수 있다.
> ㄷ. 예로는 산과 염기의 중화 반응이 있다.

① ㄱ ② ㄴ ③ ㄷ
④ ㄱ, ㄴ ⑤ ㄱ, ㄷ

29 그림과 같이 일정한 온도에서 무색의 사산화 이질소(N_2O_4)를 시험관에 담아 두었더니 색이 적갈색으로 진해지며 이산화 질소(NO_2)와 평형을 이룬다.

이 평형 상태에 대한 설명으로 옳은 것만을 〈보기〉에서 있는 대로 고른 것은?

> **보기**
> ㄱ. 용기 속 기체의 압력이 일정하게 유지된다.
> ㄴ. N_2O_4가 분해되는 속도와 생성되는 속도가 같다.
> ㄷ. 온도를 높여도 색이 같다.

① ㄱ ② ㄴ ③ ㄷ
④ ㄱ, ㄴ ⑤ ㄴ, ㄷ

30 화학 평형에 대한 설명으로 옳은 것만을 〈보기〉에서 있는 대로 고른 것은?

> **보기**
> ㄱ. 생성물만 존재한다.
> ㄴ. 정반응 속도와 역반응 속도가 같다.
> ㄷ. 반응물과 생성물의 농도가 변하지 않는다.

① ㄱ ② ㄴ ③ ㄱ, ㄴ
④ ㄱ, ㄷ ⑤ ㄴ, ㄷ

31 25 ℃ 밀폐된 2 L 용기 속에서 다음 반응이 평형을 이루고 있다.

$$A_2(g) + B_2(g) \rightleftharpoons 2AB(g)$$

평형 상태에서 A_2, B_2, AB 가 각각 1몰, 2몰, 2몰이었다면 25 ℃ 에서 이 반응의 평형 상수를 구하시오.

32 그림은 $A(g) \rightleftharpoons B(g)$ 반응에서 밀폐된 용기에 반응물 A 만 넣었을 때 시간에 따른 반응물 A 와 생성물 B 의 농도 변화를 나타낸 것이다.

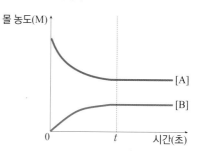

이에 대한 설명으로 옳은 것만을 〈보기〉에서 있는 대로 고른 것은?

> **보기**
> ㄱ. 평형 상태에 도달할 때까지 정반응 속도는 감소한다.
> ㄴ. t 초 후에는 반응이 더 이상 일어나지 않는다.
> ㄷ. 주어진 온도에서 이 반응의 평형 상수(K) < 1이다.

① ㄱ ② ㄷ ③ ㄱ, ㄴ
④ ㄱ, ㄷ ⑤ ㄱ, ㄴ, ㄷ

용해 평형과 용해도

33 다음 중 용해도에 대한 설명으로 옳은 것을 고르시오.

① 용액 100 g 에 최대로 녹아 있는 용질의 양이다.
② 기체는 온도가 높아질수록 용해도가 증가한다.
③ 고체의 용해도는 압력이 증가할수록 증가한다.
④ 용질의 종류에 따라 용해도는 달라진다.
⑤ 액체는 용질이라고 할 수 없다.

34 40 ℃ 의 물 300 g 에 염화 나트륨 100 g 을 넣고 잘 저은 후 거름종이로 걸렀더니 걸러진 염화 나트륨의 양이 16 g 이었다. 40 ℃ 에서 염화 나트륨의 물에 대한 용해도는?

① 16 ② 28 ③ 56 ④ 84 ⑤ 100

35~36 다음은 어떤 고체의 용해도 곡선이다.

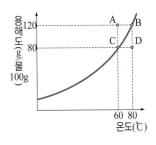

35 위 그래프에 대한 설명으로 옳은 것을 고르시오.

① A 점은 포화 상태이다.
② B 점의 퍼센트 농도는 100 % 이다.
③ C 점과 B점의 퍼센트 농도는 같다.
④ D 점의 용액은 물 100 g 에 40 g 의 고체가 더 녹을 수 있다.
⑤ D 점의 용액을 가열하면 포화 상태가 된다.

36 80 ℃ 의 B 용액 550 g 을 60 ℃ 까지 냉각시키면 몇 g 의 고체가 석출되는가?

37~39 다음 표는 온도에 따른 물질들의 용해도를 나타낸 것이다.

물질 \ 온도(℃)	0	20	40	60	80
질산 나트륨	71	86	103	127	145
질산 칼륨	10	34	64	110	164
염화 나트륨	36	38	39	40	42

37 위의 표를 참고한다면 다음 그래프의 물질 A, B, C 는 각각 무엇인가?

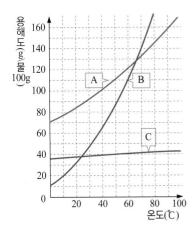

38 어떤 물질이 40 ℃ 의 물 40 g 에 최대 25.6 g 이 녹을 수 있다면, 이 물질은 무엇인가?

39 60 ℃ 의 물 400 g 에 질산 나트륨을 녹여 포화 상태로 만들었다. 다음 물음에 답하시오.

(1) 0 ℃ 로 냉각할 때 석출되는 질산 나트륨의 질량은?

(2) 60 ℃ 에서 이 용액의 퍼센트 농도(%)를 구하시오.

40 20 ℃ 질산 칼륨 포화 수용액 117 g 을 70 ℃ 로 가열하였다. 70 ℃ 에서 이 용액을 포화 용액으로 만들려면 몇 g 의 질산 칼륨을 더 녹여야 하는가?

41 같은 양의 물이 든 같은 온도의 유리컵 A 와 B 가 있다. 유리컵 A 속에는 설탕 5 스푼을, 유리컵 B 속에는 7 스푼을 넣어 각각 충분히 저어주었더니 A 와 B 컵의 설탕이 각각 완전히 녹지 않고 가라앉았다. 두 유리컵 속의 설탕물을 맛보았을 때 각각의 맛은 어떠한가?

① 유리컵 A 의 설탕물이 더 달다.
② 유리컵 B 의 설탕물이 더 달다.
③ 유리컵 A 와 B 의 설탕물은 똑같이 달다.
④ 압력에 따라 두 설탕물의 단 정도가 달라진다.
⑤ 온도에 따라 두 설탕물의 단 정도가 달라진다.

42 그림과 같이 시험관 A ~ F 에 사이다를 같은 양씩 넣은 후 각 조건에서 발생하는 기포를 관찰하였다.

얼음물   실온의 물   50 ℃ 의 물

이 실험에 대한 설명으로 옳은 것은?

① 기포가 가장 적게 발생하는 시험관은 F 이다.
② 기포가 가장 많이 발생하는 시험관은 A 이다.
③ 온도가 높을수록 기체의 용해도는 증가한다.
④ 압력이 작을수록 기체의 용해도는 증가한다.
⑤ 이산화 탄소 기체의 용해도가 작아지면 기포가 많이 발생한다.

43 기체의 용해도와 온도와의 관계를 나타낸 그래프로 옳은 것을 고르시오.

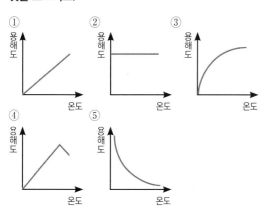

44 설탕물에 이산화 탄소를 용해시키려고 한다. 다음 중 가장 많이 용해되는 경우는?

① 20 ℃, 1 기압   ② 0 ℃, 2 기압
③ 20 ℃, 2 기압   ④ 0 ℃, 1 기압
⑤ 10 ℃, 1 기압

45 다음 표는 20 ℃ 에서 어떤 기체의 압력에 따른 용해도를 나타낸 것이다.

압력(atm)	용해도(g/물 1 L)
1	0.02
2	0.05

2 기압에서 물 1 L 에 이 기체를 포화 상태로 녹인 후 1 기압으로 낮추었다. 이때 용액 밖으로 빠져나온 기체의 질량은? (단, 온도는 일정하다.)

① 0.02 g   ② 0.03 g   ③ 0.04 g
④ 0.05 g   ⑤ 0.08 g

46 다음 중 기체의 용해도로 설명할 수 없는 현상은?

① 샴페인 뚜껑을 열면 거품이 흐른다.
② 해녀나 잠수부들에게 잠수병이 생긴다.
③ 수돗물을 끓이면 소독약 냄새가 없어진다.
④ 한겨울에 호수가 얼어도 물고기들은 얼어 죽지 않는다.
⑤ 사이다가 든 병의 마개를 열고 따뜻한 곳에 계속 놔두면 톡 쏘는 맛이 사라진다.

47 다음 그래프에서 A 상태에 있는 물질을 포화 상태로 만들어 주기 위한 방법을 쓰시오.

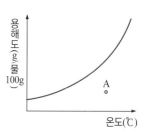

27 그림은 1 L 의 강철 용기에 기체 A 와 B 를 각각 2몰씩 넣고 반응시켜 기체 C 를 생성할 때 시간에 따른 반응물과 생성물의 농도를 나타낸 것이다. 시간 t 에서 평형에 도달하였다.

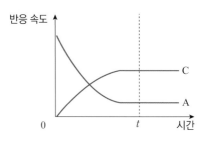

이에 대한 설명으로 옳은 것만을 〈보기〉에서 있는 대로 고른 것은?

> **보기**
>
> ㄱ. 시간 t 까지 정반응 속도는 계속 감소한다.
> ㄴ. 시간 t 이후에는 A, C 의 두 기체가 각각 일정한 농도비로 존재한다.
> ㄷ. 시간 t 이전에는 역반응이 일어나지 않는다.

① ㄱ   ② ㄴ   ③ ㄱ, ㄴ   ④ ㄴ, ㄷ   ⑤ ㄱ, ㄴ, ㄷ

28 이산화 질소(NO_2)와 사산화 이질소(N_2O_4)는 다음과 같은 평형을 이룬다. 평형 이동에 대해 알아보기 위해 시험관 A 와 B 에 같은 양의 NO_2를 넣고 다음과 같이 실험하였다.

$$\underset{\text{적갈색}}{2NO_2(g)} \;\rightleftharpoons\; \underset{\text{무색}}{N_2O_4(g)}$$

> (가) 시험관 A를 100 ℃ 의 끓는 물속에 넣었더니 진한 적갈색을 나타내었다.
>
> (나) 시험관 B를 0 ℃ 얼음물 속에 넣었더니 거의 무색을 나타내었다.
>
> (다) 과정 (가), (나)의 시험관 A, B를 25 ℃ 물속에 넣고 오랫동안 방치하였다.

이에 대한 설명으로 옳은 것만을 〈보기〉에서 있는 대로 고르시오.

> **보기**
>
> ㄱ. (가)에서 시험관 A 에는 NO_2 만 존재한다.
> ㄴ. (나)에서는 정반응과 역반응이 모두 일어난다.
> ㄷ. (다)에서 시험관 A 와 B 의 색깔은 거의 같아진다.

29 다음은 기체 A 와 B 가 반응하여 기체 C 가 되는 반응의 반응식이다.

$$aA(g) + bB(g) \rightleftharpoons cC(g)$$

그림은 25 ℃ 에서 1 L 강철 용기에 기체 A 와 B 를 넣고 반응시킬 때 시간에 따른 각 물질의 농도 변화를 나타낸 것이다. 다음 물음에 답하시오. (단, a, b, c는 가장 간단한 정수이다.)

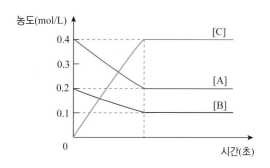

(1) a, b, c 를 각각 구하시오.

(2) 위 반응의 평형 상수(K)를 구하시오.

(3) 25 ℃ 에서 1 L 용기에 A, B, C를 각각 1몰씩 넣으면 반응은 어느 방향으로 진행될 지 쓰시오.

30 다음은 X(g), Y(g) 가 반응하여 Z(g) 를 생성하는 반응이다.

$$X(g) + 3Y(g) \rightleftharpoons 2Z(g)$$

그림은 X, Y, Z 가 평형을 이루고 있는 용기 (가)와 진공의 용기 (나)가 콕으로 연결된 모습을 나타낸 것이다. 콕을 열어 주었을 때, 반응은 어느 방향으로 진행될 것인지 예측하시오.

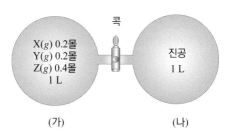

개념
돋보기

○ 평형 상수의 의미

• 평형 상수가 1 보다 매우 클 때 : 반응이 정반응 쪽으로 우세하게 진행되어 평형 상태에서 생성물의 농도가 반응물의 농도보다 크다.

• 평형 상수가 1 보다 매우 작을 때 : 반응이 역반응쪽으로 우세하게 진행되어 평형 상태에서 반응물의 농도가 생성물의 농도보다 크다.

개념 심화 문제

31 이온 결합 화합물인 소금(NaCl)은 상온(25 ℃)에서 고체 상태로 존재하며 800 ℃ 이상으로 온도를 올려야 분자 간 결합이
끊어지면서 액체로 상태 변화한다. 그러나 소금을 증류수에 넣으면 상온에서도 쉽게 해리된다.

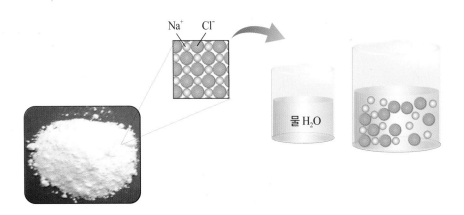

(1) 5.85 g 의 염화 나트륨을 1000 g 의 증류수에 녹였더니 Na^+ 과 Cl^- 으로 완전히 해리되었다. 이 용액 중 Na^+ 의 몰 농
도(M), 몰랄 농도(m), NaCl의 퍼센트 농도(%)를 구하시오. (단, 이 소금물의 밀도는 0.92 g/mL 이며, Na 의 원자량은
23, Cl 의 원자량은 35.5이다.)

(2) NaCl 은 상온에서 물에 쉽게 용해된다. 이런 용해 현상을 확산 현상과 비교 설명하시오.

32 다음 〈보기〉는 물질 A ~ E 를 물에 녹여 포화 용액을 만드는 과정이다. A ~ E 중 용해도(g/물 100 g)가 가장 큰 물질을 고르시오.

보기

- A 100 g 을 500 g 의 물에 녹였더니 포화되었다.
- B 40 g 을 물 100 g 에 녹였더니 15 g 이 남아 거름종이로 걸러냈다.
- C 50 g 을 100 g 의 물에 녹였더니 5 g 이 남아 열을 가하였더니 포화되었다.
- D 30 g 을 물 50 g 에 녹였더니 불포화되어 5 g 을 더 녹였더니 포화되었다.
- E 30 % 불포화 용액 10 g 에 E를 20 g 더 넣어 주었더니 포화되었다.

33~34 그림은 여러 가지 고체 물질의 용해도 곡선을 나타낸 것이다.

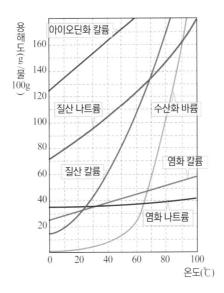

33 50 ℃ 질산 칼륨 포화 용액 135 g 에 물을 첨가하면서 온도를 10 ℃ 로 낮추었을 때 석출량이 25 g 이다. 첨가한 물의 양을 구하시오.

34 80 ℃ 의 물 100 g 에 수산화 바륨 85 g 을 녹였다. 이 용액의 온도를 80 ℃ 로 일정하게 유지시키면서 4 시간 동안 방치하였다. (단, 용액의 물이 1시간 동안 전체 부피의 $\frac{1}{10}$ 만큼 증발한다고 가정한다.)

(1) 4시간이 지난 후 용액의 퍼센트 농도(%), 몰랄 농도(m)를 각각 구하시오. (단, 수산화 바륨의 분자량은 154 이고, 1 g 은 1 mL 와 같다고 가정한다.)

(2) 4시간이 지난 후 수산화 바륨의 석출량(g)을 구하시오.

개념 심화 문제

35 그림은 온도에 따른 물질 A 의 용해도이다. 80 ℃ 의 물 100 g 에 물질 A 를 50 g 을 녹였다. 이 물의 온도를 유지시키면 물은 30분 동안 전체 부피의 $\frac{1}{10}$ 만큼 증발한다고 가정하자. 2시간이 경과된 후에 남아 있는 용액의 퍼센트 농도(%)를 계산하시오.

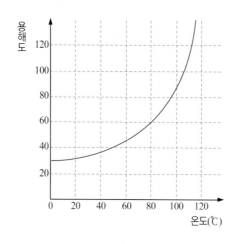

36 다음은 어떤 물질을 물 100 g 에 녹인 용액 (가) ~ (다)에 대한 설명이다.

> • (가)와 (나)는 포화 용액이다.
> • (나)와 (다)의 질량 퍼센트 농도는 같다.
> • (가)를 20 ℃ 로 냉각하면 용질 40 g 이 석출된다.

그림의 용액 A ~ E 중, 위의 설명에 맞는 것을 바르게 짝지은 것은?

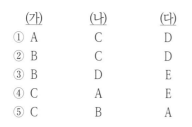

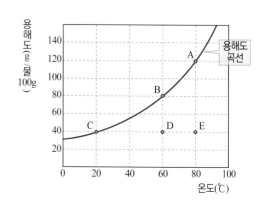

	(가)	(나)	(다)
①	A	C	D
②	B	C	D
③	B	D	E
④	C	A	E
⑤	C	B	A

37 다음은 25 ℃ 에서 산소의 압력(mmHg)과 물 1 L 에 녹는 산소의 몰수와의 관계를 나타낸 것이다. 물음에 답하시오. (단, O의 원자량은 16이다.)

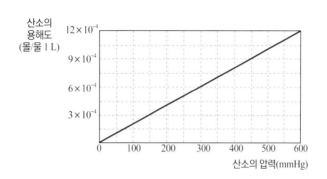

(1) 25 ℃ 물의 용존 산소량을 4.8×10^{-3} g/L 이상으로 유지하기 위한 산소의 최소 압력은 몇 mmHg인가?

(2) 산소의 압력이 300 mmHg 일 때 물 200 mL 에 녹을 수 있는 산소의 질량(g)을 계산하시오.

38 다음은 기압과 물 100 g 에 녹는 산소의 질량 사이의 관계를 나타낸 것이다.

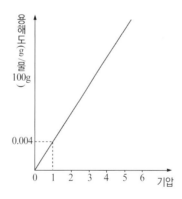

다음 〈조건〉을 가정으로 체중 60 kg 인 사람이 산소 탱크를 매고 수심 30 m 에서 갑자기 수면으로 올라왔을 때 혈액에 녹아 있던 산소 중 기포로 빠져 나오는 산소의 양은 얼마인지 계산하시오.

> **조건**
>
> 1. 수심이 10 m 씩 깊어질 때마다 수압은 1 기압씩 증가한다.
> 2. 혈액 속에 들어 있는 물의 질량은 체중의 4 %이다.
> 3. 혈액에는 산소만 녹아 있다.
> 4. 수면에서는 1 기압이고 온도에 대한 용해도 변화는 무시한다.

염산(HCl)

- 염화 수소(HCl)의 수용액
- 강한 산성의 액체 화합물
- 위에서 분비되는 위산의 주요 성분으로 실험실에서 시약으로 사용되거나 , 의약품과 조미료의 제조, 통조림을 만드는데 쓰일 과일의 껍질을 제거하는데 쓰인다.

- 진한 염산은 피부에 닿으면 심각한 화학적 손상을 일으키므로 주의하여 사용한다.

염산에 의해 화상을 입었을 때 응급처치법

① 피부와 접촉되었을 때
환자의 손상된 부위를 물로 씻어주며 옷은 제거하고 통증이 사라진 후에도 10분 이상 씻어준다. 화학 물질이 피부 깊숙이 침투할 수 있으므로 씻을 때는 높은 압력의 물을 사용하지 않는다.

② 눈에 들어갔을 때
눈 손상은 짧은 시간의 노출로 영구적 실명을 초래할 수 있으므로 빨리 물로 씻어준다. 이때 눈꺼풀을 벌려 주어 세척이 잘 되도록 하고 다른 눈으로 오염 물질이 들어가지 않도록 주의한다. 눈을 비비거나 만지지 못하게 한다. 최소한 15분 이상 씻어낸다.

논리 서술형

01 다음 실험 기구를 이용하여 0.5 M 염산 수용액 600 mL 를 제조하는 과정을 쓰시오.

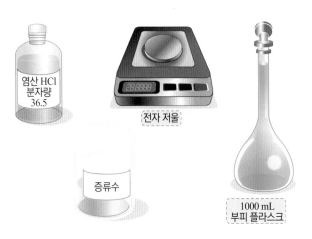

염산 HCl 분자량 36.5
전자 저울
증류수
1000 mL 부피 플라스크

추리 단답형

02 40 ℃ 의 1 M NaCl 수용액을 만들어 마개를 닫아 실온에 방치하였다. 용액의 온도가 30 ℃ 로 될 때 부피가 다음과 같이 변화되었다.

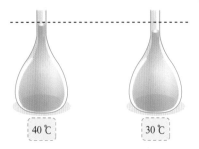

40 ℃   30 ℃

온도가 내려갔을 때 % 농도와 몰 농도는 어떻게 변하는지 이유와 함께 쓰시오.

03 다음은 외부 압력에 따른 물의 끓는점을 알아보는 실험이다.

> 과정 (가) : 그림과 같이 둥근 바닥 플라스크에 물을 넣고 끓인다.
>
> 과정 (나) : 알코올 램프를 제거한 후 끓는 기포가 보이지 않을 때, 고무마개로 막는다
>
> 과정 (다) : 둥근 바닥 플라스크를 뒤집은 후 찬물을 붓는다.

그물망

(가)   (나)   찬물 (다)

(1) 과정 (다)에서 플라스크 안의 물은 어떻게 될까? 그 이유와 함께 설명하시오.

(2) (가) ~ (다)의 플라스크 안의 압력을 비교하시오.

04 다음 제시문을 읽고 물음에 답하시오.

> 물은 증기 압력이 외부 압력과 같을 때 끓게 된다. 대기압(1 기압)에서 100 ℃ 일 때 물이 끓게 되는데, 이는 100 ℃ 에서 물의 증기압이 1 기압이기 때문이다. 순수한 물에 설탕과 같은 용질을 넣으면, 설탕 입자가 물이 증발하는 것을 방해하여 100 ℃ 가 되더라도 증기 압력이 1 기압이 안되기 때문에 끓지 않는다. 끓는 점이 올라가는 것이다.
>
> * 상온에서 물 100 g 에 설탕 34.2 g, 소금 5.85 g 을 녹인 비커 A와 B가 있다. (단, 설탕의 분자량은 342, 소금의 화학식량은 58.5이다.)

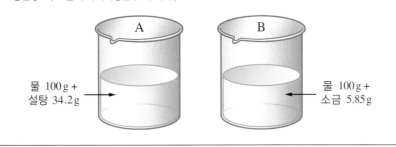

물 100 g + 설탕 34.2 g →   A

물 100 g + 소금 5.85 g ←   B

(1) 1 M 설탕물과 비커 A 수용액 중 어느 것이 끓는점이 더 높을지 이유와 함께 쓰시오.

(2) 끓는점을 비교할 때는 몰 농도와 몰랄 농도 중 어느 것을 사용하는 것이 더 적당할지 이유와 함께 적으시오.

(3) 끓는점은 비커 A 수용액과 비커 B 수용액 중 어느 것이 높은지 이유와 함께 설명하시오.

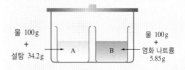

○ 수증기로 포화된 밀폐 용기 속에 물 100 g 에 설탕 34.2 g, 소금 5.85 g 을 녹인 비커 A와 B가 있다.

물 100g + 설탕 34.2g → A   B ← 물 100g 염화 나트륨 5.85g

• 몰랄 농도를 구하시오.

$$몰랄\ 농도 = \frac{용질의\ 몰수(mol)}{용매의\ 질량(kg)}$$

$$= \frac{0.1 mol}{0.1 kg} = 1\ m$$

• 설탕 $\frac{질량}{화학식량} = \frac{34.2}{342} = 0.1몰$

• 염화 나트륨 $\frac{질량}{화학식량} = \frac{5.85}{58.5} = 0.1몰$

(설탕($C_{12}H_{22}O_{11}$) 분자량 : 342, 염화 나트륨(NaCl) 화학식량 : 58.5)

• 밀폐 용기 속에 넣기 전 A 수용액과 B 수용액 중 끓는점이 높은 것은? → A, B 두 수용액 모두 1 m 으로 농도는 같지만, 염화 나트륨은 이온화하므로 끓는점은 B 수용액이 높다.

• 증발이 더 잘 되는 수용액은? → A 수용액(끓는 점이 더 낮다.)

• 시간이 흐르면 비커의 수용액의 수면의 높이는 어떻게 될까? → A 수용액이 B 수용액보다 증발이 더 잘되므로 A 수용액은 수면이 낮아지고, B 수용액은 높아진다.

• 밀폐된 용기가 아니고 열린 곳이라면 수면의 높이는 어떻게 될까? → A 수용액, B 수용액 모두 높이가 낮아지며, A 수용액의 높이가 더 낮다.

○ **전해질의 끓는점 오름과 어는 점 내림**

전해질 용액의 경우에는 전해질의 이온화로 생긴 용질의 입자 수의 증가로 인해 같은 농도의 비전해질 용액보다 끓는점 오름과 어는점 내림이 크다.

〈물 1 kg 에 용질이 녹은 경우〉

용질	몰랄 농도 (m)	용질 입자의 총 몰수	끓는점 오름	어는점 내림
포도당 1 mol	1	1	0.52	1.86
포도당 2 mol	2	2	0.52 × 2 = 1.04	1.86 × 2 = 3.72
NaCl 1 mol	1	1 × 2 = 2	0.52 × 2 = 1.04	1.86 × 2 = 3.72

창의력을 키우는 문제

단계적 문제 해결형

용액의 총괄성

묽은 용액의 성질인 증기 압력 내림, 끓는점 오름, 어는점 내림, 삼투압 등은 용질의 종류와 상관없이 용질 입자의 수(농도)에만 영향을 받는데, 이러한 특성을 용액의 총괄성이라고 한다.

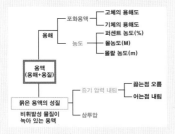

▲ 용액과 그에 관련된 현상

수은 기둥 위에 액체를 올리는 방법

〈가정〉
ⅰ) 수은의 밀도 > 액체의 밀도
ⅱ) 수은과 액체는 서로 섞이지 않는다.

〈과정〉
① 시험관에 수은을 넣은 후 액체를 넣는다.

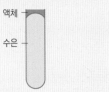

② 수은과 액체로 가득 채운 시험관 위를 종이로 막는다.

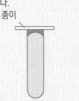

③ 시험관을 수은이 들어 있는 수조에 거꾸로 세우고 종이를 빼낸다.

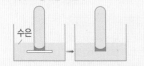

→ 밀도가 큰 수은이 아래로 내려오고, 밀도가 작은 액체가 위로 올라간다.

05~06 물과 20 % 소금물 A 와 10 % 소금물 B 를 플라스크에 각각 넣고 아래 그림과 같이 연결하였다. (단, 물과 소금물 A, B 의 온도와 부피는 같다.)

05 이에 관한 아래의 물음에 답하시오.

(1) 어느 정도 시간이 지난 후 (가)와 (나)의 수은 기둥 높이는 어떻게 변할 지 아래 그림에 그리고, 그 이유를 쓰시오.

(2) (1)에서 예상한 결과를 바탕으로 소금물 A 와 B 의 끓는점과 어는점, 증기 압력의 크기를 부등호로 표시하시오.

• 끓는점 :
• 어는점 :
• 증기 압력 :

06 수은 기둥 위에 물과 소금물 A, 소금물 B 를 각각 1 mL 씩 넣었을 때 수은 기둥의 변화를 나타낸 것이다. (가), (나), (다)에 해당하는 물질을 바르게 짝지으시오.

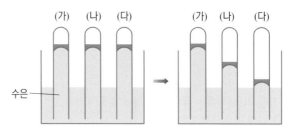

추리 단답형

07 소량의 물을 실린더에 넣고 그림과 같이 피스톤이 수면에 밀착된 상태에서 피스톤을 충분히 느리게 끌어올렸더니, 높이 h 에서 물이 모두 증발하였다.

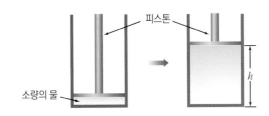

피스톤의 높이(h)에 따른 실린더 내부의 압력(P) 변화를 그래프로 나타내시오. (단, 온도는 일정하며, 물이 차지하는 부피는 무시한다.)

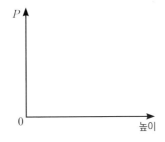

추리 단답형

08 그림과 같이 주사기 속에 사이다를 반쯤 넣은 뒤 주사기의 끝을 막고 피스톤을 당겼다.

(1) 피스톤을 당겼을 때 주사기 안에서 일어나는 변화를 쓰시오.

(2) 당겼던 피스톤을 놓았을 때 주사기 안에서 일어나는 변화를 쓰시오.

(3) 이 실험 결과에 대한 주사기 안의 압력-부피 그래프와 용해도-압력 그래프를 그리고, 각 그래프를 이용하여 실험 결과를 설명하시오.

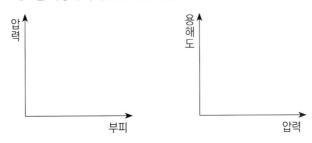

○ 물과 에테르의 증기 압력 비교

에테르가 증기 압력이 더 크므로 더 많은 기체가 증발하여 풍선의 크기가 더 크다.

• 분자 간 인력이 작은 액체일수록 증기 압력이 더 크다.

증기 압력	: 물 < 에테르
분자 간 인력	: 물 > 에테르
끓는점	: 물 > 에테르
몰 증발열	: 물 > 에테르
휘발성	: 물 < 에테르

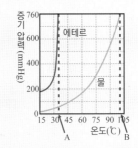

대기압이 760 mmHg 일 경우, 에테르의 끓는점은 증기 압력이 760 mmHg 인 A ℃, 물은 B ℃ 이다.

• 760 mmHg, 60 ℃ 에서 에테르는 기체, 물은 액체 상태이다.

창의력을 키우는 문제

논리 서술형

09 자동차의 냉각수가 얼지 않도록 넣어주는 부동액은 겨울에만 넣는 것으로 알려져 있지만, 여름에도 필요하다. 그 이유는 무엇인가?

단계적 문제 해결형

10 밀도가 1.05 g/mL 인 설탕물을 깔때기관에 넣고, 물이 담긴 비커 속에 깔때기관을 넣은 뒤 방치하였더니, 설탕물 기둥의 높이가 처음 높이보다 0.5 m 증가하였다. 실험 결과를 참고하여 다음 물음에 답하시오.

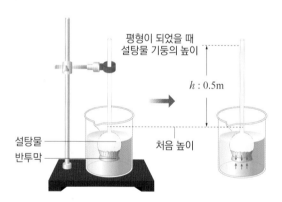

삼투압의 측정

아래의 그림에서 삼투압은 설탕 수용액의 처음 높이와 평형 상태의 높이차에 의해 결정된다.

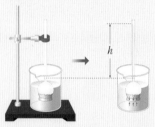

삼투압(π) = ρ × g × h
(ρ : 밀도, g : 중력 가속도, h : 높이)

예 설탕 물기둥의 올라간 높이가 0.8 m 일 때
삼투압(π) = 1000 kg/m³ × 9.80 m/s²
× 0.80 m
= 7.84 × 10³ kg/m·s²
= 7.84 × 10³ Pa
≒ 0.0774 atm

(1) 깔때기관에 넣은 설탕물의 몰 농도(M)를 구하시오. (단, 중력 가속도는 9.80 m/s² 이고, 1 Pa = 1 kg/m·s², 1 atm = 1.013 × 10⁵ Pa이다. 또, 기체 상수 = 0.082 atm·L/mol·K 이고, 설탕물의 온도는 27 ℃이다.)

(2) 설탕물의 삼투압의 크기는 설탕물 기둥이 반투막을 누르는 압력의 크기와 같다. 깔때기관에 넣어준 설탕물의 온도가 높아지면 평형 상태에서 깔때기관 속 설탕물 기둥의 높이는 어떻게 될 것인지 이유와 함께 서술하시오.

● 논리 서술형

11 다음은 참외를 깎아 물이 있는 싱크대에 올려 놓았을 때와 책상 위에 올려 놓았을 때 나타나는 현상을 그림으로 나타낸 것이다. 이러한 현상이 나타나는 이유가 무엇인지 설명하시오.

바깥쪽
안 쪽

가역 반응의 예

- 구리의 이온화와 석출
$Cu(s) \rightleftharpoons Cu^{2+}(aq) + 2e^-$
- 광합성과 호흡
$6CO_2(g) + 6H_2O(l)$
$\rightleftharpoons C_6H_{12}O_6(s) + 6O_2(g)$
- 삼산화 황의 생성과 분해
$SO_2(g) + O_2(g) \rightleftharpoons SO_3(g)$
- 석회 동굴의 생성
$CaCO_3(s) + CO_2(g) + H_2O(l)$
$\rightleftharpoons Ca(HCO_3)_2(aq)$
- 염화 암모늄의 생성
$NH_3(g) + HCl(g) \rightleftharpoons NH_4Cl(s)$

● 추리 단답형

12 지하수나 빗물에 이산화 탄소가 녹으면 탄산 이온이 물속에 녹아 있게 된다.

$$2H_2O(l) + CO_2(g) \longrightarrow HCO_3^-(aq) + H_3O^+(aq)$$

탄산 이온이 석회암($CaCO_3$)과 만나게 되면 탄산 수소 이온과 칼슘 이온을 만들면서 석회암이 녹아든다.

$$CaCO_3(s) + HCO_3^-(aq) + H_3O^+(aq) \longrightarrow Ca(HCO_3)_2(aq) + H_2O(l)$$

이 반응은 정반응이며, 그 결과 석회 동굴이 생성된다. 이 반응의 역반응에 대해서 설명하고, 가역 반응인지 비가역 반응인지 쓰시오.

비가역 반응의 예

- 탄산 나트륨 수용액과 염화 칼슘 수용액을 반응시키면 탄산 칼슘의 앙금이 생성된다.
- 페놀프탈레인 용액이 들어 있는 염산에 수산화 나트륨 수용액을 계속 넣으면 수용액이 붉은색으로 변한다.
- 물질이 공기 중의 산소와 반응하여 이산화 탄소와 물이 생성된다.

● 단계적 문제 해결형

13 N₂O₄ 와 NO₂ 는 다음과 같은 평형을 이룬다.

$$N_2O_4(g) \rightleftharpoons 2NO_2(g)$$

4.0 L 의 용기에 27.6 g 의 N₂O₄를 채운 뒤 500 K 에서 평형에 도달하도록 하였더니 용기의 내부 압력이 3.5 기압이 되었다. 다음 물음에 답하시오. (단, N, O의 원자량은 각각 14, 16 이다.)

○ 기체 반응의 평형 상수(K_p)

기체 반응에서는 농도 대신 부분 압력으로 평형 상수를 나타낼 수 있다.

$aA(g) + bB(g) \rightleftharpoons cC(g) + dD(g)$

$\rightarrow K_p = \dfrac{P_C^c P_D^d}{P_A^a P_B^b}$

($P_A \sim P_D$: 평형 상태에서 각 기체의 부분 압력)

(1) 이 온도에서 위 반응의 평형 상수를 구하시오. (단, 기체 상수(R)는 0.08 atm·L/mol·K이다.)

(2) 압력 평형 상수(K_p)와 농도 평형 상수(K_c)의 비($\dfrac{K_p}{K_c}$)를 R과 T를 사용하여 간단한 식으로 나타내시오.

○ 압력과 몰 농도의 관계

$PV = nRT$에서 $P = \dfrac{n}{V}RT$이고,

$\dfrac{n}{V}$ 은 몰 농도이므로

$P = MRT$로 나타낼 수 있다.

● 단계적 문제 해결형

14 표는 비휘발성 물질 X 를 벤젠 500 g 에 녹여 용액을 냉각시켰을 때 용액의 어는점을 측정한 결과이다.

실험	용질 X의 양	용액의 어는점(℃)
I	0.25 mol	2.94
II	64 g	0.38

(1) 벤젠의 몰랄 내림 상수(℃/m)를 계산하시오. (단, 벤젠의 어는점은 5.5 ℃ 이다.)

(2) 다음 중 물질 X 는 무엇인가? (단, H, C, O의 원자량은 각각 1, 12, 16이다.)

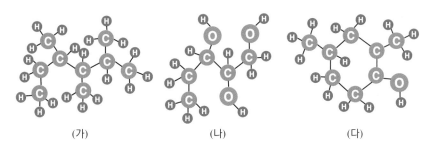

(가)   (나)   (다)

● 추리 단답형

15 1 mol 의 염화 나트륨(NaCl)은 물속에서 100 % 해리하여 1몰의 나트륨 이온과 1몰의 염화 이온으로 나누어진다.

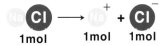

이로 인해 1 몰의 염화 나트륨 이온을 물에 녹였을 때, 나트륨 1몰과 염소 1몰이 물에 들어 있을 때와 같은 농도 효과를 갖는다.

20 ℃ 의 0.5 m 염화 나트륨 용액을 가열할 때 나타나는 온도 변화를 그래프로 나타내고, 끓기 시작하는 점의 온도를 계산하여 그래프에 표시하시오. (단, 염화 나트륨은 비휘발성 용질이며, 물의 몰랄 오름 상수(K_b)는 0.52 ℃/m 이다.)

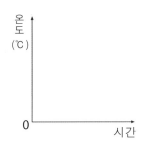

⬡ **용액의 끓는점 오름, 어는점 내림**

$\Delta T_b = m \cdot K_b$

$\begin{pmatrix} \Delta T_b = 용매와 \ 용액의 \ 끓는점 \ 차 \\ m = 몰랄 \ 농도 \\ K_b = 몰랄 \ 오름 \ 상수 \end{pmatrix}$

$\Delta T_f = m \cdot K_f$

$\begin{pmatrix} \Delta T_f = 용매와 \ 용액의 \ 어는점 \ 차 \\ m = 몰랄 \ 농도 \\ K_f = 몰랄 \ 내림 \ 상수 \end{pmatrix}$

⬡ **이온**

중성 원자(단)가 전자를 잃거나 얻어서 전기를 띤 원자 또는 원자단
중성 원자 + 전자 (−) = 음이온(−)
중성 원자 − 전자 (−) = 양이온(+)

양이온	
이름	화학식
수소 이온	H^+
나트륨 이온	Na^+
칼슘 이온	Ca^{2+}
구리 이온	Cu^{2+}
암모늄 이온	NH_4^+

음이온	
이름	화학식
염화 이온	Cl^-
아이오딘화 이온	I^-
수산화 이온	OH^-
아세트산 이온	CH_3COO^-
질산 이온	NO_3^-

▲ 여러 가지 이온

⬡ **전해질**

물 등의 용매에 녹아서 이온으로 해리되어 전류를 흐르게 하는 물질

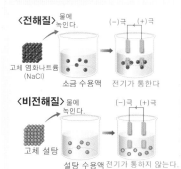

〈전해질〉 물에 녹인다.
고체 염화나트륨 (NaCl)   소금 수용액   전기가 통한다

〈비전해질〉 물에 녹인다.
고체 설탕   설탕 수용액 전기가 통하지 않는다.

▲ 프레스틀리와 이산화 탄소를 물에 녹이는 기구

▲ 코카콜라 병의 변천사

● 논리 서술형

16 다음 제시문을 읽고 물음에 답하시오.

[제시문 1]

잠수부의 산소 탱크 안에는 산소를 희석시키는 용도로 질소가 들어 있다. 깊은 물속에 들어간 잠수부가 공기를 호흡하면 질소가 수면 밖에서 보다 쉽게 혈액 안으로 들어가 질소 마취 현상을 일으키게 되어 사고력. 판단력. 기억력 감퇴 현상이 나타나게 된다. 또 잠수부가 오랜 시간 동안 깊은 물 속에 있다가 갑자기 물 밖으로 나오게 되면 혈액, 뼈, 신경 등의 신체 조직 안의 질소가 기포 형태로 방출되어 혈관을 막는데 이러한 병을 '잠수병'이라고 한다.

[제시문 2]

일본 국립 극지 연구소의 가쓰푸미 사토 박사 연구팀은, 펭귄이 잠수할 때는 날개를 펄럭이면서 빠르게 내려가지만, 물 위로 올라올 때는 날개를 이용하지 않고 자연적인 부력에 의지해 비스듬한 각도로 천천히 올라온다고 2002년 4월 '실험생물학'지에 밝혔다. 서서히 상승하면서 몸 안의 질소가 호흡을 통해 자연스럽게 빠져나가기 때문에 펭귄은 잠수병에 걸리지 않는다.

(1) 잠수병에 걸리지 않게 하기 위해서 산소 탱크 안에 질소 대신 사용할 수 있는 기체의 특징과 종류를 적어 보시오.

(2) 지하 240 m 에서 일하던 광부가 목이 말라 콜라캔을 열었더니 캔에서 탄산 가스가 나오지 않았다. 콜라를 마시고 열심히 일을 한 뒤 지상으로 올라오는데 속이 거북하면서 방귀가 계속 나왔다. 그 이유는 무엇인가?

추리 단답형

17 다음 제시문을 읽고 물음에 답하시오.

> 1986년 8월 21일 우기의 밤중에 아프리카 카메룬의 외딴 곳의 호수인 니오스 호수의 아래쪽 깊은 곳에서 많은 양의 이산화 탄소 기체가 분출되어 바람을 타고 퍼져 나가 1,700여명의 사람과 3,500마리의 가축들이 죽어 갔다. 부근의 화산 지역의 마그마에서 나온 이산화 탄소를 포함한 가스가 물에 용해되어 호수 바닥에 쌓여 있었던 것이다.

▲ 떼죽음 당한 소의 모습

(1) 여러분이 호수의 물이 뒤집혔는지를 규명하는 과학자라면 이산화 탄소가 대량 방출된 원인을 무엇이라고 추론할 것인가?

(2) 평상시에는 마셔도 괜찮은데 왜 이산화 탄소에 의해 많은 사람과 가축이 죽었는지 설명하시오.

이산화 탄소의 분출

지난 2001년 호수 바닥의 물을 빨아올려 이산화 탄소를 빼낼 수 있는 튜브가 설치됐다. 이 장치는 프랑스 과학자가 고안했다. 호수를 영구적으로 안정시키기 위해서는 지금보다 용량이 10배 큰 장치를 2개 더 설치해야 하지만 재원 부족으로 아직 설치되지 않고 있다. 화산 분화구에 만들어진 니오스는 최고 폭이 2 km 에 불과하지만 깊이는 208 m 에 이른다. 호수 아래의 마그마에서 내뿜는 이산화 탄소로 물은 산성으로 변했다. 이산화 탄소가 과포화 상태로 저장돼 있는 호수는 카메룬의 니오스와 모나운, 르완다의 키부 등 3개가 있다.

▲ 니오스 호수에서 죽은 소

물의 구조

물의 구조는 다음과 같은 굽은형 구조이다.

만약 물 분자 모양이 아래 그림처럼 직선형이었다면 어떤 일이 일어날까?

- 분자 간 인력이 약하여 물은 기체 상태로 존재한다.
- 액체 상태의 물에 소금은 녹지 않고, 이산화 탄소나 산소같은 무극성 물질이 잘 녹는다.
- 물은 강한 응집력을 가지고 있었는데, 응집력이 약해져 모세관 현상이 약해져 식물의 뿌리에서 잎까지 물이 도달하지 못한다.
- 얼음이 될 때 부피가 감소하게 되어 물이 바닥부터 언다.

아세트산 나트륨 3수화물

아세트산 나트륨 3수화물($CH_3COONa\cdot3H_2O$)을 58 ℃ 이상으로 가열하면 결정 수가 분리되고, 그 물에 아세트산 나트륨이 녹기 시작한다. 완전히 다 녹게 되는 온도는 79 ℃ 로 그 용액은 포화 상태가 된다.

고체의 용해도

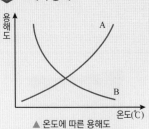

▲ 온도에 따른 용해도

• 물질 A는 용해 과정이 흡열이므로 온도를 높이면 용해도가 증가한다.
• 물질 B는 용해 과정이 발열이므로 온도를 높이면 용해도가 감소한다.
• 고체 물질의 용해도는 압력의 영향을 받지 않는다.

기체의 용해도

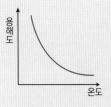

• 기체의 용해 과정은 발열 과정이므로 온도를 높이면 용해도가 감소한다.

• 물에 잘 녹지 않는 기체들(무극성 기체)들은 압력을 높이면 용해되는 기체의 질량이 압력에 비례한다.(헨리의 법칙)
예) 20 ℃, 1 기압에서 산소는 물 1 L 에 0.434 g 이 녹고, 같은 온도, 2 기압에서는 0.868 g 이 녹는다.
• 용해되는 기체의 부피는 압력에 관계없이 일정하다.(압력이 높아지면 용해되는 기체의 질량은 증가하지만, 보일 법칙에 의하여 부피가 줄어들기 때문에)

창의적 문제 해결형

18 시중에 판매하는 똑딱이 손난로는 아세트산 나트륨 3수화물($CH_3COONa\cdot3H_2O$)에 약간의 물을 첨가한 것이다.

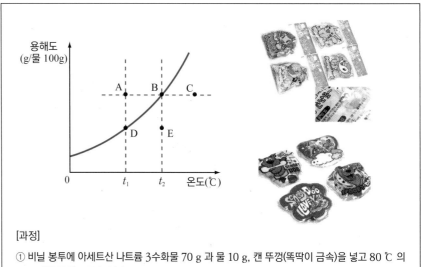

[과정]
① 비닐 봉투에 아세트산 나트륨 3수화물 70 g 과 물 10 g, 캔 뚜껑(똑딱이 금속)을 넣고 80 ℃ 의 뜨거운 물에 모두 녹인다.
② 모두 녹으면 봉투를 꺼내어 밀봉한 후 책상 위에 두고 서서히 식힌다.
③ 용액이 식으면 똑딱이를 꺾으면 열이 난다.

(1) 아세트산 나트륨 3수화물 70 g 과 물 10 g 을 80 ℃ 로 가열했을 때가 점 C 의 상태라고 할 때 과정 ①, ②, ③을 점 A ~ E 를 사용해서 열의 출입의 관점에서 설명하시오.

(2) 과정 ②에서 봉투를 빨리 식히기 위해 흔들면서 냉각시키면 어떻게 될까?

(3) 똑딱이 금속의 역할은 무엇인가?

(4) 물을 10 g 대신 30 g 을 넣고 손난로를 만들면 손난로의 성능은 어떻게 될까?

대회 기출 문제

정답 및 해설 **61**쪽

01 다음 중에서 용액의 밀도가 꼭 필요한 경우는?

[대회 기출 유형]

① 질량 분율에서 질량 백분율(퍼센트)로의 변환
② 몰 농도에서 몰랄 농도로의 변환
③ 몰 분율에서 몰랄 농도로의 변환
④ 질량 분율에서 몰 분율로의 변환

02 다음 중 어느 것이 25 % 의 설탕물인가?

[외고 기출 유형]

① 물 100 g 에 설탕 25 g 을 녹였다.
② 물 75 g 에 설탕 25 g 을 녹였다.
③ 설탕물 1000 mL 중에 설탕이 25 g 들어 있는 용액
④ 설탕물 200 mL 중에 설탕이 25 g 들어 있는 용액

03 분자량이 M 인 고체 물질 w (g) 을 부피가 V (mL) 인 액체에 녹였더니 부피가 V' (mL) 가 되었다. 이 용액의 몰 농도와 몰랄 농도를 구하는 식을 바르게 나타낸 것은? (단, 순수한 용매의 밀도는 d (g/mL) 이다.)

[대회 기출 유형]

	몰 농도	몰랄 농도		몰 농도	몰랄 농도
①	$(1000w)/(MV')$	$(1000w)/(MdV)$	②	$(1000w)/(MdV)$	$(1000w)/(MV')$
③	$w/(MV')$	$w/(MdV)$	④	$w/(MdV)$	$w/(MV')$

04 98 % 의 진한 황산을 사용하여 4.9 % 의 묽은 황산 200 g 을 만들려고 한다. 98 % 의 진한 황산은 몇 g 이 필요한가?

[과학고 기출 유형]

05 다음 중 온도에 따라 그 값이 변하는 것은?

[대회 기출 유형]

① 몰 분율   ② 퍼센트 농도   ③ 몰랄 농도   ④ 몰 농도

06 밀도가 1.84 g/mL 인 진한 황산(H_2SO_4, 분자량 = 98) 수용액 1 L 에는 황산 1780 g 이 포함되어 있다. 이 수용액의 농도를 계산할 때 옳은 것만을 〈보기〉에서 있는 대로 고른 것은?

[대회 기출 유형]

> **보기**
>
> ㄱ. 1 L 당 질량은 $1.84 \text{ g/mL} \times \dfrac{1000 \text{ mL}}{1 \text{ L}}$ 이다.
>
> ㄴ. % 농도는 $\dfrac{1780 \text{ g}}{1840 \text{ g}} \times 100(\%)$ 이다.
>
> ㄷ. 몰 농도는 $\dfrac{1780 \text{ g}}{98} \times \dfrac{1}{1 \text{ L}}$ 이다.

① ㄱ, ㄴ   ② ㄴ, ㄷ   ③ ㄷ, ㄹ   ④ ㄱ, ㄴ, ㄷ

07 그림은 서로 다른 농도의 A 수용액 (가), (다)와 이를 각각 묽혀 만든 (나), (라)를 나타낸 것이다.

[수능 기출 유형]

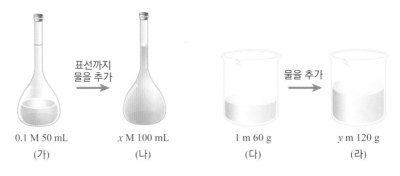

| 0.1 M 50 mL | x M 100 mL | 1 m 60 g | y m 120 g |
| (가) | (나) | (다) | (라) |

이에 대한 설명으로 옳은 것만을 〈보기〉에서 있는 대로 고른 것은? (단, (나)의 밀도는 1 g/mL 이고, A 의 화학식량은 200 이다.)

> **보기**
>
> ㄱ. A 의 질량은 (다)가 (가)의 10 배이다.
>
> ㄴ. $y > 10x$ 이다.
>
> ㄷ. (나)와 (라)를 모두 섞은 수용액의 퍼센트 농도는 5 % 이다.

① ㄱ   ② ㄴ   ③ ㄱ, ㄷ   ④ ㄴ, ㄷ   ⑤ ㄱ, ㄴ, ㄷ

08 다음은 수용액에서 물의 증발과 응축이 용액의 농도에 따라 어떻게 변하는지를 알아보는 실험이다. 85 g 의 물을 각각의 플라스틱에 넣고 15 g 의 포도당($C_6H_{12}O_6$, 분자량 180)과 15 g 의 설탕($C_{12}H_{22}O_{11}$, 분자량 342)을 섞어 용액을 만든 다음, 그림과 같이 U자 관에 수은을 넣고 연결하였을 때, 두 수용액 사이에서 다음과 같은 결과가 일어났다.

포도당 수용액　　수은　　설탕 수용액

위의 두 플라스크 내의 용액에 대한 설명으로 옳은 것을 있는 대로 고르시오. (단, 두 수용액 1 g 의 부피는 각각 1 mL 로 한다.)

[대회 기출 유형]

① 증기 압력은 설탕 용액이 더 크다.
② 용액의 몰 농도는 설탕 용액이 더 크다.
③ 두 용액은 같은 온도에서 끓기 시작한다.
④ 용액 속의 입자 수는 포도당 용액이 더 많다.
⑤ U자 관에 있는 수은을 제거하면 포도당 용액의 수면이 높아진다.

09 다음 그림과 같이 증류수와 바닷물이 각각 100 mL 씩 들어 있는 두 비커를 한 용기에 넣고 밀폐한 후 변화를 관찰하였다.

[대회 기출 유형]

증류수　　바닷물

충분한 시간이 지난 후 예상되는 결과로 옳은 것을 고르시오.

① 변화가 없다.
② 증류수가 거의 다 바닷물 쪽으로 이동한다.
③ 바닷물이 거의 다 증류수 쪽으로 이동한다.
④ 증류수와 바닷물의 수위는 동시에 내려간다.
⑤ 바닷물에 들어 있는 염분은 그대로 남고 물만 증류수 쪽으로 이동한다.

10 2 m 설탕물에 관한 설명 중 옳지 <u>않은</u> 것은?

[대회 기출 유형]

① 0 ℃ 보다 낮은 온도에서 언다.
② 100 ℃ 보다 높은 온도에서 끓는다.
③ 끓는점이 0.5 m 소금물보다 낮다.
④ 어는점이 0.5 m 소금물보다 낮다.
⑤ 100 ℃ 에서 증기 압력이 760 mmHg 보다 낮다.

11 물 200 g 에 설탕($C_{12}H_{22}O_{11}$) 4.00 g 을 녹인 용액의 끓는점을 구하시오. (단, 설탕의 분자량은 342 이며, 물이 용매인 경우 몰랄 오름 상수는 0.52 이다.)

[대회 기출 유형]

12 그림 (가)는 3 가지 물질 A ~ C 의 온도에 따른 액체의 증기 압력을 나타낸 것이고, (나)는 B의 상평형 그림이다.

[수능 기출 유형]

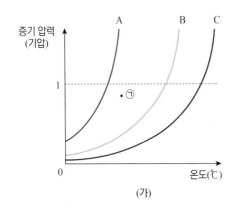

(가)

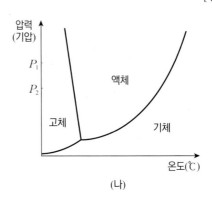

(나)

이에 대한 설명으로 옳은 것만을 〈보기〉에서 있는 대로 고른 것은?

보기

ㄱ. ㉠의 온도와 압력에서 A(l)의 온도를 높이면 상태 변화가 일어난다.
ㄴ. B 의 어는점은 P_1 기압에서가 P_2 기압에서보다 높다.
ㄷ. A 의 기준 끓는점에서의 증기 압력은 C 의 기준 끓는점에서의 증기 압력보다 크다.

① ㄱ   ② ㄴ   ③ ㄱ, ㄷ   ④ ㄴ, ㄷ   ⑤ ㄱ, ㄴ, ㄷ

13 그림은 몇 가지 액체의 증기 압력 곡선을 나타낸 것이다. 이에 대한 설명으로 옳은 것은?

[대회 기출 유형]

① 세 액체 중 디에틸에테르의 끓는점이 가장 낮다.
② 에탄올보다 디에틸에테르의 분자 간 인력이 더 크다.
③ 세 액체 모두에서 수소 결합이 분자 간 인력으로 작용한다.
④ 같은 온도에서 물의 증기 압력이 세 액체 중에서 가장 크다.

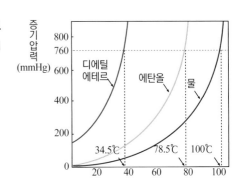

14 영희는 온도 변화에 따른 액체와 기체의 성질을 알아보기 위하여 다음과 같은 실험을 하였다.

[대회 기출 유형]

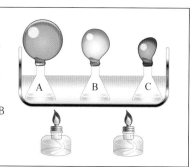

(1) 세 개의 플라스크 A, B, C 를 준비하여 A 와 B 에는 각각 다른 액체를 같은 양 넣고, C 에는 아무것도 넣지 않았다.
(2) 세 개의 플라스크 입구에 모두 풍선을 씌우고, 수조 속에 넣은 후 수조를 가열하였다.
(3) 세 개의 풍선이 모두 부풀어 오르기 시작했는데, 부푼 풍선의 크기는 A > B > C 이다.

이 실험에 대한 설명으로 옳은 것을 있는 대로 고르시오.

① 플라스크 C 의 풍선이 커지는 것은 온도가 높아짐에 따라 기체의 부피가 증가하기 때문이다.
② 같은 온도에서 A 에 든 액체의 증기 압력이 B 에 든 액체보다 크다.
③ A 에 든 액체의 끓는점이 B 에 든 액체보다 높다.
④ 액체 상태에서 분자 간의 인력이 A 에 든 액체가 B 에 든 액체보다 크다.
⑤ A 에 든 액체가 끓는점에 도달하면 A 의 풍선이 더 빠른 속도로 커질 것이다.

15 반투막으로 아래쪽을 막은 유리구 A, B, C 에 각각 물 1000 g 에 용질 X, Y, Z 를 각각 1 g 씩 녹인 용액을 같은 높이만큼 넣은 뒤 물속에 넣어 오랫동안 두었더니, 유리구 속 액체 기둥의 높이가 다음 그림과 같이 각각 h, $2h$, $3h$ 로 되었다. 이 실험 결과를 바탕으로 용질 X, Y, Z 의 분자량의 비를 구하시오.

[과학고 기출 유형]

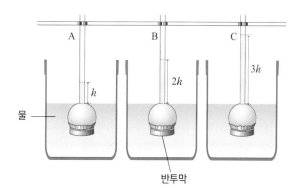

16 그림은 용매에 용질 A 를 녹인 용액의 삼투압을 이용하여 용질 A 의 분자량을 측정하는 장치이다. 장치를 통해 삼투압을 측정하여 용질 A 의 분자량을 구하였더니 분자량이 실제 분자량보다 크게 측정되었다. 이 실험의 오차 원인을 〈보기〉에서 있는 대로 고르시오.

[대회 기출 유형]

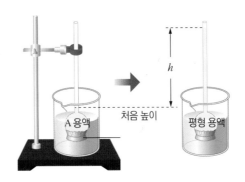

보기

ㄱ. h 를 실제보다 작게 측정하였다.

ㄴ. 온도를 실제 온도보다 높게 측정하였다.

ㄷ. 용질의 질량을 실제보다 크게 측정하였다.

ㄹ. 용액의 부피를 실제보다 크게 측정하였다.

17 비커 A 에는 물 100 g 에 비휘발성 용질 10 g 을, 비커 B 에는 물 100 g 에 비휘발성 용질 30 g 을 넣고 다음 그림과 같이 장치하였다. 더 이상 변화가 일어나지 않을 때, 비커 A 와 B 속에 들어 있는 물의 양은 각각 몇 g 인지 구하시오.

[과학고 기출 유형]

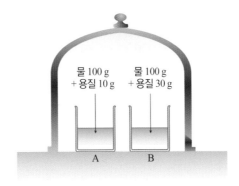

18 다음은 A 가 B 를 생성하는 반응의 화학 반응식과 농도로 정의되는 평형 상수(K)이다.

[수능 기출 유형]

$$A(g) \rightleftharpoons 2B(g), \quad K$$

그림 (가) ~ (다)는 온도 T 에서 부피가 1 L 인 3개의 용기에 A 와 B 가 들어 있는 것을 모형으로 나타낸 것이고, (가)는 평형 상태이다. 1 개의 ○와 ■는 각각 0.1 몰의 A 와 B 이다.

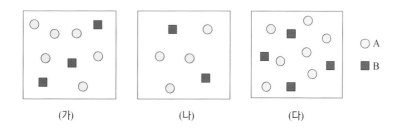

(가)   (나)   (다)

이에 대한 설명으로 옳은 것만을 〈보기〉에서 있는 대로 고르시오.

보기

ㄱ. T 에서 $K = \dfrac{3}{20}$ 이다.

ㄴ. (나)는 평형 상태이다.

ㄷ. (다)에서 반응의 진행 방향은 정반응이다.

19 과량의 고체 탄소가 들어 있는 1 L 의 용기에 4.4 g 의 이산화 탄소를 넣었더니 다음과 같은 반응이 일어났다.

[대회 기출 유형]

$$CO_2(g) + C(s) \rightleftharpoons 2CO(g)$$

평형에서 기체 밀도를 측정하여 반응 용기에 들어 있는 기체의 평균 분자량이 36 임을 알았다. C 와 O 의 원자량은 각각 12, 16 일 때, 다음 물음에 답하시오.

(1) 각 성분의 평형 농도로부터 평형 상수를 구하시오.

(2) 반응 용기의 부피를 일정하게 유지시키면서 비활성 기체인 He을 주입하여 전체 압력을 두 배로 증가시켰다. 이때 평형 상태는 어떻게 변하는지 쓰시오.

(3) 비활성 기체를 첨가할 때 반응 용기의 부피를 증가시켜 전체 압력을 일정하게 유지시킨다면 평형 상태는 어떻게 변하는지 쓰시오.

20 무더운 여름날, 시원한 탄산 음료를 마시려고 한다. (가)는 탄산 음료의 마개를 딸 때의 모습이고, (나)는 탄산 음료를 컵에 따랐을 때의 모습이다.

[대회 기출 유형]

(가)   (나)

기체의 용해도를 증가시키는 방법을 제시하시오.

21 그림은 어떤 고체의 용해도 곡선을 나타낸 것이다. 80 ℃ 에서 이 고체의 포화 용액 90 g 을 30 ℃ 로 냉각시켰을 때, 석출되는 결정이 없도록 하려면 최소한 30 ℃ 의 물 몇 g을 더 넣어야 하는가?

[과학고 기출 유형]

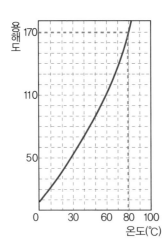

22 20 ℃ 의 물 5 g 에 황산 구리 1 g 을 녹이면 포화 용액이 된다. 60 ℃ 의 40 % 황산 구리 수용액 100 g 을 20 ℃ 로 냉각시킬 때, 석출되는 황산 구리의 양은 몇 g인가?

[과학고 기출 유형]

23 그림은 물에 대한 어떤 고체의 용해도 곡선이다. 75 ℃ 에서 이 고체의 포화 수용액을 15 ℃ 로 냉각시켜 40 g 의 결정을 얻었다. 75 ℃ 에서 포화 수용액의 질량을 구하시오.

[과학고 기출 유형]

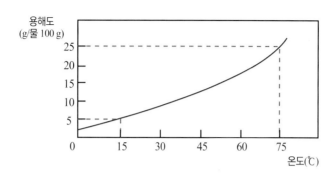

24 기체의 용해도가 생명의 진화에 어떻게 영향을 미쳤는지에 대한 가설 중 옳지 <u>않은</u> 것은?

[대회 기출 유형]

① 산소는 분자 구조가 대칭인 무극성 물질이기 때문에 물에 잘 녹지 않는다.
② 바닷물 속에서 일어나는 광합성의 부산물인 산소가 대기에 축적된 후에야 육지로 동물이 진출했다.
③ 태초의 광합성은 지상의 식물에서 일어났다. 따라서 지구 대기에 이산화 탄소가 축적되는 것이 중요하다.
④ 바닷물 속의 광합성 세포가 광합성을 하기 위해서는 이산화 탄소가 어느 정도 물에 녹는다는 사실이 중요하다.

25 다음은 물에 녹는 물질 A 와 물질 B 의 용해도(g/물 100 g)이다.

물질 \ 온도(℃)	0	20	40	60	80
A	7.0	22.0	38.0	55.0	85.0
B	15.0	18.0	21.0	24.0	27.0

다음과 같이 물질 A 50 g 이 녹아 있는 수용액 (가) 100 g 과 물질 B 18 g 이 녹아 있는 수용액 (나) 68 g 이 있다.

물질 A 50 g 이 녹아 있음   물질 B 18 g 이 녹아 있음

(가)와 (나)를 섞은 수용액 168 g 을 80 ℃ 에서 냉각시켜 순수한 A 만을 최대한 많이 석출하려 할 때, 냉각시켜야 할 온도와 석출되는 물질 A 의 질량은 얼마인지 구하시오.

[영재고 기출 유형]

• 석출 온도 : (   )℃
• 석출 되는 물질 A 의 양 : (   ) g

밀도의 미스테리

영화 속에서 사람들이 모래수렁에 빠진 후 빠져 나오지 못하고 묻힌다거나, 버뮤다 삼각지대에서 비행기나 배가 갑자기 사라지는 과학적인 이유는 무엇일까?

☁ 건물도 삼키는 모래수렁의 정체

모래 수렁은 정글이나 호숫가 또는 강이나 바닷가에서 찾아볼 수 있다.

모래 수렁은 영어로 퀵샌드(Quicksand)라 불린다. 즉, 모래가 빠르게 움직인다는 뜻이다.

모래 위에 서 있으면 모래알 사이에 마찰력이 작용해 서로 흩어지지 않으려고 하기 때문에 어느 정도 깊이에서 멈춘다. 하지만 모래수렁에 들어가면 발이 밑으로 쏙 빠진다. 모래에 물이 들어가면서 모래알들 사이의 마찰력이 사라져서 모래알들이 서로 미끄러져 사람의 몸무게를 지탱하지 못하기 때문이다.

모래수렁에 발이 빠지면 밑에서 뭔가가 자신을 끌어당기는 듯이 발이 갑자기 쏙 빠지게 된다. 모래수렁에서는 물체가 빠져 나간만큼 그 공간이 진공 상태가 되기 때문에 막고 있는 주사기의 피스톤을 뺄때처럼 발을 빼기가 아주 힘들다. 억지로 발을 빼는 경우 초당 1 cm 씩 위로 이동하는데, 이때 드는 힘은 중형차 한 대를 끌어올리는 힘과 비슷하다.

☁ 수렁에 빠져도 정신만 차리면 산다.

만약, 바닷가나 강가에서 모래수렁에 빠지게 되면 어떻게 해야 할까? 우리 몸의 대부분은 물이므로 밀도는 물과 같은 약 1 g/cm^{3}이다. 이에 비해 모래수렁의 밀도는 이보다 큰 2 g/cm^3 정도 된다. 그러므로 모래수렁에서는 물에서 보다 몸이 뜨기 쉬우므로 몸을 누인 채 팔다리를 넓게 벌리면 곧 몸이 떠오르게 된다.

당황해서 팔다리를 허우적대면 위험에 빠져 목숨을 잃게 되기 쉽다. 사람이 몸을 흔들면 그 사이로 물이 들어와 모래수렁의 밀도가 낮아져 몸이 쏙 빠지기 때문이다.

◀모래수렁 경고 팻말(왼)과 영화 인디아나존스의 한 장면(아래) ▼

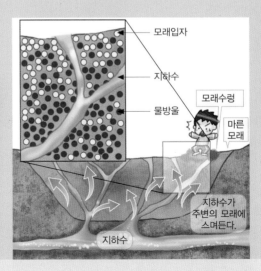

모래입자

지하수

물방울

모래수렁

마른 모래

지하수가 주변의 모래에 스며든다.

지하수

Imagine Infinitely

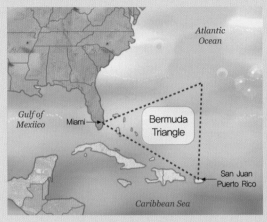

▲ 1918년 미국 해군소속 시클롭스라는 배는 309명의 승무원을 태운 채 실종되었다. 그들은 SOS 구조 전문도 보내지 않았다.

🌩 버뮤다 삼각 지대의 진실은 무엇일까?

1918년 미국 해군 소속 시클롭스라는 배는 309명의 승무원을 태운 채 실종되었다. 그들은 SOS 구조 전문도 보내지 않았다.

1945년 12월 5일, 다섯 대의 해군 아벤저 비행기가 정규 순찰을 위해 플로리다를 출발하여 날아가던 중 비행 편대의 대장이 항법 장치가 있음에도 불구하고 길을 잃었다고 통신을 보냈다. 이 통신을 마지막으로 27명을 태운 다섯 대의 정찰기는 사라져 버렸다.

미군은 1963년 버뮤다 삼각 지대에서 핵 잠수함을 잃어버렸다.

버뮤다 삼각지대는 1492년 콜롬버스가 아메리카 신대륙을 발견한 때부터 많은 선박과 항공기들이 감쪽같이 사라졌다는 기록이 남아있을 만큼 악명이 높은 해역이다. 버뮤다를 정점으로 하고, 플로리다와 푸에르토리코를 잇는 선을 밑변으로 하는 3각형의 해역에서는 비행기와 배의 사고가 자주 일어나는데, 시체나 배·비행기의 파편도 발견되지 않은 경우가 많아 '마(魔)의 바다' '죽음의 삼각 해역'이라고 불리운다.

▲ 1945년 12월 5일, 다섯 대의 해군 아벤저 비행기가 정규 순찰을 위해 플로리다를 출발하여 날아가던 중 비행 편대의 대장이 항법장치가 있음에도 불구하고 길을 잃었다고 통신을 보냈다. 이 통신을 마지막으로 27명을 태운 다섯 대의 정찰기는 사라져 버렸다.

🌩 버뮤다 삼각 지대의 미스테리를 해결하기 위한 가설

여러 가설들 중에서 '지구 자기장의 변화설'이 지지를 많이 받았다. 1977년 여름에 이 가설을 증명하기 위해 미 해군이 소련 함대와 협력하여 '포리모오드 작전'을 공동으로 수행하였으나 특별한 이상이 발견되지 않았다.

시대를 거슬러 콜롬버스 시대부터 이 지역에 끓는 물과 반구형의 물기둥이 보고되기도 하였다. 1963년에 이 지역을 지나는 Pan American 제트 비행기의 조종사는 반구형의 끓는 물기둥을 보았다고 보고하였다. 또한 2차 대전 이후 이곳을 지나는 선박의 레이다에 가상의 커다란 섬이 나타나곤 하였다.

▲ 미군은 1963년 버뮤다 삼각 지대에서 핵 잠수함을 잃어버렸다.

이러한 현상은 대규모의 가스 하이드레이트가 녹으면서 가스가 분출되어 일어날 수 있다고 보고되었는데 가스 하이드레이트는 얼음 모양의 결정체로 물 분자가 마치 상자처럼 메테인 가스를 안에 넣어두는 역할을 한다.

대규모의 메테인 가스가 방출되면 바닷물의 밀도는 극히 낮아지게 된다. 그 결과 가스 하이드레이트가 방출되는 지역을 지나는 선박들은 떠있을 수가 없게 되어 침몰하며 비행기들은 공기 오염으로 인한 엔진 고장으로 추락하게 되는 것으로 추측되고 있다.

▲ 버뮤다 삼각 지대에서 촬영된 물기둥

정답 64쪽

Q 모래는 사람보다 밀도가 큰데도 모래수렁에 사람이 가라앉는 이유는 뭘까?

1. 국제 단위계(SI 단위계)

1 SI 접두어

크기	접두어	기호
10^1	데카(deca)	da
10^2	헥토(hecto)	h
10^3	킬로(kilo)	k
10^6	메가(mega)	M
10^9	기가(giga)	G
10^{12}	테라(tera)	T

크기	접두어	기호
10^{-1}	데시(deci)	d
10^{-2}	센티(centi)	c
10^{-3}	밀리(milli)	m
10^{-6}	마이크로(micro)	μ
10^{-9}	나노(nano)	n
10^{-12}	피코(pico)	p

2 SI 기본 단위

물리량	명칭	기호
길이	미터(meter)	m
질량	킬로그램(kilogram)	kg
시간	초(second)	s
전류	암페어(ampere)	A
온도	켈빈(kelvin)	K
몰질량	몰(mole)	mol
광도	칸델라(candela)	cd

3 SI 유도 단위

물리량	명칭	기호	기호
힘	뉴턴(newton)	N	$kg \cdot m/s^2$
압력	파스칼(pascal)	Pa	$kg \cdot m/s^2 = N/m^2$
에너지	줄(joule)	J	$kg \cdot m^2/s^2 = N/m$
일률	와트(watt)	W	$kg \cdot m^2/s^3 = J/s$
진동수	헤르츠(hertz)	Hz	s^{-1}
전하량	쿨롱(coulomb)	C	$A \cdot s$
전압	볼트(volt)	V	$J/C = W/A$

4 단위 환산

길이	질량	온도
1 cm = 0.3937 in(인치) 1 in = 2.54 cm 1 mile(마일) = 5280 ft(피트) = 1.6093 km 1 nm = 10^{-9} m	1 kg = 1000 g 1 lb(파운드) = 453.59 g = 16 oz(온스) 1 t(톤) = 1000 kg 1 원자 질량 단위 = 1.66057 × 10^{-27} kg	0 K = -273.15 ℃(섭씨도) = -457.67 ℉(화씨도) K = ℃ + 273.15 ℃ = $\frac{5}{9}$ (℉ - 32) ℉ = $\frac{9}{5}$ (℃) + 32

몰질량	압력	에너지
1 mol = 22.4 L (0 ℃, 1 기압에서 기체의 부피) = 6.02 × 10^{23} 개(분자 수)	1 Pa = 1 N(뉴턴) /m^2 = 1 $kg/m \cdot s^2$ 1 atm(기압) = 1013.25 hPa = 760 mmHg 1 bar(바) = 10^5 Pa	1 J = 1 N·m = W·s = 1 $kg \cdot m^2/s^2$ = 0.23901 cal(칼로리) 1 cal = 4.184 J 1 kWh(킬로와트시) = 10^3 W × 3600 s = 3.6 × 10^6 J

2. 원소의 물리적 성질

기압 : 1 atm

원소 기호	H	He	Li	Be	B	C
원소 이름	수소	헬륨	리튬	베릴륨	붕소	탄소
영어 이름	Hydrogen	Helium	Lithium	Beryllium	Boron	Carbon
원자 번호	1	2	3	4	5	6
원자량	1.008	4.0026	6.941	9.0122	10.811	12.011
녹는점(℃)	-259.14	-272.2	97.81	1283	2300	3550
끓는점(℃)	-252.87	-268.9	903.8	2484	3658	4827
밀도(g/cm³)	0.070	0.147	0.971	1.848	2.34	2.25
바닥 상태 전자 배치	$1s^1$	$1s^2$	[He] $2s^1$	[He] $2s^2$	[He] $2s^22p^1$	[He] $2s^22p^2$
이온화 에너지	1312	2372.3	495.8	899.4	800.6	1086.4
전기 음성도	2.20	-	0.93	1.57	2.04	2.55

원소 기호	N	O	F	Ne	Na	Mg
원소 이름	질소	산소	플루오린	네온	나트륨	마그네슘
영어 이름	Nitrogen	Oxygen	Fluorine	Neon	Sodium	Magnesium
원자 번호	7	8	9	10	11	12
원자량	14.007	15.999	18.996	20.180	22.990	24.305
녹는점(℃)	-209.86	-217.4	-219.62	-248.69	97.81	648.8
끓는점(℃)	-195.8	-182.96	-188.14	-246.05	903.8	1105
밀도(g/cm³)	0.808	1.14	1.108	1.207	0.971	1.738
바닥 상태 전자 배치	[He] $2s^22p^3$	[He] $2s^22p^4$	[He] $2s^22p^5$	[He] $2s^22p^6$	[Ne] $3s^1$	[Ne] $3s^2$
이온화 에너지	1402.3	1313.9	1681.0	2080.6	495.8	737.7
전기 음성도	3.04	3.44	3.98	-	0.93	1.31

원소 기호	Al	Si	P	S	Cl	Ar
원소 이름	알루미늄	규소	인	황	염소	아르곤
영어 이름	Aluminum	Silicon	Fluorine	Phosphorus	Chlorine	Argon
원자 번호	13	14	15	16	17	18
원자량	26.982	28.086	30.974	32.065	35.453	39.948
녹는점(℃)	660.37	1410	44.1	119.0	-100.98	-189.2
끓는점(℃)	2467	2355	280	444.7	-34.6	-185.7
밀도(g/cm³)	2.702	2.33	1.82	1.96	1.367	1.40
바닥 상태 전자 배치	[Ne] $3s^23p^1$	[Ne] $3s^23p^2$	[Ne] $3s^23p^3$	[Ne] $3s^23p^4$	[Ne] $3s^23p^5$	[Ne] $3s^23p^6$
이온화 에너지	577.6	786.4	1011.7	999.6	1251.1	1520.5
전기 음성도	1.61	1.90	2.19	2.58	3.16	-

원소 기호	K	Ca	Zn	Fe	Ni	Sn
원소 이름	칼륨	칼슘	아연	철	니켈	주석
영어 이름	Potassium	Calcium	Zinc	Iron	Sodium	Tin
원자 번호	19	20	30	26	28	50
원자량	39.098	40.098	65.409	55.845	58.693	118.71
녹는점(℃)	63.65	839	419.58	1535	1453	231.97
끓는점(℃)	774	1484	907	2750	2732	2270
밀도(g/cm³)	0.862	1.55	7.4133	7.874	8.902	5.75
바닥 상태 전자 배치	[Ar] $4s^1$	[Ar] $4s^2$	[Ar] $3d^{10}4s^2$	[Ar] $3d^64s^2$	[Ar] $3d^84s^2$	[Kr] $4d^{10}5s^25p^2$
이온화 에너지	418.8	589.8	906.4	759.3	736.7	708.6
전기 음성도	0.82	1.00	1.65	1.90	1.91	1.88

원소 기호	Pb	Cu	Hg	Ag	Pt	Au
원소 이름	납	구리	수은	은	백금	금
영어 이름	Lead	Copper	Mercury	Silver	Platinum	Gold
원자 번호	82	29	80	47	78	79
원자량	207.2	63.546	200.59	107.868	195.08	196.967
녹는점(℃)	327.5	1083.4	-38.87	961.93	1772	1064.43
끓는점(℃)	1740	2567	356.58	2212	3827	2807
밀도(g/cm³)	11.35	8.96	13.546	410.50	21.45	19.32
바닥 상태 전자 배치	[Xe] $4f^{14}5d^{10}6s^26p^2$	[Ar] $3d^{10}4s^1$	[Xe] $4f^{14}5d^{10}6s^2$	[Kr] $4d^{10}5s^1$	[Xe] $4f^{14}5d^96s^1$	[Xe] $4f^{14}5d^{10}6s^1$
이온화 에너지	715.5	745.4	1007.0	731.0	868	890.1
전기 음성도	2.10	1.90	2.00	1.93	2.28	2.54

원소 기호	Br	I	Ba	Cr	Mn	U
원소 이름	브로민	아이오딘	바륨	크로뮴	망가니즈	우라늄
영어 이름	Bromine	Iodine	Barium	Selenium	Manganese	Uranium
원자 번호	35	53	56	24	25	92
원자량	79.904	126.904	137.327	51.996	54.938	238.03
녹는점(℃)	-7.25	113.5	725	1857	1244	1132.3
끓는점(℃)	58.78	184.35	1640	2672	1962	3818
밀도(g/cm³)	3.119	4.93	3.51	7.18	7.21	18.95
바닥 상태 전자 배치	[Ar] $3d^{10}4s^24p^5$	[Kr] $4d^{10}5s^25p^5$	[Xe] $6s^2$	[Ar] $3d^54s^1$	[Ar] $3d^54s^2$	[Rn] $5f^36d^17s^2$
이온화 에너지	1139.9	1008.4	502.9	652.8	717.4	587
전기 음성도	2.96	2.66	0.89	1.66	1.55	1.38

3. 탄화수소 명명

탄소 수	접두어	물질 이름	분자식	알케인(Alkane)	분자식	알켄(Alkene)	분자식	알카인(Alkyne)
1	mono	metha	CH_4	메테인(methane)	-	-	-	-
2	di	etha	C_2H_6	에테인(ethane)	C_2H_4	에텐(ethene)	C_2H_2	에타인(ethyne)
3	tri	propa	C_3H_8	프로페인(propane)	C_3H_6	프로펜(propene)	C_3H_4	프로파인(propyne)
4	tetra	buta	C_4H_{10}	뷰테인(butane)	C_4H_8	뷰텐(butene)	C_4H_6	뷰타인(butyne)
5	penta	penta	C_5H_{12}	펜테인(pentane)	C_5H_{10}	펜텐(pentene)	C_5H_8	펜타인(pentyne)
6	hexa	hexa	C_6H_{14}	헥세인(hexane)	C_6H_{12}	헥센(hexene)	C_6H_{10}	헥사인(hexyne)
7	hepta	hepta	C_7H_{16}	헵테인(heptane)	C_7H_{14}	헵텐(heptene)	C_7H_{12}	헵타인(heptyne)
8	octa	octa	C_8H_{18}	옥테인(octane)	C_8H_{16}	옥텐(octene)	C_8H_{14}	옥타인(octyne)
9	nona	nona	C_9H_{20}	노네인(nonane)	C_9H_{18}	노넨(nonene)	C_9H_{16}	노나인(nonyne)
10	deca	deca	$C_{10}H_{22}$	데케인(decane)	$C_{10}H_{20}$	데켄(decene)	$C_{10}H_{18}$	데카인(decyne)

탄화수소 유도체 일반식	탄화수소 유도체 이름	작용기	작용기 이름	화합물의 예
R - OH	알코올	—OH	하이드록시기	CH_3OH 메탄올 C_2H_5OH 에탄올
R - CHO	알데하이드	$-C\overset{O}{\underset{H}{\big\langle}}$	포밀기	HCHO 폼알데하이드 CH_3CHO 아세트알데하이드
R - COOH	카복실산	$-C\overset{O}{\underset{OH}{\big\langle}}$	카복시기	HCOOH 폼산 CH_3COOH 아세트산
R - CO - R′	케톤	$\overset{-C-}{\underset{O}{\parallel}}$	카보닐기	CH_3COCH_3 다이메틸케톤 $CH_3COC_2H_5$ 에틸메틸케톤
R - O - R′	에테르	—O—	에테르 결합	CH_3OCH_3 다이메틸에테르 $C_2H_5OC_2H_5$ 다이에틸에테르
R - COO - R′	에스터	$\overset{-C-O-}{\underset{O}{\parallel}}$	에스터 결합	$HCOOCH_3$ 폼산메틸 $CH_3COOC_2H_5$ 아세트산메틸
R - NH₂	아민	$-N\overset{H}{\underset{H}{\big\langle}}$	아미노기	CH_3NH_2 메틸아민 $C_6H_5NH_2$ 아닐린

4. 표준 환원 전위(25 ℃, 1 M)

반쪽 반응	$E°$ (V)
$H_2O_2(aq) + 2H^+(aq) + 2e^- \longrightarrow 2H_2O(l)$	1.78
$MnO_4(aq) + 8H^+(aq) + 5e^- \longrightarrow Mn^{2+}(aq) + 4H_2O(l)$	1.49
$Cl_2(g) + 2e^- \longrightarrow 2Cl^-(aq)$	1.36
$Cr_2O_7^{2-}(aq) + 14H^+(aq) + 6e^- \longrightarrow 2Cr^{3+}(aq) + 7H_2O(l)$	1.33
$O_2(g) + 4H^+(aq) + 4e^- \longrightarrow 2H_2O(l)$	1.23
$Ag^+(aq) + e^- \longrightarrow Ag(s)$	0.80
$Fe^{3+}(aq) + e^- \longrightarrow Fe^{2+}(aq)$	0.77
$Cu^+(aq) + e^- \longrightarrow Cu(s)$	0.52
$Cu^{2+}(aq) + 2e^- \longrightarrow Cu(s)$	0.34
$Cu^{2+}(aq) + e^- \longrightarrow Cu^+(aq)$	0.16
$2H^+(aq) + 2e^- \longrightarrow H_2(g)$	0.00
$Fe^{3+}(aq) + 3e^- \longrightarrow Fe(s)$	-0.04
$Pb^{2+}(aq) + 2e^- \longrightarrow Pb(s)$	-0.13
$Ni^{2+}(aq) + 2e^- \longrightarrow Ni(s)$	-0.23
$Cd^{2+}(aq) + 2e^- \longrightarrow Cd(s)$	-0.40
$Fe^{2+}(aq) + 2e^- \longrightarrow Fe(s)$	-0.44
$Zn^{2+}(aq) + 2e^- \longrightarrow Zn(s)$	-0.76
$2H_2O(l) + 2e^- \longrightarrow H_2(g) + 2OH^-(aq)$	-0.83
$Mg^{2+}(aq) + 2e^- \longrightarrow Mg(s)$	-2.38
$Na^+(aq) + e^- \longrightarrow Na(s)$	-2.71
$K^+(aq) + e^- \longrightarrow K(s)$	-2.9.
$Li^+(aq) + e^- \longrightarrow Li(s)$	-3.04

MEMO

창·의·력·과·학

아이앤아이 부록
표준 주기율표

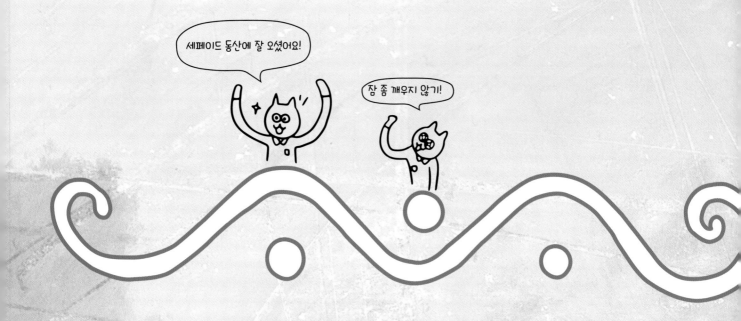

창·의·력·과·학

I&I

아이앤아이

I&I

윤찬섭 저

화학(상)
정답 및 해설

개정2판

무한상상

아이앤아이

창·의·력·수·학 / 과·학

영재학교·과학고	영재교육원·영재성검사	과학대회 준비
아이앤아이 물리학 (상,하)	아이앤아이 영재들의 수학여행 수학 32권 (5단계)	아이앤아이 꾸러미 과학대회 초등 – 각종 대회, 과학 논술/서술
아이앤아이 화학 (상,하)	아이앤아이 꾸러미 48제 모의고사 수학 3권, 과학 3권	아이앤아이 꾸러미 과학대회 중고등 – 각종 대회, 과학 논술/서술
아이앤아이 생명과학 (상,하)	아이앤아이 꾸러미 120제 수학 3권, 과학 3권	
아이앤아이 지구과학 (상,하)	아이앤아이 꾸러미 시리즈 (전4권) 수학, 과학 영재교육원 대비 종합서	
	아이앤아이 초등과학 시리즈 (전4권) 과학 (초 3,4,5,6) – 창의적문제해결력	

창·의·력·과·학

I&I

아이
앤
아이

아이

아이

개정2판

화학(상)

정답 및 해설

무한상상

Ⅰ. 물질의 양과 화학 반응 (1)

개념 보기

Q1 16   Q2 12.04×10^{23}개

Q3 2몰   Q4 분자 수 : 3.0×10^{23}개, 부피 : 11.2 L

Q5 6몰

개념 확인 문제

정답	16 ~ 17쪽

01 ㉠ H ㉡ 탄소 ㉢ Ca ㉣ 마그네슘 ㉤ Cu ㉥ 플루오린 ㉦ Li ㉧ 황 ㉨ Ne

02 (1) CH_4 (2) CO_2 (3) HNO_3 (4) Cl_2 (5) H_2S (6) CH_4O

03 ②   **04** ③   **05** 해설 참조

06 양성자 : 전자의 질량비는 1837 : 1 이므로 전자의 질량은 무시할 정도로 작다.

07 4.5×10^{-23} g   **08** 27 g

09 (1) 28 (2) 17 (3) 47 (4) 98 (5) 60 (6) 40 (7) 101 (8) 74.5

10 (1) 0.2 mol (2) 1.2×10^{23}개   **11** 63.62

12 ③   **13** (1) 10개 (2) 10개

14 (1) 46 (2) 0.26 mol (3) 1.56×10^{23}개 **15** ①

01 ㉠ H ㉡ 탄소 ㉢ Ca ㉣ 마그네슘 ㉤ Cu ㉥ 플루오린 ㉦ Li ㉧ 황 ㉨ Ne

02 (1) CH_4 (2) CO_2 (3) HNO_3 (4) Cl_2 (5) H_2S (6) CH_4O
해설 | (1) C(탄소) 1개와 H(수소) 4개가 결합한 메테인(CH_4) 분자이다.
(2) C(탄소) 1개와 O(산소) 2개가 결합한 이산화 탄소(CO_2) 분자이다.
(3) H(수소) 1개와 N(질소) 1개, O(산소) 3개가 결합한 질산(HNO_3) 분자이다.
(4) Cl(염소) 2개가 결합한 염소 기체(Cl_2) 분자이다.
(5) H(수소) 2개와 S(황) 1개가 결합한 황화 수소(H_2S) 분자 이다.
(6) C(탄소) 1개와 H(수소) 4개, O(산소) 1개가 결합한 메탄올(CH_3OH) 분자이다.

03 ②
해설 | ① 염산 : HCl ③ 에탄올 : CH_3CH_2OH ④ 산소 : O_2 ⑤ 수증기 : H_2O
분자를 볼 수 있는 현미경이 있다고 가정해 보자. 예를 들어 물 분자를 현미경으로 관찰하면 수소 원자(H) 두 개와 산소 원자(O) 하나로 이루어진 삼원자 분자라는 것을 알 수 있다. 따라서 물 분자는 분자식

H_2O로 나타낼 수 있다. 철과 같은 금속은 Fe 원자 한 두개가 아닌 블록처럼 Fe 원자가 잔뜩 쌓여 있는 것을 볼 수 있다. 이와 같은 경우 구성 원소의 원자 수를 모두 나타낼 수 없으므로 Fe라고 표시한다. 따라서 분자가 아니다.

04 ③
해설 |

요소	분자 이름	분자 개수	원자 개수
①	이산화 탄소	3개	탄소 3개, 산소 6개
②	과산화 수소	1개	수소 2개, 산소 2개
③	산소	3개	산소 6개
④	암모니아	2개	질소 2개, 수소 6개
⑤	염소	1개	염소 2개

05

원소	원자 번호	양성자 수	전자 수	중성자 수	질량수
Li (리튬)	3	3	3	4	7
N (질소)	7	7	7	7	14
Ne (네온)	10	10	10	10	20
Ca (칼슘)	20	20	20	20	40

· 원자 번호 = 양성자 수 = 전자 수 (중성 원자에서)
· 질량수 = 양성자 수 + 중성자 수

06 양성자 : 전자의 질량비는 1837 : 1 이므로 전자의 질량은 무시할 정도로 작다.
전자의 질량 = 약 9.11×10^{-31} kg
양성자의 질량 = 약 1.673×10^{-24} kg
중성자의 질량 = 약 1.675×10^{-24} kg

07 4.5×10^{-23} g
해설 | 1몰에는 아보가드수 만큼의 입자가 들어 있으므로 1몰의 질량이 27 g 일 때 알루미늄 원자의 질량은 다음과 같이 계산할 수 있다.
27 g : 6×10^{23} 개 = x : 1개
$x = \dfrac{27}{6 \times 10^{23}개} = 4.5 \times 10^{-23}$ g

· 원자량 = $\dfrac{질량}{몰수}$ · 질량 = 원자량 × 몰수   · 몰수 = $\dfrac{질량}{원자량}$

08 27 g
해설 | 분자량 × 몰수 = 질량이다.   18 × 1.5 = 27 g

09 (1) 28 (2) 17 (3) 47 (4) 98 (5) 60 (6) 40 (7) 101 (8) 74.5
해설 | 분자량은 분자를 구성하는 원자의 원자량 합으로 구한다.
(1) $(12 \times 2) + (1 \times 4) = 28$
(2) $14 + (1 \times 3) = 17$
(3) $1 + 14 + (16 \times 2) = 47$
(4) $(1 \times 2) + 32 + (16 \times 4) = 98$
(5) $(12 \times 3) + (1 \times 8) + 16 = 60$
(6) $23 + 16 + 1 = 40$
(7) $39 + 14 + (16 \times 3) = 101$
(7) $39 + 25.5 = 74.5$

10 (1) 0.2 mol (2) 1.2×10^{23}개

해설 | (1) 염화 수소의 분자량은 36.5 이므로 식[$\dfrac{질량}{분자량}$ = 몰수]

를 이용하여 몰수를 계산한다.

(2) 1몰에는 6×10^{23}개의 입자가 들어 있으므로 0.2 mol 에는 0.2 $\times 6 \times 10^{23}$ 개의 염화 수소 분자가 들어 있다.

1 mol : 6×10^{23}개 = 0.2 mol : x개

$x = 0.2 \times 6 \times 10^{23}$개

11 63.62

해설 | $63 \times \dfrac{69.09}{100} + 65 \times \dfrac{30.91}{100} = 63.62$ (원자 번호 = 양성

자 수)

12 ③

해설 | 아보가드로 법칙에 의하면, 같은 온도와 압력에서 같은 부피 속에 들어 있는 기체 분자의 수는 기체 종류에 상관없이 모두 같다.

① 질량 : 원소의 종류마다 질량이 다르므로 세 풍선의 질량은 모두 다르다.

② 원자 수 : 원자 수는 다르다.

예를 들어 다음 그림에서 분자의 수는 6개이지만 분자 하나 당 두 개의 원자를 가지므로 원자의 수는 12개이다.

④ 분자의 크기 : 원자의 종류마다 크기가 다르므로 원자로 구성되어 있는 분자의 크기도 원소의 종류마다 모두 다르다.

13 (1) 10개 (2) 10개

해설 | (1)

그림의 수소 분자를 세어 보면 모두 10개이다.

(2) 아보가드로 법칙에 의하면 일정한 부피와 압력, 온도 조건에서 존재하는 분자의 수는 종류와 상관없이 모두 같으므로 같은 조건의 산소 분자 역시 10개이다.

14 (1) 46 (2) 0.26 mol (3) 1.56×10^{23}개

해설 | (1) $(14 \times 1) + (16 \times 2) = 46$

(2) $\dfrac{NO_2질량}{NO_2분자량} = \dfrac{12.0}{46} = 0.26$ mol

(3) 1 mol : 6.02×10^{23}개 = 0.26 mol : x개, $x = 1.56 \times 10^{23}$개

15 ①

해설 | 아보가드로 법칙에 의해 분자 수는 부피와 비례하며, 분자의 종류와 분자의 수와는 관계없다. 따라서 부피가 가장 큰 산소(O_2)의 분자 수가 가장 많고 부피가 가장 작은 암모니아(NH_3)의 분자 수가 가장 적다.

개념 심화 문제

정답		18 ~ 19쪽
01 (1) A와 B (2) A - B - C - D		**02** 2.04×10^{23}개
03 (1) A : 1 mol, B : 1.5 mol, C : 0.5 mol, D : 2 mol (2) D		
04 기체 (가) : D, 기체 (나) : A		**05** ⑤

01 (1) A와 B (2) A - B - C - D

해설 | 동위 원소는 원자 번호는 같으나 질량수가 다른 물질을 말한다.

원자 번호 = 양성자 수 = 전자 수 (중성 원자에서)

질량수 = 양성자 수 + 중성자 수

입자	A	B	C	D
양성자 수	3	3	4	5
	동위 원소			
중성자 수	3	4	4	6
질량수	6	7	8	11

02 2.04×10^{23}개

해설 | Zn의 원자량이 65이므로 22.1 g 은 $\dfrac{22.1}{65} = 0.34$ mol 이다.

1몰의 개수가 6×10^{23}개이므로 0.34 mol 의 원자 수는 $0.34 \times 6 \times 10^{23} = 2.04 \times 10^{23}$개

03 (1) A : 1 mol, B : 1.5 mol, C : 0.5 mol, D : 2 mol (2) D

해설 | 아보가드로 법칙에 의해 0 ℃, 1 기압의 조건에서 22.4 L 에는 6.02×10^{23}의 분자가 들어 있고, 1 mol 이라고 한다. 따라서 22.4 L 인 A가 1몰이다.

	부피(L)	몰수(mol)	분자 수
A	22.4	1	6.02×10^{23}개
B	33.6	$22.4 : 1 = 33.6 : x$ $x = 1.5$	6.02×10^{23}개 $\times 1.5$ $= 9.03 \times 10^{23}$개
C	11.2	$22.4 : 1 = 11.2 : x$ $x = 0.5$	6.02×10^{23}개 $\times 0.5$ $= 3.01 \times 10^{23}$개
D	44.8	$22.4 : 1 = 44.8 : x$ $x = 2$	6.02×10^{23}개 $\times 2$ $= 12.04 \times 10^{23}$개

04 기체 (가) : D, 기체 (나) : A

해설 | 몰수를 먼저 구한다.

	분자량	몰수	질량(g)	부피(L)
A	28	1	28	22.4
B	44	0.5	22	11.2
C	32	0.25	8	5.6
D	64	0.1	6.4	2.24

A : 부피가 22.4 L(0 ℃, 1 기압)이므로 1 mol 이고,

질량 = 분자량 × 몰수 이므로 28 × 1 mol = 28 g 이다.

B : 부피가 11.2 L 이므로 0.5 mol 이고,

분자량 = $\dfrac{질량}{몰수}$ 이므로 $\dfrac{22}{0.5} = 44$ 이다.

C : 질량 = 분자량 × 몰수 이므로 32 × 0.25 mol = 8 g 이고,

몰수가 0.25 mol 이므로 부피는 22.4 × 0.25 = 5.6 L 이다.

D : 분자량 = $\dfrac{질량}{몰수}$ 이므로 $\dfrac{6.4}{0.1} = 64$ 이고,

몰수가 0.1 mol 이므로 부피는 22.4 × 0.1 = 2.24 L 이다.

05 ⑤

해설 | ㄱ. 헬륨의 분자량은 4이다. 2.4 g 의 헬륨의 몰수는 0.6 mol 이다.

$$몰수 = \frac{질량}{분자량} = \frac{2.4}{4} = 0.6$$

몰수는 부피에 비례하고, 헬륨과 산소의 부피비가

$60 \, cm : 40 \, cm = 6 : 4$ 이므로 $0.6 : x = 6 : 4$, $x = 0.4$

산소는 0.4 mol 이 들어 있음을 알 수 있다.

ㄴ. 그림 (나)에서 더 넣어준 산소의 질량을 y mol 이라고 한다면,

반응	헬륨의 몰수	산소의 몰수	헬륨과 산소의 부피비
전	0.6 mol	0.4 mol	60 : 40
후	0.6 mol	0.4 + y mol	30 : 70

$0.6 \, mol : (0.4 + y) \, mol = 30 \, cm : 70 \, cm$

$30 \times (0.4 + y) = 0.6 \times 70$, $y = 1$ mol 이다.

더 넣어준 질량(B) = 분자량 × 몰수 = 32 × 1 mol = 32 g

(산소 기체(O_2)의 분자량 = 16 × 2 = 32)

ㄷ. 같은 온도와 압력에서 몰수의 비 = 분자수의 비 = 부피비이므로 헬륨의 분자 수 : 산소의 분자 수 = 30 : 70 = 3 : 7이다.

Ⅰ. 물질의 양과 화학 반응 (2)

개념 보기

Q6 $1 : 2$

개념 확인 문제

정답 24 ~ 25쪽

화학 반응식

16 ⑤	**17** ②	**18** ②

19 ㉠ O_2 ㉡ CH_4 ㉢ CO_2 ㉣ $2H_2O$	**20** ④

화학 반응에서의 규칙성

21 ②	**22** 16.4 g	**23** (가) = (나) > (다)
24 ②	**25** ㄱ, ㄷ	**26** ④	**27** 4 g
28 (1) 12 g (2) 8 g	**29** ①

| **30** $1 : 2 : 3 : 4$ |

16 ⑤

해설 | 화학 반응식을 통해서는 분자의 크기를 알 수 없다.

① 반응물의 종류 : 질소, 산소

② 생성물의 종류 : 질소 분자 1개, 산소 분자 1개

③ 반응물의 원자 수 : 질소 원자 2개, 산소 원자 2개

④ 생성물의 분자 수 : 일산화 질소 분자 2개

17 ②

해설 | 반응이 일어나면 분자의 종류가 달라지므로 분자의 크기도 달라질 것이다. 하지만 화학 반응식에서는 분자의 크기를 알 수 없

으므로 분자의 크기 변화는 알 수 없다.

① 부피의 비는 계수의 비와 같다. 질소와 산소의 계수는 모두 1이므로 부피비도 1 : 1이다.

④ 일산화 질소의 분자식은 NO이므로 질소 원자 1개와 산소 원자 1개가 반응했다는 것을 알 수 있다.

18 ②

해설 | 주어진 모형을 화학 반응식으로 나타내면 $A_2 + B_2 \longrightarrow 2AB$ 이다. 이와 같은 반응식은 ② $Cl_2 + H_2 \longrightarrow 2HCl$ 이다.

19 ㉠ O_2 ㉡ CH_4 ㉢ CO_2 ㉣ $2H_2O$

해설 | (1) 생성물의 산소 원자의 수는 2개이므로 반응물에도 2개의 산소 원자가 필요하다. 마그네슘은 산소와 반응하여 산화 마그네슘을 생성한다.

(2) 생성물의 원자 수는 C : 1개, O : 4개(이산화 탄소에서 2개 + 물 분자 2개에서 각 1개씩), H : 4개이다. 반응물에서 O 원자 4개만 있으므로 C 원자 1개와 H 원자 4개로 구성된 분자를 생각한다.

(3) 생성물에서 필요한 것은 O 원자 2개와 C 원자 1개이다.

(4) 생성물 O 원자 2개가 있으므로 더 필요한 것은 H_2O 분자 2개이다.

20 ④

해설 | 미정계수법을 이용하면,

구분	Fe	O
반응물	a	2×b
생성물	2×c	3×c

$Fe : a = 2 \times c$, $O : 2 \times b = 3 \times c$

$a = 1$이라고 하면, $c = \dfrac{1}{2}$, $b = \dfrac{3}{4}$

따라서 화학 반응식은 $Fe + \dfrac{3}{4}O_2 \longrightarrow \dfrac{1}{2}Fe_2O_3$ 이 되며,

계수는 반드시 정수가 되도록 해야 한다. 양변에 4를 곱하면,

$$[Fe + \dfrac{3}{4}O_2 \longrightarrow \dfrac{1}{2}Fe_2O_3] \times 4$$

$$4Fe + 3O_2 \longrightarrow 2Fe_2O_3 \, 이다.$$

따라서 $a + b + c = 4 + 3 + 2 = 9$ 이다.

21 ②

해설 | 원자는 없어지거나 새로 생기지 않으므로 반응 전후 원자의 종류와 수는 변하지 않는다.

① 반응 전후의 원자 수는 변하지 않는다.

③ 황산 나트륨을 이루는 원자 : 나트륨, 황, 산소

황산 바륨을 이루는 원자 : 바륨, 황, 산소

④ 분자의 수가 변하여도 원자의 종류와 수는 변하지 않으므로 질량은 일정하다.

⑤ 원자의 종류와 수는 변하지 않는다.

22 16.4 g

해설 | 반응 과정에서 빠져나간 물질이 없다면 반응 전후의 총 질량은 같다.

염화 나트륨 수용액의 질량 + 질산 은 수용액의 질량 = 염화 은 앙금의 질량 + 질산 나트륨 수용액의 질량

$(8.9 + 5) + (x + 5) = 19.6 + 15.7$, $x = 16.4 g$

23 (가) = (나) > (다)

해설 | 염산 + 탄산 칼슘 ⟶ 염화 칼슘 + 이산화 탄소↑ + 물
밀폐된 공간에서는 반응 전 후의 질량이 일정하다. : (가) = (나)
뚜껑을 열면 이산화 탄소가 날아가므로 질량이 감소한다. (나) > (다)

24 ②

해설 | 반응이 모두 진행되었으므로 삼각 플라스크에는 생성물인
염화 아연과 수소 기체만 남아 있다. 풍선을 터뜨리면 기체인 수소만
빠져나가므로 플라스크 안에는 염화 아연 34 g 만 남아 있다.

25 ㄱ, ㄷ

해설 | 일정 성분비 법칙은 화학 반응에만 해당된다.
ㄴ, ㄹ은 물리 변화(성분 물질의 성질이 변하지 않음)이다.

26 ④

해설 | 볼트 5개와 너트 10개로 화합물 모형을 만들었을 때 볼트 1
개와 너트 2개가 남았으므로 볼트 4개와 너트 8개가 사용된 것이다.
화합물을 2개 만들었으므로 화합물 하나 당 볼트 2개와 너트 4개가
사용되었다. → B_2N_4
볼트 2개의 질량 = 5 g × 2 = 10 g , 너트 4개의 질량 = 1 g × 4 = 4
g 이므로 질량비는 B : N = 10 : 4 = 5 : 2 이다.

27 4 g

해설 | 마그네슘 0.3 g 이 산소와 반응하여 0.5 g 의 산화 마그네슘
이 생성되었으므로 결합한 산소의 질량은 0.5 - 0.3 = 0.2 g 이다.
질량비는 마그네슘 : 산소 : 산화 마그네슘 = 0.3 : 0.2 : 0.5 = 3 : 2 :
5 이다. 따라서 마그네슘 6 g 을 모두 반응시키려면 산소는 4 g 이 필
요하다.

28 (1) 12 g (2) 8 g

해설 | 마그네슘 : 산소 : 산화 마그네슘 = 3 : 2 : 5 = x : y : 20
x = 12 g(마그네슘의 질량), y = 8 g(산소의 질량)

29 ①

해설 | 배수 비례 법칙 : A, B 두 원소가 두 가지 이상의 화합물을
만들 때, 일정량의 A와 결합하는 B의 질량 사이에는 간단한 정수비가
성립한다. 탄소와 산소가 반응하여 일산화 탄소와 이산화 탄소를 만
들었다. 일정량의 탄소와 반응하는 산소의 질량을 구해야 하므로 탄
소의 질량을 같게 만들어 준다.
일산화 탄소는 탄소 3 g, 산소 4 g, 이산화 탄소는 탄소 6 g, 산소 16
g (= 탄소 3 g, 산소 8 g) 이 반응하였으므로 탄소 3 g 당 결합하는 산
소의 질량비는 4 : 8 = 1 : 2 이다.

30 1 : 2 : 3 : 4

해설 | N의 개수를 모두 2개로 맞추어 준다.(N을 1개로 맞추어 계
산하면 계산하기 복잡한 분수가 나오기 때문이다.)
N_2O → N 2개 당 O 1개
NO → 2 × (NO) = 2NO → N 2개 당 O 2개
N_2O_3 → N 2개 당 O 3개
NO_2 → 2 × (NO_2) = $2NO_2$ → N 2개 당 O 4개

개념 심화 문제

정답   **26 ~ 32쪽**

06 CO_2 **07** (1) 48 g (2) 1 : 1 (3) 1 : 5

08 ④   **09** ③

10 (1) $2K + O_2 \longrightarrow K_2O_2$

(2) $2KClO_3 \longrightarrow 2KCl + 3O_2$

(3) $2K_2O_2 + 2H_2O \longrightarrow 4KOH + O_2$

(4) $3PCl_5 + 5AsF_3 \longrightarrow 3PF_5 + 5AsCl_3$

(5) $3Cu + 8HNO_3 \longrightarrow 3Cu(NO_3)_2 + 2NO + 4H_2O$

(6) $PbO_2 + Pb + 2H_2SO_4 \longrightarrow 2PbSO_4 + 2H_2O$

11 $4NaCl + 2SO_2 + 2H_2O + O_2 \longrightarrow 2Na_2SO_4 + 4HCl$

12 13.5g

13 (1) 반응물인 구리의 질량이 일정하기 때문이다. (2) 20 g

14 2.86 cm

15 (1) 질소 : 산소 = 7 : 16 (2) 수소 : 산소 = 1 : 16

(3) 수소 : 염소 = 1 : 35.5 (4) 황 : 산소 = 1 : 1

(5) 탄소 : 수소 = 24 : 5 (6) 수소 : 질소 : 산소 = 1 : 7 : 12

16 ②   **17** (1) NaOH의 질량 : 1120 g,
Cl_2의 질량 : 1988 g (2) 2002 g

18 (1) 5.6 g (2) 5 : 7 (3) 1.5 g (4) 0.36 g (5) 30 %
(6) 아니오

19 (1) 1 : 2 : 3 : 4 : 5 (2) I: N_2O, II: NO, III: N_2O_3 , V: N_2O_5

20 (1) 화합물 1 : 2 g, 화합물 2 : 1.5 g (2) SiN

06 CO_2

해설 | 0 ℃, 1 기압, 22.4 L 에는 1 mol 의 입자가 들어 있다.
i) 기체 A (부피 5.6 L)
22.4 : 1(mol) = 5.6 : x_1 , x_1 = 0.25 mol
기체 A에는 탄소와 산소가 1 : 1 로 들어 있으므로 탄소 0.25 mol 3
g, 산소 0.25 mol 4 g 이 기체 A 를 구성하고 있다.
ii) 기체 B
기체 B의 몰수는 22.4 : 1(mol) = 16.8 : x_2 , x_2 = 0.75 mol
기체 A와 비교하기 위해 0.25 mol 에 들어 있는 탄소와 산소의 질량
을 계산하면,
(탄소) 0.75 : 9 g = 0.25 : y_1(g) , y_1 = 3 g
(산소) 0.75 : 24 g = 0.25 : y_2(g) , y_2 = 8 g
기체 A 와 기체 B 에서 같은 3 g 의 탄소에 결합하는 산소의 질량비
율이 1 : 2 이므로 기체 B 는 탄소 원자 1개에 산소 원자 2개가 결합
한 물질인 CO_2 라고 할 수 있나.

07 (1) 48 g (2) 1 : 1 (3) 1 : 5

해설 | (1) (작은 공 2 g × 4) + (큰 공 5 g × 4) = 8 g + 40 g = 48 g
(2) 작은 공 4개 : 큰 공 4개 = 1 : 1
(3) 작은 공 8 g : 큰 공 40 g = 1 : 5

(4) (1)의 결과로 질량 보존 법칙을, (2)와 (3)으로 일정 성분비 법칙을 알 수 있다. 일정 성분비 법칙 : 화합물을 이루고 있는 작은 공과 큰 공의 질량비가 1 : 5로 일정하다. 질량 보존의 법칙 : 생성물 전체의 질량은 반응물의 전체 질량과 같다.

08 ④

해설 │ 문제에서 반응물과 생성물은 모두 단원자 분자이다. 각 분자의 개수는 다음과 같다.

| A 8개 | B 4개 | C 4개 | D 3개 |

화살표 왼쪽에 반응물을, 오른쪽에 생성물을 분자의 개수와 함께 써 준다.

| 반응물
8A + 4B | → | 생성물
4C + 3D |

화학 반응식은 물질의 정수비로 나타내야 하므로 각 반을 적절한 수로 약분하여 정수비가 되도록 한다.

$$8A + 4B \longrightarrow 4C + 3D$$

09 ③

해설 │ A 와 B 는 양이 줄어 들고 C 의 양이 늘어나므로 A 와 B 가 반응하여 C 를 생성하는 반응이다.

A 의 양이 60 mL 줄어 들고, B 의 양이 30 mL 줄어 들었으므로 반응하는 A 와 B 의 부피비는 2 : 1 이다. A 와 B 는 기체이므로 부피비는 분자수의 비와 같다. C 는 60 mL 증가하였으므로 A, B, C 의 부피비는 2 : 1 : 2 이다. 따라서 반응식은 $2A + B \longrightarrow 2C$ 이다.

10 (1) $2K + O_2 \longrightarrow K_2O_2$

(2) $2KClO_3 \longrightarrow 2KCl + 3O_2$

(3) $2K_2O_2 + 2H_2O \longrightarrow 4KOH + O_2$

(4) $3PCl_5 + 5AsF_3 \longrightarrow 3PF_5 + 5AsCl_3$

(5) $3Cu + 8HNO_3 \longrightarrow 3Cu(NO_3)_2 + 2NO + 4H_2O$

(6) $PbO_2 + Pb + 2H_2SO_4 \longrightarrow 2PbSO_4 + 2H_2O$

11 $4NaCl + 2SO_2 + 2H_2O + O_2 \longrightarrow 2Na_2SO_4 + 4HCl$

해설 │ ⓐ$NaCl$ + ⓑSO_2 + ⓒH_2O + ⓓO_2 → ⓔNa_2SO_4 + ⓕHCl 로 놓고 미정 계수법을 적용한다.

12 13.5 g

해설 │ 구리 2 g 연소 시 생성되는 산화 구리의 질량은 2.5 g 이므로 소모되는 산소의 질량은 0.5 g 이다. 따라서 구리 : 산소 = 2.0 : 0.5 = 4 : 1, 구리 48 g 을 완전 연소시키는데 필요한 산소의 질량은 12 g 이다. (4 : 1 = 48 : x, $x = 12$)
물을 이루는 수소와 산소의 질량비는 1 : 8 이므로 수소 : 산소 : 물 = 1 : 8 : 9 이다. 산소 12 g 을 얻기 위해서는 물이 13.5 g 이 필요하다. (8 : 9 = 12 : x, $x = 13.5$)

13 (1) 반응물인 구리의 질량이 일정하기 때문이다. (2) 20 g

해설 │ (2) 구리와 산소가 반응하여 산화 구리가 만들어질 때 구리, 산소, 산화 구리의 질량비는 구리 : 산소 : 산화 구리 = 4 : 1 : 5 로 일정하다. 따라서 그래프에서 증가한 질량은 산소의 질량은 4 g 이다.
산화 구리의 질량 구하기
(2) 산소 : 산화 구리 = 1 : 5 = 4 : x, x(산화 구리의 질량) = 20 g

14 2.86 cm

해설 │ 철을 10 g 가열하였으므로 완전히 반응한 산소의 질량은 4 g (5 : 2 = 10 : x, $x = 4$ g)이다. 따라서 생성된 산화 철의 질량은 14 g 이다. 지레의 원리에 의해서 한 쪽의 질량 × 팔의 길이 = 다른 쪽의 질량 × 다른 쪽의 팔의 길이이고, $10 \times 10 = 14 \times x$, $x ≒ 7.14$ cm 이다. 따라서 화살표 방향으로 이동시키는 길이는 10 - x = 2.86 cm 이다.

15 (1) 질소 : 산소 = 7 : 16 (2) 수소 : 산소 = 1 : 16
(3) 수소 : 염소 = 1 : 35.5 (4) 황 : 산소 = 1 : 1
(5) 탄소 : 수소 = 24 : 5 (6) 수소 : 질소 : 산소 = 1 : 7 : 12

해설 │ 각 화합물 1몰에 포함되어 있는 원소의 개수를 세어 질량비를 구한다.
(1) 질소 원자 1몰, 산소 원자 2몰
질소 : 산소 = 14 : 16 × 2 = 14 : 32 = 7 : 16
(2) 수소 원자 2몰, 산소 원자 2몰
수소 : 산소 = 1 × 2 : 16 × 2 = 2 : 32 = 1 : 16
(3) 수소 원자 1몰, 염소 원자 1몰
수소 : 염소 = 1 : 35.5
(4) 황 원자 1몰, 산소 원자 2몰
황 : 산소 = 32 : 16 × 2 = 32 : 32 = 1 : 1
(5) 탄소 원자 4몰, 수소 원자 10몰
탄소 : 수소 = 12 × 4 : 1 × 10 = 48 : 10 = 24 : 5
(6) 수소 원자 4몰, 질소 원자 2몰, 산소 원자 3몰
수소 : 질소 : 산소 = 1 × 4 : 14 × 2 : 16 × 3 = 4 : 28 : 48 = 1 : 7 : 12

16 ②

해설 │ 수소 분자 2개와 산소 분자 1개가 반응하여 물 분자 2개를 생성한다. 그림에서 수소 분자의 수는 8개, 산소 분자의 수는 3개이다. 산소 분자가 모두 반응할 경우 수소 분자는 6개가 반응하고, 2개가 남으며, 물 분자는 6개가 생성된다. 반응 전후의 각 분자의 개수는 다음과 같다.

분자	반응 전	반응 후
수소	8개	2개
산소	3개	0개
물	0개	6개

17 (1) NaOH의 질량 : 1120 g, Cl_2의 질량 : 1988 g (2) 2002 g

해설 │ 각 화합물 $NaOH$, $Ca(OH)_2$, Cl_2, $Ca(OCl)_2$ 의 분자량은 각각 40, 74, 71, 143 이다.

(1) 1036 g 의 수산화 칼슘과 반응하는 염소와 수산화 나트륨의 질량
i) 수산화 칼슘의 몰수 구하기
$$몰수 = \frac{질량}{분자량} = \frac{1036}{74} = 14 \text{ mol}$$

ii) 수산화 칼슘 1 mol 당 수산화 나트륨과 염소는 2 mol 씩 반응에 참여하므로, 수산화 칼슘 14 mol 에는 각각 28 mol 이 사용된다.
-수산화 나트륨 28 mol 의 질량 = 분자량 × 몰수 = 40 × 28 mol = 1120 g
-염소 28 mol 의 질량 = 71 × 28 mol = 1988 g

(2) 수산화 칼슘 1 mol 당 아염소산 칼슘 1 mol 이 생성되므로 14 mol 의 수산화 칼슘이 반응 시 14 mol 의 아염소산 칼슘이 생성된다.
-생성되는 아염소산 칼슘의 질량 = 143 × 14 mol = 2002 g

18 (1) 5.6 g (2) 5 : 7 (3) 1.5 g (4) 0.36 g (5) 30 % (6) 아니오

해설 | (1) 식초와 탄산 칼슘을 섞으면 이산화 탄소가 발생한다.

$CaCO_3 + 2CH_3COOH \longrightarrow (CH_3COO)_2Ca + CO_2 + H_2O$

[실험 A]에서 탄산 칼슘(4 g)을 넣자 전체 질량이 감소했다는 것은 식초와 탄산 칼슘이 반응하여 생성된 이산화 탄소 기체가 빠져나갔기 때문이다.

	비커 + 식초와 탄산 칼슘을 섞은 용액	발생한 이산화 탄소
비커 + 식초 + 탄산 칼슘 79.9 g	74.3 g	x g

∴ x = 79.9 g - 74.3 g = 5.6 g

(2) 반응한 탄산 칼슘의 질량 : 생성된 이산화 탄소의 질량
= 4 : 5.6 = 1 : 1.4 = 5 : 7

(3) [실험 B]에서 이산화 탄소의 발생량
61.4 - 59.9 = 1.5 g

(4) 일정 성분비 법칙에 의하여 탄산 칼슘과 이산화 탄소의 질량비는 일정하므로 5 : 7 = x : 1, x = 약 1.07 g 이다.
[실험 B]는 세 알을 사용했으므로 한 알에 들어 있는 탄산 칼슘의 양은 $\frac{1.07}{3}$ = 약 0.36 g 이다.

(5) 칼슘 영양제 한 알의 질량은 1.2 g 이므로 $\frac{0.36}{1.2}$ × 100 % = 30 % 이다.

(6) 제약회사는 한 알 당 탄산 칼슘 0.86 g 즉, 약 72 % 의 탄산 칼슘이 들어 있다고 하지만 실제 실험 결과 30 % 밖에 들어 있지 않은 걸로 밝혀졌다.

19 (1) 1 : 2 : 3 : 4 : 5 (2) Ⅰ : N₂O, Ⅱ : NO, Ⅲ : N₂O₃ , Ⅴ : N₂O₅

해설 | (1) 질소 1 g 과 결합하는 산소의 질량은 $\frac{산소의 질량}{질소의 질량}$ 으로 구할 수 있다.
각 화합물에서 산소의 질량비는 Ⅰ ~ Ⅴ 순서대로 다음과 같이 구할 수 있다.

$\frac{16}{28} : \frac{16}{14} : \frac{48}{28} : \frac{32}{14} : \frac{80}{28}$ = 1 : 2 : 3 : 4 : 5

(2) (1)의 질량비 중 질소 1 g 에 결합하는 산소의 질량이 4일 때의 실험식이 NO₂이다.

Ⅰ : 질소 1 g 에 결합하는 산소의 질량이 1이다. 산소의 질량이 4가 되려면 질소가 4 g 이 필요하다. $N_4O_2 \longrightarrow N_2O$

Ⅱ : 질소 1 g 에 결합하는 산소의 질량이 2이다. 산소의 질량이 4가 되려면 질소가 2 g 이 필요하다. $N_2O_2 \longrightarrow NO$

Ⅲ : 질소 1 g 에 결합하는 산소의 질량이 3이다. 산소의 질량이 4가 되려면 질소가 $\frac{4}{3}$ g 이 필요하다. $N_{4/3}O_2 \longrightarrow N_4O_6 \longrightarrow N_2O_3$

Ⅴ : 질소 1 g 에 결합하는 산소의 질량이 5이다. 산소의 질량이 4가 되려면 질소가 $\frac{4}{5}$ g 이 필요하다. $N_{4/5}O_2 \longrightarrow N_4O_{10} \longrightarrow N_2O_5$

20 (1) 화합물 1 : 2 g, 화합물 2 : 1.5 g (2) SiN

해설 | (1) 각 화합물 100 g 당 들어있는 질소와 규소의 질량은 다음과 같다.

질소 1 g 과 결합하는 규소의 질량은 $\frac{산소의 질량}{질소의 질량}$ 으로 구할 수 있다.

화합물 1에서 질소 1 g 에 결합하는 규소의 질량 = $\frac{66.7}{33.3}$ = 2.0 g

화합물 2에서 질소 1g 에 결합하는 규소의 질량 = $\frac{60}{10}$ = 1.5 g

(2) 2번 화합물이 Si₃N₄라면,
질소와 규소의 질량비 = 1 : 1.5 = 10 : 15 = 2 : 3,
질소와 규소의 개수비 = 4 : 3이다.
즉, 질소 4개가 2 g, 규소 3개가 3g이므로 질소는 1개 당 0.5 g, 규소는 1개 당 1 g 이라고 할 수 있다.
화합물 1번의 질소와 규소의 질량비는 1 : 2이므로, 질소는 2개 (0.5 × 2 = 1 g) 규소는 2개 (1 g × 2 = 2 g)이 들어 있음을 알 수 있다.
따라서 질소 : 산소의 개수비 = 2 : 2 = 1 : 1이고, 실험식은 SiN이다.

❌ 창의력을 키우는 문제

33 ~ 41쪽

01. 단계적 문제 해결력

(1) 3가지 (2) C, H (3) 65개 (4) 1.2 × 10²⁵개

해설 |
(1) C,H,O 3가지이다.
(2) 메테인(CH₄)은 탄소(C)와 수소(H)로 구성되어 있다.
(3)

분자	분자 수	원소의 종류 및 원자 수
메테인(CH₄)	1	탄소(C) 1개 + 수소(H) 4개 = 5개
물(H₂O)	20	20 × (산소(O) 1개 + 수소(H) 2개) = 60개

메테인 원자 수 + 20개의 물 원자 수 = 5 + 60 = 65
(4) 메테인 분자 1 mol 당 물 분자가 20 mol 이므로 물 분자의 총 개수는 20 × 6 × 10²³개 = 1.2 × 10²⁵개이다.

02. 추리 단답형

(1)		(2)	
물질	메틸 암모늄	물질	디클로로 메테인
분자식	CH₅N	분자식	CH₂Cl₂
구성 원소	탄소 1개, 수소 5개, 질소 1개	구성 원소	탄소 1개, 수소 2개, 염소 2개
분자의 개수	2개	분자의 개수	3개
원자의 개수	탄소 2개, 수소 10개, 질소 2개	원자의 개수	탄소 3개, 수소 6개, 염소 6개
몰수	0.4몰	몰수	0.6몰

해설 | 〈보기〉에서 물 분자 5개가 1몰이므로 같은 온도와 압력에서 분자 수가 2인 메틸 암모늄은 $\frac{2}{5}$ = 0.4 몰, 디클로로메테인은 $\frac{3}{5}$ = 0.6 몰이다.

^{1}H의 원자량을 10으로 정한다면 수소보다 12배 무거운 탄소의 원자량은 120이 된다.
탄소 원자 1개의 질량은 1.9926×10^{-23} g 이므로 탄소 120 g 속에 들어 있는 탄소 원자의 수는
$$\frac{120 \text{ g}}{1.9926 \times 10^{-23}} = 6.02 \times 10^{24} \text{ 가 된다.}$$
따라서 아보가드로수는 6.02×10^{24}이 된다.

반응에서 발생한 이산화 탄소가 공기 중으로 날아가므로 반응 후 감소된 질량은 생성된 이산화 탄소의 질량이다. 따라서 생성된 이산화 탄소의 질량은 $(w_1 + w_2) - w_3$이다. 화학 반응식에서 탄산 칼슘($CaCO_3$)과 이산화 탄소(CO_2)의 계수가 같으므로 반응한 탄산 칼슘과 생성된 이산화 탄소의 몰수는 같다는 것을 알 수 있다. 따라서 다음과 같은 식이 성립한다.

$$\frac{\text{반응한 탄산 칼슘의 질량}}{\text{탄산 칼슘의 화학식량}} = \frac{\text{생성된 이산화 탄소의 질량}}{\text{이산화 탄소의 화학식량}}$$

$$\frac{w_1}{\text{탄산 칼슘의 화학식량}} = \frac{(w_1 + w_2) - w_3}{M}$$

따라서 탄산 칼슘의 화학식량은 다음과 같이 구할 수 있다.

$$\frac{M \times w_1}{(w_1 + w_2) - w_3}$$

(1) 10 mL (2) 20 mL
(3) $Mg(s) + HCl(aq) \longrightarrow MgCl_2(aq) + H_2(g)$, 10

해설 | (1) 마그네슘을 묽은 염산과 반응시키면 수소 기체가 발생한다. 묽은 염산 50 mL 를 마그네슘과 반응시켰을 때 마그네슘 리본의 길이 2, 4, 6, 8, 10 cm 까지는 발생하는 수소 기체의 부피가 20, 40, 60, 80, 100 mL 로 증가한다. 따라서 묽은 염산 50 mL 를 마그네슘 리본과 반응시킬 때, 마그네슘 리본 1 cm 당 수소 기체 10 mL 가 발생함을 알 수 있다.
(2) 묽은 염산 50 mL 를 마그네슘 리본 10, 12 cm 와 반응시켰을 때 발생하는 수소 기체의 부피는 모두 100 mL 이다. 따라서 충분한 양의 마그네슘과 묽은 염산 50 mL 를 반응시켰을 때 발생하는 수소 기체의 최대 부피는 100 mL 이고, 묽은 염산 10 mL 당 발생하는 수소 기체의 최대 부피는 20 mL 이다.
(3) 반응물은 마그네슘과 묽은 염산이고, 생성물은 염화 마그네슘과 수소 기체이다. 따라서 이 반응의 화학 반응식은 다음과 같다.
$$Mg(s) + HCl(aq) \longrightarrow MgCl_2(aq) + H_2(g)$$
반응하는 마그네슘과 생성되는 수소 기체의 몰수비는 1 : 1이므로 마그네슘 리본 1 cm 와 충분한 양의 묽은 염산이 반응하여 수소 기체 10 mL 가 생성되고, 마그네슘 리본 1 cm 에 해당하는 마그네슘의 몰수는 수소 기체 10 mL 에 해당하는 수소 분자의 몰수와 같다는 것을 알 수 있다.

(1) C : $280 \times 6.02 \times 10^{23}$개 O : $280 \times 6.02 \times 10^{23}$개
N : $560 \times 6.02 \times 10^{23}$개 H : $1120 \times 6.02 \times 10^{23}$개
(2) 약 47 %

해설 | 요소[$(NH_2)_2CO$] 의 분자량은 $12 + 16 + 2 \times (14 + 1 \times 2)$ = 60이다. 요소의 몰수를 구하면, 1 mol : 60 g = x mol : 1.68×10^4 g 이므로 x 는 280 mol 이다.
요소는 1.68×10^4 g 에 280 mol 이 있으므로 요소를 구성하는 원자의 총 개수는 다음과 같다.

요소	C	O	N	H
한 분자당	1개	1개	2개	4개
280 mol 당	280 mol	280 mol	560 mol	1120mol
총 개수	$280 \times 6 \times 10^{23}$	$280 \times 6 \times 10^{23}$	$560 \times 6 \times 10^{23}$	$1120 \times 6 \times 10^{23}$

(2) 요소의 분자량은 60, 요소에 들어 있는 질소 원자의 원자량 = $2 \times 14 = 28$, 질소의 질량 퍼센트(%) = $\frac{28}{60} \times 100$% = 약 47% 이다.

(1) 해설 참조 (2) ① 생성물의 분자 개수 : 6개 ② 반응하지 않는 분자의 종류와 개수 : 수소(H_2), 1개 (3) 22.4 L

해설 | (1) 화학 반응식에서 생성물의 분자식이 NH_3이므로 질소 원자(파란 입자)하나 당 수소 원자(회색 입자) 3개가 결합해야 한다.

(2) 화학식에서 N_2 분자 한 개 당 수소 분자(H_2) 3개가 필요하며, NH_3 분자는 두 개 생성된다. 그림을 보면, N_2 분자가 3개이므로 필요한 수소 분자는 9개, 생성되는 암모니아(NH_3) 분자는 6개이다. 따라서 수소 분자 1개는 반응하지 않고 남아 있게 된다.
(3) 같은 온도와 압력에서 기체의 부피는 기체의 분자 수에 비례한다. N_2가 3개이고 반응하지 않고 남은 H_2 기체가 1개이므로 그 부피 또한 질소 분자의 $\frac{1}{3}$인 22.4 L 이다.

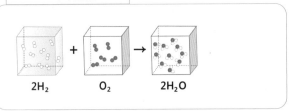

해설 | 같은 부피에서 수소 분자 2개 당 산소 분자 1개가 필요하므로 산소 기체 분자 5개를 그려 넣으면 된다.
수소 분자 수는 10개이므로 수소 기체가 완전히 반응하기 위해서는 산소 분자가 5개 필요하고, 수소 분자 1개 당 물 분자 1개가 생성되므로 물 분자는 10개가 생성된다.

09. 서술형 단답형

(1) 4.8 g, C : 6×10^{22}개 , O : 1.2×10^{23}개

(2) 가장 가볍다. (3) 온도와 압력이 일정해야 한다.

(4) 반응하는 이산화 탄소보다 생성되는 산소의 분자 수가 더 많으므로 온도와 부피가 일정한 잠수함에서는 압력이 증가할 것이다.

해설 | (1) CO_2의 분자량이 44이므로 1몰은 44g , 4.4g은 0.1몰이다.

$$2LiOH + CO_2 \longrightarrow Li_2CO_3 + H_2O$$

화학 반응식에서 LiOH와 CO_2의 몰수비는 2 : 1이므로 이산화 탄소 4.4 g (0.1몰)을 제거하기 위해 필요한 수산화리튬(LiOH : 분자량 24)은 0.2몰, 4.8 g 이다.

CO_2 0.1몰은 C 원자 0.1몰, O 원자 0.2몰로 구성되어 있다. (표준 상태에서 1몰의 분자 또는 원자의 개수는 6×10^{23}개이다.)

(2) 1족 원소들(Li, Na, K) 모두 이산화 탄소를 흡수할 수 있지만, 우주선같이 시설이 큰 비중을 차지하는 좁은 공간에서는 가벼운 것이 더 유리할 수 있다.

(3) $4KO_2(s) + 2CO_2(g) \longrightarrow 2K_2CO_3(s) + 3O_2(g)$

화학 반응식에서 계수비 = 몰수비이므로 이산화 탄소 2몰이 반응하면 산소가 3몰이 생성된다. 아보가드로 법칙에 의하면 같은 온도, 같은 압력 같은 부피 속에는 같은 수의 기체 분자가 들어 있으므로 같은 온도, 압력이라면 부피비 = 몰수비이다. 따라서 온도와 압력이 일정해야만 이산화 탄소 20 L 가 반응했을 때 산소가 30 L 발생한다.

또한, 반응할 수 있는 초과산화 칼륨의 양이 충분해야 한다.

(4) 부피가 커지면 그만큼 기체 분자 수가 증가하므로 내부 공간이 일정한 잠수함에서는 그만큼 압력이 높아지므로 유의할 필요가 있다.

10. 논리 서술형

(1) 산화 철(III)이 생성될 때 유리컵 속의 산소가 소모되어 유리컵 안의 압력이 작아져 유리컵 안쪽의 수면이 올라가게 된다.

(2) 철은 물로 인해 산소와 쉽게 결합한다.

철 + 산소 ⟶ 산화 철(III) (붉은 녹)

$4Fe + 3O_2 \longrightarrow 2Fe_2O_3$

화학 반응이 일어날 때, 유리컵 안쪽의 철과 산소에 있어 화학 변화 전후에 원자 수의 변화가 없으므로 질량이 보존된다.

해설 | 산소의 반응성이 매우 크기 때문에 금속은 산소와 잘 반응한다.

11. 단계적 문제 해결력

(1) 540 g (2) 1890 g

해설 | (1) 생성물(이산화 탄소, 물)의 질량과 반응물(연료, 산소)의 질량은 같으므로 (475 + 219) - 154 = 540 g 이다.

(2) i) 필요한 연료의 양

1 L : 12.2 km = x : 42.7 km , x = 3.5 L

ii) 42.7 km 를 달렸을 때 필요한 산소의 질량(g)

1 L 당 540 g 의 산소가 필요하므로 3.5 L 에는 540 × 3.5 = 1890 g 의 산소가 필요하다.

12. 논리 서술형

(1) $2Mg + O_2 \longrightarrow 2MgO$, 증가한다.

(2) 마그네슘 연소 생성물이 산소를 차단하므로

(3) 탄소(C) (4) 더 잘 타오른다.

해설 | (1) 마그네슘이 연소하면 산소가 결합하기 때문에 결합한 산소의 양만큼 질량이 증가한다.

(2) 마그네슘이 연소하면서 생성된 재(산화 마그네슘)가 산소를 차단하여 속의 마그네슘이 공기 중의 산소와 접촉하기 힘들어 서서히 꺼진다.

(3) $2Mg + CO_2 \longrightarrow 2MgO + C$, 반응 후 생성된 검은색 물질은 탄소(C)이다.

(4) 소화기에서 나오는 이산화 탄소가 마그네슘과 잘 반응하므로 마그네슘에 불이 붙었을 때 소화기를 사용하면 불이 더 잘 타고, 물을 뿌리면 $Mg + H_2O \longrightarrow MgO + H_2$ 의 반응이 일어나며, 발생한 수소 기체에 불이 붙어 더 잘 타게 된다.

대회 기출 문제

정답		42 ~ 49쪽
01 ③	**02** ②	
03 약 74667	**04** ④	
05 ③, ④, ⑤	**06** (1) 33 g, 산소 3 g (2) 64 g	
07 4 g	**08** (1) 3.2 g (2) 0.8 g (3) 5 : 4	
09 (1) 52.0 g (2) 질량 보존 법칙, 일정 성분비 법칙		
10 나, 라	**11** ③	
12 2.8×10^{27}개	**13** 해설 참조	
14 ③, ⑥	**15** ③	
16 ①	**17** ②	**18** ④
19 2.15 L	**20** 3.4 g	

01 ③

해설 | 수소 원자의 원자량은 1이고, H_2O의 분자량은 $(1 \times 2) + 16$ = 18, 산소 원자의 원자량은 16이다. 70 kg 에 들어 있는 물의 몰수는(18 g 은 0.018 kg),

0.018 kg : 1 mol = 70 kg : x , x = 3889 mol

1 mol 에는 6×10^{23}개의 분자가 들어 있으므로, 3889 mol 에는 $3889 \times 6 \times 10^{23}$개의 물 분자가 들어 있다. 물 분자 1개에는 3개의 원자가 들어 있으므로 총 원자 수는 $3 \times 3889 \times 6 \times 10^{23}$개 = 약 7×10^{27}개이다.

02 ②

해설 | C 12몰은 $12 \times 12 = 144$, H 22몰은 $1 \times 22 = 22$, O 11몰은 $16 \times 11 = 176$이다. 따라서 1몰의 $C_{12}H_{22}O_{11}$의 질량은 342 g 이고, $C_{12}H_{22}O_{11}$의 분자량은 342이다.

3.42 g 에는 0.01mol의 $C_{12}H_{22}O_{11}$ 분자가 들어 있다.

342 g : 1 mol = 3.42 g : x, x = 0.01(mol)

$C_{12}H_{22}O_{11}$ 하나의 분자에는 22개의 수소 원자가 포함되어 있으므로 0.01 mol 의 분자에는 0.01× 22 = 0.22 mol 의 수소 원자가 들어 있다. 아보가드로수를 이용하여 수소 원자의 개수를 구하면, 0.22 × 6 × 10^{23}개 = 1.32 × 10^{23}개의 수소 원자가 들어 있다.

03 약 74667

해설 │ 헤모글로빈 분자 1개 당 철 원자가 4개 들어 있으므로 철 원자의 총 원자량은 56 × 4 = 224이다.
철의 질량은 전체의 0.3%이므로,
$\dfrac{224}{\text{헤모글로빈의 분자량}}$ × 100 = 0.3% 이고, 헤모글로빈의 분자량은 약 74667이다.

04 ④

해설 │ $Al_2(SO_4)_3 \cdot 18H_2O$에 들어 있는 산소의 개수는

$$Al_2(SO_4)_3 \cdot 18H_2O$$

4×3=12 18×1=18

모두 30개이다. 산소 원자의 총 원자량은 16 × 30 = 480 이다. 질량 퍼센트를 계산하면, $\dfrac{480}{666.43}$ × 100 = 72 % 이다.

05 ③, ④, ⑤

해설 │ ① 마그네슘과 산소가 반응하여 생성된 산화 마그네슘(MgO)의 질량비는 Mg : O = 24 : 15이므로 산소 4 g 과 결합하는 마그네슘은 6 g 이다.
② 산화 구리(CuO)의 질량비는 구리(Cu) : 산소(O) = 64 : 16이고, 산화 마그네슘(MgO)의 질량비는 마그네슘(Mg) : 산소(O) = 24 : 16 이므로 일정량의 산소 16 g 과 반응하는 구리와 마그네슘의 질량비는 Cu : Mg = 64 : 24 이다. 따라서 질량비는 구리(Cu) : 마그네슘(Mg) = 8 : 3 이다.
③ (나)에서 마그네슘과 산소가 반응하여 산화 마그네슘이 생성될 때 질량비는 마그네슘 : 산소 = 3 : 2 로 항상 일정하며, 반응 전과 후에 질량 변화는 없다.
④ (가) 구리와 산소가 반응하여 산화 구리 (II) (CuO) 가 생성되는 반응 2Cu + O_2 ⟶ 2CuO 에서 질량비는 4 : 1 : 5 이다. 따라서 반응물은 구리(Cu) : 산소(O) = 4 : 1 로 항상 일정 성분비로 결합한다.
⑤ 구리와 산소가 1 : 1 로 반응하고, 질량비는 구리(Cu) : 산소(O) = 4 : 1 이므로 구리의 원자의 질량은 산소의 4배이다.

06 (1) 33 g, 산소 3 g   (2) 64g

해설 │ (1) 반응에 참여하는 산소의 질량을 x라고 할 때, 3 : 8 = 9 : x , x = 24 g 이다.
탄소 9 g 과 반응하는 산소는 24 g 이다. 따라서 탄소 9 g 과 산소는 24 g 이 반응해서 이산화 탄소는 33 g, 산소가 3 g 이 남는다.
(2) 탄소와 산소는 3 : 8 의 일정 성분비로 반응하므로 탄소가 24 g 이 있다면 산소는 64 g 이 있어야 한다.

07 4 g

해설 │ 강철솜이 완전히 연소될 때 질량비는 강철솜 : 산소 = 5 : 2 이다. 15 g 의 강철솜을 완전히 연소시키려면 5 : 2 = 15 : x , x = 6 g 의 산소가 필요하다.연소 후 강철솜이 17 g 이었으므로 17 - 15 = 2 g 의 산소와 반응한 것이다. 따라서 완전히 연소되려면 4 g 의 산소가 더 필요하다.

08 (1) 3.2 g   (2) 0.8 g   (3) 5 : 4

해설 │ 가열하면 탄소는 산화 구리의 산소와 반응하여 모두 이산화 탄소가 되어 시험관을 빠져나갔으므로 시험관에는 구리만 남아 있다.
(1) 시험관의 질량 : 25.0 g
반응 후 질량 = 시험관 + 구리 = 28.2 g
구리의 질량 = 28.2 - 25.0 = 3.2 g
(2) 시험관 + 탄소 가루 + 산화 구리(II)의 질량 = 29.5 g
시험관의 질량 = 25.0 g
탄소 가루 + 산화 구리(II)의 질량 = 29.5 - 25.0 = 4.5 g
산화 구리(II)와 탄소 가루가 8 : 1의 질량비로 섞여 있으므로 산화 구리(II)의 질량은 4.5 × $\dfrac{8}{9}$ = 4 g
반응 후 구리의 질량이 3.2 g 이므로 잃어버린 산소의 질량은 4 - 3.2 = 0.8 g 이다.
(3) 산화 구리(II)의 질량은 4 g, 구리의 질량은 3.2 g 이므로 4 : 3.2 = 5 : 4 이다.

09 (1) 52.0 g   (2) 질량 보존 법칙, 일정 성분비 법칙

해설 │ (1) 13.0 × 4 = 52.0 g
(2) 볼트와 너트가 개별적으로 결합하여 B_2N이 되는 경우 볼트와 너트 1개 당 질량이 그대로 보존된다. 볼트와 너트가 일정한 비율로 결합한다.

10 나, 라

해설 │ 질량이 다른 3종류의 AB 분자가 생긴다.

B 원자량＼A 원자량	14	15
16	30	31
17	31	32

나. 동위 원소는 중성자의 수만 다르고 원자 번호와 양성자의 수는 같다.
다. A의 평균 원자량 = 14 × 0.4 + 15 × 0.6 = 14.6
A_2 분자량 = 14.6 × 2 = 29.2
라. B_2의 가능한 분자량

	16	17
16	32	33
17	33	34

B_2의 분자량이 가장 큰 경우는 34이다.

11 ③

해설 │ ① Cl의 평균 원자량은 35.5이다.
$\dfrac{35 \times 3 + 37 \times 1}{4}$ = 35.5
② 가능한 Cl_2의 분자량

분자량	35	37
35	70	72
37	72	74

→ 70, 72, 74(3개)의 피크가 나타난다.
③ 35 와 37 은 3 : 1의 비율로 존재하므로 분자량이 70인 피크가 가장 크게 나타난다.
④ 평균 원자량으로 계산을 해야 하므로 분자량은 35.5 × 2 = 71 이다.
⑤ 질량수가 35 와 37 인 두 개의 동위 원소가 존재한다.

12 2.8×10^{27}개

해설 | 사람 몸무게의 70%는 60 kg × 0.7 = 42 kg = 42000(g)이다. 물 분자 6×10^{23} 개의 질량은 18 g 이므로 사람 몸을 이루는 물 분자의 개수를 $n_{물}$, 수소 원자의 개수를 $n_{수소}$ 라고 하면

$42000 : n_{물} = 18 : 6 \times 10^{23}$, $n_{물} = \dfrac{42000}{18} \times 6 \times 10^{23} = 1.4 \times 10^{27}$(개)

물 분자 1개 당 수소 원자가 2개씩 있으므로
$n_{수소} = 1.4 \times 10^{27} \times 2 = 2.8 \times 10^{27}$ (개)이다.

13 해설 참조

해설 | (1) ◯◯ (2) ●● (3) ●◯● (4) AB_3

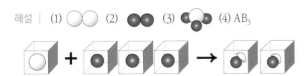

위 그림은 돌턴의 원자설에 어긋나므로 아보가드로의 분자설을 생각한다.

14 ③, ⑥

해설 | ① 기체의 부피비는 입자 수의 비와 같다고 했으므로 반응한 수소와 산소의 부피비는 수소와 산소의 입자 수의 비와 같다. 따라서, 돌턴의 모형에 의하면 1 : 1이고, 아보가드로의 모형에 의하면 2 : 1이다.
② 질량비는 돌턴의 모형에 의하면 (수소 원자 1개 질량 : 산소 원자 1개의 질량)이고, 아보가드로의 모형에 의하면(수소 원자 4개 질량 : 산소 원자 2개 질량)이므로 서로 다르다.
③ 두 모형에서 모두 반응을 통해 어떤 입자가 없어지거나 새로 생기지 않으므로 반응 전후에 질량은 달라지지 않는다.
④ 물속에 포함된 수소와 산소의 질량비는 돌턴 모형의 경우에는 (수소 원자 1개 질량 : 산소 원자 1개의 질량)이고 아보가드로 모형의 경우에는(수소 원자 2개 질량 : 산소 원자 1개의 질량)이므로 서로 다르다.
⑤ 돌턴의 모형에서는 입자는 원자이고, 아보가드로의 모형에서 입자는 분자이다. 그런데 같은 부피 속에 있는 기체의 입자 수는 같다고 하였으므로 아보가드로 모형의 경우가 수소 원자가 2배 많다.
⑥ 수증기의 경우에는 두 모형에서 모두 입자 하나 당 산소 원자가 한 개씩이므로 산소 원자 수는 동일하다.

15 ③

해설 | 실험 1에서 반응하지 않고 남은 기체 B가 10 mL 이므로 반응한 기체 B는 30 mL 이다. 따라서 반응물과 생성물의 부피비는 10mL : 30mL : 20mL = 1 : 3 : 2 이고, 부피비 = 계수비 이므로 전체 화학 반응식은 A + 3B ⟶ 2C 이며, 계수의 총합은 1 + 3 + 2 = 6 이다.

16 ①

해설 | (가)는 분자식이 AB_2C 이므로 실험식도 AB_2C 이다. (나)의 실험식은 CB 이며, C_2B_2 의 분자량이 70 이므로 CB 의 실험식량은 35 이다. (가)와 (나)의 실험식량의 차이 값 30(= 65 - 35)은 A 의 원자량과 B 의 원자량의 합과 같다. 또한 (다)의 분자식이 A_2B_4 라면 A_2B_4 의 분자량이 60 이므로 A_2B_4 의 분자량이 46 인 것과 모순이다.

따라서 (다)의 분자식은 실험식과 같은 AB_2 이며 (다)의 분자량(46)에서 A 와 B 의 원자량의 합인 30 을 빼면 B 의 원자량이 16, A 의 원자량이 14 임을 알 수 있다.
ㄱ. 원자량은 각각 A 14, B 16 이므로 원자량은 B > A 이다.
ㄴ. 실험식량은 (가)가 65 로 가장 크다.
ㄷ. 1몰에 들어 있는 B 원자 수는 (가)와 (다)가 각각 2몰로 같다.

17 ②

해설 | XY 와 Y_2 의 반응을 화학 반응식으로 나타내면
$2XY + Y_2 \longrightarrow 2XY_2$ 이다.
ㄱ. 반응 후 생성된 물질의 종류는 ●◯● 1가지이다.
ㄴ. 반응한 물질의 분자 수가 XY 2개, Y_2 1개이므로 반응하는 물질의 몰수비는 XY : Y_2 = 2 : 1 이다.
ㄷ. 반응 전후 원자의 종류와 수가 같으므로 용기에 존재하는 물질의 총 질량은 반응 전과 후가 같다.

18 ④

해설 | [실험 1] 에서 B가 모두 반응한 경우

	2A	bB	⟶	C	2D
반응 전	x	4		0	0
반 응	$-\dfrac{8}{b}$	-4		$+\dfrac{4}{b}$	$+\dfrac{8}{b}$
반응 후	$x - \dfrac{8}{b}$	0		$\dfrac{4}{b}$	$\dfrac{8}{b}$

$$\frac{전체\ 기체의\ 몰수}{C의\ 몰수} = \frac{x + \dfrac{4}{b}}{\dfrac{4}{b}} = 4,\ x + \dfrac{4}{b} = \dfrac{16}{b}$$ 이므로

$x = \dfrac{12}{b}$ 이다. ……… ①

[실험 2]에서 A가 모두 반응한 경우

	2A	bB	⟶	C	2D
반응 전	x	9		0	0
반 응	$-x$	$-\dfrac{bx}{2}$		$+\dfrac{x}{2}$	$+x$
반응 후	0	$9 - \dfrac{bx}{2}$		$\dfrac{x}{2}$	x

$$\frac{전체\ 기체의\ 몰수}{C의\ 몰수} = \frac{9 - \dfrac{bx}{2} + \dfrac{3}{2}x}{\dfrac{x}{2}} = 4,$$ ①식의 $x = \dfrac{12}{b}$ 를 대

입하면 $3 + \dfrac{3}{2}x = 2x$, 따라서 $x = 6$ 이다. ①식의 $x = \dfrac{12}{b}$ 에서 x 는

6이므로 b는 $\dfrac{x}{b} = \dfrac{6}{2} = 3$ 이다.

19 2.15 L

해설 | 기체 A와 B가 혼합되어 있는 연료는 A : B = 9 : 1 이므로 1 L에 기체 A는 0.9 L, B는 0.1 L 가 들어 있다. A : 산소 = 1 : 2 로 반응

하므로 0.9 L 의 A 기체는 1.8 L 의 산소가 필요하고, B : 산소 = 2 : 7 이므로 0.1 L 의 B 기체는 0.35 L 의 산소가 필요하다. 따라서 A 와 B 가 혼합되어 있는 기체 1 L 를 완전 연소하기 위해서는 총 1.8 + 0.35 = 2.15 L 의 산소 기체가 필요하다.

20 3.4 g

해설 | 질소 기체와 산소 기체가 반응하여 암모니아 기체가 생성되는 반응식은 다음과 같다.

$N_2(g) + 3H_2(g) \longrightarrow 2NH_3(g)$

원자량의 비는 N : H = 14 : 1이므로 분자량은 N_2 가 28, H_2 가 2 라고 한다면 몰수는 N_2 가 $\frac{12.6}{28}$ = 0.45 몰, H_2 가 $\frac{1.8}{2}$ = 0.9 몰이다.

따라서 반응 전후 몰수의 변화는 다음과 같다.

	$N_2(g)$ +	$3H_2(g)$ $\longrightarrow$	$2NH_3(g)$
반응 전	0.45	0.9	0
반응	− 0.3	− 0.9	+ 0.6
반응 후	0.15	0	0.6

NH_3의 분자 1개의 질량은 수소 원자의 17배이므로 생성된 NH_3 기체 분자 0.6몰은 17 × 0.6 = 10.2 g 이고, 콕이 열린 상태에서 기체는 3개의 용기에 골고루 퍼져 나가므로 (다) 용기에는 10.2 × $\frac{1}{3}$ = 3.4 g 이 존재한다.

❌ imagine infinitely   50 ~ 51쪽

A. 아연과 황산을 반응시켜 만든 수소 기체와 비소가 들어 있을 거라고 예상되는 시료를 반응시키면 아르센 가스가 만들어진다. 이 아르센이라는 유독 가스가 나오면 시료에 비소가 들어 있는지를 확인할 수 있다.

II. 분자 운동과 기체

개념 보기

Q1 수증기(H_2O)

Q2

접촉 면적을 좁게 하는 경우	접촉 면적을 넓게 하는 경우
· 얇은 종이에 손이 베인다. · 잘 썰리도록 칼날을 간다. · 하이힐 굽에 발을 밟히면 운동화에 밟힌 것보다 아프다. · 못, 송곳, 압정, 바늘 등	· 탄산 음료 캔의 바닥을 오목하게 만든다. · 스키의 밑면이 넓다. · 큰 트럭일수록 바퀴의 수가 많다.

Q3 외부 압력 감소 → 부피 증가 → 기체 분자들의 충돌 횟수 감소 → 내부 압력 감소

Q4 250 K

Q5 낮은 압력, 높은 온도, 작은 분자량

Q6 0.6

개념 확인 문제

정답	61 ~ 65쪽

분자 운동

01 ④   **02** (1) 증 (2) 확 (3) 증 (4) 확 (5) 증

03 브라운 운동   **04** 해설 참조   **05** ③

06 ②   **07** ②   **08** 0.5배   **09** ⑤

기체의 압력, 온도와 부피 사이의 관계

10 ④   **11** (1) X (2) O (3) O (4) O (5) O (6) X

12 (1) 10 L (2) 6 L (3) ① 샤를 법칙/㉠, ㉢

② 보일 법칙/㉡, ㉣   **13** (1) 가 > 나 (2) 다 < 라

14 (1) 감소 (2) 증가 (3) 일정 (4) 일정 (5) 감소 (6) 일정 (7) 일정

15 (1) 20 N/m^2 = 20 Pa = 2.0 × 10⁻⁴ atm

(2) 0.15 mmHg = 0.2cm H_2O **16** ③

17 ④   **18** ⑤   **19** 400 mL   **20** 273 ℃

이상 기체 상태 방정식

21 ①, ③   **22** 24.6 atm   **23** 0.8 mol

24 20,000 L   **25** ③   **26** 28

27 (1) $P_1 < P_2$ (2) $T_1 > T_2$ (3) 0.082 atm·L/mol·K

28 ①   **29** (1) 0.5 mol (2) 22 g (3) 11 g

30 ⑤   **31** 207 ℃

32 (1) 0.4 (2) 0.6 (3) 1.2 (4) 1.8   **33** ③

34 (1) 5 atm (2) n_A = 0.05 mol, n_B = 0.07 mol

(3) x_A = 0.42, x_B = 0.58

01 ④

해설 | 증발은 바람이 강할수록, 온도가 높을수록, 습도가 낮을수록, 표면적이 넓을수록, 분자 사이의 인력이 작을수록 잘 일어난다.

〈참고〉

액체 표면의 분자들이 분자 간의 인력을 끊고 기체 상태로 튀어나와 기화되는 것을 증발이라고 한다. 증발이 일어날 때 주변이 시원해지는 것은 증발 과정에서 열의 흡수가 일어나기 때문이며, 이때 숨은 열을 증발열이라 한다. 그리고 고체가 기체로 변화하는 상태 변화를 기화의 한 형태인 증발로 보기도 하지만 정확하게는 승화라고 한다.

02 (1) 증 (2) 확 (3) 증 (4) 확 (5) 증

해설 | 증발은 모든 온도에서 액체 표면의 분자가 스스로 운동해서 공기 중으로 날아가는 현상이고, 확산을 물질을 이루고 있는 분자가 스스로 운동하여 액체나 기체 속으로 퍼져 나가는 현상이다.

03 브라운 운동

해설 | 브라운 운동은 기체나 액체 분자의 무질서한 운동을 말한다. 브라운 운동의 대표적인 예로는 담배 연기 입자들이 어지럽게 흩어지는 현상이나 어두운 방 안에 한 줄기 빛이 들어 올 때 보이는 먼지 입자들이 있다.

〈참고〉

식물의 수정에 관한 연구를 하던 스코틀랜드의 식물학자 로버트 브라운은 1827년 물에 띄운 꽃가루 입자를 현미경으로 관찰하던 중, 꽃가루 입자가 물 위를 끊임없이 그리고 불규칙적인 지그 재그 형태로 돌아다니는 것을 관찰할 수 있었다. 브라운은 꽃가루 입자가 살아서 움직이는 걸로 알았으나 이어진 실험에서 생명체와는 아무 연관도 없는 담뱃재 입자들도 동일한 방법으로 움직이는 것을 확인하였는데 당시 사람들의 사고를 지배하였던 열역학 법칙과 같은 자연 법칙에 위배되는 불가사의한 이 현상은 당시의 과학자들을 당혹케 하였다. 이러한 입자의 움직임은 후에 로버트 브라운의 이름을 따 〈브라운 운동〉(Brownian motion)이라 불렀다. 1905년 아인슈타인은 원자와 분자의 실재를 확신해서 '브라운 운동'은 현미경으로 볼 수 있는 꽃가루 입자와 보이지 않는 물 분자와의 충돌이라고 발표함으로서 오랫동안 논란이던 원자의 실재를 입증하였다.

04 해설 참조

해설 |

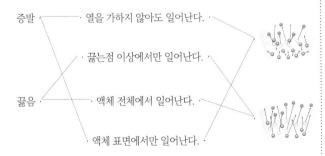

05 ③

해설 | ①, ② 기체 분자들은 무질서한 방향으로 끊임없이 불규칙한 운동을 한다.
④ 기체 분자의 충돌은 완전 탄성 충돌이므로 충돌 전 후의 에너지 손실이 없다.

⑤ 기체 분자의 크기는 기체가 차지하는 전체 부피에 비해 무시할 정도로 작다.

06 ②

해설 | 온도의 증가 → 평균 분자 운동 에너지 증가 → 분자 운동의 활발 → 분자의 충돌 횟수 증가 → 분자 사이의 거리 증가 → 부피 팽창

07 ②

해설 | ① 공기 분자의 개수는 일정하다.
③ 공기 분자가 차지하는 공간은 일정하다. 공기 분자 사이의 거리가 늘어난다.
④ 공기 분자들은 무질서한 방향으로 끊임없이 불규칙한 운동을 한다.
⑤ 온도의 증가로 평균 분자 운동 에너지가 증가하므로 분자 운동이 활발해 진다.

08 0.5배

해설 | 메테인(CH_4)의 분자량은 $12 + (1 \times 4) = 16$ 이고, 헬륨(He)의 분자량은 4이다. 같은 온도와 압력에서 두 기체의 확산 속도는 분자량의 제곱근에 반비례하므로 다음과 같이 구할 수 있다.

$\dfrac{v_A}{v_B} = \sqrt{\dfrac{M_B}{M_A}}$, $\dfrac{v_{CH_4}}{v_{He}} = \sqrt{\dfrac{4}{16}}$ 이다. 따라서 $v_{CH_4} : v_{He} = 1 : 2$ 이고, 메테인 기체의 확산 속도는 헬륨 기체 확산 속도의 0.5배이다.

09 ⑤

해설 | $\dfrac{v_A}{v_B} = \sqrt{\dfrac{M_B}{M_A}} = \dfrac{t_B}{t_A}$ 이므로 확산 속도는 확산 시간에 반비례한다. 산소(O_2)의 분자량 = $16 \times 2 = 32$ 이고, 산소 분자의 확산 속도 = 100 mL/2초 = 50 mL/초, 기체 A 분자의 확산 속도 = 100 mL/4초

= 25 mL/초 이므로 $\dfrac{v_{O_2}}{v_A} = \sqrt{\dfrac{M_A}{M_{O_2}}} = \dfrac{t_A}{t_{O_2}}$ 에서 $\dfrac{50}{25} = \sqrt{\dfrac{M_A}{32}}$ 이다.

$M_A = 128$ 이므로 기체 A의 분자량은 128 이다.

10 ④

해설 | 압력은 면에 수직으로 작용하는 힘을 그 힘이 작용하는 면의 면적으로 나눈 값으로 힘에 비례하고, 접촉 면적에 반비례한다.
탄산 음료 캔의 바닥을 오목하게 만들면 접촉 면적이 넓어져 압력이 작아지므로 음료 안에 탄산 기체를 많이 녹일 수 있다.

11 (1) X (2) O (3) O (4) O (5) O (6) X

해설 | (1) 기체의 압력은 분자량이 큰 기체일수록 크다. (X)
→ 기체의 압력은 분자량과는 상관없다. 기체 분자의 운동 에너지가 커질수록 벽면과의 충돌 횟수가 증가로 압력이 증가하는 것이므로 압력을 증가시키기 위해서는 일정 부피 안의 온도를 높여서 분자의 평균 운동 에너지(내부 에너지)를 증가시켜야 한다.
(2) 기체의 압력은 모든 방향에 같은 크기로 작용한다. (O)
(3) 기체 분자의 움직임이 활발할수록 압력이 커진다. (O)
(4) 온도가 증가할수록 기체의 압력은 커진다. (O)
(5) 기체 분자가 벽면에 충돌하는 횟수가 작을수록 압력은 작아진다. (O)
(6) 같은 부피에서 기체 분자의 수와 압력은 상관 없다. (X)
→ 일정한 부피에서 온도와 기체 분자의 수는 압력과 비례한다. (온도

가 증가하거나 기체 분자의 수가 증가하면 용기 벽면과의 충돌 횟수도 증가하므로 압력은 증가한다.)

12 (1) 10 L (2) 6 L

(3)

	①	②
법칙	샤를 법칙	보일 법칙
그래프	㉠, ㉢	㉡, ㉣

해설 | 일정한 압력에서 온도와 부피와의 관계 : 샤를 법칙

$$\frac{V_1}{T_1} = \frac{V_2}{T_2} , \quad \frac{5 \text{ L}}{300 \text{ K}} = \frac{x}{600 \text{ K}}$$

따라서 $x = 10$ L 이다.

(2) 일정한 온도에서 압력과 부피와의 관계 : 보일 법칙

$P_{처음} \times V_{처음} = P_{나중} \times V_{나중} = 3$ atm $\times 2$ L $= 1$ atm $\times y$ 이다. 따라서 $y = 6$ L 이다.

(3)

㉠	(그래프)	- 압력(P) 일정 - V와 T는 비례 관계이다. : 샤를 법칙
㉡	(그래프)	- $P \propto \dfrac{1}{V} \rightarrow PV = k$(일정) - 압력($P$)과 부피($V$)의 곱은 일정하다. : 보일 법칙
㉢	(그래프)	- 압력(P) 일정 - $\dfrac{V}{T} = k \rightarrow V \propto T$: 샤를 법칙
㉣	(그래프)	- $PV = k$(일정) : 보일 법칙

13 (1) 가 > 나 (2) 다 < 라

해설 | 압력은 같은 힘일 때 바닥에 닿는 밑면적이 좁을수록, 밑면적이 같을 때는 누르는 힘이 커질수록 증가한다.

(1) 누르는 힘(무게)이 같을 때 : (나)보다 (가)의 밑면적이 더 작다. → 압력은 가 > 나이다.

(2) 바닥과 닿아 있는 밑면적이 같을 때 : (다)보다 (라)의 누르는 힘이 더 크다. (무게가 더 크다) → 압력은 다 < 라이다.

14 (1) 기체의 압력   (증가, 감소, 일정)

(2) 기체의 부피   (증가, 감소, 일정)

(3) 기체의 질량   (증가, 감소, 일정)

(4) 기체 분자의 개수   (증가, 감소, 일정)

(5) 기체 분자의 충돌 횟수   (증가, 감소, 일정)

(6) 기체 분자의 크기   (증가, 감소, 일정)

(7) 기체 분자의 운동 속도   (증가, 감소, 일정)

해설 | 실린더 위에 올린 추의 개수 감소 → 외부 압력 감소 → 부피 증가 → 기체 분자의 충돌 횟수 감소 → 기체의 압력 감소

변하는 것	변하지 않는 것
분자 배열, 분자 사이의 거리, 분자 사이의 인력, 부피	분자의 종류, 분자의 크기, 분자의 개수, 분자량, 분자의 모양, 물질의 성질

영향을 주는 요인	평균 운동 에너지	평균 운동 속도
온도	O	O
분자량	X	X

15 (1) 20 N/m² = 20 Pa = 2.0 × 10⁻⁴ atm

(2) 0.15 mmHg = 0.2 cmH₂O

해설 | (1)

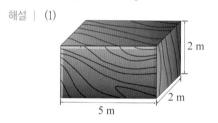

$$압력(P) = \frac{누르는 \ 힘(무게)}{밑면의 \ 넓이} = \frac{200 \text{ N}}{5 \text{ m} \times 2 \text{ m}} = 20 \text{ N/m}^2$$

1 Pa = 1 N/m² 이므로 20 N/m² = 20 Pa,

101325 Pa = 1 atm 이므로 20 Pa = $\dfrac{20}{101325}$ atm ≒ 2.0 × 10⁻⁴ atm 이다.

(2) 1 atm = 760 mmHg = 1033 cmH₂O 이므로

2.0 × 10⁻⁴ atm = 2.0 × 10⁻⁴ × 760 mmHg ≒ 0.15 mmHg, 2.0 × 10⁻⁴ atm = 2.0 × 10⁻⁴ × 1033 cmH₂O ≒ 0.2 cmH₂O 이다.

16 ③

해설 | ① 0 ℃ 일 때의 부피를 V_0 이라고 한다면 t ℃ 일 때의 부피는 V_t 이다.

② 샤를 법칙에 의해 증가한 부피는 $V_0 \times \dfrac{t}{273}$ 이다.

③ 처음 부피가 5 mL 이고 온도가 273 ℃ 증가하였다면 나중 부피는 6 mL 가 아니라 10 mL 이다.

$$V_t = V_0 + (V_0 \times \frac{t}{273}) = 5 + 5 \times \frac{273}{273} = 10 \text{ mL}$$

④ t 가 27 ℃ 라면 절대 온도는 300 K 이다.

절대 온도 = 0 + 273 = 273 K

⑤ 일정한 압력에서 온도와 부피는 비례한다.(샤를 법칙)

$$V \propto T, \quad V \propto k \ (압력(P) \ 일정)$$

17 ④

해설 | 찌그러진 탁구공에 뜨거운 물을 부으면 탁구공 내부의 공기가 뜨거워져(온도 증가) 부피가 증가한다. (샤를 법칙)

온도가 증가함에 따라 분자의 운동 에너지도 증가하고 탁구공 내부의 벽에 충돌하는 횟수도 증가한다. (기체 분자 운동론) 그러나 탁구공 내부로 출입하는 공기가 없으므로 탁구공 내부의 공기 분자의 개수는 일정하다.

18 ⑤

해설 | ① 부피가 변해도 분자의 개수는 일정하다. 분자 사이의 거리가 줄어 들었기 때문에 부피가 감소하는 것이다.

② 분자의 질량은 부피에 영향을 주지 않는다.

③ 분자의 운동 속도는 온도가 증가함에 따라 증가한다.

④ 분자 운동 속도가 증가함에 따라 분자 사이의 거리가 증가하고 부피가 증가한다.

19 400 mL

해설 | 샤를 법칙

방법 1)

나중 부피 = 처음 부피 + 처음 부피 × $\frac{온도 변화(℃)}{273}$ = 200 + 200 = 400 mL

방법 2)

$\frac{처음 부피}{처음 온도}$ = $\frac{나중 부피}{나중 온도}$: 압력이 일정할 때 (※ 단, 온도는 절대 온도로 바꾸어 주어야 한다.)

0 ℃ → 273K, 273 ℃ → 546 K

따라서 $\frac{200}{273}$ = $\frac{나중 부피}{548}$, 나중 부피 = 548 × $\frac{200}{273}$ = 400 mL 이다.

20 273 ℃

해설 | 샤를 법칙

방법 1)

나중 부피 = 처음 부피 + 처음 부피 × $\frac{온도 변화(℃)}{273}$

134 × 2 = 134 + 134 × $\frac{x}{273}$, 따라서 $x = 273$이다.

방법 2)

$\frac{처음 부피}{처음 온도}$ = $\frac{나중 부피}{나중 온도}$ 이므로

$\frac{134}{273}$ = $\frac{134 × 2}{x}$, $x = (134 × 2) × \frac{273}{134} = 546$ (K)

절대 온도를 섭씨 온도로 바꾸면 546 - 273 = 273 ℃ 이다.

21 ①, ③

해설 |

구분	이상 기체	실제 기체
정의	$PV = nRT$ 를 따르는 기체	$PV = nRT$ 를 따르지 않는 기체
분자 크기	×	○
분자가 차지하는 부피	×	○
분자 간 인력/반발력	×	○
이상 기체 상태 방정식	완전히 일치	고온, 고압에서 일치

② 실제 기체가 차지하는 부피는 무시하면 안 되는 만큼의 크기이므로 전체 부피에서 실제 기체가 차지하는 부피를 빼 주어야 한다.

④ 이상 기체 분자 사이에는 아무런 힘도 작용하지 않는다.

⑤ 절대 영도에서 이상 기체의 부피는 0이다.

22 24.6 atm

해설 | 몰수 = $\frac{질량}{분자량}$ 이므로 $\frac{20}{2}$ = 10 mol 이다.

절대 온도 = 27℃ + 273 = 300 K, 부피 = 10 L 고, 온도가 일정할 때 기체의 부피비 = 몰수비이므로

$P = \frac{nRT}{V} = \frac{10 × 0.082 × 300}{10}$ = 24.6 atm 이다.

23 0.8 mol

해설 | 온도 = 27℃ + 273 = 300 K, 부피 = 10 L, 압력 = 2atm 이므로 이상 기체 상태 방정식을 이용하면, $PV = nRT$,

$n = \frac{PV}{RT} = \frac{2 × 10}{0.08 × 300}$ ≒ 0.8 mol 이다.

24 20,000 L

해설 | 보일-샤를 법칙을 이용하면

$\frac{P_1 V_1}{T_1} = \frac{P_2 V_2}{T_2}$ (P_1 = 1.00 atm, V_1 = 10,000 L, T_1 = 27 + 273 = 300 K, P_2 = 0.40 atm, $V_2 = x$, T_2 = 33 + 273 = 240 K)

$\frac{1.00 × 10,000}{300} = \frac{0.40 × x}{240}$,

$x = \frac{240}{0.40} × \frac{1.00 × 10,000}{300}$ = 20,000 L 이다.

25 ③

해설 | 몰수 = 2 mol, 부피 = 48 L, 압력 = 1 atm 이므로

$PV = nRT$ 이상 기체 상태 방정식을 이용하면,

$T = \frac{PV}{nR} = \frac{1 × 48}{0.08 × 2}$ = 300 K 이고,

절대 온도를 섭씨 온도로 바꾸면 300 - 273 = 27℃이다.

26 28

해설 | 기체 X의 질량이 6 g 이므로 이상 기체 상태 방정식을 이용하여 몰수를 구한다.

온도 = 27 ℃ + 273 = 300 K, 부피 = 24 L, 압력 = 2 atm 일 때

$PV = nRT$

$n = \frac{PV}{RT} = \frac{2 × 24}{0.08 × 300}$ = 2 mol 이므로

분자량 = $\frac{질량}{몰수} = \frac{56}{2}$ = 28 이다.

27 (1) $P_1 < P_2$ (2) $T_1 > T_2$ (3) 0.082 atm·L/mol·K

해설 | (1) 부피

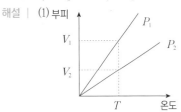

임의의 온도 T 에서 선을 그었을 때

P_1 에서의 부피 = V_1, P_2 에서의 부피 = V_2

→ $V_1 > V_2$ 이므로 $P_1 < P_2$ 이다.

보일 법칙 : 압력과 부피는 반비례 관계이다.

(2) 부피

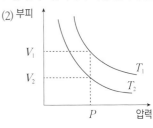

임의의 압력 P 에서 선을 그었을 때

T_1에서의 부피 = V_1, T_2에서의 부피 = V_2

→ $V_1 > V_2$ 이므로 $T_1 > T_2$ 이다.

샤를 법칙 : 온도와 부피는 비례 관계이다.

(3) 이상 기체 상태 방정식을 이용하면

$$PV = nRT$$

$$R = \frac{PV}{nT} = \frac{1\ atm \times 22.4\ L}{1\ mol \times 273\ K} = 0.082\ atm.L/mol.K\ 이다.$$

28 ①

해설 | 1) 기체의 질량 구하기

기체가 들어있는 플라스크 질량 - 플라스크 질량 = 기체의 질량

108.3 - 102.3 = 6 g

2) 기체의 몰수 구하기 : 이상 기체 상태 방정식을 이용한다.

온도 = 300 K, 부피 = 72 L, 압력 = 1 atm 이므로

$$PV = nRT$$

$$n = \frac{PV}{RT} = \frac{1 \times 72}{0.08 \times 300} = 3\ mol,\ 분자량 = \frac{질량}{몰수} = \frac{6}{3} = 2\ 이다.$$

3) 보기의 분자량을 계산하여 문제의 기체 찾기

분자	① H_2	② He	③ CH_4	④ HCl	⑤ Cl_2
분자량	2	4	16	36.5	71

29 (1) 0.5 mol (2) 22 g (3) 11 g

해설 | (1) 온도 = 300 K, 부피 = 10 L,

압력 = 760 mmHg 는 1 atm 이므로 $\frac{912\ mmHg}{760\ mmHg} = 1.2\ atm$ 이고,

이상 기체 상태 방정식을 이용하면,

$$PV = nRT$$

$$n = \frac{PV}{RT} = \frac{1.2 \times 10}{0.08 \times 300} = 0.5\ mol\ 이다.$$

(2) 분자의 질량 = 분자량 × 몰수 = 44 × 0.5 = 22 g

(3) 온도 = 300 K , 부피 = 10 L

압력 = 760 mmHg 는 1 atm 이므로 $\frac{456\ mmHg}{760\ mmHg} = 0.6\ atm$ 이고,

이상 기체 상태 방정식을 이용하면,

$$PV = nRT$$

$$n = \frac{PV}{RT} = \frac{0.6 \times 10}{0.08 \times 300} = 0.25\ mol,\ 분자의\ 질량 = 분자량 \times 몰수$$

= 44 × 0.25 = 11 g

22 - 11 = 11(g)이므로 처음의 반에 해당하는 질량을 빼내야 한다.

30 ⑤

해설 | 기체의 분자량은 압력에 영향을 미치지 않는다.

31 207℃

해설 | 수소의 몰수 = $\frac{질량}{분자량} = \frac{2}{2} = 1\ mol$, 산소의 몰수 =

$\frac{질량}{분자량} = \frac{8}{32} = 0.25\ mol$ 이므로 전체 몰수 = 1 + 0.25 = 1.25 mol

이다. 부피 = 9.6 L, 압력 = 5 atm 이므로 $PV = nRT$ 에서

$$T = \frac{PV}{nR} = \frac{5 \times 9.6}{0.08 \times 1.25} = 480\ K\ 이다.$$

절대 온도를 섭씨 온도로 바꾸면 480 K = (480 - 273)℃ = 207℃ 이다.

32 (1) 0.4 (2) 0.6 (3) 1.2 (4) 1.8

해설 | (1), (2) 전체 몰수 = 산소의 몰수 + 헬륨의 몰수 = 1 + 1.5 =

2.5 이다. 따라서 산소의 몰 분율 = $\frac{1}{2.5} = 0.4$, 헬륨의 몰 분율 = $\frac{1.5}{2.5}$

= 0.6 이다.

(3), (4) 산소의 부분 압력 = 산소의 몰 분율 × 전체 압력

= 0.4 × 3 = 1.2 기압

헬륨의 부분 압력 = 산소의 몰 분율 × 전체 압력

= 0.6 × 3 = 1.8 기압

33 ③

해설 | 1) 질소와 아르곤의 몰수 구하기

질소의 분자량 = 28, 아르곤의 분자량 = 40 이다.

몰수 = $\frac{질량}{분자량}$ 이므로 질소의 몰수 = $\frac{5.6}{28} = 0.2\ mol$, 아르곤의 몰수

= $\frac{8}{40} = 0.2\ mol$ 이다. 따라서 전체 몰수 = 0.2 + 0.2 = 0.4 이다.

2) 질소와 아르곤의 몰 분율 구하기

질소의 몰 분율 = $\frac{0.2}{0.4} = 0.5$

아르곤의 몰 분율 = 1 - 0.5 = 0.5

3) 돌턴의 부분 압력의 법칙을 이용해 부분 압력 구하기

질소의 부분 압력 = 0.5 × 10 = 5기압

아르곤의 부분 압력 = 10 - 5 = 5기압

34 (1) 5 atm (2) n_A = 0.05 mol, n_B = 0.07 mol

(3) x_A = 0.42, x_B = 0.58

해설 | (1) (가) 부피 = (나) 부피 = (다) 부피이고, 온도가 일정하므로

(가)의 압력 + (나)의 압력 = (다)의 압력이다. 따라서 2 기압 + 3 기압

= 5 기압이다.

(2) $PV = nRT$를 이용한다.

구분	(가)	(나)
압력(atm)	2	3
부피(L)	1	2
온도(K)	500	
몰수(몰)	$n = \frac{PV}{RT} =$ $\frac{2 \times 1}{0.082 \times 500} = 0.05$	$n = \frac{PV}{RT} =$ $\frac{3 \times 1}{0.082 \times 500} = 0.07$

기체의 몰수는 두 기체를 혼합해도 변하지 않는다.

구분	(다)
압력(atm)	5
부피(L)	1
온도(K)	500
몰수(몰)	0.05 + 0.07 = 0.12

(3) A의 몰 분율 = $X_A = \frac{A의\ 몰수}{A의\ 몰수 + B의\ 몰수}$

$$X_A = \frac{A의\ 몰수}{A의\ 몰수 + B의\ 몰수} = \frac{0.05}{0.05 + 0.07} ≒ 0.42$$

$$X_B = \frac{B의\ 몰수}{A의\ 몰수 + B의\ 몰수} = \frac{0.07}{0.05 + 0.07} ≒ 0.58$$

**$X_A + X_B$ = 1 이므로 $X_A = 1 - X_B = 1 - 0.58 = 0.42$가 성립한다.

개념 심화 문제

---

01 해설 참조

해설 | 공기 분자 사이의 거리가 물 분자 사이의 거리보다 더 멀기 때문이다.

공기 분자 사이의 거리가 물 분자 사이의 거리보다 더 멀기 때문에 같은 부피에 존재하는 분자의 개수가 물 분자가 더 많다. 따라서 피스톤을

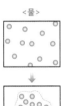

눌러 압축할 경우 공기가 물 보다 더 쉽게 압축된다.

02 해설 참조

해설 |

※ 분자의 개수가 첫 번째 향수병과 같이 12개로 같아야 하며 확산은 액체의 표면에 있는 분자들이 이동하는 것이므로 액체 내부의 분자 5개는 개수가 일정해야 한다.

03 (1) $v_{He} : v_{CH_4} : v_{SO_2} = 4 : 2 : 1$ (2) 3 mL/초   (3) 9

해설 | (1) 그레이엄의 확산 속도의 법칙은 다음과 같다.

$$\frac{v_A}{v_B} = \sqrt{\frac{M_B}{M_A}}$$

같은 온도와 압력에서 두 기체의 확산 속도는 분자량의 제곱근에 반비례하므로 $\frac{v_A^2}{v_B^2} = \frac{M_B}{M_A}$ 로 구할 수 있다.

ⅰ) 분자량 구하기

헬륨(He)은 단원자 분자이므로 원자량과 분자량이 같고, 분자량은 4이다. 메테인(CH_4)의 분자량은 12 + (1 × 4) = 16이고, 이산화 황(SO_2)의 분자량은 32 + (16 × 2) = 64이다.

ⅱ) 기체의 속력의 제곱은 분자량에 반비례한다는 그레이엄의 확산 속도의 법칙에 맞추어 비례식을 세운다.

$$v_{He}^2 : v_{CH_4}^2 : v_{SO_2}^2 = \frac{1}{M_{He}} : \frac{1}{M_{CH_4}} : \frac{1}{M_{SO_2}} = \frac{1}{4} : \frac{1}{16} : \frac{1}{64}$$

$$= 16 : 4 : 1$$

ⅲ) 제곱 수 고려하기

$v_{He}^2 = 16 \rightarrow 4$를 제곱한 수가 16이므로 $v_{He} = 4$

$v_{CH_4}^2 = 4 \rightarrow 2$를 제곱한 수가 4이므로 $v_{CH_4} = 2$

$v_{SO_2}^2 = 1 \rightarrow 1$를 제곱 한 수가 1이므로 $v_{SO_2} = 1$

ⅳ) ⅰ ~ ⅲ에서 구한 값을 이용하여 분출 속도비를 구하면

$v_{He} : v_{CH_4} : v_{SO_2} = 4 : 2 : 1$ 이다.

(2) 분출 속도는 1초 당 분출되는 기체의 부피이다. 기체 120 mL 가 모두 빠져 나오는데 40초가 걸렸으므로 1초에는 3 mL 의 기체가 분출된다.

$$120 \text{ mL} : 40\text{초} = x \text{ mL} : 1\text{초} \quad \therefore x = \frac{120 \text{ mL}}{40\text{초}} = 3 \text{ mL/초}$$

(3) 그레이엄의 확산 법칙을 이용하여 종류를 모르는 기체 A의 분자량을 계산 할 수 있다.

ⅰ) 기체 A의 분출 속도 계산하기

$$80 \text{ mL} : 10\text{초} = x \text{ mL} : 1\text{초} \quad \therefore x = \frac{80 \text{ mL}}{10\text{초}} = 8 \text{ mL/초}$$

ⅱ) (2)에서 이산화 황(SO_2)의 분출 속도가 3 mL/초 이므로

SO_2 분출 속도	A의 분출 속도	SO_2 분자량	A의 분자량
v_{SO_2} = 3 mL/초	v_x = 8 mL/초	64	M_A

$$v_{SO_2}^2 : v_A^2 = \frac{1}{M_{SO_2}} : \frac{1}{M_A} , 3^2 : 8^2 = \frac{1}{64} : \frac{1}{M_A} \rightarrow 8^2 \times \frac{1}{64} = 3^2 \times \frac{1}{M_A} ,$$

따라서 $M_A = 9$이다.

04 ①, ④

해설 |

끝이 막힌 유리관   끝이 뚫린 유리관

수은 기둥이 누르는 압력

대기가 누르는 압력

유리관의 끝이 열려있다면 유리관 내부에도 대기압이 작용하여 유리관 내부와 외부의 수은 높이가 같다.

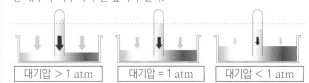

대기압 > 1 atm   대기압 = 1 atm   대기압 < 1 atm

① 대기압이 1 atm 일 때 수은 기둥은 760 mm, 물기둥은 1033.6 cm 가 되어야 대기압과 같다.
② 유리관의 끝이 깨지면 유리관 안과 밖의 압력이 같아지므로 유리관 내부와 외부의 수은의 높이는 같다.
③ 760 mmHg 를 발견한 토리첼리를 기념하여 760 mmHg = 760 torr 라고 하였다.
④ 지상에서 5500 m 상승할 때마다 기압은 반씩 감소한다. 대기압이 줄어들면 상대적으로 수은 기둥의 압력도 감소해야 하므로 수은 기둥의 높이는 낮아진다.
⑤ 760 mmHg : 1 atm = x : 0.349 atm 이므로 x = 760 × 0.349 = 265.24 mmHg 이다.

05 1. 온도를 낮춘다.
2. 기체 주입기로 기체의 일부를 빼낸다.
해설 | (가)에서 (나)로 압력의 변화를 보면 수은 기둥의 높이가 작아진 것으로 보아 (나)의 내부 압력이 줄어든 것을 알 수 있다. 내부 압력을 줄이기 위해서는 기체의 온도를 낮추어 주거나 기체 통에서 기체를 빼내어 기체 분자 수를 감소시켜야 한다.

06 ②
해설 | 용기에 들어 있는 있는 기체는 용기 내의 전체 공간을 차지한다. 따라서 포집된 산소의 부피는 실린더의 수증기 부피와 같다.
ㄱ. 포집된 산소의 압력은 대기압보다 작다.
   대기압 = 산소의 압력 + 수증기의 압력 + 물기둥의 압력
ㄷ. 눈금 실린더를 천천히 누르면 압력이 증가하면서 부피는 감소한다.

07 ㄴ, ㄷ, ㄹ
해설 | ㄱ. 기체의 부피가 $\frac{1}{2}$ 이 되었으므로 압력은 2배 증가한다.
ㄴ. 아르곤 기체의 출입이 없으므로 분자 수는 일정하다.
ㄷ. 기체 분자의 크기는 부피와 관계없이 변하지 않는다.
ㄹ. 온도가 일정하면 평균 운동 에너지도 일정하다.

08 (1) 솜의 아래 부분부터 붉게 변한다. 암모니아 분자가 확산되면서 솜에 묻어있는 지시약인 페놀프탈레인과 반응하기 때문이다.
(2) 온도를 높인다/유리병 안을 진공 상태로 만든다(유리병 안의 압력을 낮춘다)/암모니아수의 농도를 진하게 한다.
(3) 티몰블루
해설 | (1)

암모니아수가 담겨 있는 유리병의 밑면에서부터 암모니아 분자가 위로 확산되기 때문이다.
(2) 솜의 색깔 변화가 빨리 일어나기 위해서는 암모니아수의 확산이 빠르게 일어나야 한다. 확산은 분자량이 작을수록, 온도가 높을수록 빠르고, 고체보다는 액체가, 액체보다는 기체가 분자 운동이 활발하므로 확산이 빠르다. 또한 액체 속에서 보다는 기체 속에서, 기체 속에서 보다는 진공 속에서 입자의 이동이 활발하다. 따라서 유리병 안

의 온도를 높이거나 유리병 안을 진공 상태로 만든다. 그리고 암모니아수의 농도를 진하게 하면 확산되는 입자가 많아진다.
(3) 암모니아수는 염기성을 띠기 때문에 중성에서 염기성이 될 때 확실하게 색깔이 변화하는 지시약을 찾으면 된다. 따라서 페놀프탈레인 대신에 사용할 수 있는 지시약은 티몰블루이다.

09 0.29 atm
해설 | 이상 기체 상태 방정식 $PV = nRT$를 이용하면,
$\frac{PV}{T} = \frac{P'V'}{T'}$, $\frac{3.0 \text{ atm} \times 2.0 \text{ L}}{300 \text{ K}} = \frac{x \text{ atm} \times (2.0 + 5.0) \text{ L}}{100 \text{ K}}$ 이므로
x는 약 0.29 atm 이다.

10 ①
해설 | 질량이 같은 추로 압력을 가했으므로 기체 A와 B에 가해진 압력은 같다. 피스톤이 실린더 바닥에 닿으면 실린더 내부의 기체는 다 빠져 나가게 된다. 피스톤이 실린더 바닥에 닿을 때까지 걸린 시간은 B가 A의 2배이므로 분출 속도는 A가 B의 2배이다. 그레이엄의 확산 속도의 법칙에 의해 분자량은 분출 또는 확산 속도의 제곱에 반비례하고, 분출 속도는 걸린 시간에 반비례하므로 분자량은 걸린 시간의 제곱에 비례한다.
A의 걸린 시간^2 : B의 걸린 시간^2 = A의 분자량 : B의 분자량
1 : 2^2 = 1 : 4 = A의 분자량 : B의 분자량
ㄴ. 분자량이 큰 B가 A보다 평균 속도가 느리다.
ㄷ. 온도와 압력이 같을 때 같은 부피를 차지하는 분자의 개수가 같다. (아보가드로 법칙)

11 48 L
해설 | 0 ℃ 에서의 부피는 36 L 이고, V_t 에서 온도가 91 ℃ 이다.
따라서 이때 부피는 $V_t = 36 + 36 \times \frac{91}{273} = 48$ L 이다.

12 ③
해설 | 압력은 1 기압으로, 온도는 0 ℃ 로 유지하였으므로 부피는 몰수에 비례하는 아보가드로 법칙을 이용한다.
(가) 1몰 → 22.4 L
(나) (가)와 압력과 몰수가 같지만 온도가 273 ℃ 높으므로 부피는 (가)의 2배이다. → 44.8 L
(다) (가)와 압력과 온도가 같고 몰수는 2배이다. → 44.8 L

13 14.25 mL
해설 | 섭씨 온도를 절대 온도로 바꾸면
· 8 + 273 = 281 K
· 25 + 273 = 298 K 이므로
$\frac{PV}{T} = \frac{P'V'}{T'}$ 에 대입하면 다음과 같다.
$\frac{6.4 \text{ atm} \times 2.1 \text{ mL}}{281 \text{ K}} = \frac{1.0 \text{ atm} \times x \text{ mL}}{298 \text{ K}}$,
따라서 x는 약 14.25 mL 이다.

14 1.62 g/L
해설 | 밀도는 부피 1 L 당 질량(g)이므로 분자량을 이용하여 CO_2의 질량을 먼저 알아야 한다.
$n = \frac{PV}{RT} = \frac{0.990 \times 1 \text{ L}}{0.082 \times 328 \text{ K}} ≒ 0.0368$ mol 이다. CO_2의 분자량은

44이므로 질량 = 분자량 × 몰수 = 44 × 0.0368 = 1.62 g 이다. 따라서 밀도 = $\dfrac{질량}{부피}$ = $\dfrac{1.62\ \text{g}}{1\ \text{L}}$ = 1.62 g/L 이다.

15 37 L

해설 | 화학식에서 계수비 = 몰수비이므로 아자이드화 소듐(NaN_3) 2몰이 반응하면 질소 기체(N_2) 3몰이 생성된다.

i) 아자이드화 소듐의 몰수 구하기

·질량 × $\dfrac{1}{분자량}$ = 몰수

·60.0 g × $\dfrac{1}{65}$ ≒ 0.92 mol

ii) 질소의 몰수 구하기

아자이드화소듐 2 mol : 질소 3 mol = 0.92 mol : x

∴ x = 1.38 mol

iii) 이상 기체 상태 방정식을 이용해 부피 구하기

n = 1.38 mol, R = 0.082 atm·L/mol·K, T = 80 + 273 = 353 K, P = $\dfrac{823\ \text{mmHg}}{760\ \text{mmHg}}$ = 1.08 atm 이므로

V = $\dfrac{nRT}{P}$ = $\dfrac{1.38 \times 0.082 \times 353}{1.08}$ = 37 L 이다.

16 (1) $P_T = P_{O_2} + P_{H_2O}$ (2) 0.97 atm (3) 0.163 g

해설 | (1) 병 안에는 산소(O_2)기체와 수증기(H_2O)가 함께 들어 있다.

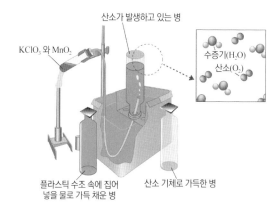

(2) 문제에서 그래프를 살펴보면 24 ℃ 에서 수증기의 압력은 22.4 mmHg 이다. 포집된 기체의 압력은 762 mmHg 이므로

$P_T = P_{O_2} + P_{H_2O}$, 762 mmHg = P_{O_2} + 22.4 mmHg, P_{O_2} = 739.6 mmHg 이고, atm으로 바꾸면 $\dfrac{739.6}{760}$ = 0.97 atm 이다.

(3) i) 포집된 산소의 몰수(n) 구하기

압력은 0.97 atm, 부피는 0.128 L, 온도는 24 + 273 = 297 K 이므로 n = $\dfrac{PV}{RT}$ = $\dfrac{0.97 \times 0.128}{0.082 \times 297}$ = 5.1 × 10⁻³ mol 이다.

※ 기체 상수의 단위가 atm·L/mol·K 이므로 반드시 L로 바꾸어 주어야 한다.

ii) 질량 구하기

5.1 × 10⁻³ mol × 32 = 0.163 g

17 (1) C > A > B (2) C > A > B (3) C > A > B (4) C = A = B

해설 | (1) ~ (3) 같은 외부 조건에서 분자량이 작을수록 분자 운동

이 활발해지기 때문에 확산이 잘 일어난다.

시간이 지난 후 풍선의 크기가 B > A > C 순이 되었다. 부피가 작아질수록 풍선을 채우는 기체의 확산 속도 증가 → 기체의 양 감소 → 기체 분자의 운동 속도 증가 등의 현상이 잘 일어난다.

(4) 기체의 평균 운동 에너지는 온도에 의해서만 영향을 받는다. 풍선을 채우는 기체 A, B, C는 일정한 온도에서 확산이 일어났으므로 기체 분자의 평균 운동 에너지는 A = B = C 이다.

18 (1) b (2) a (3) c (4) a

해설 | (1) n, T 일정 → 압력 증가 → 부피 감소 → (b) : 보일 법칙

(2) n, P 일정 → 온도 증가 → 부피 증가 → (a) : 샤를 법칙

(3) n, P 일정 → 기체 첨가 → 부피 증가 → (c) : 이상 기체 상태 방정식

(4) T : $\dfrac{1}{2}$ 감소, P : $\dfrac{1}{4}$ 감소 → 다음과 같이 알아본다.

$\dfrac{1}{4}PV'$ = $nR\dfrac{1}{2}T$, V' = $2\dfrac{nRT}{P}$ 이다. 따라서 부피는 2배 증가한다.

19 ④

해설 | ㄱ. 분자 수의 비는 몰수비와 같다. n = $\dfrac{PV}{RT}$ 이므로 압력과 부피의 곱으로 몰수비를 알 수 있다.

구분	He	Ne
P	0.5 atm	1 atm
V	1 L	1 L
PV	0.5	1
$n = \dfrac{PV}{RT}$	$n = \dfrac{0.5}{RT}$	$n = \dfrac{1}{RT}$

He 몰수 : Ne 몰수 = $\dfrac{0.5}{RT}$: $\dfrac{1}{RT}$ = 1 : 2

ㄴ. 평형 상태에서 혼합 기체의 전체 압력은 1 atm 이다. 돌턴의 부분압력의 법칙을 이용하여 Ne의 부분 압력을 알 수 있다.

i) Ne의 몰 분율 구하기

전체 몰수 = $\dfrac{0.5}{RT}$ + $\dfrac{1}{RT}$ = $\dfrac{1.5}{RT}$

Ne의 몰수 = $\dfrac{1}{RT}$

Ne의 몰 분율 = $\dfrac{\dfrac{1}{RT}}{\dfrac{1.5}{RT}}$ = $\dfrac{1}{1.5}$ = $\dfrac{2}{3}$

ii) Ne의 부분 압력 = Ne의 몰 분율 × 전체 압력

= $\dfrac{2}{3}$ × 1 = $\dfrac{2}{3}$ atm

ㄷ. 혼합하기 전의 몰수와 혼합한 후 몰수는 변하지 않으므로 $\dfrac{1.5}{RT}$ = $\dfrac{1 \times V}{RT}$ 이고, V = 1.5 L (혼합 후 P는 대기압과 같다.) 이다.

(가)의 부피가 1 L 로 고정되어 있으므로 (나)의 부피는 0.5 L 이다.

20 (1) A < B < C (2) ①

해설 | (1) 온도가 증가할수록 분자의 평균 속력이 증가한다.

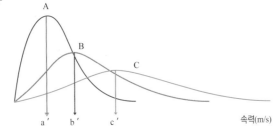

분자 수

속력(m/s)

A와 B, C의 평균 분자 속력를 a´, b´, c´라고 한다면, a´ < b´ < c´이므로 A < B < C 와 같이 온도는 증가한다.

(2) He, N, Cl의 원자량은 각각 4, 14, 35.5이므로 분자량은 He, N_2, Cl_2이 각각 4, 28, 71이다.

분자량이 증가할수록 평균 분자 속력은 감소한다.

분자량 : He < N_2 < Cl_2

분자 속력 : Cl_2 < N_2 < He

그래프에서 평균 분자 속력 : A < B < C

∴ A : Cl_2 B : N_2 C : He

✖ 창의력을 키우는 문제

76 ~ 87쪽

01. 논리 서술형

콜라나 사이다와 같은 탄산음료에는 탄산 기체를 저온, 고압 하에 용해시키기 때문에 방출되는 탄산 기체로 인해 내부 압력이 발생한다. 때문에 말랑말랑한 알루미늄 캔을 쓰더라도 뚜껑을 따기 전에는 외부에서 압력이 가해질 때 잘 찌그러지지 않는다. 하지만 커피나 녹차와 같이 탄산가스가 들어 있지 않은 음료를 알루미늄 캔에 담으면 외부에서 힘을 가했을 때 쉽게 찌그러진다. (요즘에는 탄산이 포함되지 않는 음료를 질소 기체로 채우기 때문에 알루미늄 캔을 이용하더라도 운반 도중에 찌그러지지 않은 상태를 유지할 수 있다.)

해설 | · 물에 용해되어 있는 탄산가스가 캔 내부에서 방출되므로 안에서 밖으로 작용하는 내부 압력이 생긴다. 때문에 외부의 충격에도 캔은 쉽게 찌그러지지 않는다.

· 더운 여름날 온도가 올라가면 캔의 내부에 있는 탄산 기체의 운동 속도도 증가하게 된다. 내부 압력이 알루미늄캔이 견디지 못하는 만큼 증가하게 되면 캔은 터지게 된다. 그렇기 때문에 캔의 밑면을 오목하게 만들면 밑면적이 증가하여 캔의 내부 압력이 줄어들어 캔이 갑자기 터지는 사고를 예방할 수 있다.

[용해]

· 용질이 용매와 고르게 섞이는 현상 예 소금이 물에 녹아 소금물이 되는 경우

02. 논리 서술형

플라스크 안 염화 수소(HCl)의 몰수는 일정하다. 스포이트를 눌러서 플라스크 안으로 물을 주입하면 염화 수소의 일부가 물에 녹아 기체 상태로 존재하는 염화 수소의 몰수가 줄어든다. 이상 기체 상태 방정식에 의해 몰수가 감소하면 플라스크 내부 압력이 줄어들어 비커의 물이 플라스크 안으로 올라오게 된다.

03. 단계적 문제 해결형

(1) N_2 = 0.26 atm, Ar = 0.31 atm, O_2 = 1.05 atm

(2) 1.62 atm

(3) N_2 = 3.64 g, Ar = 6 g, O_2 = 16.32 g

해설 | (1) 잠금 꼭지를 모두 열고 난 후의 총 부피는 12 L 이다.

온도가 300 K 로 일정하므로 보일 법칙[$PV = P'V'$]을 이용하여 나중 압력을 계산한다.

- N_2의 나중 압력

0.792 atm × 4.0 L = 나중 압력 × 12 L

N_2의 나중 압력 = $\dfrac{0.792 \times 4}{12}$ ≒ 0.26

- Ar의 나중 압력

1.23 atm × 3.0 L = 나중 압력 × 12 L

Ar의 나중 압력 = $\dfrac{1.23 \times 3}{12}$ ≒ 0.31

- O_2의 나중 압력

2.51 atm × 5.00 L = 나중 압력 × 12 L

O_2의 나중 압력 = $\dfrac{2.51 \times 5}{12}$ = 1.05

(2) 총 내부 압력은 각 기체의 부분 압력의 합과 같다.

N_2의 부분 압력 + Ar의 부분 압력 + O_2의 부분 압력 = 총 내부 압력

0.26 + 0.31 + 1.05 = 1.62 atm

(3) 이상 기체 상태 방정식을 이용하여 각 기체의 몰수를 구한 뒤 분자량을 이용하여 각 기체의 질량을 구한다.

i) 각 기체의 몰수 구하기($n = \dfrac{PV}{RT}$)

전체 부피가 12 L 이고, 온도가 300 K 이므로 각 기체의 몰수는 다음과 같다.

- N_2의 몰수

· 부분 압력 = 0.26

· 몰수 = $n = \dfrac{0.26 \times 12}{0.082 \times 300}$ ≒ 0.13 mol

- Ar의 몰수

· 부분 압력 = 0.31

· 몰수 = $n = \dfrac{0.31 \times 12}{0.082 \times 300}$ ≒ 0.15 mol

- O_2의 몰수

· 부분 압력 = 1.05

· 몰수 = $n = \dfrac{1.05 \times 12}{0.082 \times 300}$ ≒ 0.51 mol

ii) 각 기체의 질량 구하기
N_2 의 분자량은 28, Ar 의 분자량은 40, O_2 의 분자량은 32 이므로 질량 = 분자량 × 몰수로 구할 수 있다.
N_2 의 질량 = 28 × 0.13 = 3.64 g
Ar 의 질량 = 40 × 0.15 = 6 g
O_2 의 질량 = 32 × 0.51 = 16.32 g

---

04. 단계적 문제 해결형

(1) 328 atm   (2) 몰 분율 = $\frac{1}{8}$ = 0.125, 압력 = 41 atm

(3) 2.9×10^8 L

해설 │ (1) 이상 기체 상태 방정식을 이용하여 압력을 구한다.
i) NH_4ClO_4의 분자량을 이용해 발생한 기체의 전체 몰수를 구한다.
- 7.00×10^5kg = 7.00×10^8 g
$$몰수 = \frac{질량}{분자량} = \frac{7.00 \times 10^8}{117.5} ≒ 5.96 \times 10^6 \text{ mol}$$

- 균형 화학 반응식을 살펴보면 다음과 같다.
$$2NH_4ClO_4(s) \longrightarrow N_2(g) + Cl_2(g) + 2O_2(g) + 4H_2O(g)$$
2몰의 NH_4Cl_4 가 반응하면 1몰의 N_2, 1몰의 Cl_2, 2몰의 O_2, 4몰의 H_2O이 생성된다.
- 발생한 기체의 전체 몰수
= N_2 몰수 + Cl_2 몰수 + O_2 몰수 + H_2O 몰수
= $2.98 \times 10^6 + 2.98 \times 10^6 + (2 \times 2.98 \times 10^6) + (4 \times 2.98 \times 10^6) = 23.84 \times 10^6$ mol

ii) 전체 압력 구하기($P = \frac{nRT}{V}$)
$$P = \frac{23.84 \times 10^6 \times 0.082 \times 1073}{6.4 \times 10^6} ≒ 328 \text{ atm}$$

(2) 몰수를 이용하여 몰 분율과 부분 압력을 구한다.
i) 몰 분율
$$x_{Cl_2} = \frac{2.98 \times 10^6}{23.84 \times 10^6} = \frac{1}{8} = 0.125$$

ii) 부분 압력
$$P_A = x_A P_t = 0.125 \times 328 = 41 \text{ atm}$$

(3) 나중 부피 구하기
$$\frac{PV}{T} = \frac{P'V'}{T'}$$ 이므로
$$\frac{328 \text{ atm} \times 6.4 \times 10^6 \text{ L}}{1073 \text{ L}} = \frac{3.20 \text{ atm} \times V'}{473 \text{ L}}, V' = 290 \times 10^6 \text{ L}$$
= 2.9×10^8 L 이다.

---

05. 추리 단답형

(1) 86   (2) C_6H_{12}

해설 │ (1) 분자량 = $\frac{질량}{몰수}$
i) 이상 기체 상태 방정식을 이용하여 몰수 구하기

5.58 mL = 5.58×10^{-3} L 이고, 45 ℃ 는 45 + 273 = 318 K 이다.
$$n = \frac{1 \times 5.58 \times 10^{-3}}{0.082 \times 318} = 2.14 \times 10^{-4} \text{mol}$$

ii) 분자량 구하기
$$분자량 = \frac{질량}{몰수} = \frac{0.018}{2.14 \times 10^{-4}} ≒ 84$$

(2) x × (실험식) = 분자식
$x(CH_2) = C_xH_{2x} = 84$
CH_2의 실험식량은 12 + (1 × 2) = 14 이므로
$x(14) = 84$, $x = 6$
∴ $6 \times CH_2 \rightarrow C_6H_{12}$

---

06. 논리 서술형

산 아래, 산 위로 올라갈수록 기압이 낮아져 음료수를 누르는 압력이 작아진다. 때문에 빨대를 더욱 힘껏 빨아야 음료수를 마실 수 있다.

---

07. 단계적 문제 해결력

(1) 온도는 높을수록, 압력은 낮을수록, 분자량은 작을수록
(2) N_2 (3) 반발력이 우세하다.

해설 │ (1) 1. 온도는 높을수록, 2. 압력은 낮을수록,
3. 분자량은 작을수록
온도가 높고, 압력이 낮을수록 분자 간 거리가 멀어지기 때문에 분자 간 인력이 작아지고 분자량이 작으면 분자 간 인력도 작아 분자 간 인력을 무시할 수 있다.

(2)
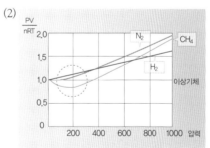 

이상 기체에 가장 가까운 것은 N_2이다.
(3) 압축 인자
- 이상 기체로부터 벗어나는 정도를 나타내는 인자
- 따라서 임의의 기체(압축성 기체)의 상태 방정식 : 25 ℃, 600 atm
에서 $Z = \frac{PV}{nRT} = 1.5$ 이다.

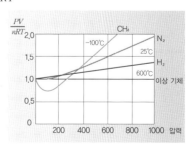

$Z > 1$ 이므로 반발력이 우세하다.

Z = 1 : 이상 기체

Z > 1 : 분자 간 반발력이 우세,
　　　　압력이 높을 때

Z < 1 : 분자 간 인력이 우세,
　　　　압력이 낮을 때

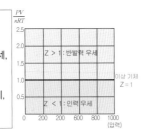

---

08. 추리 단답형

구분	I	II	III	IV
압력(atm)	1.25	0.48	0.34	0.88
부피(L)	0.5	1.30	1.30	0.5
온도(K)	500	500	350	350

해설 |

I	압력(atm)	부피(L)	온도(K)
	1.25	0.5	500

II에서 부피가 1.30 L 이므로 나중 부피가 1.30 L 이다.

$P' = \dfrac{PV}{V'} = \dfrac{1.25 \times 0.5}{1.30} ≒ 0.48$ atm(II의 압력)

II	압력(atm)	부피(L)	온도(K)
	0.48	1.30	500

III에서 온도가 350 K 이므로

$P' = \dfrac{P \times T'}{V'} = \dfrac{0.48 \times 350}{500} = 0.34$ atm

III	압력(atm)	부피(L)	온도(K)
	0.34	1.30	350

IV에서 부피가 0.5 L 이므로

$P' = \dfrac{PV}{V'} = \dfrac{0.34 \times 1.30}{0.5} = 0.88$ atm(IV의 압력) 이다.

IV	압력(atm)	부피(L)	온도(K)
	0.88	0.5	350

---

09. 논리 서술형

원유가 올라오는 파이프와 또 하나의 파이프를 동시에 지하로 연결하여 가스나 물을 주입하면 압력에 의해 원유가 위로 올라온다.

해설 | · 1차 채유 : 자연에너지에 의하여 원유를 채취하는 것이다. 그 종류에는 자분 채유, 가스 리프트(gas lift), 펌프 채유가 있다.

자분 채유 : 유층 에너지가 클 때 원유는 스스로 분출하여 채취되는데 유전개발의 초기에는 이러한 경우가 많으며, 이것은 인공 동력을 필요로 하지 않으므로 가장 경제적인 채유법이다.

가스 리프트 : 지상에서 유정 속에 가스를 주입함으로써 유정 안의 원유를 퍼올리는 방법이다.

펌프 채유 : 유정 속에 채유 펌프를 내려서 그것을 퍼올리는 채취법이다.

· 2차 채유 : 유층 내에 인공적 에너지를 가하여 원유의 채취 속도를 올리거나 채취율을 높이는 방법이다. 그 종류에는 가스 압입법, 수공법, 화공법 등이 있다.

가스압입법 : 유층 내에 가스압입정으로부터 가스를 압입하여 에너지를 보충하는 방법이다.

수공법 : 수공압입정을 통해서 인공적으로 물을 유층 내에 압입하여 물로 석유를 밀거나 끌어당기거나 해서 수공 채유정에서 증유를 도모하는 방법이다.

---

10. 단계적 문제 해결형

(1) 냉장실　　　　(2) 55.5×10^{23} 개　　　　(3) 40 g

해설 | (1) 냉장고의 냉동실은 냉장실보다 안의 온도가 더 낮기 때문에(냉동실은 보통 -18 ℃ ~ -23 ℃, 냉장실은 -1 ℃ ~ 5 ℃ 정도) 압력이 낮아진다. 그러면 바깥에서 미는 압력은 냉장실, 냉동실 모두 1 기압인데, 안쪽에서 미는 힘은 냉동실이 더 적으므로 냉동실 문을 열 때는 더 많은 힘을 가해야 한다.

(2) 문을 열었다 닫으면 냉장고 안의 온도가 27 ℃ 가 되고 기압은 1 atm 이 된다. 0 ℃, 1 atm일 때 1몰의 부피는 22.4 L 이므로 다음처럼 샤를의 법칙에 의해 27 ℃, 1 atm일 때 1몰의 부피는 24.615 L 이다.

$\dfrac{22.4\ L}{273\ K} = \dfrac{x\ L}{300\ K}$, $x = 24.615\ L$

아보가드로 법칙에 의하면 온도와 압력이 같을 때 같은 부피 속에 같은 수의 기체 분자 수가 들어있으므로 온도와 압력이 같을 때, 부피 비와 분자 수 비는 비례한다.

24.615 L 안에 1몰의 공기 분자가 포함되므로 227 L 안에는 9.22몰의 공기 분자가 들어 있다. 9.22몰의 분자는 $9.22 \times 6.02 \times 10^{23}$개 = 55.5×10^{23}개 이다.

(이상 기체 상태 방정식을 이용하면, $PV = nRT$에서 1 atm × 227 L = n × 0.082(atm·L/mol·K) × 300 K , n = 9.22몰)

(3) 27 ℃, 1 atm, 227 L 안에는 9.22몰의 공기가 들어 있다.

온도가 0 ℃ 가 되면 부피와 공기 분자 수는 그대로이므로

보일-샤를 법칙 ($\dfrac{PV}{T} = \dfrac{P'V'}{T'}$)에서 V가 일정하면, 기체의 압력은 절대 온도에 비례한다. 따라서 온도가 300 K 일 때 1 기압이면, 273 K 일 때는 0.91 기압이다. 외부의 압력이 1 기압이므로 냉장고 안의 압력이 최소 1 기압 이상이 되면 문이 저절로 열리게 되므로 드라이 아이스로부터 0.09 기압에 해당하는 이산화 탄소 기체가 발생하면 된다.

0 ℃ 냉장고 내부에서 기체의 몰수와 압력은 비례한다. 9.22몰의 공기가 0.91 기압을 나타내므로, 기체의 종류에 관계없이 0.09 기압이 나타나려면 0.91몰이 필요하며, 이산화 탄소 1몰은 44 g 이므로 0.91 몰은 40 g 이다. 따라서 드라이아이스가 40 g 이상 이산화 탄소로 승화해야 냉장고 문이 열리게 된다.

---

11. 단계적 문제 해결형

(1) 수은의 높이는 760 mm 로 같다.

(2) 수은의 높이는 760 mm 로 같다.

(3) 760 mm 보다 낮아진다.　　　　(4) 10.336 m

해설 | (1), (2) $\rho = dgh$(d : 밀도)에서 압력은 밀도, 중력 가속도, 높이에만 관련이 있으므로 대기압이 1 기압으로 일정하므

로 관의 굵기와 기울임에 상관없이 760 mm 의 높이를 나타낸다.

(3) 높이 올라갈수록 기압이 감소하므로 높은 산의 정상에서는 기압이 1기압보다 작아지며, 수은 기둥의 높이도 760 mm 보다 낮아진다.

(4) 수은 기둥(밀도 13.6 g/cm³)가 밑면을 누르는 압력은 같은 높이의 물기둥(밀도 1)의 13.6배이다. 따라서 물기둥 밑면의 압력이 1기압이 되기 위해서는 물기둥의 높이가 76 × 13.6 cm = 1033.6 cm = 10.336 m 이 되어야 한다. 즉, 1 기압인 경우 한쪽 끝이 막힌 물기둥을 수면에 거꾸로 세우면 물기둥의 높이가 10.336 m가 된다.

---

12. 추리 단답형

(1) 해설 참고   (2) 1 : 0.9957

해설 | (1) ① 우라늄을 화학적으로 안정한 기체로 만들어 미세한 구멍을 통과시키면, 조금 더 가벼운 우라늄 235가 더 빨리 빠져나가므로 이러한 과정을 여러 번 반복하면, 우라늄 235만을 농축할 수 있다.

미세한 구멍을 지닌 격막
U235
U238

② 원심 분리법 : 우라늄을 원심 분리기에 넣어 빠른 속도로 회전시키면 조금 무거운 우라늄 238이 밖으로 나가고, 가벼운 우라늄 235는 안쪽에 모인다.

(2) $^{235}UF_6(g)$를 A라고 하면 A의 분자량은 235 + 19 × 6 = 349
$^{238}UF_6(g)$를 B라고 하면 B의 분자량은 238 + 19 × 6 = 352 이다.

$$\frac{v_B}{v_A} = \sqrt{\frac{349}{352}} = 0.9957$$

따라서 $v_A : v_B = 1 : 0.9957$ 이다.

---

13. 추리 단답형

Ⅱ. 입구를 막고 따뜻한 손으로 감싸면 피펫 안의 공기의 부피가 늘어나 물기가 빠져나간다.

해설 | 그림 Ⅰ, Ⅲ은 보일 법칙을 설명한 그림이다. 온도가 일정할 때 기체의 부피와 압력은 반비례하므로 기체의 압력은 $\frac{1}{V}$ 에 비례한다.

그림 Ⅱ는 샤를 법칙에 관련된 그림이다. 압력이 일정할 때 기체의 부피는 절대 온도에 비례하므로 온도를 높였을 때, $\frac{V}{T}$ 는 일정하다.

피펫의 끝에 남은 물기가 있을 때, 입구를 막고 손으로 감싸면 샤를 법칙에 의하면 피펫 안의 공기의 부피가 증가한다. 그러면 공기가 물기를 밀어내어 피펫에 남아 있는 물기를 빼낼 수 있다.

---

14. 논리 서술형

(1) 헬륨의 몰수는 달라지지 않으므로 n_1 과 n_2 가 같다.

$\frac{P_1 V_1}{T_1} = \frac{P_2 V_2}{T_2}$ 에서 나중 부피에 대해 정리하면 다음과 같다.

$$V_2 = V_1 \left(\frac{P_1 T_2}{P_2 T_1}\right) = 1.0 \times 10^4 \text{ L} \times \left(\frac{1.00 \text{ atm}}{0.60 \text{ atm}}\right)\left(\frac{253 \text{ K}}{303 \text{ K}}\right)$$

$= 1.4 \times 10^4$ L = 14,000 L이다.

(2) 1.61 kg

해설 | (2) $n = \frac{PV}{RT}$ 이므로

$$n = \frac{1 \text{ atm} \times 1.0 \times 10^4 \text{ L}}{0.082 \times 303 \text{ K}} ≒ 402 \text{ mol}$$ 이다. 헬륨의 분자량은 4이므로 402 × 4 = 1610 g = 1.61 kg 이 필요하다.

---

15. 단계적 문제 해결형

(1) 모두 같다.   (2) 플라스크 C

(3) CO_2(이산화 탄소)

(4) CO_2(이산화 탄소), 분자 간 인력

해설 | (1) 분자의 운동 에너지 $E = \frac{3}{2}RT$이다. 분자의 종류에 관계없이 온도가 일정할 때 분자의 운동 에너지는 같으므로 플라스크 A, B, C 기체 분자의 평균 운동 에너지는 모두 같다.

(2) 기체의 평균 운동 속도는 $v = \sqrt{\frac{3RT}{M}}$ 이고, 플라스크 A, B, C의 온도는 모두 같으므로 분자량이 가장 작은 수소의 평균 속력이 가장 크다.

(3) 실제 기체는 분자 자체의 부피가 존재하므로 실제 기체 분자가 차지하는 부피는 이상 기체 상태 방정식에서 V보다 증가하고, 그 부피는 기체 분자 수(n)에 비례하여 증가한다. 또한 실제 기체는 분자 간 인력이 작용하므로 용기 벽과 기체 분자 간의 충돌 횟수는 이상 기체일 때보다 감소한다. 분자 간 인력은 단위 부피 당 기체 분자 수의 제곱, 즉 농도에 비례하므로 감소되는 압력은 농도(M)의 제곱에 비례한다. (농도(M) = $\frac{n}{V}$)

상수 b는 분자의 부피를 의미하므로 부피가 가장 큰 이산화 탄소의 b가 가장 크다.

(4) 반데르 발스 상수 a는 분자 간의 인력을 의미하므로 상수 a가 가장 큰 것은 분자 간 인력이 가장 큰 이산화 탄소이다.

대회 기출 문제

88 ~ 95쪽

정답

01 ②, ⑤, ⑥	**02** ②	**03** ④	**04** ③
05 ③, ④	**06** ①, ③, ④	**07** ②	**08** ①
09 (1) $V_t = V_0 + \left(V_0 \times \dfrac{t}{273} \right)$		(2) 1119 K	(3) 13.2 L
10 ③, ⑤	**11** ①, ③, ⑤		**12** ①
13 (1) 756 mm (2) 7 mL		**14** ①, ②, ③	
15 ㄱ, ㄴ	**16** (1) 2 : 1 (2) 28		
17 (1) 1몰 (2) 49.2 L		**18** ②	**19** ①

01 ②, ⑤, ⑥

해설 | 잠수함에는 물탱크가 있고, 그 물탱크 안에 물을 넣고 빼는 장치가 되어 있다. 물을 집어넣으면 잠수함이 무거워서 가라앉고, 물을 빼면 잠수함이 물에 뜬다. 이 장난감 잠수함을 데카르트 잠수부라고 하며, 부력과 압력의 관계를 통해 유체 내에서의 물체의 운동 상태를 알 수 있게 하는 실험이다.

물체의 뜨고 가라앉음은 물체의 밀도와 관련이 있다. 이 문제 상황에서는 페트병을 손으로 누르면 페트병 속의 압력이 증가하게 되고, 이에 따라 빨대 속의 공기 부피가 줄어들면서(보일 법칙) 물이 빨대 속으로 들어가게 된다. 따라서 잠수함 모형의 무게가 무거워져 밀도가 커지므로 가라앉게 된다.

① 페트병을 누르면 페트병의 부피가 줄어든다. 페트병의 단면은 원으로 볼 수 있는데, 페트병을 누르면 원이 찌그러지게 된다. 같은 길이로 만들어진 원과 타원 (또는 찌그러진 원)의 경우 원의 면적이 항상 크기 때문에 페트병이 찌그러지면서 부피가 줄어들게 된다.

② 페트병을 손으로 누른다는 것은 페트병에 힘을 가하는 것인데, 압력은 단위 면적 당 누르는 힘이므로 페트병이 힘을 받으면 페트병 속의 압력이 높아진다.

③ 물은 액체이므로 압력에 따라 부피가 크게 변하지는 않지만 압력이 높아지면 부피가 아주 조금 줄어들게 된다. 밀도 = $\dfrac{질량}{부피}$ 이므로 질량의 변화 없이 부피가 줄면 밀도는 커지게 된다.

④ 압력이 높아지면 기체의 부피는 줄어들게 된다. 보일 법칙에 의하면 기체의 압력과 부피는 반비례한다.

⑤ 빨대 속에 든 공기의 부피가 줄어 들어 그만큼 양의 물이 빨대 속으로 들어가므로 잠수함의 모형의 무게가 늘어나 무거워진다.

⑥ 빨대 속의 공기의 부피가 감소하므로 전체 부력이 감소한다.

02 ②

해설 | 이상 기체 상태 방정식에 의해 압력(P), 부피(V), 온도(T)가 같으면 차지하는 몰수가 같다. $n = \dfrac{PV}{RT}$

b. 질량

몰수가 같더라도 기체마다 분자량이 다르므로 질량이 같다고 해서 같은 기체라고 할 수 없다.

c. 평균 속력

평균 속력의 제곱은 분자량에 반비례한다.(그레이엄의 확산의 법칙) 분자량은 기체의 속력을 결정하므로 기체의 종류가 다르다면 동일한 값을 가질 수 없다.

03 ④

해설 | 풍선이 위로 올라가면 외부 압력이 감소한다. 외부 압력의 감소는 풍선 외부 벽면에 대한 충돌 빈도를 감소시키고 풍선 내부 압력은 상대적으로 크므로 풍선이 팽창한다.

04 ③

해설 | 분자량이 작은 분자일수록 평균 속력은 증가한다. 분자량이 작은 분자 순으로 나열하면 다음과 같다.

수소 > 네온 > 질소 > 산소 > 아르곤 : 분자 속력과 같다.

05 ③, ④

해설 | 일정한 온도에서 기체의 부피는 압력과 반비례한다. 따라서 압력이 높아지면 기체의 부피는 작아지고 일정한 용기, 단위 면적 당 피스톤의 벽면에 작용하는 기체의 충돌 횟수는 증가한다. 그리고 압력이 낮아지면 분자 사이의 거리는 멀어진다.

06 ①, ③, ④

해설 | ① (가)의 경우 상자 안의 압력을 반으로 줄이면 풍선의 부피는 증가한다. (나)의 경우, 부피를 2배로 증가시키면 압력이 줄어 (나)의 풍선 역시 부피가 증가한다.

② 온도가 일정하므로 입자 속도는 변하지 않는다.

③ (가)와 (나)에서 압력이 감소하므로 풍선 속 입자 간 충돌 횟수는 줄어든다.

④ 상자 안의 압력을 반으로 줄여서 풍선의 부피가 늘어났으므로 풍선의 압력은 줄어든다.

⑤ (가)의 상자는 압력을 반으로 줄이기 위해 펌프로 기체를 빼낸 것이므로, 기체 입자의 수는 감소한다. (나)의 주사기는 밀폐되어 있으므로 기체 입자의 수는 일정하다.

07 ②
해설 |

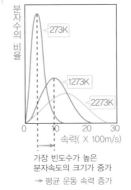 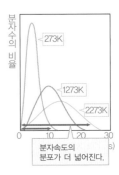

② 온도를 높였을 때 빈도수가 높은 속도를 갖는 분자 수가 증가한다면 그래프는 다음과 같이 그릴 수는 있지만 오류이다.

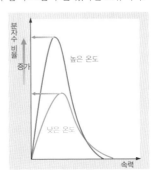

08 ①

해설 | $\frac{P}{T} = \frac{P'}{T'}$ 이므로 $\frac{1\text{ atm}}{298\text{ K}} = \frac{0.8\text{ atm}}{T'}$ 이다. 따라서 $T' =$ 238.4 K 이고 섭씨 온도로 바꾸면 238.4 - 273 = -35.4 ℃ 이다.

09 (1) $V_t = V_0 + (V_0 \times \frac{t}{273})$ (2) 1119 K (3) 13.2 L

해설 | (1)

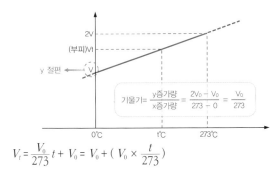

$$V_t = \frac{V_0}{273} t + V_0 = V_0 + (V_0 \times \frac{t}{273})$$

(2) 100 ℃ 는 절대 온도로 373 K 이다. 압력이 일정할 때 기체의 부피는 절대 온도에 비례하므로 압력이 일정할 때 373 K 에서의 부피가 V라고 한다면 부피가 $3V$일 때의 온도는 373 × 3 = 1119 K(= 846 ℃)가 되어야 한다.

(3) $\frac{PV}{T} = \frac{P'V'}{T'}$ 이므로 $\frac{1 \times 3}{300} = \frac{0.25 \times x}{330}$, $x = 13.2$ L 이다.

10 ③, ⑤

해설 | 타이어에 공기를 넣으면 공기를 구성하는 분자가 많아져 그 분자가 타이어 안쪽 벽에 충돌하는 횟수가 많아지고, 결과적으로 타이어가 팽팽해진다. 그러나 온도가 변하지 않았으므로 공기를 구성하는 분자가 운동하는 속도는 변하지 않는다. 또한 온도에 따른 기체의 부피 변화와 관련이 있는 샤를 법칙과도 관련이 없다.

① 온도가 변하지 않았으므로 온도에 따른 기체의 부피 변화를 설명하는 샤를 법칙과 관련이 없다. 이 현상은 입자 수 변화에 따른 기체의 압력, 부피의 변화와 관련이 있다.

② 온도가 변하지 않았으므로 공기를 구성하는 분자가 운동하는 속도는 변하지 않는다.

③ 타이어 안에 공기를 구성하는 분자의 수가 늘어나 분자들끼리 충돌하는 횟수가 많아진다.

④ 분자의 개수가 늘어나는 것으로 크기의 변화와는 무관하다.

⑤ 공기를 구성하는 분자가 많아져 그 분자가 타이어 안쪽 벽에 충돌하는 횟수가 많아진다.

11 ①, ③, ⑤

해설 | 밀폐된 페트병에 풍선을 넣고 불면 풍선의 크기가 커지면서 페트병 속 공기의 부피가 줄어들어 공기의 압력이 높아진다.
페트병에 구멍이 뚫려 있으면 페트병 속 공기의 압력은 풍선의 크기와 관계없이 항상 외부의 압력과 같다.

① (가) 상황에서 풍선이 커진 만큼 페트병 내부의 부피가 줄었기에 페트병 속의 공기 압력이 높아진다.

② (나)에서 손가락을 떼고 풍선을 불면 페트병 내부와 외부 공기의 압력은 항상 같아진다. 다만 부피가 줄어든 만큼 페트병 속의 공기가 구멍을 통해 빠져 나간다.

③ (나)의 상태에서 구멍만 막았기 때문에 분자 수와 압력은 변하지 않는다.

④ 처음 상태로 돌아갔기 때문에 공기 분자 수는 같다. 구멍을 통해 공기가 들어간다.

⑤ 풍선 속의 공기가 많아지면 부피가 증가하고, 공기가 줄어들면 부피가 작아지는 것이므로 그 과정에서 압력은 일정하게 유지된다.

12 ①

해설 | 온도가 일정할 때 압력을 구해야 하므로 보일 법칙을 이용한다. $PV = P'V'$ 이고, $\frac{398\text{ torr}}{760\text{ torr}} = 0.524$ atm 이므로 0.524 × 2 = 5.15 × x, $x = 0.2$ L 이다.

13 (1) 756 mm (2) 7 mL

해설 |

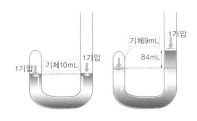

(1) [그림 1]과 [그림 2]의 기체의 부피와 압력을 각각 구하여 보일 법칙을 적용한다.
[그림 1]의 기체의 압력 P_1 = 1 기압 (수은의 양쪽에서 같은 압력을 받아서 평형을 이루므로), 기체의 부피 = 10 mL
[그림 2]의 기체의 압력 P_2 = 1 기압 + 84 mmHg, 부피 = 9 mL
$PV = P'V'$, $P_1 \times 10 = P_2 \times 9$
1 기압 × 10 = (1 기압 + 84 mmHg) × 9
1 기압 × 10 = 1 기압 × 9 + 84 mmHg) × 9
1 기압 × 10 - 1 기압 × 9 = 756 mmHg ∴ 1 기압 = 756 mmHg
(2) [그림 3]은 기체의 압력과 (324 mmHg + 1 기압)이 평형을 이룬다. [그림 2]와 비교하여 기체의 (압력 × 부피)를 같다고 하면,
[그림 3] 기체의 압력 = (324 + 756) mmHg, 기체의 부피 V,
[그림 2] 기체의 압력 = (84 + 756) mmHg, 기체의 부피 9 mL,
1080 × V = 840 × 9, $V = 7$ mL 이다.

14 ①, ②, ③

해설 | 같은 온도와 압력에서 기체의 부피비 = 몰수비이므로 (가)에서 헬륨과 산소의 몰수비는 6 : 4 = 3 : 2이다.

① 분자 1개의 질량은 전체 질량을 몰수로 나누어 비교할 수 있다. $\frac{2.4}{6} : \frac{12.8}{4}$ = 1 : 8 이므로 분자 1개의 질량은 산소가 헬륨보다 크다.

② 그림 (가)에서 헬륨과 산소의 분자 수의 비는 3 : 2이다.

③ 압력은 부피와 반비례하므로 (가)와 (나)에서 헬륨의 압력비는 5 : 6이다.

④ 그림 (가)에서 (나)와 같이 변화하기 위해서는 추가로 넣어 준 산소의 양이 (가)에서의 헬륨과 같아야 한다. 따라서 (가)에서 헬륨이 6몰이라고 한다면 (나)에서 산소의 양도 6몰이 되어야 하므로 필요한 산소의 질량은 6.4 g 이다.

⑤ 단위 시간 동안 피스톤과 충돌하는 산소의 분자 수는 분자 수가 더 많은 (나)가 (가)보다 크다.

15 ㄱ, ㄴ

해설 | 그래프에서 기체 a의 압력은 콕을 열었을 때 증가하였다가 다시 원래의 압력으로 돌아온다. a 기체의 확산 속도가 b 기체보다 느리기 때문에 b 기체가 a 기체 쪽으로 더 빠르게 확산되었다가 시간이 지난 후 기체가 고르게 퍼지게 되는 것이다.

ㄱ. 밀도는 분자량과 비례하고, 확산 속도는 분자량의 제곱근에 반비례하므로 확산 속도가 느린 기체 a의 밀도가 확산 속도가 빠른 기체 b보다 크다.

ㄴ. 콕을 열었을 때 기체 a의 압력이 증가하므로 확산 속도는 기체 b가 a보다 빠르다.

ㄷ. 처음 기체 a의 압력과 시간이 지난 후에 기체 a의 압력이 같아지므로 기체의 몰수(분자 수)는 a와 b가 같다.

16 (1) 2 : 1 (2) 28

해설 | (1) 이상 기체 상태 방정식 $PV = nRT$에서 온도(T)와 기체 상수(R)가 일정하므로 $P = \dfrac{n}{V}$이다. $P = P'$이고, $\dfrac{n}{V} = \dfrac{n'}{V'}$이므로 $\dfrac{1}{2} = \dfrac{n'}{1}$이다. $n' = \dfrac{1}{2}$이므로 수소와 미지 기체의 분자 수의 비는 2 : 1이다.

(2) 이상 기체 상태 방정식 $PV = nRT$에서 압력(P), 온도(T), 기체 상수(R)가 일정하므로 부피(V)와 몰수(n)는 비례한다. 같은 온도와 압력에서 기체의 부피비 = 몰수비이므로 (가)에서 수소와 미지 기체의 몰수비는 1 : 2이고, 몰수(n) $= \dfrac{질량(w)}{분자량(M)}$이므로 2몰 $= \dfrac{56}{분자량(M)}$이다. 따라서 미지 기체의 분자량(M)은 28이다.

17 (1) 1몰 (2) 49.2 L

해설 | (1) 이상 기체 상태 방정식을 이용하면 혼합 전 플라스크 A에서 $1 \times V_A = 2 \times RT$이므로 $RT = \dfrac{1}{2} V_A$이고, 혼합 전 플라스크 B에서 $3 \times 8.2 = n_B \times RT$이므로 $RT = \dfrac{3 \times 8.2}{n_B}$가 성립된다.

혼합한 후에는 $\dfrac{9}{7}(V_A + 8.2) = (2 + n_B)RT$가 성립된다. 혼합 전 플라스크 A와 플라스크 B의 관계를 정리하면 $V_A = \dfrac{2 \times 3 \times 8.2}{n_B}$이다.

$\dfrac{9}{7}(V_A + 8.2) = (2 + n_B)RT$이고, $RT = \dfrac{1}{2} V_A$, $V_A = \dfrac{2 \times 3 \times 8.2}{n_B}$이므로 $n_B = 1$이다.

(2) $V_A = \dfrac{2 \times 3 \times 8.2}{n_B}$이고, $n_B = 1$이므로 $V_A = 49.2$ L이다.

18 ②

해설 | 메테인(CH_4)의 연소 반응의 화학 반응식은 $CH_4 + 2O_2 \longrightarrow CO_2 + 2H_2O$이다. 400 K은 약 127 ℃이므로 생성물은 모두 기체 상태이다. 온도가 일정하므로 $PV = n$이라고 하면, 반응 전 기체의 몰수는 CH_4는 $1 \times 2 = 2n$ 몰, O_2는 $3 \times 2 = 6n$, He은 $1 \times 2 = 2n$ 몰이다. 몰수에 의한 반응은 다음과 같다.

	CH_4	+	$2O_2$	$\longrightarrow$	CO_2	+	$2H_2O$
반응 전	$2n$		$6n$		0		0
반 응	$-2n$		$-4n$		$+2n$		$+4n$
반응 후	0		$2n$		$2n$		$4n$

남은 O_2 $2n$몰 + 생성된 CO_2 $2n$몰 + 생성된 H_2O $4n$몰 + 반응하지 않는 He $2n$몰 = $10n$몰의 기체가 1 기압이 된다.(바깥 압력은 1 기압으로

유지되므로 반응 후 전체 기체의 압력도 1 기압이 된다.) 몰 분율 = $\dfrac{성분 \ 기체의 \ 몰수}{전체 \ 몰수}$이므로 CO_2의 몰 분율 = $\dfrac{2n}{10n} = \dfrac{1}{5}$이고, 같은 온도와 압력에서 기체의 부피비 = 몰수비이므로 $10n$ 몰의 부피는 10 L이다. 용기가 각각 2 L이고, 피스톤은 기체 전체 부피에 따라 움직이므로 실린더의 부피가 6 L가 될 때 멈춘다. CO_2는 6 L의 실린더에 $\dfrac{1}{5}$의 몰 분율로 존재하게 된다. 이상 기체 상태 방정식에 따라 실린더에 들어 있는 전체 기체의 몰수는 $n = \dfrac{PV}{RT} = \dfrac{1 \times 6}{33}$이고, CO_2의 몰 분율이 $\dfrac{1}{5}$이므로 CO_2의 몰수는 $\dfrac{1 \times 6}{33} \times \dfrac{1}{5} = \dfrac{2}{55}$ 몰이다.

19 ①

해설 | ㉠과 ㉢에 해당하는 기체는 분자량이 각각 $2M$, M이므로 t에서 ㉢의 부피는 ㉠의 2배이어야 한다. 따라서 ㉢의 부피가 t에서의 2배가 되는 지점이 $t + 400$일 때이다. 기체의 부피는 절대 온도에 비례하므로 $(t + 273) : (t + 400 + 273) = 1 : 2$이다.

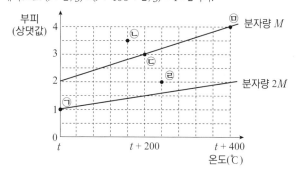

ㄱ. 절대 온도는 $t + 400$일 때가 t일 때의 2배이므로 $(t + 273) : (t + 400 + 273) = 1 : 2$, $t + 400 + 273 = 2t + (2 \times 273)$, $t = 127$이다.

ㄴ. 같은 온도에서 기체의 부피는 몰수에 비례하므로 같은 온도에서 가장 부피가 큰 ㉡이 가장 몰수가 큰 기체이다.

ㄷ. 분자량이 M인 기체는 ㉢이고, 샤를 법칙에 따르면 ㉢도 분자량이 ㉢과 같다. 따라서 분자량이 M보다 큰 기체는 ㉠, ㉣ 2가지이다.

✖ imagine infinitely   96 ~ 97쪽

A. 사람을 냉동 보존하고 다시 소생시키는 일이 가능한 일인지 각자의 의견을 자유롭게 적어 보자.

III. 물질 변화와 에너지 (1)

개념 보기

Q1 온도

Q2 온도가 높은 물질에서 온도가 낮은 물질로 이동한다.

개념 확인 문제

정답 106 ~ 111쪽

물질의 세 가지 상태

01 (1) O (2) O (3) X (4) O (5) O

02 B : 승화, D : 기화, F : 융해(용융)

03 A : 승화, C : 액화, E : 응고

04 (1) F (2) C (3) B (4) E (5) D (6) B　　**05** ①

상태 변화와 열에너지

06 ⑤　　**07** · 열을 방출하는 경우 : A, C, E · 열을 흡수하는 경우 : B, D, F

08 (1) D, 기화열 (2) F, 융해열 (3) E, 응고열 (4) A, 승화열

09 (가) F (나) D

10 (1) 나 (2) 마 (3) 가, 바 (4) 다, 라 (5) 나, 마

11 ②　　**12** (1) 82 ℃ (2) 38 ℃ (3) 액체

13 ⑤　　**14** (1) (가) (2) (가) > (나) > (다)

15 ①　　**16** ③, ④　　**17** ②　　**18** ③

액체와 고체

19 ④　　**20** ①　　**21** ⑤　　**22** C, A, E

23 ⑤　　**24** ④　　**25** ③　　**26** ②

27 ⑤　　**28** ②　　**29** ⑤　　**30** ⑤

31 ④　　**32** ㄱ, ㄴ　　**33** 70 ℃

34 (1) A : 구리, B : 납, C : 은 (2) A > C > B

35 ①　　**36** (1) 나 (2) 마 (3) $t_1 = 0$ ℃, $t_2 = 100$ ℃

37 ②　　**38** 4

01 (1) O (2) O (3) X (4) O (5) O

해설 | (1) 물질은 상태에 따라 고체, 액체, 기체로 나뉜다.(O)

(2) 물질의 상태는 온도에 따라 변한다.(O)

(3) 같은 물질이라도 상태가 변하면 그 성질이 달라진다. → 물질의 상태가 변해도 분자 자신의 성질은 변하지 않으므로 물질의 성질은 같다. 상태 변화 → 물리적 변화(X)

(4) 분자 사이의 거리는 기체가 가장 멀다.(O)

(5) 진동, 회전, 병진 운동을 하는 것은 액체와 기체 분자이다.(O)

물리적 변화와 화학적 변화

1. 물리적 변화

물질이 변화될 때 물리적 힘을 받아 변하는 것으로 원자 혹은 분자의 성질이 변화되지 않고 배열이 바뀌는 것을 말한다.

예 유리가 깨졌다/얼음이 녹았다/양초가 녹아 굳었다.

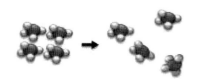

2. 화학적 변화

특정 물질을 이루는 원자들 사이의 결합을 깨고 새로운 결합을 만드는 화학 반응을 통해서 일어난다. 화학 반응으로 새로운 물질이 만들어 지면서 색이나 맛, 모양의 변화를 보이기도 하고 열이나 빛을 발생시키기도 한다.

예 못이 녹슨다/ 종이가 탄다.

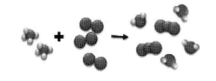

02 B : 승화, D : 기화, F : 융해(용융)

03 A : 승화, C : 액화, E : 응고

04 (1) F (2) C (3) B (4) E (5) D (6) B

해설 | (1) 아이스크림이 녹는 것은 고체에서 액체로의 변화이다.

(2) 목욕을 하는 동안 수증기가 차가운 거울에 닿아 액체가 되어 거울에 김이 생기는 것이므로 기체에서 액체로의 변화이다.

(3) 고체인 눈이 기체로 승화되어 눈의 양이 줄어드는 것이므로 고체에서 기체로의 변화이다.

(4) 용암은 액체 상태이고, 굳어서 고체가 되므로 액체에서 고체로의 변화이다.

(5) 젖은 빨래가 마르는 것은 액체에서 기체로의 변화이다.

(6) 옷장 안의 나프탈렌이 고체 상태에서 승화하여 날아가는 것이므로 고체에서 기체로의 변화이다.

05 ①

해설 | 물질이 상태 변화할 때 분자의 종류와 모양이 변하지 않으므로 물질의 특성이 그대로 유지된다. 분자의 거리는 변하지만 그것이 물질의 성질을 변화시키지는 않는다.

06. ⑤

해설 | 같은 물질의 열에너지는 질량이 같을 때 온도가 높을수록, 고체 → 액체 → 기체로 갈수록 포함하고 있는 열에너지가 크다. 문제에서 가장 높은 온도와 기체 상태인 100 ℃ 수증기의 열에너지가 가장 크다.

〈참고〉

① 열에너지의 크기

· 질량이 같을 때 : 온도가 높을수록

· 온도와 질량이 같을 때 : 고체 < 액체 < 기체

정답 및 해설

② 열에너지와 분자운동

· 같은 온도의 기체, 액체 및 고체의 분자 운동 에너지를 비교하면 고체 < 액체 < 기체 순이다.

· 분자들이 열에너지를 흡수하면 분자들의 운동이 빨라져 분자 사이의 인력이 약해지므로 분자들은 더욱 자유롭게 움직일 수 있다.

· 분자들이 열에너지를 방출하면 분자들의 운동이 느려져 분자 사이의 인력이 강해지므로 분자들의 거리가 가까워진다.

07 · 열을 방출하는 경우 : A, C, E · 열을 흡수하는 경우 : B, D, F

해설 |

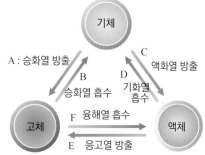

08 (1) D, 기화열 (2) F, 융해열 (3) E, 응고열 (4) A, 승화열

해설 | (1) 땀이 증발하는 것은 액체에서 기체로의 변화이고, 기화열을 흡수한다.

(2) 얼음이 녹는 것은 고체에서 액체로의 변화이므로 융해열을 흡수하기 때문에 주변의 온도가 낮아진다.

(3) 얼음집 안에 물을 뿌리는 것은 액체에서 고체로의 변화이므로 응고열을 방출하여 주변의 온도가 높아진다.

(4) 눈의 생성은 수증기(기체)에서 고체로의 변화이므로 승화열을 방출하여 주변의 온도가 높아진다.

09 (가) F (나) D

해설 |

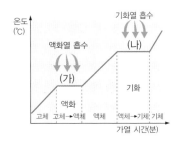

10 (1) 나 (2) 마 (3) 가, 바 (4) 다, 라 (5) 나, 마

해설 |

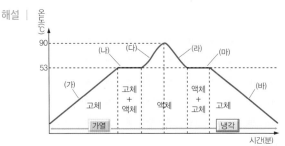

구간	(가)	(나)	(다)	(라)	(마)	(바)
상태	고체	고체 + 액체	액체	액체	액체 + 고체	고체
열에너지	흡수	녹는점 고체 → 액체 융해	흡수	방출	어는점 액체 → 고체 응고	방출

11 ②

해설 | ① 온도가 일정한 부분이 아니므로 끓는점인지, 90 ℃ 까지만 가열한 것인지 알 수 없다.

② 물질의 어는점과 녹는점은 같다. 어는점과 녹는점은 온도가 일정한 구간으로 파라디클로로 벤젠의 그래프에서 온도 변화가 없는 53 ℃ 가 녹는점(=어는점)이다.

③ 열에너지가 상태 변화에 쓰이면 온도가 일정하다.

④ 외부에서 열에너지를 가해주지 않으면 액체에서 고체로 상태 변화하는 (마) 구간에서 열이 방출되어 주위의 온도는 따뜻해진다.

⑤ 녹는점과 어는점의 온도는 같으므로 (나) 구간에서 얻은 열에너지와 (마) 구간에서 잃은 열에너지의 크기는 같다.

12 (1) 82 ℃ (2) 38 ℃ (3) 액체

해설 |

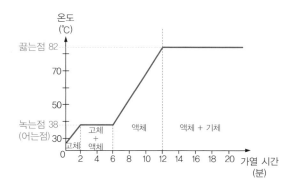

(3) 80 ℃ 는 녹는점과 끓는점의 사이이므로 물질은 액체 상태이다.

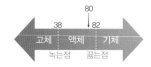

13 ⑤

해설 | 녹는점에서 흡수하는 열에너지의 양과 어는점에서 방출하는 열에너지의 양은 같다.

① 녹는점에서 액체와 고체가 함께 존재한다.

② 끓는점은 액체 전체에서 기화가 일어난다. 액체 표면에서 기화가 일어나는 현상은 증발 현상이다.

③ 녹는점이 낮은 물질일수록 고체 분자 간 인력을 끊기 위한 열에너지의 양이 적다. 따라서 녹는점이 낮은 물질일수록 고체 분자 간 인력이 약하다.

④ 끓는점에서 온도가 일정한 이유는 흡수한 열에너지를 상태 변화에 사용하기 때문이다.

14 (1) (가) (2) (가) > (나) > (다)

해설 | (1) (가)는 기체 상태, (나)는 액체 상태, (다)는 고체 상태를 나타낸 것이다. 따라서 분자 사이의 거리가 가장 먼 상태는 (가) 기체 상태이다.

(2) 열에너지는 기체, 액체, 고체 순으로 많으므로 열에너지의 크기를 부등호로 나타내면 (가) > (나) > (다)이다.

15 ①

해설 | ① (다)는 고체 상태로 진동 운동만 한다.

② 상태에 따른 부피 변화 : 고체 < 액체 ≪ 기체
예외) 물 : 액체 < 고체 ≪ 기체
③ 분자 사이의 인력은 고체 (다)가 가장 크다.
④ (나) 액체 → (가) 기체 : 기화열 흡수
⑤ (다) 고체 → (가) 기체 : 승화열 흡수

16 ③, ④
해설 | 분자 운동이 활발해지는 상태 변화 : 융해, 기화, 승화(고체
→기체)
① 촛농은 액체 상태이고, 굳어서 고체가 되므로 응고된 것이다.
② 공기 중의 수증기가 차가운 컵 표면에서 열에너지를 잃고 물로 액
화된 것이다.
③ 물로 젖은 머리카락이 마를 때 액체가 기체로 기화된 것이다.
④ 고체 상태인 드라이아이스는 녹아서 기체가 되므로 승화된 것이다.
⑤ 고깃국 안의 기름이 뜨거울 때는 액체 상태로 있다가 국이 식으면
고체로 굳어 기름덩어리가 되므로 응고된 것이다.

17 ②
해설 | 물질의 녹는점과 끓는점을 섭씨 온도로 나타내면,
녹는점 : 375 - 273 = 102 ℃   끓는점 : 1230 - 273 = 957 ℃
문제에서 물질은 녹는점보다 낮은 상온(25 ℃)에 있으므로 고체 상태
이다. 고체는 액체와 기체에 비해 인력이 가장 강하다.
① 분자 사이의 거리가 가장 먼 것은 기체이다.
③ 분자들이 진동, 회전, 병진 운동을 하는 것은 액체와 기체이다.
④ 가열하면 열에너지를 흡수하여 기체 상태로 변하는 것은 액체이다.
⑤ 고체를 가열하여 액체, 기체가 될수록 분자 간의 거리가 증가하므
로 물질의 부피는 증가한다.

18 ③
해설 | (가) 알코올램프로 열에너지를 가하면 물은 기화하여 기체 상
태인 수증기가 된다.
(나) 비커 안의 수증기는 얼음이 놓여있는 차가운 시계접시로부터 열
에너지를 빼앗겨 액화되어 시계접시 아랫 부분에 물방울로 맺힌다.
(다) 시계접시 위의 얼음은 비커 안의 수증기로부터 열에너지를 빼앗
아 융해되어 물이 된다.

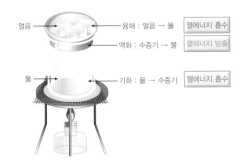

③	구분	(가) 기화	(나) 액화	(다) 융해
	부피	증가	감소	감소

물의 특성 : 얼음이 물보다 부피가 크다. 그러므로 시계접시 위의 얼
음이 융해되어 물이 되면 부피는 감소한다.

19 ④
해설 | 물은 분자 간의 결합력이 강한 수소 결합을 하기 때문에 끓
는점이 높다.
ㄱ. 끓는점이 높은 이유는 분자 간 인력이 크기 때문이고, 분자의 크
기와는 관계가 없다.
ㄹ. 분자 간의 거리와 끓는점은 관계 없다.

20 ①
해설 | 물은 기화열이 커서 증발하는데 많은 열이 필요하므로 작은
온도 변화에는 쉽게 기화하지 않는다. 따라서 체온을 일정하게 유지
할 수 있다.

21 ⑤
해설 | F, O, N와 H가 결합한 분자는 서로 수소 결합을 한다.

22 C, A, E
해설 | 일반적인 물질은 고체 > 액체 > 기체의 순으로 밀도가 감소
하지만 물의 경우 물 > 얼음 > 수증기 의 순으로 밀도가 감소한다.

23 ⑤
해설 | 물이 얼어 얼음이 되면 빈 공간이 많은 육각 고리 모양을 만
들어 부피가 커진다. 따라서 물이 가득 페트병을 얼리면 부피가 커져
페트병이 볼록하게 커지는 것이다.

24 ④
해설 | 물은 4 ℃ 에서 밀도가 가장 크다.(가장 무겁다)

25 ③
해설 | ① 빙산은 바닷물보다 가벼우므로 바닷물 위에 떠있다.
② 한겨울에는 물이 얼어 부피가 커지므로 수도관이 터진다.
③ 식용유와 물을 섞으면 식용유의 밀도가 작기 때문에 물 위에 뜬다.
하지만 식용유와 물은 다른 물질의 밀도 차이를 설명한 것이므로 그
래프와 관련이 없다.
④ 한겨울에 호수가 얼어도 밀도가 작은 얼음이 위에 뜨고 아래쪽은
얼지 않은 상태이므로 물고기들이 얼지 않고 살 수 있다.
⑤ 암석 틈에 스며든 물이 얼면 부피가 커지므로 암석이 풍화를 일으
킬 수 있다.

26 ②
해설 | ㄱ. 밀도 : 물 > 얼음
물의 밀도가 얼음보다 크다.
ㄴ. 무질서도 : 물 > 얼음
무질서도는 분자 간의 움직임이 자유로운 물이 더 크다.
ㄷ. 분자 간 인력 : 물 < 얼음
고체인 얼음의 분자 간 인력이 더 커서 단단하게 유지된다.
ㄹ. 분자 간 평균 거리 : 물 < 얼음
분자 간의 평균 거리는 얼음이 더 길기 때문에 빈 공간을 형성하여 물
보다 밀도가 작다.

27 ⑤
해설 | 물은 수소 결합에 의한 분자 간 인력이 커서 표면 장력이 발
생한다.

28 ②

해설 | 빙산이 바닷물 위에 떠 있는 것은 얼음의 밀도가 물보다 작기 때문이며, 표면 장력과는 관계가 없다.

29 ⑤

해설 | ㄱ, ㄴ. A는 분자 간의 힘이 B보다 더 커서 둥근 모양을 유지할 수 있고, 표면 장력이 더 크다는 것을 알 수 있다.

ㄷ. (나)에서 B가 증발이 더 잘 일어난 것이므로 A는 B보다 분자 간 인력이 더 크고, 휘발성이 작아 끓는점이 더 높다.

30 ⑤

해설 | 물은 부착력 > 응집력이므로 모세관을 세우면 모세관의 수면이 위로 상승한다.

① 물은 상승하고 수은은 하강한다.

② 수은은 액면이 아래로 하강하고, 물은 액면이 위로 상승한다.

③ 물의 액면은 오목하고 수은의 액면은 볼록하다.

④ 수은은 응집력이 부착력보다 더 크기 때문에 액면이 볼록한 모양이다.

31 ④

해설 | 비열이 작은 물질일수록 물질 1 g 의 온도를 1 ℃ 올리는데 필요한 열량이 작으므로 가열 시간은 짧다.

32 ㄱ, ㄴ

해설 | 60 ℃ 까지 가열하는데 식용유는 4분, 물은 6분이 걸렸으므로 식용유의 비열이 물보다 작다. 가열 시간이 식용유가 물보다 작으므로 분자 간 인력은 식용유가 물보다 작다.

ㄴ. 식용유의 비열이 물보다 작으므로 먼저 뜨거워진다. 그래프에서 같은 가열 시간 당 식용유의 온도가 물의 온도보다 더 높아진다는 것을 알 수 있다.

ㄷ. 물질의 비열이 크다는 것은 분자 간 인력이 강하다는것을 의미한다. 물의 비열이 식용유의 비열보다 크므로 물의 분자 간 인력이 식용유 분자 간 인력보다 크다.

33 70 ℃

해설 | 열량을 구하는 공식을 이용해 10분에서의 물의 온도를 계산한다. 가열 시간 10분에서의 물의 온도를 x라고 할 때, Q = 3500 cal, c = 1 cal/g·℃, m = 100 g, Δt = (x - 35) ℃이고, $Q = c \cdot m \cdot \Delta t$ 이므로 3500 = 1 × 100 × (x - 35), x = 70 ℃이다.

34 (1) A : 구리, B : 납, C : 은 (2) A > C > B

해설 | 물질의 비열이 클수록 가열 시간은 커지고, 단위 시간 당 온도 변화는 낮아진다.

(1) A의 온도 변화는 58 - 27 = 31 ℃, B의 온도 변화는 74 - 18 = 56 ℃, C의 온도 변화는 73 - 22 = 51 ℃ 이므로 온도 변화가 가장 작은 A의 비열이 가장 크다. 따라서 A는 구리, B는 납, C는 은이다.

(2) 가열 시간 당 온도 변화가 가장 큰 B의 비열이 가장 작고, 온도 변화가 가장 적은 A의 비열이 가장 크다. 비열이 클수록 같은 온도 변화가 일어나기 위한 가열 시간이 오래 걸린다. 따라서 오래 걸리는 순서는 A > C > B이다.

35 ①

해설 | 물의 높은 비열로 인해 낮에는 태양열에 의해서 쉽게 지구 온도가 올라가지 않고 밤에는 빨리 식지 않는다.

36 (1) 나 (2) 마 (3) t_1 = 0 ℃, t_2 = 100 ℃

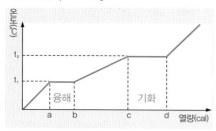

(1) 융해는 온도가 t_1 으로 일정하게 유지되는 구간인 (나)에서 일어난다. 그래프의 x축이 열량을 나타내므로 b - a만큼의 열을 융해하는데 사용하였다.

(2) 무질서도는 기체일 때 최대이다. 그래프에서 (마) 구간에서 기체 상태로 존재하므로 (마) 구간의 무질서도가 최대이다.

(3) 물의 녹는점(어는점)은 0 ℃, 끓는점은 100 ℃ 이다. 그래프에서 온도가 일정한 t_1, t_2 가 녹는점, 끓는점이므로 t_1 은 0 ℃, t_2 는 100 ℃이다.

37 ②

해설 | ㄱ. (가)는 염화 나트륨(NaCl)의 결정 구조로 고체 상태에서 전기 전도성을 갖지 않는다.

ㄴ. (나)는 분자 결정의 대표적인 물질인 드라이아이스이므로 분자 간 결합에 의해 결정을 이룬다.

ㄷ. (다)는 공유 결합을 이루고 있는 원자 결정이므로 자유 전자를 가지지 않는다. 자유 전자는 금속 결정에 존재 한다.

38 4

해설 | 꼭짓점에 위치하는 8개의 입자는 $\frac{1}{8}$ 에 해당하고, 면에 위치하는 6개의 입자는 $\frac{1}{2}$ 에 해당하므로 단위 세포 안에 있는 Cu 원자의 수는 $\frac{1}{8}$ × 8 + $\frac{1}{2}$ × 6 = 4(개)이다.

개념 심화 문제

정답

112 ~ 121쪽

01 (1) ③, ④, ⑤, ⑧ (2) 해설 참조 **02** ①, ②, ③

03 (1) 에탄올(C_2H_5OH) (2) 프로페인(C_3H_8)
  (3) 물(H_2O)(고체 상태)

04 뜨거운 물분자의 증발이 활발하게 일어나기 때문에 더
  빨리 식는다. **05** ①

06 (1) 6.75배 (2) A (3) 100 cal (4) 몰 융해열 : 1440
  cal/mol, 몰 기화열 : 9720 cal/mol

07 ②, ④, ⑤ **08** ③ **09** ②

10 ② **11** ②, ④, ⑦, ⑧, ⑨ **12** ④

13 ㄴ **14** 162 g **15** (1) 4개 (2) 2개

16 Na^+ : 4개, Cl^- : 4개 **17** ㄱ, ㄴ

18 (1) A : 원자 결정, B : 분자 결정, C : 금속 결정, D : 이온 결정
  (2) D

---

01 (1) ③, ④, ⑤, ⑧ (2) 해설 참조

해설 | (1)

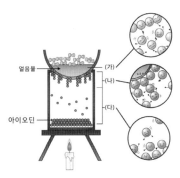

(가)	알코올 램프의 열로 인해 (가)의 얼음은 고체 → 액체로 액화한다. 물 분자 간의 결합력은 아이오딘 분자만큼 약하지 않아 기체로 바로 승화하지 않고 액체를 거친다.
(나)	승화한 기체 아이오딘이 차가운 플라스크를 만나 열을 조금만 빼앗겨도 쉽게 고체로 승화하여 플라스크에 달라 붙는다. 불을 끄면 열을 받지 않으므로 플라스크에 달라 붙어 있는 아이오딘이 그대로 존재한다.
(다)	아이오딘 분자 간의 힘이 매우 약해 작은 열에도 끊어져 액체를 거치지 않고 고체 → 기체로 바로 승화한다.

(2)

(가) 고체 → 액체 [융해]	· 초콜렛이 녹아서 손에 묻는다. · 아이스크림이 녹아서 흘러내린다. · 양초에 불을 붙이면 촛농이 녹아서 흘러내린다. · 버터를 뜨거운 프라이팬에 올려 놓으면 녹는다.
(나) 기체 → 고체 [승화]	· 냉동실 벽면에 성에가 생긴다. · 나뭇잎에 서리가 생긴다. · 구름 속 수증기가 얼어 눈 결정이 생긴다.
(다) 고체 → 기체 [승화]	· 드라이아이스를 공기 중에 두면 크기가 점점 작아진다. · 냉장고에 얼음을 두면 점점 작아진다. · 영하의 추운 겨울날 그늘에 쌓여 있던 눈의 양이 점점 줄어든다. · 옷장 속 나프탈렌이 작아진다.

---

02 ①, ②, ③

해설 | 물이 수소 결합을 하기 때문에 응고될 때 최대로 수소 결합을 한 육각형 모양으로 분자 배열을 한다. 육각 모양의 분자 배열은 빈 공간이 생기므로 얼음이 물보다 부피가 더 크다.

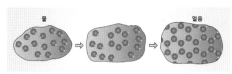

물은 얼음이 되면 그 부피가 9 % 가량 증가하는데 암석의 틈새나 공극에 있던 물이 얼면 암석은 얼음의 부피 때문에 부서지게 된다. 이러한 방법을 사용해서 우리의 선조들은 커다란 화강암을 떼어내어 멋진 문화 유산을 만들었다.

④ 물이 응고되는 상태 변화가 일어나더라도 물 분자의 크기와 수는 일정하다.

⑤ 갈라진 틈 속에서 물이 얼면 송곳과 같이 단면적이 작아진다. 앞에서 배운 내용과 같이 작아진 단면적은 압력을 증가시켜 바위는 깨지게 된다.

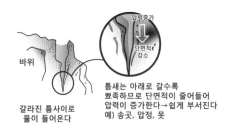

틈새는 아래로 갈수록 뾰족하므로 단면적이 줄어들어 압력이 증가한다→쉽게 부서진다
예) 송곳, 압정, 못

갈라진 틈사이로
물이 들어온다

바위

압력증가
단면적 감소

---

03 (1) 에탄올(C_2H_5OH) (2) 프로페인(C_3H_8)
  (3) 물(H_2O)(고체 상태)

해설 | 프로페인의 녹는점과 끓는점을 보면,

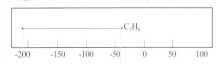

녹는점과 끓는점 사이 온도 구간에서 액체로 존재한다.

(1) 녹는점과 끓는점의 차이가 큰 물질일수록 액체로 존재하는 구간이 길다.

(2) 10 ℃에서 기체 분자 사이의 평균 거리가 가장 멀다. 녹는점 아래의 온도에서는 고체, 끓는점 이상의 온도에서는 기체 상태로 존재하므로 프로페인의 분자간 거리가 가장 멀다.

〈10 ℃에서 물질의 상태〉

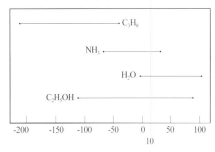

프로페인(C_3H_8) : 기체, 암모니아(NH_3) : 액체, 물(H_2O) : 액체, 에탄올(C_2H_5OH) : 액체

(3) -30 ℃에서 물(H_2O)은 고체 상태로 존재하기 때문에 분자 사이의 힘이 강하다.

04 뜨거운 물분자의 증발이 활발하게 일어나기 때문에 더 빨리 식는다.

해설 │ 뜨거운 물 보다 찬물이 더 빨리 어는 이유는 뜨거운 물의 분자가 열에너지를 더 많이 가지고 있어서 증발이 많이 일어나기 때문이다. 증발이 많이 일어나면 증발되는 물 분자가 많은 열을 흡수하므로 남아 있는 물 분자는 많은 열에너지를 잃게 된다. 따라서 뜨거운 물의 온도가 급격히 떨어지면서 찬물보다 빨리 식게 되는 것이다.

05 ①

해설 │

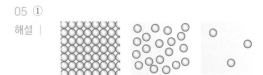

(나) 액체 → (다) 기체 : 기화 ⇒ 주위의 에너지를 흡수한다.

06 (1) 6.75배 (2) A (3) 100 cal (4) 몰 융해열 : 1440 cal/mol, 몰 기화열 : 9720 cal/mol

해설 │ (1) 물의 기화열은 C 구간이므로 725 - 185 = 540 cal, 얼음의 융해열은 A 구간이므로 85 - 5 = 80 cal 이다. 따라서 $\dfrac{540}{80}$ = 6.75배이다.

(2) A, 녹는점에서 물과 얼음이 공존한다.

(3) 185 - 85 = 100 cal

(4) 1 g 일 때 얼음의 융해열은 80 cal, 물의 기화열은 540 cal 이다.

물 1 g 의 몰수를 구하면,

몰수 = $\dfrac{질량}{분자량}$ 이므로 $\dfrac{1}{18}$ 이다.

몰 융해열과 몰 증발열은 1 mol 일 때의 융해열, 증발열이므로

① 몰 융해열

$\dfrac{1}{18}$ mol : 80 cal = 1 mol : x, x = 1440

몰 융해열은 1440 cal/mol 이다.

② 몰 기화열

$\dfrac{1}{18}$ mol : 540 cal = 1 mol : x, x = 9720

몰 기화열은 9720 cal/mol 이다.

07 ②, ④, ⑤

해설 │ ① 액체의 가열 곡선에서 수평인 부분은 끓는점이므로 A, B, C는 모두 같은 물질이다.

② 질량이 클수록 끓기 시작하는 데 시간이 오래 걸린다.

질량 혹은 부피가 클수록, 가열하는 불꽃의 세기가 약할수록 끓는점에 도달하는데 시간이 더 오래 걸린다.

③ b ~ c 구간은 고체가 액체로 상태 변화한다.

④ 물질의 가열·냉각 곡선에서 수평인 구간에서는 상태 변화가 일어나므로 두 가지 상태가 함께 존재한다.

⑤ (가)는 액체의 가열 곡선이므로 수평인 구간은 끓는점이고, (나)는 고체의 가열·냉각 곡선이므로 수평인 구간은 녹는점, 어는점이다.

08 ③

해설 │ ① 분자 사이의 인력이 가장 큰 구간은 고체 상태인 0 ~ a 구간이다.

③ c ~ d 구간에서는 액체가 기체로 기화되므로 상평형 그림에서 증기 압력 곡선을 통과하는 과정이다.

④ a ~ b 구간에서는 고체가 액체로 융해되므로 고체와 액체 상태가 공존한다. c ~ d 구간에서는 액체가 기체로 기화되므로 액체와 기체 상태가 공존한다.

⑤ a ~ b, c ~ d 구간에서 가해 준 열량은 분자 사이의 인력을 끊고 상태가 변화하는 데에만 쓰이므로 온도가 변하지 않고 일정하게 유지된다.

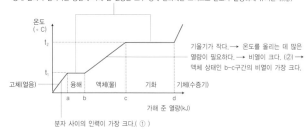

09 ②

해설 │ ㄱ. h 는 식용유의 부피 + 식용유에 잠겨 있는 얼음의 부피이므로 얼음이 녹으면 부피가 감소하기 때문에 식용유의 h 도 작아진다.

ㄴ. 얼음은 4개의 수소 결합을 하고, 얼음이 녹아 물이 될 때 수소 결합이 끊어지므로 수소 결합의 수가 감소한다.

ㄷ. 밀도가 달라도 두 물질은 섞일 수 있다. 식용유와 물이 섞이지 않는 이유는 식용유는 무극성, 물은 극성이기 때문이다.

10 ②

해설 │ 주어진 그림은 식용유보다 물의 비열이 큰 것을 보여준다. 비열이 큰 물은 같은 열량을 가할 때 온도 변화가 작다.

ㄱ. 주어진 자료에서 밀도의 크기는 판단할 수 없다.

ㄴ. 물이 식용유보다 밀도가 크고, 식용유의 끓는점이 물보다 높아서 생기는 현상이므로 비열의 크기로 설명될 수 없다.

11 ②, ④, ⑦, ⑧, ⑨

해설 │ (나)에서 물이 동그란 모양은 수소 결합인 B 때문이다. 질량이 같을 때 (가)에서 (나)로 변하면 얼음이 물로 되는 것이므로 부피는 감소한다. 얼음이 물로 변할 때 분자 1개 당 수소 결합 B의 개수는 감소한다.

12 ④

해설 │ 물의 질량에 따라 변화될 수 있는 물리량은 부피, 분자 수 등이며, 문제의 물리량 중에서 물의 질량이 변해도 변하지 않는 것은 밀도와 온도이다.

13 ㄴ

해설 │ 물에 비눗방울이나 알코올 등과 같이 물보다 표면 장력이 약한 물질을 떨어뜨리면 바깥쪽으로 빠르게 확산되어 물의 표면 장력이 줄어든다. (이는 분자 간의 인력이 약한 물질(표면 장력이 약한 물질)은 표면 장력이 강한 쪽으로 끌려가기 때문이다.)

14 162 g

해설 │ 얼음의 온도는 0 ℃(밀도 0.9 g/cm³)이며, 물의 온도는 4 ℃ (밀도 1 g/cm³)이다.

전체 얼음의 부피 × 얼음의 밀도(얼음 덩어리의 질량) = 잠겨 있는

부분의 부피 × 물의 밀도(얼음이 밀어낸 물의 질량) 이므로
$200 × 0.9 = x × 1$, $x = 180 cm^3$ (물에 잠긴 부분의 부피)
잠긴 부분의 얼음의 질량 = $180 cm^3 × 0.9 g/cm^3 = 162 g$ 이다.

15 (1) 4개 (2) 2개
해설 │ 단위 구조 당 모서리 $= \frac{1}{8}$, 면 $= \frac{1}{2}$, 중심 = 1개로 하여 합한다.
(1) 모서리 $= 8개 × \frac{1}{8} = 1개$, 면 $= 6개 × \frac{1}{2} = 3개$이므로 이온의 개수는 $1 + 3 = 4개$이다.
(2) 모서리 $= 8개 × \frac{1}{8} = 1개$, 중심 = 1개이므로 이온의 개수는 $1 + 1 = 2개$이다.

16 Na^+ : 4개, Cl^- : 4개
해설 │ Na^+ = (모서리 사이 중간 $12개 × \frac{1}{4}$) + (중심 1개)= 4개
Cl^- = (모서리 $8개 × \frac{1}{8}$) + (면 $6개 × \frac{1}{2}$) = 1개 + 3개 = 4개

17 ㄱ, ㄴ
해설 │ ㄱ. Cs^+ 을 둘러싸고 있는 Cl^- 이 꼭짓점에 8개가 존재하므로 배위수는 8이다.
ㄴ. 꼭짓점에 있는 Cl^- 의 수는 $8 × \frac{1}{8} = 1$ 이므로 Cs^+ 과 Cl^- 은 1 : 1의 개수비로 결합하고 있다. 따라서 염화 세슘의 화학식은 CsCl이다.
ㄷ. 체심 입방 구조의 단위 격자에서 중심에 있는 입자는 모두 단위 격자에 포함되지만 꼭짓점에 존재하는 입자는 $\frac{1}{8}$ 만 격자에 포함된다.
따라서 단위 격자에 존재하는 입자의 총 수는 $1 + 8 × \frac{1}{8} = 2개$이다.

18 (1) A : 원자 결정, B : 분자 결정, C : 금속 결정, D : 이온 결정
(2) D
해설 │ (1) A는 고체, 액체 상태에서 전기 전도성이 없고, 녹는점과 끓는점이 매우 높은 원자 결정(흑연, 다이아몬드 등), B는 고체, 액체 상태에서 전기 전도성이 없고, 녹는점과 끓는점이 낮은 분자 결정(드라이아이스, 얼음 등)이다. C는 고체 상태에서 전기 전도성이 있는 금속 결정(나트륨, 구리 등)이고, D는 고체 상태에서는 전기 전도성이 없으나 액체 상태에서 전기 전도성이 있는 이온 결정(염화 나트륨, 염화 마그네슘 등)이다.
(2) 양이온과 음이온의 정전기적 인력에 의해 형성된 물질은 이온 결정이므로 D이다.

Ⅲ. 물질 변화와 에너지 (2)

개념 보기

Q3 2,500 cal
Q4 286 kJ
Q5 흡열 반응
Q6 기체 → 액체 → 고체

Q3 2,500 cal
해설 │ $Q = c \cdot m \cdot \varDelta t = 1 × 50 × (70 - 20) = 2,500 cal$

Q4 286 kJ
해설 │ H_2O의 분해 반응은 다음과 같다.
$$H_2O(l) \longrightarrow H_2(g) + \frac{1}{2} O_2(g)$$
생성열과 분해열은 크기만 같고, 부호가 다르므로 분해 반응의 엔탈피($\varDelta H$)는 +286 kJ 이다.

개념 확인 문제

화학 반응과 열

39 ②	**40** ②, ④	**41** ②	**42** ③
43 ③	**44** ③		

45 (1) $N_2O_4 \longrightarrow 2NO_2 - 2.6 kJ$ (2) 2 L **46** ⑤

상평형 그림

47 ②, ④, ⑤

48 (1) -56.7 ℃, 5.1 atm (2) 31 ℃, 72.9 atm (3) 액체
(4) -56.7 ℃

49 ③	**50** ③	**51** ①	**52** ③
53 ④	**54** 해설 참조		

39 ②
해설 │ 발열 반응은 열을 방출하는 반응으로 반응열 $Q > 0$, 엔탈피 변화 ($\varDelta H$) < 0 이다.
①, ③, ④, ⑤ 반응물에서 에너지(열)가 빠져나가는 반응이므로 생성물이 더 안정하며, 주위의 온도가 올라간다. 연소 반응은 열이 발생하므로 발열 반응이다.

40 ②, ④
해설 │ ② 물은 수소와 산소로 분해되면서 에너지를 흡수한다.
$2H_2O \longrightarrow 2H_2 + O_2 - 572 kJ$, $Q < 0$ (주위 온도 하강), $\varDelta H > 0$ (엔탈피 상승)
④ 녹색 채소는 빛에너지를 얻어서 광합성 반응을 한다.
에너지를 얻는 반응이 흡열 반응이다. 연소 반응은 물론 중화 반응, 진한 황산의 용해 반응 등은 모두 발열 반응이다. 승화 반응 중 고체 → 기체 반응은 흡열, 기체 → 고체 반응은 발열 반응이다.

41 ②

해설 | $\Delta H > 0$ 이므로 흡열 반응이다. 흡열 반응 시 반응물의 에너지는 생성물의 에너지보다 안정하다.

42 ③

해설 | 용해열은 물질이 1몰이 용해될 때 흡수되는 열량과 방출되는 열량을 모두 포함한다.
② 반응물의 총 에너지 - 생성물의 총 에너지는 반응에 사용된 열에 해당되므로 반응열이다.

43 ③

해설 | 생성열이나 분해열은 홑원소 물질에서만 사용될 수 있다.
①의 4H는 $2H_2$로 표현해야 옳다.
②의 CaO이나 CO_2는 홑원소 물질이 아니므로 생성열이라 할 수 없다. ④에서 용해열은 용매에 녹는 것으로 이때의 용매는 반응물이 아니므로 화학식인 H_2O로 나타내는 것이 아니라 aq(용액)로 나타내야 한다.
⑤ 연소열은 1몰이 연소될 때 내놓는 반응열이므로 $2C_2H_2$의 계수가 1이어야 한다.

44 ③

해설 | 발열 반응 : $Q > 0$, $\Delta H < 0$, 흡열 반응: $Q < 0$, $\Delta H > 0$
ㄱ. $Q > 0$: 발열 반응
ㄴ. $Q < 0$: 흡열 반응
ㄷ. $\Delta H > 0$: 흡열 반응
ㄹ. $\Delta H < 0$: 발열 반응

45 (1) $N_2O_4 \longrightarrow 2NO_2 - 2.6$ kJ (2) 2 L

해설 | (2) 같은 온도와 압력에서 계수비는 기체의 부피비와 비례한다. 계수비가 $N_2O_4 : NO_2 = 1 : 2$ 이므로 1 L의 사산화 이질소로 부터 생성된 이산화 질소는 2 L 이다.

46 ⑤

해설 | ⑤ 물($H_2O(l)$) 1몰이 생성될 때 286 kJ 열을 방출하므로 물($H_2O(l)$) 1 g ($= \frac{1}{18}$ 몰)이 생성될 때 약 15.89 kJ 의 열을 방출한다. 수증기($H_2O(g)$) 1몰이 생성될 때 242 kJ 열을 방출하므로 수증기($H_2O(g)$) 1 g ($= \frac{1}{18}$ 몰)이 생성될 때 약 13.44 kJ 의 열을 방출한다. 따라서 $H_2O(l)$

1 g 을 생성하는데 발생하는 에너지는 $H_2O(g)$보다 크다.
① $H_2O(l)$의 생성 엔탈피(ΔH)는 -286 kJ/mol 이다.
② $H_2O(g)$의 분해 엔탈피(ΔH)는 242 kJ/mol 이다.
③ $H_2O(l)$ 1몰을 $H_2O(g)$ 1몰로 만드는데 필요한 에너지가 44.0 kJ 이므로 1 g 일 때 에너지는 더 작다.
④ 같은 물질이라면 상태에 따라 가지고 있는 에너지의 양이 다르다. 따라서 물과 수증기의 에너지 양이 다르다.

47 ②, ④, ⑤

해설 | ① 물의 기화 곡선은 일정한 온도와 압력에서 임계점을 갖는다.
② 삼중점은 고체, 액체, 기체의 세 가지 상이 공존하면서 평형을 이루는 지점이다.

③ 임계점은 조절할 수 없으며 물질에 따라 고유한 압력과 온도에 따라 나타난다.
④ 고체에서 기체가 될 때 에너지를 흡수하여 상태 변화한다.
⑤ 물의 용해 곡선은 음의 기울기를 가지고 있어 압력이 증가할수록 온도가 낮아진다. 따라서 압력을 내릴수록 녹는점이 높아진다.

48 (1) -56.7 ℃, 5.1 atm (2) 31 ℃, 72.9 atm (3) 액체 (4) -56.7 ℃

해설 |

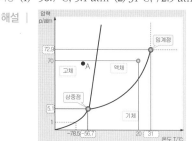

기화 곡선을 따라 내려가면 액체 상태로 존재하기 위한 최저 온도가 삼중점의 온도인 -56.7 ℃라는 것을 알 수 있다.

49 ③

해설 |

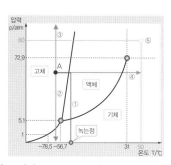

③ 융해 곡선이 오른쪽으로 기울어져 있으므로 압력을 높이면 분자 간의 거리가 더욱 가까워져 액체로 상태 변화하지 않는다.
물의 경우 융해 곡선이 왼쪽으로 기울어져 있어 압력을 높이면 고체에서 액체로 상태 변화한다.

50 ③

해설 | 압력솥에서 밥을 하면 외부 압력이 증가하여 끓는점이 높아지므로 밥이 빨리 익는다. 외부 압력과 끓는점과의 관계를 찾는다.
ㄱ. 혼합물의 끓는점이므로 외부 압력과 끓는점으로 설명할 수 없다.
ㄴ. 물의 양을 증가시키면 열용량이 증가하고 끓는점은 변화시키지 못한다.
ㄷ. 높은 산에서 밥을 하면 외부 압력이 감소하여 끓는점이 낮아지고, 밥이 설익으므로 같은 원리이다.
ㄹ. 물의 비열은 물질의 특성이다.

51 ①

해설 | '(가) 추운 겨울에 수도관이 얼어 터진다.' 는 물이 얼음이 되는 융해 곡선(AT)과 관계가 있고, '(나) 높은 산에 올라가면 밥이 설익는다.' 는 높은 산에서 압력이 낮아 발생하는 현상이므로 증기 압력 곡선(BT)와 관계가 있다.

52 ③

해설 | ㄱ. 760 mmHg 에서 끓는점을 정상 끓는점이라고 한다.
ㄴ. 압력이 증가하면 녹는점은 낮아지는 반면, 승화점과 끓는점은 높

아진다.

ㄷ. 물이 끓기 시작할 때 온도가 끓는점이므로 곡선 위의 점이 끓는점이고, 물의 증발 속도와 응결 속도는 같다.

ㄹ. 얼음을 승화시키기 위해서는 압력은 삼중점 이하로 낮추어야 한다.

53 ④

해설 | ① 1 기압에서 20 ℃ 에서 물은 액체로, 이산화 탄소는 기체로 존재하므로 물의 인력이 이산화 탄소의 인력보다 더 크다.

② 이산화 탄소의 상평형 그림을 보면 삼중점에서의 압력이 5.14 atm 이다. 삼중점 이하의 압력에서 이산화 탄소는 승화가 일어난다.

③ 이산화 탄소는 1 기압, -78.5 ℃ 에서 승화가 일어난다. 물의 정상 녹는점(1 기압)과 정상 끓는점(1 기압)은 각각 0 ℃, 100 ℃ 으로 더 높다.

④ 1 기압, 300 K 에서 물은 액체로 존재하고, 이산화 탄소는 기체로 존재한다.

⑤ 물은 1 기압 하에서 녹는점과 끓는점을 측정할 수 있지만 이산화 탄소는 1 기압 하에서 승화하므로 녹는점과 끓는점을 측정할 수 없다.

54 (해설 참조)

해설 | 1) 압력이 증가하면 녹는점이 내려가는 것으로 설명한다. 날카로운 스케이트 날에 의해 얼음의 압력이 증가하면 일시적으로 얼음이 녹아 잘 미끄러진다.

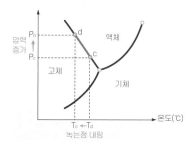

물은 압력을 받으면 녹는점이 내려간다.

물의 고체 – 액체 상경계(융해 곡선)가 왼쪽으로 기울어져 있어 압력이 증가할수록 녹는점은 내려간다.

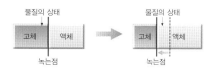

2) 일정한 온도에서 분자 간의 거리 변화로 설명한다.

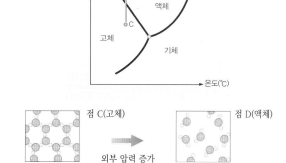

얼음이 물보다 분자 간의 거리가 멀기 때문에 일정한 온도에서 압력이 증가할수록 고체 분자 간 결합이 깨지면서 분자 간 거리가 가까워져 고체에서 액체로 상태가 변한다.

개념 심화 문제

정답		131 ~ 140쪽
19 해설 참조		**20** 205.43 cal
21 (1) 해설 참조 (2) 3635.35 cal		**22** 4860 cal
23 59.5 kJ		**24** -24.3 kJ
25 (1) 296 kJ (2) 99 kJ (3) 790 kJ (4) 395 kJ		
26 -393.5 kJ/mol		**27** $\Delta H_1 + \Delta H_2$
28 ④	**29** ③	**30** (1) 2764 kJ (2) 약 27.38 ℃
31 ④	**32** ③	**33** -4 ℃ **34** ⑤, ⑨
35 ①, ②, ④, ⑥		**36** ② **37** ④
38 ①		

19 (1) ④ 증발기 : 액체에서 기체로 기화되면서 열에너지를 흡수한다.

(2) ② 응축기에 연결시킨다. – 액화되면서 방출되는 열에너지를 밖으로 빼주어야 하므로 실외기를 연결시켜 열을 외부로 보내주어야 한다.

(3) ④ 증발기 냉매가 기화되면서 주위의 열에너지를 흡수한다. 이때 공기의 수증기가 열에너지를 빼앗겨 액화되면 증발기에서 물이 생기게 된다. 때문에 증발기에 물빠짐 배수관을 설치하여 물을 밖으로 빼주어야 한다.

해설 | 〈참고〉

스팀 난방의 원리

① 연소기 : 연료를 태워 보일러 속의 물을 가열 한다.

② 보일러 : 보일러 속의 물은 열을 흡수하여 수증기로 기화되고, 이 수증기는 관을 따라 실내에 있는 방열기로 들어간다.

③ 방열기 : 수증기는 낮은 실내 온도에 의해 다시 물로 액화되면서 열을 방출하기 때문에 실내 온도가 높아진다. 물은 다시 보일러로 들어간다.

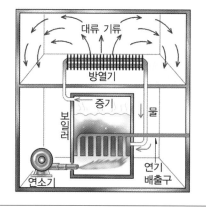

20 205.43 cal

해설 | 78 ℃ 에서 에탄올은 끓는다. 에탄올이 기화하는데 필요한 열량은 에탄올의 기화열(증발열)을 이용하여 구한다.

① 에탄올 몰수 구하기

에탄올의 분자량은 C_2H_5OH : $(12 × 2) + 16 + (1 × 6) = 46$ 이다.

따라서 에탄올 1 g 은 0.02174 mol($\frac{1}{46}$ 몰)이다.

② 에탄올의 몰 증발열 → 1 몰 당 9450 cal 의 열량 필요하므로 0.02174 × 9450 = 205.43 cal 열량이 필요하다.

21 (1) 해설 참조 (2) 3635.35 cal

해설 |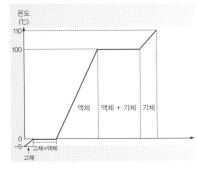

(2) 3635.35 cal

① −5 ℃ 에서 0 ℃ 까지 필요한 열량

$Q = c \cdot m \cdot \Delta t = 0.492$ cal/g·℃(얼음의 비열) × 5 g × 5℃ = 12.3 cal

② 0 ℃ 일 때 용해

용해열 계산 : 79.8 cal/g × 5 g = 399 cal

③ 0 ℃ 에서 100 ℃ 까지 필요한 열량

$Q = c \cdot m \cdot \Delta t = 1$ cal/g·℃(물의 비열) × 5 g × 100 ℃ = 500 cal

④ 100 ℃에서 기화

기화열(증발열) 계산 : 540 cal/g × 5 g = 2700 cal

⑤ 100 ℃ 에서 110 ℃ 로 온도 증가시 필요한 열량

$Q = c \cdot m \cdot \Delta t = 0.481$ cal/g·℃(수증기의 비열) × 5 g × 10 ℃ = 24.05 cal

위에서 계산한 것들 모두 더하면,

12.3 + 399 + 500 + 2700 + 24.05 = 3635.35 cal 이다.

22 4860 cal

해설 | 물의 증발열을 이용해 필요한 에너지를 계산한다.

① 물의 질량 계산하기

· 6.02×10^{23}개 = 1 mol 이므로 3.01×10^{23}개 = 0.5 mol 이다.

· 물의 분자량은 18이므로 0.5 mol 의 원자량은 18 × 0.5 mol = 9 g 이다.

② 물 9 g 이 기화하는데 필요한 에너지를 계산하면 540.0 cal/g × 9 g = 4860 cal 이다.

23 59.5 kJ

해설 | i) 0.002 mol $Br_2(l)$를 과량의 NaOH(aq)에 녹일 때 방출하는 열 : (0.002 mol $Br_2(l)$ + 유리 캡슐)이 녹을 때 방출하는 열 − 유리 캡슐만 녹을 때 방출하는 열 = 121.5 − 2.5 J = 119 J

ii) 1 mol 의 $Br_2(l)$이 과량의 NaOH(aq)에 녹을 때 방출하는 열(x)은 0.002 mol : 119 J = 1 mol : x, x = 59500 J = 59.5 kJ 이다.

24 −24.3 kJ

해설 | i) 인(P)의 몰수를 구한다.

P의 원자량이 31이므로 $\frac{6.2}{31}$ = 0.2 mol 이다.

ii) 2몰 당 243 kJ 의 에너지를 방출하므로, 2 : 243 = 0.2 : x, x = 24.3(kJ)(발열 반응)이다. 따라서 엔탈피 변화(ΔH)는 −24.3 kJ 이다.

25 (1) 296 kJ (2) 99 kJ (3) 790 kJ (4) 395 kJ

해설 | (1) 생성열은 홑원소 물질이 반응물로 사용되어야 한다.

그림에서 $2S + 3O_2 \longrightarrow 2SO_2 + O_2 + 592$ kJ 이므로, SO_2 1몰의 생성열은 $\frac{592}{2}$ = 296 kJ 이다.

(2) 연소는 산소(O_2)와 반응하여 열과 빛을 내는 현상이다.

그림에서 $2SO_2 + O_2 \longrightarrow 2SO_3 + 198$ kJ 이므로 SO_2 1몰의 연소열은 $\frac{198}{2}$ = 99 kJ 이다.

(3) 198 + 592 = 790 kJ 이다.

(4) 홑원소 물질이 반응물로 사용되어야 한다.

그림에서 $2S + 3O_2 \longrightarrow 2SO_3 + 790$ kJ 이므로 SO_3의 생성열은 $\frac{790}{2}$ = 395 kJ 이다.

26 −393.5 kJ/mol

해설 | 생성열은 어떤 화합물 1몰이 그 성분 원소의 가장 안정한 홑원소 물질로부터 생성될 때, 흡수 또는 방출되는 열량이므로 $CO_2(g)$의 생성시 총 엔탈피 변화(ΔH)는 다음과 같다.

$$\frac{1}{2} \times \{ 2C(s) + O_2(g) \longrightarrow 2CO(g) \}$$

$$+ \quad \frac{1}{2} \times \{ 2CO(g) + O_2(g) \longrightarrow 2CO_2(g) \}$$

$$\overline{\qquad C(s) + O_2(g) \longrightarrow CO_2(g) \qquad}$$

∴ 총 엔탈피 변화(ΔH): $\frac{1}{2}$ {−221 + (−566)} = −393.5 kJ/mol

27 $\Delta H_1 + \Delta H_2$

해설 | 용해열은 이온이 물에 녹을 때 방출 또는 흡수되는 에너지이다. 이온 결합이 끊어지고(ΔH_1) 물 분자에 의해 둘러싸이면서(ΔH_2, 수화) 흡수되는 에너지인 ΔH_1와 ΔH_2를 합한 값이다.

28 ④

해설 | 생성열은 어떤 화합물 1몰이 그 성분 원소의 가장 안정한 홑원소 물질로부터 생성될 때 흡수 또는 방출하는 열량이다. 문제의 표를 열화학 반응식으로 나타내면 다음과 같다.

· $C(s, \text{흑연}) + \frac{1}{2} O_2(g) \longrightarrow CO(g)$, ΔH = −110 kJ/mol ⋯ ①

· $C(s, \text{흑연}) + O_2(g) \longrightarrow CO_2(g)$, ΔH = −394 kJ/mol ⋯ ②

· $H_2(g) + \frac{1}{2} O_2(g) \longrightarrow H_2O(g)$, ΔH = −242 kJ/mol ⋯ ③

· $H_2(g) + \frac{1}{2} O_2(g) \longrightarrow H_2O(l)$, ΔH = −286 kJ/mol ⋯ ④

ㄱ. 물의 기화열(ΔH)은 물 1몰이 수증기 1몰로 기화될 때 흡수하는 열량으로 $H_2O(l) \longrightarrow H_2O(g)$ 반응의 반응열이다. 이 반응식은 [③ − ④]을 하면 얻을 수 있다. 따라서 물의 기화열(ΔH) = (−242) − (−286) = 44 kJ/mol 이다.

ㄴ. 물의 분해열(ΔH)은 생성열과 크기는 같고 부호가 반대이므로 286 kJ/mol 이다.

ㄷ. 일산화 탄소의 연소열은 $CO(g)$ 1몰이 완전히 연소할 때 발생하는 열량으로, $CO(g) + \frac{1}{2} O_2(g) \longrightarrow CO_2(g)$ 반응 시 발생하는 반응열(ΔH)이다. 헤스 법칙에 의해 일산화 탄소의 연소열은 다음과 같이 구할 수 있다.

$C(s, \text{흑연}) + \frac{1}{2} O_2(g) \longrightarrow CO(g)$, ΔH = −110 kJ/mol

$CO(g) \longrightarrow C(s, \text{흑연}) + \frac{1}{2} O_2(g)$, ΔH = 110 kJ/mol ⋯ ①

$C(s, \text{흑연}) + O_2(g) \longrightarrow CO_2(g)$, ΔH = −394 kJ/mol ⋯ ②

① + ②를 하면

$$CO(g) \longrightarrow C(s, \text{흑연}) + \frac{1}{2} O_2(g), \quad \Delta H = 110 \text{ kJ/mol}$$

$$+ \quad C(s, \text{흑연}) + O_2(g) \longrightarrow CO_2(g), \quad \Delta H = -394 \text{ kJ/mol}$$

$$CO(g) + \frac{1}{2} O_2(g) \longrightarrow CO_2(g), \quad \Delta H = -284 \text{ kJ/mol}$$

29 ③

해설 | ㄱ. 흑연은 다이아몬드보다 에너지를 1.9 kJ 적게 가지고 있으므로 더 안정하다.

ㄴ. 흑연이 에너지가 더 낮으므로 다이아몬드가 될 때 에너지 차 (395.4 - 393.5 = 1.9)만큼의 에너지를 흡수한다.

ㄷ. 1몰이 연소할 때 방출하는 열량이 다이아몬드가 흑연보다 크므로 1 g 이 연소할 때 방출하는 에너지도 다이아몬드가 흑연보다 크다.

30 (1) 2764 kJ (2) 약 27.38 ℃

해설 | (1) (i) 다이아몬드 : 395.4 × 5 = 1977 kJ

(ii) 흑연 : 393.5 × 2 = 787 kJ

생성되는 총 열량 : 1977 kJ + 78.7 kJ = 2764 kJ

(2) 흑연과 다이아몬드가 타면서 주위의 공기에 열을 공급하여 온도의 변화가 발생한다.

(i) 공급한 열량 : 2764 kJ (≒ 2.76 × 10⁶ J)

(ii) 공기의 비열 : 1 J/g·℃

(iii) 공간 안의 공기의 질량을 구하기 위해 몰수를 먼저 계산하면 부피 25 × 10⁻³ m³ 가 1몰이고, 전체 공기의 부피는 1000 m³ 이므로 밀폐된 공간의 공기의 몰수는 $\frac{1000 \text{ m}^3}{25 \times 10^{-3} \text{ m}^3}$ = 40000 (mol), 1몰의 질량이 29 g 이므로 공간의 공기의 질량은 40000 × 29 = 1160000 g = 1.16 × 10⁶ g 이다.

공급한 열량 = 비열 × 질량 × 온도 변화(ΔT)이므로

2.76 × 10⁶ J = 1 J/g·℃ × 1.16 × 10⁶ g × ΔT,

ΔT = 2.38 ℃ 가 된다(온도 상승). 연소 전에 온도는 25 ℃이었으므로 연소 후 주위의 온도는 25 + 2.38 = 27.38 ℃ 가 된다.

31 ④

해설 |

물의 상평형 그림에서 압력이 커지면 얼음의 녹는점은 낮아지고, 물의 끓는점은 높아짐을 알 수 있다. (가)의 경우는 압력이 낮아지므로 물의 끓는점이 낮아지는 현상이며, (나)의 경우는 승화 현상이고, (다)의 경우는 압력이 커지면 얼음의 녹는점이 낮아지는 현상이다.

32 ③

해설 | 그림 (나)에서 이산화 탄소는 압력이 증가할수록 녹는점과 끓는점 사이의 온도 차가 커짐을 알 수 있다.

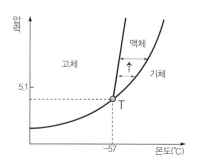

33 -4 ℃

해설 | 정상 녹는점은 1 기압에서 0 ℃ 이다. 100 기압씩 증가할 때마다 1 ℃ 씩 낮아지므로 400 기압 증가할 때 물의 어는점은 -4 ℃ 이다.

34 ⑤, ⑨

해설 | 얼음 분자 사이의 인력보다 물 분자 사이의 인력이 크므로 압력이 증가할수록 녹는점은 낮아진다.

① 실이 닿는 부분은 압력이 작용하여 녹으므로 실이 달라붙지 않는다.

② 추의 무게로 압력이 작용하여 실이 얼음을 뚫고 들어간다.

③ 무게가 무거울수록 실이 얼음에 작용하는 압력이 증가하여 무거운 추가 땅에 먼저 떨어진다.

④ 추를 단 실이 얼음에 압력을 작용하므로 무게가 많이 나가는 실 순서대로 떨어진다.

⑤ 실에 추를 매달아 얼음에 압력을 가하였으므로 녹는점이 낮아져 얼음이 녹는다.

⑥ 드라이아이스 분자 간 거리보다 액체 이산화탄소 분자 간 거리가 더 멀다. 그러므로 압력을 가할수록 녹는점이 증가하므로 실이 드라이아이스에 달라붙는다.

⑦ 실이 얼음을 뚫고 밑으로 내려가면 실이 지나간 부분은 압력이 작용하지 않으므로 녹았던 얼음이 열에너지를 잃고 다시 얼어 붙는다.

⑧ 실이 얼음을 뚫고 땅에 떨어지는 순서는 30 g → 20 g → 10 g 순이다.

⑨ 얼음 분자 간의 거리가 물 분자 간의 거리보다 멀기 때문에 압력을 가할수록 분자 간의 거리가 가까워져 물로 상태 변화한다.

35 ①, ②, ④, ⑥

해설 |

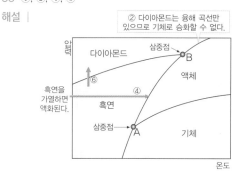

① B점은 다이아몬드, 흑연, 액체가 같이 존재하는 삼중점이다.

③ 액체 탄소 분자 사이의 거리보다 흑연 분자 사이의 거리가 더 가까우므로 액체 탄소에 압력을 가하면 고체(흑연)가 된다. 따라서 액체 탄소의 밀도가 더 작으므로 흑연은 액체 탄소에 가라앉는다.

⑤ 압력이 증가할수록 녹는점은 증가한다.

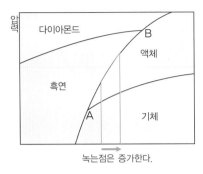

녹는점은 증가한다.

⑦ 점 A : 흑연 + 액체 탄소 + 기체 탄소
　점 B : 흑연 + 액체 탄소 + 다이아몬드
기체의 무질서도가 크므로 점 A에서 점 B로 갈수록 무질서도는 감소한다.
⑧ 점 A에서 다이아몬드는 존재하지 않는다.

36 ②

해설 │ ㄱ. 0.01 ℃ 아래에 융해 곡선이 있으므로 어는점은 0.01 ℃보다 낮다.

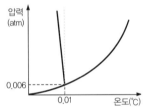

ㄴ. 물질 B는 20 ℃, 1 기압에서 기체 상태로 존재한다.

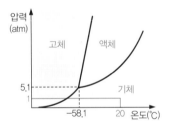

ㄷ. 물질 B는 5.1 기압 아래에서 승화성이 있으나 물질 A는 0.006 기압 아래에서 승화성이 있으므로 1 기압 하에서는 융해(응고)되거나 기화(액화)된다.
ㄹ. 임의의 압력과 온도, 예를 들어 1 기압, -10 ℃ 에서 물질 A는 고체, 물질 B는 기체 상태이므로 물질 A가 고체 상태일 때 온도와 압력에서 물질 B는 기체 상태이다. 따라서 물질 A의 분자 간 힘이 물질 B보다 크다.

37 ④

해설 │ (가)

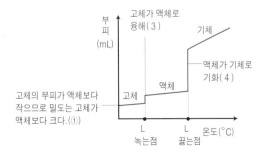

① 고체가 액체보다 밀도가 크므로 고체 X는 액체 X에 가라앉는다.
③ ㄱ에서 일어나는 상태 변화는 A와 같다.

(나)

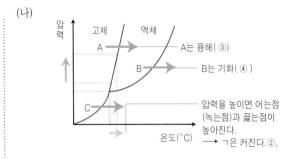

38 ①

해설 │ ㄱ. (가)는 고체 상태로, 1 기압에서 (가)의 온도를 높이면 고체가 액체로 융해되고 계속 가열하면 액체가 기체로 기화된다.

〈물질 A〉

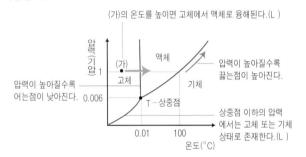

〈물질 B〉

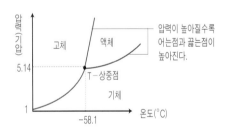

ㄴ. 높은 산에 올라가면 압력이 낮아지므로 물질 A의 끓는점은 낮아지지만 어는점은 높아진다.
ㄷ. 물질 B의 그래프를 보면 5.14 기압 이하에서 물질 B는 고체 또는 기체 상태로 존재하며, 액체 상태로 존재할 수 없다.

❌ 창의력을 키우는 문제

01. 창의적 문제 해결형

(1) 무중력 상태에서 촛불을 켠다. (2) 해설 참조 (3) 연료 차단

해설 | (1) 지구에서는 중력이 있으므로 따뜻한 공기는 밀도가 작아져 위쪽으로 올라가면서 위쪽으로 길게 늘어나는 모양이 되는데, 중력이 없다면 데워진 공기는 밀도차가 생기지 않아 다른 곳으로 이동하지 못하고 그 자리에 머물며, 불꽃 주변의 공기가 고른 비율로 연소하면서 구 모양의 불꽃을 형성한다.

연소할 때 발생한 열은 촛불 주변의 공기를 팽창시켜 밀도를 작게하여 불꽃 위로 올라가고, 그 빈자리에 주변의 차갑고 산소가 많은 공기가 채워지는데 이를 대류 현상이라고 한다. 대류 현상으로 인해 촛불의 모양은 위아래로 뾰족한 모양이 되며 연소를 계속할 수 있다. 중력이 없는 곳에서는 연소 시 발생한 열에 의한 공기의 대류 현상이 일어나지 않아 구 모양이 된다.

(2) 대부분 파라핀으로 만들어진 양초에 불을 붙이면 고체 양초가 녹고, 녹은 액체 양초는 모세관 현상에 의해 심지를 타고 올라가서 기화하여 산소와 반응하면서 불꽃을 만들며 열과 빛을 낸다. 이렇게 발생한 열이 다시 파라핀을 녹이며 액체는 심지를 타고 올라가 기화하여 연소하는 과정이 계속 반복된다.

(3) 입김으로 불면, 기화한 파라핀이 다른 곳으로 가버려 탈 물질이 없어지고, 온도가 내려가 불이 꺼지게 된다. 또, 핀셋으로 심지를 잡거나 호일로 감싸면 심지를 타고 올라올 액체 상태의 연료가 공급이 안되므로 불이 꺼지게 되는 것이다.

02. 논리 서술형

(1) 큰 비커의 물만 끓는다.   (2) 해설 참조

해설 | 큰 비커 속의 물은 알코올 램프로부터 열에너지를 흡수하여 온도가 올라간다. 물의 온도가 100 ℃ 에 도달하면 열에너지가 모두 기화하는데 사용되므로 온도는 더 이상 올라가지 않는다. 큰 비커 속의 물은 작은 비커 속의 물보다 온도가 높으므로 열에너지가 큰 비커 속의 물에서 작은 비커 속의 물로 이동한다. 그런데 큰 비커 속의 물은 온도가 100 ℃ 에서 유지되고, 작은 비커 속의 물은 증발하면서 열에너지를 끊임없이 잃게 되므로 100 ℃ 에 가까워지기는 하지만 끓는 온도인 100 ℃ 에는 도달하지 못한다. 따라서 큰 비커 속의 물은 끓고, 작은 비커 속의 물은 끓지 않는다.

03. 논리 서술형

(1) ① 삼중점 이상의 압력을 가하며 온도를 낮추어 준다.
② 삼중점 이상의 온도에서 압력을 높여 준다.
(2) 액체 뷰테인 가스가 기화하면서 주위 수증기의 열에너지를 빼앗는다. 뷰테인 가스통이 차가워지므로 주변의 수증기가 액화되어 물방울이 된다.

해설 | 뷰테인의 화학식은 C_4H_{10}, 녹는점은 -135 ℃, 끓는점은 -0.5 ℃ 이다.

무색의 가연성 기체로 쉽게 액화되며, 물에는 잘 녹지 않지만 유기 용매에는 잘 녹는다. '액화 석유 가스(LPG)'의 한 성분으로 가정용·공업용 연료로 활용되고 있다.

★ 휴대용 뷰테인 가스
일반적으로 뷰테인 가스는 LPG(Liquid Propane Gas)로 불리운다. 액체가 기체로 기화하기 위해서는 끓는점(-0.5 ℃) 이상의 온도가 되어야 하며, 이때 사용되어지는 열은 주위 대기에서 얻는다. 이 과정이 계속되면 용기의 표면에 이슬이 맺히게 되는데 이것은 LPG 가스가 증발하여 기화하면서 주위로부터 열을 빼앗아 캔 안에 있는 액체 가스의 온도가 낮아지고, 또 이에 영향을 받은 용기 표면의 온도도 낮아지기 때문이다. 이러한 증발열 때문에 캔 표면이 차가워져서 온도가 높은 곳에서는 물방울이 생기고 차가운 곳에서는 성에가 생기게 된다.

04. 창의적 문제 해결형

해설 | 고체 아이오딘이 승화하는 성질을 이용한다. 고체 아이오딘은 작은 열에도 승화하여 기체 상태가 되어 떠다니다가 지문의 지방 성분에 들러붙어 보이지 않는 지문을 현출시킨다.

05. 단계적 문제 해결형

· 상승 : 고체 왁스가 열에너지를 받아 액체가 되어 분자 간의 거리가 멀어지면 부피가 증가하고 밀도가 감소하여 위로 상승한다.
· 하강 : 액체 왁스가 상승하는 동안 열에너지를 잃고 고체가 되어 분자 간의 거리가 가까워지면 부피가 감소하고 밀도가 증가하여 아래로 하강한다.

06. 단계적 문제 해결형

(1) 일반 금속은 고체 분자 사이의 거리가 액체 분자 사이의 거리보다 가깝다. 액체 상태의 금속을 틀에 붓고 굳히면 분자 사이의 거리가 줄어들어 부피가 감소하여 틈이 생겨 원하는 모양의 활자를 얻을 수 없다.
(2) 비스무트는 물과 유사하게 고체가 되면 액체일 때보다 밀도가 작아진다. (고체일 때 9.73 g/cm³, 액체일 때 10.05 g/cm³) 즉, 고체가 될 때 부피가 증가한다. 비스무트 합금들은 예로부터 인쇄용 금속 주형을 만드는 데 사용되어 왔는데 그 이유가 바로 이런 성질 때문이다. 금속 활자 액체 합금을 주형에 부어 넣으면 식으면서 다른 금속들처럼 주형 안에서 부피가 줄어들지 않는다. 결국 보다 선명한 금속 글자를 만들 수 있다.

해설 | 〈참고〉

〈비스무트, Bi〉

원자 번호 83번

지각에 흔하게 존재하지 않는 원소이다. 비스무트는 산화물이나 황화물의 형태의 불순물로 납이나 구리 광석에 꽤 많은 농도로 포함되어 있어 이를 가공해 실용적인 만큼의 양을 얻을 수 있다. 비스무트의 연간 생산량

은 전 세계적으로 수백만 킬로그램이다. 비스무트는 금속이기는 하나 전기 전도도가 낮고 잘 부스러진다. 주 용도는 이 금속의 낮은 녹는점(271.3 ℃)을 이용하는 것이다. 특히 이 금속의 합금은 녹는점이 47 ℃ 까지 낮아진다. 이 성질을 이용하여 화재 경보기의 온도 감지기와 자동 살수 장치에 이용된다. 이 합금은 정확한 온도에서 녹고 일단 이 합금이 녹으면 전기 연결이 끊어지며 곧이어 경보가 울리고 물이 살포된다.

07. 추리 단답형

①, ②, ③, ⑤

해설 | ① 일반솥을 사용하면 조리 시간이 길어지므로 연료가 더 소모된다.

② 외부 압력이 증가할수록 끓는점이 높아지므로 일반솥보다 압력솥의 끓는점이 더 높다.

③ 압력솥을 사용하면 외부 압력이 대기압보다 증가하므로 1 기압보다 높은 압력일 때 물이 끓는다. (대기압과 증기 압력이 같아야 물이 끓는다.)

④ 물의 끓는점이 높을수록 조리 시간은 짧아진다.

⑤ 압력솥은 외부 압력을 변화시켜 물의 끓는점을 높게 만든다.

⑥ 높은 산에서 밥을 하면 외부 압력이 줄어들어 끓는점이 낮아지므로 끓는점이 낮아져 조리 시간이 길어진다.

⑦ 압력솥을 사용할수록 조리 시간이 짧아지고 가스레인지에서 배출되는 이산화 탄소의 양은 줄어든다.

08. 논리 서술형

(1) 맑고 바람이 없는 날 서리가 잘 생기며, 서리는 해가 떠오르면 녹기 시작하는데, 얼음 1 g 이 녹을 때 80 cal 의 열을 흡수한다. 해가 떠오르기 시작하는 아침에는 얼음이 녹으면서 열을 흡수하여 기온이 떨어진다. 그러나 시간이 지나면 서리는 다 녹으며, 맑고 바람이 없으므로 지표면의 따뜻한 공기가 보온 역할을 하게 되어 날씨가 따뜻해진다.

(2) 음식물에서 나온 수분이 고체 상태로 바뀐 것이다.

(3) 수분은 온도가 높은 음식물 속보다 차가운 냉동실 벽으로 이동하는 경우 에너지를 적게 가지게(자연 현상에서 더 안정한 경우)되므로 음식물에서 냉동실 벽 쪽으로 물이 계속 이동하여 성에가 생기며 음식물은 건조해지게 된다.

(4) 음식물 속보다 포장지가 더 차갑기 때문에 포장 안쪽에 성에가 낀다. 포장지에 낀 성에를 보면 음식물의 보관 정도를 알 수 있다.

09. 논리 서술형

포화 지방산은 고체, 불포화 지방산은 액체로 존재한다. 포화 지방산은 막대 모양으로 분자 간에 닿는 면적이 커서 분자 간 인력이 크게 작용하여 대체적으로 고체 상태로 존재하지만 불포화 지방산은 굽은 모양으로 분자 간에 닿는 면적이 작아서 분자 간 인력이 작기 때문에 대체적으로 액체 상태로 존재하게 된다.

10. 추리 단답형

(1) 분자량이 높을수록 끓는점은 증가한다.

(2) 물은 분자 간에 결합력이 큰 수소 결합을 하기 때문에 다른 결합을 하는 물질보다 끓는점과 어는점, 표면 장력, 비열 등이 높게 나타난다.

11. 단계적 문제 해결형

(1) 얼음의 밀도가 물의 밀도보다 작아 얼음의 부피가 아무리 커도 밀도가 큰 물 위에 뜰 수 있다.

(2) 8 %   (3) 바닷물

(4) 같은 부피의 0 ℃ 물과 8 ℃ 물을 섞어서 온도가 대략 4 ℃ 정도가 되면 밀도가 0 ℃ 물과 8 ℃ 물보다 크므로 부피는 작아진다.

(5) 여름철의 수온이 겨울철보다 높아서 물의 밀도가 더 작으므로 봉돌의 밀도가 여름철보다 겨울철이 더 커야 찌의 균형이 여름철과 겨울철이 같게 된다.

해설 | (1) 물이 얼어서 얼음으로 될 때는 물 분자들이 수소 결합에 의해 규칙적으로 배열되면서 육각형 구조가 되어 빈 공간이 많아지므로 밀도가 작아진다.

(2) 얼음의 중력 = 얼음에 작용하는 부력이므로

얼음의 질량 × 중력 가속도 = 잠

긴 부분 만큼의 물의 질량 × 중력 가속도이고, 질량 = 밀도 × 부피

이므로 얼음의 밀도 × V(얼음의 부피) = 물의 밀도 × V_1(잠긴 부분의 부피)이다.

0 ℃ 에서 물과 얼음의 온도가 같을 수 있고, 0 ℃ 에서 얼음의 밀도는 0.917 g/cm³, 물은 0.999 g/cm³ 이다.

$\dfrac{V_1}{V} = \dfrac{\text{얼음의 밀도}}{\text{물의 밀도}} ≒ 0.92$, 잠기지 않은 부분($V - V_1$)은 1 - 0.92 = 0.08 이므로 8 %이다.

(3) 바닷물은 물보다 밀도가 크므로 $\dfrac{V_1}{V} = \dfrac{\text{얼음의 밀도}}{\text{물의 밀도}}$ 가 감소한다. V는 일정하므로 V_1 이 감소한다. 따라서 잠기지 않는 부분($V - V_1$)은 커진다.

12. 단계적 문제 해결형

(1) 물이 잃은 열량 = 얼음이 얻은 열량
 실험 1 : 800 cal, 실험 2 : 1200 cal, 실험 3 : 1600 cal
(2) 얼음의 융해열 = 66 cal/g,
  얼음의 몰 융해열 = 1188 cal/mol
(3) 얼음의 질량이 클수록 융해열이 크다.

해설 │ (1) 물이 잃은 열량 = 얼음이 얻은 열량
(물의 비열) × (물의 질량) × (물의 온도 변화)
= 0 ℃ 에서 얼음의 융해열 (처음 온도는 0 이므로 얼음은 녹기 시작한다.) × 얼음의 질량 + 0 ℃ 물이 열평형 온도에 도달할 때까지 얻은 열량
실험 1 ~ 3 에서 물이 잃은 열량을 계산하면 (물의 비열은 1 cal/g·℃)
[실험 1] 물의 온도 변화 : 20 - 16 = 4,
물이 잃은 열량 : 1 × 200 × 4 = 800 cal
[실험 2] 물의 온도 변화 : 20 - 14 = 6,
물이 잃은 열량 : 1 × 200 × 6 = 1200 cal
[실험 3] 물의 온도 변화 : 20 - 12 = 8,
물이 잃은 열량 : 1 × 200 × 8 = 1600 cal 이다.
각 실험에서 구한 물이 잃은 열량은 얼음이 얻은 열량과 같다.
(2) ① 얼음이 얻은 열량 = 0 ℃ 에서 얼음의 융해열 × 얼음의 질량 + 0 ℃ 물이 열평형 온도에 도달할 때까지 얻은 열량이므로 각 실험에서 얼음의 융해열(Q)을 구하면,
[실험 1] $800\ cal = Q_1 \times 10 + 1 \times 10 \times 16$, $Q_1 = \dfrac{640}{10} = 64\ cal/g$
[실험 2] $1200\ cal = Q_2 \times 15 + 1 \times 15 \times 14$, $Q_2 = \dfrac{990}{15} = 66\ cal/g$
[실험 2] $1600\ cal = Q_3 \times 20 + 1 \times 20 \times 12$, $Q_3 = \dfrac{1360}{20} = 68\ cal/g$
따라서 얼음의 융해열은 Q_1, Q_2, Q_3 값의 평균인 66 cal/g 이다.
② 얼음의 몰 융해열은 1 mol 당 얼음이 녹을 때 필요한 열량이므로 융해열 × 분자량으로 구할 수 있다. 얼음의 분자량은 18 이므로, 66 cal/g × 18 = 1188 cal/mol 이다.
(3) 실험 결과 얼음의 질량이 클수록 낮은 온도에서 열평형이 이루어지므로 외부로 빠져나가는 열의 양이 감소하여 융해열이 크다. 만약, 열이 외부로 빠져나가지 않도록 매우 정교한 실험을 한다면 일정한 압력에서 얼음의 융해열은 80 cal/g 으로 같다.

13. 단계적 문제 해결형

(1) 324 g   (2) 5184 cal

해설 │ (1) 물이 응고할 때 방출하는 열량 = 이글루 안의 공기가 흡수하는 열량
① $x(g)$의 물이 응고할 때 방출하는 열량 = 80 cal/g × x
② 이글루 안의 공기가 흡수하는 열량
  = 공기의 비열 × 공기의 질량 × 온도 변화
· 공기의 비열 = 0.24 cal/g·℃
· 공기의 질량 = 공기의 밀도 × 공기의 부피(이글루 안의 부피)
      = 1200 g/m³ × 18 m³ = 21600 g
· 이글루 안의 온도 변화 = (25 - 20) ℃ = 5 ℃
∴ 이글루 안의 공기가 흡수하는 열량 ($Q = c·m·\Delta t$)

= (0.24 cal/g·℃) × (21600 g) × 5 ℃
= 25920 cal
① = ②이므로 80 cal/g × x = 25920 cal, ∴ x = 324 g
(2) 방안의 온도를 5 ℃ 높이는데 (20 ℃ → 25 ℃)올리는데 필요한 열량 = 25920cal 이다.
따라서 1 ℃ 올리는데는 $\dfrac{25920}{5}$ = 5184 cal 가 필요하다.

14. 추리 단답형

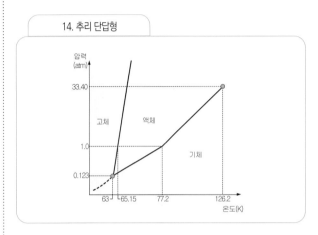

해설 │ 액체 분자 간의 거리가 고체 분자 간의 거리보다 가까우므로 액체 질소에 압력을 가하면 고체로 상변화가 일어난다. → 융해 곡선이 오른쪽으로 기울어져 있다.

15. 논리 서술형

(1) 태풍의 에너지원은 공기 중의 수증기가 액화하면서 방출하는 액화열이므로, 태풍은 주로 수증기가 많은 해상에서 발달한다. 태풍이 육지에 상륙하면 수증기의 공급이 차단되고, 지표면과의 마찰이 심해지므로 에너지가 급격히 소모되어 세력이 약해져 소멸한다.
(2) 태풍과 같은 열대성 저기압의 에너지원은 수증기의 잠열이다. 잠열은 수증기가 액화할 때 방출되는 열로 수증기가 많은 지역일수록 태풍이 발생할 확률이 높다. 적도 부근에서는 극지방에 비해 태양열에 의한 열에너지가 풍부하므로 물의 증발이 매우 활발히 일어나 공기 중 수증기의 양이 많다.

16. 단계적 문제 해결형

(1) 냉동 건조하려는 식품(된장국)을 -40 ℃ 로 급속 냉동한 다음, 거의 진공 상태까지 감압한 후 온도를 높이면 얼음이 승화하여 수증기가 되고, 이 수증기를 밖으로 배출시킨다.
(2) 얼음인 고드름이 승화되어 수증기가 공기 중으로 사라지므로 크기가 작아진다.
(3) 물이 든 용기의 압력을 낮추어 끓는점을 낮추었기 때문에 끓는 물의 온도가 낮아서 손을 데지 않았다.

해설 │ (1) 커피나 라면 등의 인스턴트 식품은 냉동 건조를 시키는데, 식품을 영하 40 ℃ 로 급속 냉동시키면 얼음 알갱이가 무수히 많이 생기며, 감압 상태에서 온도를 높이면 얼음이 승화하여 수증기가 되며 바깥으로 배출시킨다.

(2) 열린 자연계에서는 얼음 표면에서 발생한 수증기가 대기 중으로 날아가 버리기 때문에 저온, 저압 상태에서도 얼음이 작아질 수 있다. 언 상태의 빨래가 마르거나, 눈사람이 녹지 않고 작아지는 현상도 같은 현상이다.

(낮은 온도, 대기압에서 얼음이 수증기가 되는 현상을

* 얼음 → 수증기로 된다는 의견이 다수,

* 얼음 → 물필름 → 수증기로 된다는 의견도 있음(성균관대 김성규 교수))

(3) 온도에 따른 물의 증기 압력 곡선을 보면 25 ℃ 에서는 물의 증기 압력은 23.5 mmHg 이다. 증기 압력이 외부 압력과 같아지면 물이 끓게 되는데 외부 압력을 23.5 mmHg 까지 감압 장치를 사용하여 낮추면 25 ℃ 에서 물이 끓게 되므로, 끓는 물의 온도가 항상 100 ℃ 인 것은 아니다.

---

17. 논리 서술형

(1) 메탄올이 연소할 때 발생하는 열은 목장갑을 적시고 있는 물에 흡수되어 물이 증발하도록 한다. 그러므로 목장갑의 온도는 얼마 동안 올라가지 않아 뜨거움을 못 느낀다.

(2) 2.92 g

해설 | (2) 1몰 : 6×10^{23} = x(몰) : 9×10^{23} , x =1.5몰

물의 분자량은 18 이므로 1몰은 18 g 이고, 1.5몰은 27 g 이다.

따라서 25 ℃ 의 물 27 g 을 100 ℃ 까지 가열한 후, 모두 기화시킬 때 필요한 열(2.26 kJ/g = 2260 J/g)

= 물이 얻은 열량($Q = c \times m \times \varDelta t$) + 물의 기화열

= 4.2 J/g·℃ × 27 g × 75 ℃ + 2260 J/g × 27 g = 69525 J 이다.

물은 69525 J 의 열을 흡수하므로 메탄올은 69525 J 의 열을 방출해야 하고, 메탄올의 연소열은 23.8 kJ/g 이므로 1 g : 23800 J = x(g) : 69525 J , x ≒ 2.92 g 이다.

---

18. 창의적 문제 해결형

(1) 양가죽의 땀구멍으로 조금씩 새는 물이 증발하는데, 물의 기화열이 커서 가죽 주머니 안의 열을 빼앗아가기 때문이다.

(2) 마당에 물을 뿌린다. 땀이 증발하여 체온이 일정하게 유지된다.

(3) 해설 참고

해설 | (3) 고온 다습한 공기를 물 에어컨의 습기 제거 장치를 지나게 한다. 습기 제거 장치를 지난 공기는 건조해지며 이 공기를 물이 젖어 있는 금속망을 통과시켜 실내로 보낸다. 금속망의 물이 증발하면서 공기 중의 열을 빼앗아가 실내의 온도는 낮아진다. 습기 제거 장치가 빨아들인 물기를 말리는 데에는 80 ℃ 정도의 열이 필요하므로 공장에서 버리는 폐열을 이용하면 된다.

---

19. 논리 서술형

(1) ㉠ 아이스바의 냉기에 의해 입술이나 혀의 침이 순간적으로 얼어 붙기 때문이다.

(2) ㉡ 스케이트를 타거나 스키를 타면 얼음이나 눈에 압력을 가하게 되고 그러면 얼음이나 눈이 녹아서 물이 되며 마찰이 줄어들어 잘 미끄러지게 된다. 얼음은 눈보다 밀도가 크고 딱딱하여 뾰족한 날이 필요하고, 눈은 부드러워 평평한 날로 밟아야 빠지지 않고 미끄러지게 된다.

(3) ㉤ 높은 산에 올라가면 대기압이 낮아져 끓는점이 낮아지기 때문에 쌀이 잘 익지 않지만, 돌을 올려두면 생성된 수증기가 배출되지 않아 냄비 안의 압력이 높아져 끓는점도 높아지게 된다.

(4) ㉥ 진공발생장치를 이용하여 감압하면 정상 끓는점보다 낮은 온도에서 끓기 시작하므로 잔사유에서 윤활유를 열분해없이 얻을 수 있다.

해설 | (1) 수분이 순간적으로 얼어붙는(물 → 얼음) 현상을 결빙이라고 하는데, 너무 많은 물이 있으면 붙지 않는다. 겨울철에 추운 곳에서 젖은 손으로 차문을 열 때 손이 금속의 차문에 달라붙는 현상 등이 있다.

---

20. 단계적 문제 해결형

(1) $C_6H_{12}O_6 + 6O_2 \longrightarrow 6CO_2 + 6H_2O$

(2) 715 kJ

해설 | 포도당 1몰이 반응할 때 2860 kJ 의 열이 방출된다. 포도당 45 g 이 연소하였으므로 반응한 포도당의 몰수 = 45 × $\frac{1}{180}$ = 0.25몰이다.

0.25몰의 포도당이 모두 연소하였을 때 방출하는 열량은 0.25 × 2860 = 715 kJ 이다.

---

21. 단계적 문제 해결형

0.5 ℃

해설 | 발생한 에너지의 715 kJ 에서 20 % 만 체온을 올리는데 쓰이므로, 715 × 0.2 = 143 kJ 이 체온을 올리는데 사용된다.

열용량이 286 kJ/℃ 이므로 1 ℃ 올리는데 286 kJ 의 에너지가 필요하다. 올라간 체온을 x 라고 하면 286 : 1 = 143 : x , x = 0.5 ℃이다.

---

22. 단계적 문제 해결형

(1) $\varDelta H < 0$　　(2) B, $\varDelta H$ = -204 kJ

(3) $2H_2O_2 \xrightarrow{\text{카탈라아제}} 2H_2O + O_2$

해설 | (1) 발열 반응이므로 생성물인 퀴논과 물의 온도가 100 ℃ 까지 올라간다.

(2) 하이드로 퀴논의 분자량은 110이므로 11 g 은 0.1몰이다. 0.1

몰이 반응했을 때 20.4 kJ 의 에너지가 방출되므로 1몰이 반응하면 204 kJ 의 열이 방출된다.

$C_6H_4(OH)_2(aq) + H_2O_2(aq) \longrightarrow C_6H_4O_2(aq) + 2H_2O(l)$, $\Delta H =$ -204 kJ

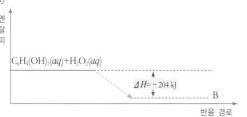

(3) 카탈라아제는 우리 몸의 간 속에 많이 존재하며 과산화 수소와 같은 과산화물을 분해하는 역할을 하는 생체 촉매제이다.

$2H_2O_2 \xrightarrow{\text{카탈라아제}} 2H_2O + O_2$

페록시다아제 : 과산화 수소를 이용해 어떤 물질에서 수소를 제거하는 반응을 하는 효소로서 과산화 효소라고도 부른다. 하이드로 퀴논에서 수소를 제거하여 산화시키는 산화제의 역할을 한다.

---

23. 단계적 문제 해결형

(1) Fe_2O_3　　　　　(2) (가) - 제시문 2 , (나) - 제시문 1
(3) 황산과 탄산 수소 나트륨 수용액을 반응시키기 위해

해설 | (1) X의 화학식을 Fe_aO_b 라고 하면 그래프에서 철 솜 5.6 g 과 반응하는 산소의 질량은 2.4 g 이고, 몰수 = $\dfrac{질량}{원자량}$ 이므로 $a : b$ = $\dfrac{5.6}{56} : \dfrac{2.4}{16}$ = 2 : 3 이다.

(2) [제시문 3]의 (가)는 흡열 반응이며, 화학 반응식은 다음과 같다.
$2NaHCO_3 + 열 \longrightarrow Na_2CO_3 + H_2O + CO_2$
[제시문 3]의 (나)는 발열 반응이다. (중화 반응)
$2NaHCO_3 + H_2SO_4 \longrightarrow 2CO_2 + 2H_2O + Na_2SO_4$
(가)와 (나) 모두 이산화 탄소가 발생하여 불을 끄게 된다.
[제시문 1]의 반응은 철의 연소 반응이므로 발열 반응이다.
$4Fe + 3O_2 \longrightarrow 2Fe_2O_3 + 열$
[제시문 2]의 반응은 $NaHCO_3$의 열분해이므로 흡열 반응이다.
$2NaHCO_3 + 열 \longrightarrow Na_2CO_3 + H_2O + CO_2$
흡열 반응과 발열 반응끼리 짝지으면 [제시문 3]의 (가)는 [제시문 2]와 같고, [제시문 3]의 (나)는 [제시문 1]과 같다.
(3) 탄산 수소 나트륨 수용액(중탄산 소다수)과 황산이 평소에는 분리되어 있다가 뒤집으면 황산이 병에서 나와 탄산 수소 나트륨과 반응하여 이산화 탄소 기체를 발생시킨다.

---

24. 단계적 문제 해결형

(1) 2개　　　　　(2) a^3d (g)
(3) $\dfrac{2M}{a^3d}$

해설 | (1) 금속 나트륨(Na)의 결정 구조는 체심 입방 구조로 단위 격자에 존재하는 입자의 총 수는 $1 + 8 \times \dfrac{1}{8}$ = 2개이다.
(2) 밀도 = $\dfrac{질량}{부피}$ 이다. (나)에서 한 변의 길이가 a cm 이므로 부피는 a^3 cm³ 이고, 밀도가 d g/cm³ 이므로 (나)의 질량 = 밀도 × 부피 = d

$\times a^3 = da^3$ g 이다.
(3) 아보가드로수는 1몰에 들어 있는 원자의 개수이고, Na 원자 2개의 질량이 a^3d (g) 이므로 2몰의 질량을 a^3d g 으로 나누어 주면 1몰에 들어 있는 원자의 개수를 구할 수 있다. 원자 1몰의 질량은 원자량과 같으므로 아보가드로수는 $\dfrac{2M}{a^3d}$ 이다.

대회 기출 문제

01 (1) 산소　(2) 해설 참조　**02** ③, ⑤
03 ②, ④, ⑤　**04** ②, ⑤　**05** 해설 참조
06 ③, ④, ⑤　**07** 해설 참조　**08** ⑤　**09** ②, ③, ⑤
10 ①, ③, ④　**11** ②　**12** ③　**13** ④
14 ①　**15** ③　**16** ⑦
17 (1) -50 ℃ 얼음 → 0 ℃ 얼음 → 0 ℃ 물 → 100 ℃ 물 → 100 ℃ 수증기
　　(2) a = 80, b = 560, 풀이 과정 : 해설 참조
18 (1) A (2) B, D (3) D (4) 해설 참조 (5) ④　**19** ④
20 ㄱ, ㄷ　**21** (1) 액화, 방출 (2) ①, ⑤
22 ③　**23** ②　**24** 해설 참조

01 (1) 산소　(2) ① 단단하며 일정한 모양이 있다. 흐르는 성질이 없다. ② 분자 배열에서의 관점에는 유리의 분자들이 규칙적으로 배열되어 있지 않고 불규칙하게 배열되어 있어 흐트러진 분자 배열로 액체의 특징을 나타내고 있지만, 액체로서의 성질은 가지고 있지 않다.

해설 | (1) 질소는 액체 상태이므로 온도가 -196 ℃ 이하이고, 산소 기체는 -183 ℃ 부터 기체가 되므로 그 이하의 온도에서 산소는 액체 상태가 되고 열을 방출한다.
(2) 고체에는 결정성과 비결정성이 있다. 결정성만이 규칙적인 분자 배열을 하고 있는데, 유리는 비결정성 고체이다. 비결정성 고체는 분자가 불규칙하게 배열되어 있기 때문에 액체의 성질과 유사하다고 할 수 있다.

액체	고체
① 분자 간의 거리가 가깝기 때문에 압력에 의해서는 부피가 변하지 않는다. 단, 온도가 변하게 되면 분자들의 운동 상태가 변해 부피가 변하게 된다.	
② 높은 온도의 액체가 낮은 온도의 액체보다 부피가 크다.	
③ 부피는 일정하지만 그 모양은 담는 그릇 종류에 따라 변하게 된다. 즉, 액체 분자들은 흐르는 성질을 가지고 있다.	① 액체와 기체와는 다르게 유동성이 없다.
④ 분자 사이가 기체보다 가까우며 흐르는 성질이 있다는 것은 액체 분자들의 배열이 불규칙적이고 조금씩 움직인다는 것을 알 수 있다.	② 외부에서 가해진 힘에 저항하는 성질이 있다.
⑤ 고체와 달리 일정한 모양과 부피를 갖는다.	
⑥ 액체처럼 유동성은 있으나 용기 전체에 확산되고, 액체보다 훨씬 압축되기 쉬운 상태에 있는 물체의 상태를 나타낸다.	
⑦ 어떤 물질도 고온, 저압으로 하면 기체로 변한다.	

정답 및 해설

02 ③, ⑤

해설 | 손난로에 들어 있는 액체는 티오황산 나트륨이다. 이 액체가 금속판의 충격에 의해 고체로 결정화되는 응고 과정에 의해서 열에너지를 외부로 방출한다.

① 알코올이 공기 중의 산소와 반응하여 물과 이산화 탄소가 생성되면서 열을 발생하는 산화 반응이다.

② 알코올 액체가 기화하면서 주위로부터 열에너지를 흡수하는 것이다.(기화)

③ 이글루에 물을 뿌리면 물이 얼음으로 응고되면서 열을 방출한다.(응고)

④ 수증기가 눈으로 응결되면서 열을 방출하므로 날씨가 포근하게 느껴진다.(승화)

⑤ 추운날 과일 창고에 물이 든 통을 놓아두면, 물이 얼음으로 응고되면서 열을 방출하여 냉해를 방지할 수 있다.(응고)

03 ②, ④, ⑤

해설 | ① 이산화 탄소의 발생으로 기체의 조성이 바뀐다.

② 과정 (나)의 승화 과정에서 액체의 온도가 내려간다.

③ 드라이아이스가 승화되면서 증류수의 온도가 내려가므로 드라이아이스의 승화 속도는 감소한다.

④ 드라이아이스는 물속에서 승화된다.

⑤ 온도가 빨리 감소하면 승화 속도가 느려져(온도가 높으면 승화가 잘 일어난다.) 드라이아이스의 부피가 천천히 감소한다. 비커 B의 물의 비열이 크므로 비커 A의 공기보다 온도가 천천히 변화하므로 A보다 드라이아이스의 부피가 빨리 감소한다.

04 ②, ⑤

해설 | ①, ④ (가)와 (나) 그래프에서 끓는점이 다르다. 액체의 끓는점은 대기압에 따라 달라지고, 액체의 증기 압력은 온도에 따라 달라진다. 그래프 (가)와 (나)는 전체적으로 온도가 다르므로 증기 압력도 다르다.

② (가)와 (나) 그래프에서 시간에 따른 온도 변화의 정도가 같으므로 비열은 같다.

③ 물의 기화에 대한 실험이므로 어는점은 관련이 없다.

⑤ 시간에 따른 온도 변화가 없는 구간의 길이가 서로 같으므로 기화열은 같다.

05 (1)

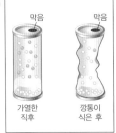

[그림 A]
물 분자의 개수가 가열하기 전 분자의 수보다 많아야 한다.

[그림 B]
물 분자의 수가 가열한 직후보다 적어야 한다.

(2) 깡통 내부와 외부의 압력과의 차이가 매우 크므로 찌그러지는 것이다. 철수의 실험에서 알루미늄 깡통을 가열하면, 물이 기화되어 수

증기로 되면서 깡통 내부는 거의 증기로 가득하게 된다. 깡통을 막은 후 냉각시키면 깡통 안에 있는 수증기가 액화되어 물로 변하여 깡통 안이 거의 진공이 된다.

06 ③, ④, ⑤

해설 | ① 0 ℃에서 온도가 상승하여 물의 온도가 4 ℃가 될 때까지 부피가 감소한다.

② 0 ℃에서 온도가 상승하여 물의 온도가 4 ℃가 될 때 물의 부피가 최소이므로 밀도는 최대이다.

③ 아주 추운 겨울날 기온이 0 ℃ 이하로 내려가게 되면 액체에서 고체로 상태 변화하면서 부피가 팽창하여 유리컵은 깨진다.

④ 물의 온도가 0 ℃ 가까이 내려가면 4 ℃의 물보다 부피가 증가하고 밀도가 감소하여 수면 위로 뜨게 된다.

⑤ 물의 높은 비열과 낮은 열전도율로 인해 호수 바닥의 온도는 4 ℃로 유지된다.

07 (1) 상평형 그래프를 보면 -56.4 ℃, 5.11 기압에서 삼중점이 나타나 액체가 나타나기 시작한다. 펜치로 스포이트 내부를 막으면 스포이트 내부의 드라이아이스가 승화하면서 압력이 크게 증가하므로 압력이 높아져 액체 이산화 탄소를 볼 수 있다. 압력을 일정하게 유지하면서 온도를 높여도 액체 이산화 탄소가 나올 수 있다.

(2) 일정한 온도에서 내부 압력이 급격히 떨어지므로 액체가 다시 기체 드라이아이스가 된다.

08 ⑤

해설 |

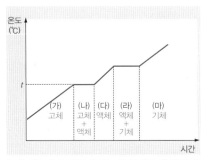

① 온도가 t ℃일 때 그래프에서는 고체에서 액체로 상태 변화가 일어나는 녹는점이다. 따라서 이 물질의 녹는점(어는점)은 t ℃이다.

② (라) 구간은 액체와 기체가 공존하는 끓는점 구간이다.

③ 순수한 물질의 융해열과 응고열의 크기는 같고 기화열의 크기는 융해열보다 크다.   융해열 = 응고열, 융해열 < 기화열
따라서 (나)보다 (라)의 길이가 더 길어야 한다.

④ 같은 물질이라도 고체와 액체, 기체의 비열은 다르다. 그래프에서 (가)는 고체, (다)는 액체 상태이므로 두 상태의 비열이 달라 단위 시간당 온도 변화, 즉 기울기는 다르다.

⑤ 비열이 작을수록 온도 변화가 크다. 그래프의 기울기는 단위 시간에 따른 온도 변화이다. 기울기가 클수록 단위 시간에 따른 온도 변화가 크므로 비열이 작다.

09 ②, ③, ⑤

해설 | ② 밀도 : 얼음의 부피를 측정하기 위해서는 얼음이 액체 속으로 완전히 잠겨야 하므로 얼음보다 밀도가 작은 액체를 사용해야 한다.

③ 어는점 : 얼음은 0 ℃에서 얼기 때문에 녹지 않게 하기 위해 0 ℃

보다 낮은 온도를 유지해야 하는데, 이 온도에서 액체 상태로 존재해야 한다.

⑤ 액체에서의 얼음의 용해도 : 액체에 얼음을 넣었을 때 얼음을 녹이지 않아야 한다.

10 ①, ③, ④

해설 | ① 0 ℃ 에서 얼음의 밀도가 물의 밀도보다 작으므로 얼음이 위로 뜨기 때문에 위에서부터 언다.

② 얼음은 온도가 낮아질수록 밀도가 약간씩 증가한다.

③ 4 ℃ 에서 물의 밀도가 가장 크므로 분자 사이의 거리는 가장 가깝다.

④ 점 A는 얼음 상태, 점 B는 물을 나타내므로 상태 변화가 일어난다. 얼음은 물보다 분자 사이의 거리가 멀어 밀도가 작으므로 밀도의 급격한 변화로 상태 변화가 일어났다는 것을 알 수 있다.

11 ②

해설 | 20 ℃ 에서 수소는 기체 상태로 존재하며 수소 기체가 나타내는 압력은 3 기압이다. 수소의 끓는점은 -242.8 ℃ 이므로 -5 ℃ 에서도 수소는 기체 상태로 존재한다.

12 ③

해설 | 열량 = 비열 × 질량 × 온도 변화
· 열량 = 2280 J
· 황의 비열 = 0.70 J/g·℃
· 질량 = 36 g
· 온도 변화 = 25 ℃ 부터 녹는점까지 가열했으므로 녹는점을 x라고 한다면, 온도 변화는 $(x - 25)$이고 2280 J = 0.70 × 36 × $(x - 25)$, x(녹는점) ≒ 115 ℃이다.

13 ④

해설 | 무질서도 감소 : 무질서 → 질서

자연 현상은 무질서도가 증가하는 방향으로 진행한다. 무질서도가 증가한다는 것은 더 자연스러운 상태가 된다는 말이다. 물이 위에서 아래로 흐른다거나, 잉크가 퍼진다거나, 냄새가 퍼진다거나, 눈이 녹는다거나, 물건이 닳는다거나 등이 무질서도가 증가하는 방향으로 자연 현상이 진행하는 예이다.

④ 컴퓨터가 만들어지는 것은 무질서도가 감소하는 방향이며, 컴퓨터

를 가만히 내버려두었을 때 훼손되는 것이 무질서도가 증가하는 방향으로 현상이 진행하는 것이다.

14 ①

해설 | ①

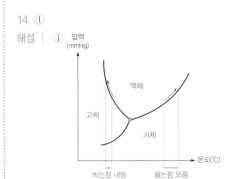

압력이 증가하면 녹는점은 내려가고 끓는점은 올라간다.

②

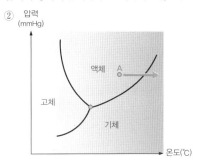

액체에서 기체로 상태 변화한다.[기화]

③

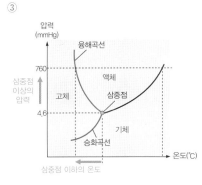

승화는 삼중점 이상의 온도에서 일어나지 않으며, 융해는 항상 삼중점 이상의 압력이 필요하다.

④

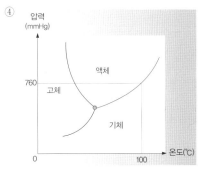

100 ℃ 에 해당하는 압력은 760 mmHg 이다. 상평형 그림의 액체-기체 상평형 곡선은 증기 압력 곡선이므로 760 mmHg 는 100 ℃ 에서 물질의 증기 압력과 같다.

⑤

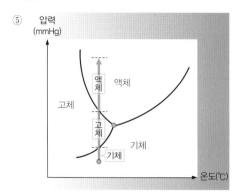

온도를 일정하게 하고 압력을 높이면 화살표의 방향으로 상태 변화가 일어난다. 상평형 그림에서 기체 → 고체 → 액체로 상태 변화가 일어난다.

15 ③

해설 | 납과 주석이 모두 액체였다가 어느 온도 이하로는 두 물질 모두 고체가 되어야 한다. 약 320 ℃ 에서 온도를 내릴 때 주석의 질량 백분율이 60 이하이거나 이상일 때 두 물질 중 하나는 고체로 응고되지 않는다. 따라서 주석의 질량 백분율이 60일 때 약 180 ℃ 이하에서 두 물질이 순식간에 굳고, 순식간에 녹는다. 주석(Sn) : 납(Pb)의 비율은 60 : 40이다.

16 ⑦

해설 | ① 물질의 상태가 변하면 물질의 물리적 성질은 변하지만 화학적 성질은 변하지 않는다.
② 물질의 상태가 변하면 분자 구조는 변하지 않지만 분자 간 거리는 변한다.
③, ④ 온도 또는 압력을 변화시키면 물질의 상태를 변화시킬 수 있다.
⑤ 성에는 기체에서 고체로 상태 변화하는 과정에서 에너지를 방출한다.
⑥ 상태 변화가 일어나고 있는 구간에서 가열해 준 열은 분자의 운동 에너지를 높이는 데 사용되지 않고 상태를 변화시키는 데 즉, 분자 간의 인력을 끊는데 사용된다.
⑦ 고체가 승화하면서 열을 흡수하여 주위의 온도가 낮아진다.

17 (1) -50 ℃ 얼음 → 0 ℃ 얼음 → 0 ℃ 물 → 100 ℃ 물 → 100 ℃ 수증기 (2) a = 80, b = 560, 풀이 과정 : 해설 참조

해설 | (2) ① -50 ℃ 얼음의 온도를 0 ℃ 까지 올리는 데 필요한 열량 = 1000 g × 0.5 cal/g·℃ × 50 ℃ = 25000 cal = 25 kcal
② 얼음이 물로 상태 변화하는 데 필요한 열량
= 1000 g × a cal/g·℃ = 1000a cal = a kcal
③ 0 ℃ 물의 온도를 100 ℃까지 올리는 데 필요한 열량
= 1000 g × 1 cal/g·℃ × 100 ℃ = 100000 cal = 100 kcal
④ 물이 수증기로 상태 변화하는데 필요한 열량
= 1000 g × b cal/g·℃ = 1000 g × 7a cal/g·℃
= 7000a cal = 7a kcal
따라서 필요한 에너지 총량은 ① + ② + ③ + ④ = (125 + 8a) kcal = 765 kcal 이고, a = 80, b = 7a = 560 이다.

18 (1) A (2) B, D (3) D (4) 얼음, 물, 수증기의 비열이 각각 다르기 때문이다. (5) ④

해설 | (1) 구성 입자 간의 거리가 짧을수록 입자 사이의 인력은 크다.

(2) 온도가 일정하게 유지되는 공간, 즉 고체가 녹고 있는 동안이나 액체가 끓고 있는 동안이 두 가지 상태가 공존하는 구간이다.
(3) 액체가 기체 상태로 변하면서 분자 간 인력이 가장 크게 변한다.
(4) 같은 열량 대비 온도가 올라가는 정도가 다르면 기울기가 달라진다. 열량(cal) = 비열(cal/g℃) × 질량(g) × 온도 변화(℃)이다. 즉, 비열에 따라 온도 변화는 달라지므로 얼음, 물, 수증기의 비열이 각각 다르다.
(5) C 구간은 물의 온도가 올라갈수록 분자들의 운동이 활발해지고, 분자 간 거리가 멀어지면서 분자 간 인력이 약해지는 구간이다. 분자의 크기는 변하지 않는다.

19 ④

해설 | ㄱ. 1 단계, 2 단계 반응에서 CH_3는 반응의 중간에만 잠깐 생기고 사라지는 중간 생성물이다.
ㄴ. 생성물의 에너지에서 반응물의 에너지를 빼면 ΔH의 값이 음수이므로 흡열 반응이 아니 발열 반응이다. 흡열 반응이 나오려면 양수값이 나와야 한다.
ㄷ. 1 단계에서 역반응의 활성화 에너지는 그림의 언덕을 처음 언덕을 거꾸로 넘을때 필요한 에너지를 말하므로 17 kJ - 4 kJ = 13 kJ이다.

20 ㄱ, ㄷ

해설 | ㄱ. $H_2(g) + O_2(g) \longrightarrow 2H_2O(l)$, ΔH = -572 kJ
물(H_2O) 2몰이 생성될 때의 반응열이므로, 물의 생성열(ΔH) = $\dfrac{-572\ kJ}{2}$ 이다.
ㄴ. $H_2SO_4(l) \longrightarrow H_2SO_4(aq)$, ΔH = -79.8 kJ
황산(H_2SO_4)이 물에 용해되는 반응은 발열 반응이므로 이 반응이 일어날 때 주위로 열이 방출된다.
ㄷ. $C_3H_8(g) + 5O_2(g) \longrightarrow 3CO_2(g) + 4H_2O(l)$, ΔH = -2220 kJ
프로페인(C_3H_8) 1몰이 연소할 때 2220 kJ 의 에너지가 방출된다.
C_3H_8 1몰의 분자량은 44이다. 따라서 프로페인 1몰, 즉 44 g 이 연소할 때 2220 kJ 의 에너지가 방출되므로 1 g 이 연소할 때 방출되는 에너지는 $\dfrac{2220}{44} ≒ 50.5$ kJ/g 이다.
ㄹ. $CO_2(g) \longrightarrow C(s, 흑연) + O_2(g)$, ΔH = 394 kJ
이산화 탄소 1몰이 그 성분 원소의 가장 안정한 홑원소 물질인 $C(s, 흑연)$과 $O_2(g)$로 분해되는 반응으로 394 kJ 을 흡수한다.
(다)의 역반응 : $C(s, 흑연) + O_2(g) \longrightarrow CO_2(g)$, ΔH = -394 kJ 은 이산화 탄소의 생성 반응으로 ΔH < 0 이고, 발열 반응이다.

21 (1) 액화, 방출 (2) ①, ⑤

해설 | (1) A 장치는 응축기로 기체 냉매가 액체로 액화되면서 주위로 열을 방출시키는 역할을 한다.
(2) B 장치는 증발기로 액체 냉매가 기체로 기화되면서 주위의 열을 흡수하는 역할을 하므로 기화 현상의 상태 변화 과정을 찾으면 된다.
① 통에 액체 상태로 있는 뷰테인 가스를 기화시켜서 태울 때 열 흡수에 의하여 뷰테인 가스통이 차가워진다.
② (응고)이글루에 물을 뿌리면 물이 응고하여 단단히 고정된다. 또는 이글루 내부에서 물을 뿌리면 물이 얼면서 열이 발생하여 내부가 따뜻해진다.
③ (승화) 나프탈렌이 고체에서 기체로 승화한다.
④ (응고) 과일 창고 속에 물이 담긴 그릇을 놓아 두면 얼면서 열이 발생하여 과일이 어는 것을 방지할 수 있다.

⑤ 여름날 옥상에서 물을 뿌리면 기화열에 의해 시원해진다.

22 ③

해설 |

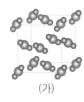

(가)

분자들이 일정한 배열을
이루고 있는 분자 결정이다.

(나)

모든 원자들이 공유 결합하여
연결된 원자 결정이다.

(다)

자유롭게 이동하는 자유 전자가
있는 금속 결정이다.

(라)

양이온과 음이온이 규칙적으로
배열된 이온 결정이다.

ㄱ. (가)는 분자 결정으로, 분자 사이의 결합력이 약하므로 녹는점이 낮은 편이다.

ㄴ. (나)는 원자 결정으로, 모든 원자들이 공유 결합으로 서로 단단하게 연결되어 있기 때문에 결합을 끊기 위해서는 많은 에너지가 필요하다. 따라서 원자 결정은 승화되기 어렵다.

ㄷ. (다)는 금속 결정이고, (라)는 이온 결정이다. 금속 결정은 자유 전자가 있으므로 고체와 액체 상태에서 모두 전기 전도성이 있고, 이온 결정은 고체를 가열하여 액체로 만들면(용융시키면) 양이온과 음이온으로 나누어져 각 이온이 반대 전하를 띤 전극을 향해 이동하므로 전기 전도성이 있다.

23 ②

해설 | (가)는 액체 상태인 물, (나)는 고체 상태인 얼음의 구조를 나타낸 것이다. 물 분자 사이에 작용하는 힘 ㉠은 수소 결합이다.

ㄱ. (가)는 분자의 배열이 일정하지 않으므로 액체 상태인 물이다.

ㄴ. ㉠은 물과 얼음을 이루는 물 분자 사이의 결합이므로 수소 결합이다.

ㄷ. 얼음은 물 분자들이 일정한 배열을 이루면서 육각 구조를 만들어 빈 공간이 생기므로 부피가 물보다 크다. 따라서 밀도는 (가)가 (나)보다 크다.

24 컵에 들어 있는 물은 기화되고, 공기 중의 수증기는 액화되어 평형을 이루는데 종이로 덮여 있는 부분은 덮여 있지 않은 부분보다 액화되는 분자의 수가 더 많기 때문에 상대적으로 액화열이 더 많이 방출된다. 따라서 종이로 덮은 부분의 온도가 상대적으로 더 높게 나타난다.

❌ imagine infinitely　　　　**170 ~ 171쪽**

A. 액체와 고체의 중간적인 성질을 가지고 있다. 전자 제품이 많이 사용되고 있다.

Ⅳ. 화학 평형과 용액 (1)

개념 보기

Q1　60 g　　　　　　Q2　64.5 g
Q3　73 g　　　　　　Q4　0.1 M
Q5　150 mL　　　　 Q6　1 m
Q7　(1) 1 M　(2) 0.92 m　(3) 12.8 %　　Q8　액체 A

Q1 60 g

해설 | 0.2 × 300 g = 60 g

Q2 64.5 g

해설 | $용액의 질량(g) = \dfrac{용질의 질량(g)}{퍼센트 농도(\%)} \times 100$

$= \dfrac{4.0}{6.2} \times 100 = 64.5$ g

Q3 73 g

해설 | $몰 농도(M) = \dfrac{용질의 몰수(mol)}{용액의 부피(L)}$ 이므로 용질의 몰수 =
몰 농도(M) × 용액의 부피(L) = 2 M × 1 L = 2 mol 이다.
질량 = 분자량 × 몰수 이므로 36.5 × 2 = 73 g 이다.

Q4 0.1 M

해설 | $포도당의 몰수 = \dfrac{질량}{분자량} = \dfrac{9.0\ g}{180} = 0.05$ mol,

$몰 농도(M) = \dfrac{용질의 몰수(mol)}{용액의 부피(L)} = \dfrac{0.05\ mol}{0.5\ L} = 0.1$ M

Q5 150 mL

해설 | $황산의 몰수 = \dfrac{질량}{분자량} = \dfrac{7.35\ g}{98} = 0.075$ mol 이므로 용액의

$부피(L) = \dfrac{용질의 몰수(mol)}{몰 농도(M)} = \dfrac{0.075\ mol}{0.5\ M} = 0.15$ L 이다. 1000 mL 는
1 L 이므로 0.15 L 는 150 mL 이다.

Q6 1 m

해설 | LiCl의 몰수 = $\dfrac{질량}{분자량} = \dfrac{21.3\ g}{42.5} = 0.5$ mol 이고, 물 0.5 L 는

0.5 kg 과 같으므로 $몰랄 농도(m) = \dfrac{용질의 몰수(mol)}{용매의 질량(kg)} = \dfrac{0.5\ mol}{0.5\ kg} =$

1 m 이다.

Q7 (1) 1 M　　(2) 0.92 m　　(3) 12.8 %

해설 | (1) $CuSO_4$ 의 몰수 = $\dfrac{질량}{분자량} = \dfrac{32\ g}{160} = 0.2$ mol 이므로

몰 농도(M) = $\dfrac{용질의 몰수(mol)}{용액의 부피(L)} = \dfrac{0.2\ mol}{0.2\ L} = 1$ M 이다.

(2) 용액의 질량 = 부피 × 밀도 = 0.2 L × 1.25 = 0.25 kg,
용매의 질량 = 용액의 질량 - 용질의 질량 = 0.25 - 0.032 = 0.218 kg
이다. 따라서 $몰랄 농도(m) = \dfrac{용질의 몰수(mol)}{용매의 질량(kg)} = \dfrac{0.2\ mol}{0.218\ kg} ≒ 0.92$ m
이다.

(3) $퍼센트 농도(\%) = \dfrac{용질의 질량(g)}{용액의 질량(g)} \times 100 = \dfrac{32}{250} \times 100 = 12.8$ %
이다.

정답 및 해설

개념 확인 문제

정답			179 ~ 182쪽

용해와 용액

01 ⑤　　　　**02** 해설 참조

03 (1) ○ (2) X (3) ○ (4) ○　　**04** ②　　　**05** ㄱ, ㄴ

06 (1) 0.2 M　(2) 1 m　(3) 40 g

07 (1) 800 g　(2) 320 g　(3) 16.7 m

08 (1) 0.2 M　(2) 약 0.254 m　(3) 약 1.46 %

09 ⑤

묽은 용액의 성질

10 ㄱ. 증발　ㄴ. 응결

11 동적 평형 상태, 증기 압력　　　　**12** ③

13 A　　**14** ②　　**15** ②　　**16** ⑤

17 ⑤　　**18** ③　　**19** ①, ②, ③　　**20** ①

21 ③　　**22** ④　　**23** ④　　**24** ②

25 ⑤　　**26** ③　　**27** ②

---

01 ⑤

해설 | 용질 분자 사이의 인력 > 용매 - 용질 분자 사이의 인력 ⇒ 녹지 않는다.
용질 분자 사이의 인력 < 용매 - 용질 분자 사이의 인력 ⇒ 녹는다.
① 용액은 용질이 거름종이에 의해 걸러지지 않아야 한다.
② 용액의 질량 = 용질의 질량 + 용매의 질량
③ 설탕(용질) + 물(용매) = 설탕물(용액)
④ 용액은 시간이 지나도 용질이 가라앉지 않는다.

02 해설 참조

용액	용매	용질
설탕 + 수용액	물	설탕
나프탈렌 알코올 용액	알코올	나프탈렌
에탄올 10 g + 아세톤 80 g	아세톤	에탄올

액체 혼합물에서 물질의 양이 많은 쪽이 용매이다.

03 (1) ○ (2) X (3) ○ (4) ○

해설 | (2) 몰 농도는 용액 1 L 속에 들어 있는 용질의 몰수(mol)이다.

04 ②

해설 | ① $\dfrac{2}{8+2} \times 100 = 20 \%$

② $\dfrac{25}{100} \times 100 = 25 \%$

③ $\dfrac{20}{100} \times 100 = 20 \%$

④ $\dfrac{20}{80+20} \times 100 = 20 \%$

⑤ $\dfrac{26}{104+26} \times 100 = 20 \%$

05 ㄱ, ㄴ

해설 | 몰 농도 = $\dfrac{10 \times \text{퍼센트 농도} \times \text{밀도}}{\text{분자량}}$ 이므로 필요한 자료는 ㄱ, ㄴ이다.

06. (1) 0.2 M (2) 1 m (3) 40 g

해설 | (1) $\dfrac{14.6\,g}{36.5} \times \dfrac{1}{2\,L} = 0.2 M$

(2) $\dfrac{38.4\,g}{32} \times \dfrac{1}{1.2\,kg} = 1\,m$

(3) $\dfrac{1.6\,g}{0.04} = 40\,g$

07 (1) 800 g (2) 320 g (3) 16.7 m

해설 | (1) 용액 1 L 의 질량 = 밀도 × 부피 = 0.8 g/cm³ × 1000 mL = 800 g

(2) 용질의 질량 = 퍼센트 농도 × 용액의 질량 × $\dfrac{1}{100}$ = 40 × 800 × $\dfrac{1}{100}$ = 320 g

(3) 용매의 질량 = 용액의 질량 - 용질의 질량 = 800 g - 320 g = 480 g,
용질의 몰수 = $\dfrac{\text{용질의 질량}}{\text{분자량}}$ = $\dfrac{320}{40}$ = 8 mol,

몰랄 농도 = $\dfrac{\text{용질의 몰수}}{\text{용매의 질량}}$ = $\dfrac{8\,mol}{0.48\,kg}$ ≒ 16.7 m

08 (1) 0.2 M (2) 약 0.254 m (3) 약 1.46 %

해설 | (1) $\dfrac{11.7\,g}{58.5} \times \dfrac{1}{1\,L} = 0.2\,M$

(2) 용액의 1 L 의 질량 = 부피 × 밀도 = 1000 cm³ × 0.8 = 0.8 kg,
용질의 몰수 = $\dfrac{11.7\,g}{58.5}$ = 0.2(mol)

몰랄 농도 = $\dfrac{\text{용질의 몰수}}{\text{용매의 질량}}$ = $\dfrac{0.2}{0.8 - 0.0117}$ ≒ 0.254 m

(3) 퍼센트 농도 = $\dfrac{\text{용질의 질량}}{\text{용액의 질량}} \times 100$ = $\dfrac{11.7 \times 100}{800}$ ≒ 1.46 %

09 ⑤

해설 | 1) 10 % 소금물 200 g 에 들어 있는 용질의 양 = 20 g
2) 15 % 소금물 100 g 에 들어 있는 용질의 양 = 15 g
3) 혼합 용액 소금의 양 = 20 + 15 = 35 g, 혼합 용액의 농도 = $\dfrac{20 + 15}{300} \times 100 = 11.7 \%$

10 ㄱ. 증발　ㄴ. 응결

해설 |

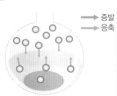

11 동적 평형 상태, 증기 압력

해설 | 증발하는 분자 수 = 응결하는 분자 수일 때, 동적 평형 상태이다. 겉보기에는 아무런 변화가 없어 보이는 상태인 동적 평형 상태에서 기체가 나타내는 압력을 증기 압력이라고 한다.

〈참고〉

액체의 증기 압력 측정 실험
[과정 1]

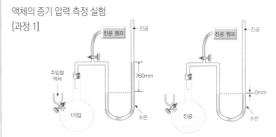

대기압은 1 기압이므로 측정하고자 하는 액체를 주입하기 전에 진공 펌프를 이용해 공기를 뺌으로써 플라스크 안의 압력을 0으로 만들어 준다.

[과정 2]

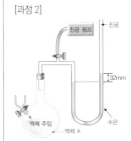

액체를 주입하면, 액체가 기화하여 기체가 되면서 플라스크 내부의 압력이 증가하고 수은 기둥은 기체의 압력만큼 위로 올라간다. 수은 기둥이 멈췄을 때 액체와 기체의 동적 평형 상태이므로 이때의 압력이 증기 압력이다. 옆의 그림에서 32 mm 에서 멈췄으므로 이 기체의 증기 압력은 32 mmHg 이다. (1 기압이 760 mmHg 이므로 32 mm 는 약 0.04 기압이다.)

12 ③

해설 | 증발하는 기체의 분자 수와 응축하는 기체의 분자 수가 같아야 한다.

증발하는 분자 수	4	4	3	5	0
응축하는 분자 수	0	1	3	3	0

동적 평형 상태는 겉보기에는 아무런 변화가 없으나 분자의 이동이 진행되는 상태이므로 ⑤번은 답이 될 수 없다.

13 A

해설 | 증기 압력이 높은 물질이 분자 간 인력이 작으므로 끓는점이 낮다. A보다 B의 증기 압력이 높으므로 A의 끓는점이 더 높다.

14 ②

해설 | 끓는점이 높은 물질일수록 분자 간 인력이 크므로 증발되는 분자의 수는 작아 증기 압력이 작다.
끓는점이 낮은 순서대로 나열하면, 질소 < 산소 < 에탄올 < 나프탈렌 이므로 증기 압력의 크기는 질소 > 산소 > 에탄올 > 나프탈렌 이다.

15 ②

해설 | 그래프에서 에탄올의 증기 압력이 물보다 크다. 증기 압력이 크면 분자 간의 인력이 작고, 휘발성이 크며, 끓는점이 낮다.
ㄱ. 증기 압력 : 물 > 에탄올 → 물 < 에탄올
ㄴ. 분자간 인력 : 물 > 에탄올
ㄷ. 끓는점 : 물 < 에탄올 → 물 > 에탄올
ㄹ. 휘발성 : 물 < 에탄올

16 ⑤

해설 | 온도가 올라갈수록 분자 간의 인력을 끊기 쉬우므로 증기 압력은 커지나 밥이 설익는 것과 관계없다. 증기 압력은 외부 압력(고도)에는 무관한 물질의 특성이다.

17 ⑤

해설 | 끓는점을 낮추기 위해서는 외부 압력을 낮추어 준다.
〈물의 상평형 곡선〉

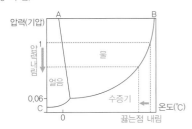

18 ③

해설 |

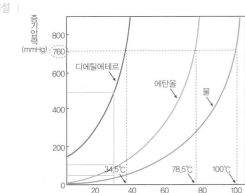

① 정상 끓는점은 1 기압(760mmHg)에서의 온도이므로 그래프에서 760 mmHg 에 해당하는 온도를 찾으면 디에틸에테르는 34.5 ℃, 에탄올은 78.5 ℃, 물은 100 ℃ 이다.
② 같은 온도에서 증기 압력의 크기는 디에틸에테르 > 에탄올 > 물이다.
③ 증기 압력이 클수록 분자 간의 인력은 작다.
④ 세 물질의 증기 압력 곡선은 온도가 올라갈수록 커진다. 증기 압력과 외부 압력이 같아야 끓으므로 외부 압력이 증가할수록 끓는점도 높아진다.
⑤ 대기압은 1 기압(760 mmHg)이다. 그래프에서 760 mmHg, 40 ℃ 인 점을 찾는다.

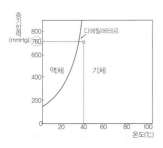

19 ①, ②, ③

해설 | 그래프에서 B는 끓는점에 도달하였지만 A는 아직 끓는점에 도달하지 않았다.

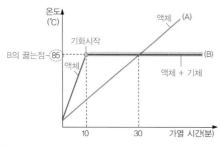

④ A는 아직 끓는점에 도달하지 못하였으므로 B보다 끓는점이 높다. 끓는점이 높은 물질일수록 증기 압력이 작으므로 A의 증기 압력이 B 보다 작다.

⑤ 외부 압력은 증기 압력에 영향을 미치지 않는다.

20 ①

해설 | 순수한 액체의 가열 곡선은 온도가 올라가는 동안 수평한 구간이 한 군데 나타난다.

③, ④ 가열 곡선은 증가하는 그래프여야 한다.

⑤ 수평 구간이 두 군데이므로 두 가지 물질이 섞인 혼합물의 가열 곡선이거나 순물질의 고체가 두 번 상태 변화하는 가열 곡선이다.

21 ③

해설 | 혼합물의 농도가 진할수록 끓는점은 올라가고 어는점은 내려간다.

끓는점 : 순수한 물 < 2 % 설탕물 < 5 % 설탕물

어는점 : 순수한 물 > 2 % 설탕물 > 5 % 설탕물

① 끓는점은 5 % 설탕물이 가장 높다.

② 주어진 농도만으로 각 물질의 질량은 알 수 없다.

④ 어는점은 순수한 물 > 2 % 설탕물 > 5 % 설탕물 순이다.

⑤ 농도가 진할수록 끓는점은 올라가고 어는점은 내려간다.

22 ④

해설 | 용액이 끓는 동안 온도가 증가하는 이유는 용매인 물이 기화되면서 용매의 양이 줄어들어 농도가 점점 진해지므로 끓는점이 증가하기 때문이다.

23 ④

해설 |

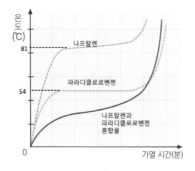

①, ③ A - 나프탈렌, B - 파라 클로로벤젠, C - 나프탈렌과 파라디클로로벤젠의 혼합물

②, ⑤ 고체 혼합물은 순물질보다 낮은 온도에서 녹기 시작하며 각 물질의 혼합 비율에 따라 녹는점은 달라진다.

④ 나프탈렌과 파라디클로로벤젠은 순물질이기 때문에 녹는점에서

온도가 일정하지만 두 물질의 혼합물은 녹는점이 낮은 파라디클로로벤젠이 녹으면서 성분비가 달라지므로 녹는 온도가 일정하지 않아 수평한 부분이 나타나지 않는다.

24 ②

해설 | 용질의 양이 많을수록 용액의 농도는 진하다.

용액의 농도 : A < B < C

용액의 농도가 진할수록 어는점은 내려간다.

용액의 어는점 : A > B > C

25 ⑤

해설 | 순수한 용매의 증기 압력 > 용액의 증기 압력

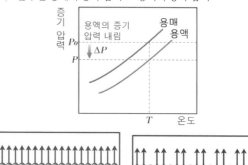

증기 압력이 큰 순수한 물이 증발하면 공기 중의 수증기량이 증가하고, 증기 압력이 작은 설탕물에는 수증기의 응축이 일어나 설탕물의 양은 늘어난다. → 용매의 양이 증가하므로 설탕물의 농도는 묽어진다.

ㄴ, ㄷ. 순수한 물은 기화가 되므로 부피가 줄어들고 수증기가 응축되어 물의 양이 증가하므로 설탕물의 양은 증가한다.

26 ③

해설 | ③ 용액의 끓는점은 순수한 물보다 높다. 순수한 물은 1 기압하에서 100 ℃ 에서 끓으므로 설탕물은 100 ℃ 보다 높은 온도에서 끓는다.

⑤ 설탕물의 표면에는 설탕 입자와 물 입자가 섞여 있고, 설탕 입자는 비휘발성이므로 순수한 물에 비해 설탕물의 증기 압력이 낮다. 증기 압력과 대기압이 같아야 끓고, 증기 압력을 높이기 위해서는 용액의 온도를 높여야 하므로, 순수한 물보다 설탕물의 끓는점이 높게 나타난다.

27 ②

해설 | ① 간장은 아미노산, 펩티드의 질소 성분, 당류, 지방산, 유기산 등으로 구성된 혼합물이므로 어는점 내림이 나타난다.

② 높은 산에서는 외부 압력이 낮아져 끓는점이 내려가는 것이므로 혼합물의 성질과 관련된 것이 아니다.

③ 바닷물은 염화 나트륨과 염화 칼륨 등의 물질이 녹아 있다.

④ 도로 위에 염화 칼슘을 뿌려주면 눈과 혼합하여 어는점이 내려가 눈이 얼지 않고 녹는다.

⑤ 자동차 부동액은 에틸렌글리콜이라는 화합물과 알코올의 혼합물이다.

개념 심화 문제

정답	183 ~ 195쪽

01 (1) EDACB　(2) 0.2 M　**02** 0.4 M　**03** 780 g

04 440 mL　**05** (1) $\dfrac{1000 \times A}{(100 - A) \times M_w}$　(2) $\dfrac{1000 \times M_w}{100 \times A \times d}$

06 (1) 해설 참조　(2) 해설 참조　(3) 0.057 M

07 0.99 m　**08** (가) > (나) > (다)　**09** ⑤

10 (1) 약 16.2 m　(2) 약 61.4 %　(3) 약 0.23

11 (1) 0.08　(2) 2.4 M　(3) 5.13 m

12 (1) AsI_3 : 0.02 mol, HgI_2 : 0.04 mol　(2) 0.14 mol

　　 (3) 17.78 g　　 (4) 1.4 M, 17.78 %

13 ③, ④, ⑤, ⑧, ⑨, ⑩

14 A : 물, B : 디에틸에테르, C : 에탄올

15 (1) C > B > A　(2) A　(3) C

　　 (4) $P \to P_1$: 액화, $P \to P_2$: 기화　　(5) C

16 ③　　**17** ⑤　　**18** ①　　**19** ㄴ

20 ②, ③, ⑤, ⑦, ⑩

21 -20.1 ℃　**22** (1) 0.5 m　(2) 0.52　(3) 100 g

23 ②, ④, ⑦, ⑧　　**24** ②　　**25** ㄱ, ㄷ

26 해설 참조

01 (1) EDACB　(2) 0.2 M

해설 | (2) ① 황산의 몰수 구하기 : 황산은 용액 속에 9.8 g 이 녹아 있다. 몰수 = $\dfrac{질량}{분자량}$ = $\dfrac{9.8}{98}$ = 0.1 mol

② 몰 농도 구하기 : 몰 농도는 용액 1 L 에 녹아 있는 용질의 몰수이다. 용액의 부피 = 500 mL = 0.5 L

몰 농도 = $\dfrac{용질의\ 몰수(mol)}{용액의\ 부피(L)}$ = $\dfrac{0.1}{0.5}$ = 0.2 M

(용액 0.5 L 에 황산 0.1 mol 이 녹아 있는 것은 용액 1 L 에 황산 0.2 mol 이 녹아 있는 것과 같다.)

02 0.4 M

해설 | 0.5 M NaOH 100 mL 에는 NaOH 0.05몰이 들어 있다. 따라서 전체 용액의 부피는 0.5 L 이고, 용질의 몰수는 0.15 + 0.05 = 0.20몰이다. 용액의 몰 농도는 $\dfrac{0.2\ mol}{0.5\ L}$ = 0.40 M 이다.

03 780 g

해설 | 48.0 % 수용액 1 L 에 들어 있는 용질과 용매의 질량은 다음과 같다.

용액의 질량 : 1.5 g/mL × 1000 mL = 1500 g

용질의 질량 : 0.48 × 1500 = 720 g

용매의 질량 : 1500 - 720 = 780 g

몰랄 농도(용매 1 kg 에 녹아 있는 용질의 mol 수)가 반이 되려면 용매가 두 배가 되면 된다. 따라서 물 780 g 을 더 넣어 주면 물 780 g 에 녹아 있는 용질이 절반이 되는 것이므로 몰랄 농도가 절반이 된다.

04 440 mL

해설 | 물을 가했으므로 용액 안에 들어 있는 용질의 질량은 변하지 않는다.

40 % 수용액에 들어 있는 용질의 질량 = 20 % 수용액에 들어 있는 용질의 질량

필요한 40 % NaCl 수용액의 부피를 V 라고 하면 밀도가 1.25 g/mL 이므로 수용액의 질량은 1.25 V 가 된다.

① 40 % 수용액에 들어 있는 용질의 질량 구하기

용질의 질량 = 용액의 질량 × 0.4 = 1.25 V × 0.4 = 0.5 V

② 20 % 수용액 1 L(밀도 1.1g /mL)에 들어 있는 용질의 질량 구하기

수용액의 질량 = 부피 × 밀도 = 1000 × 1.1 = 1100 g

용질의 질량 = 수용액의 질량 × 0.2 = 1100 × 0.2 = 220 g

③ 용질의 질량은 변하지 않으므로 0.5 V = 220, V = 440 mL 이다.

05 (1) $\dfrac{1000 \times A}{(100 - A) \times M_w}$　(2) $\dfrac{1000 \times M_w}{100 \times A \times d}$

해설 | (1) % 농도(A) → 몰랄 농도(m)

몰랄 농도(m)는 용매 1 kg 에 염산이 mol × M_w (g)녹아 있는 것이다. 따라서 % 농도(A)와의 관계는

$\dfrac{A}{100}$ = $\dfrac{용질의\ 질량}{용액의\ 질량}$ = $\dfrac{mol \times M_w}{1000 + mol \times M_w}$

몰랄 농도(m)에 관해 정리하면

몰랄 농도(m) = $\dfrac{1000 \times 퍼센트\ 농도}{(100 - 퍼센트\ 농도) \times 분자량}$ = $\dfrac{1000 \times A}{(100 - A) \times M_w}$

이다.

(2) 몰 농도(M)는 용액 1 L 에 녹아 있는 용질의 몰수이다. 용액 1 L 의 질량은 1000d(g)(부피 × 밀도)이다. 여기에 녹아 있는 용질의 질량은 MM_w(g)이다. % 농도를 구하면, A = $\dfrac{M\ M_w}{1000\ d}$ × 100 이다.

몰 농도(M)에 관해 정리하면, 몰 농도(M) = $\dfrac{10 \times A \times d}{M_w}$이다.

물을 부어 부피 1 L 의 1 M 의 염산 수용액을 만드는 경우에 희석 전후의 용질의 몰수는 같다.

06 (1) 소량의 물에 $KHCO_3$ 5 g 을 녹이고 이 용액을 0.5 L 로 희석시킨다.

(2) 0.1 M $KHCO_3$ 용액 0.5 L 에 물을 부어 전체 부피가 1.25 L 가 되도록 희석한다.(부어 주는 물의 부피 = 0.75 L)

(3) 0.057 M

해설 | (1) $KHCO_3$ 분자량 = 100,

0.1 M, 0.5 L 용액의 용질 몰수 = 0.5 L × 0.1 mol/L = 0.05 mol,

0.1 M, 0.5 L 용액의 용질 질량 = 0.05 mol × 100 = 5 g 이다.

따라서 소량의 물에 $KHCO_3$ 5 g 을 녹이고 물을 부어 이 용액을 0.5 L 로 희석시킨다.

(2) 같은 용액을 희석시키면, 용액 안에 들어 있는 몰수는 변함없이 용액의 부피만 증가한다.

0.1 M, 0.5 L 에 들어 있는 $KHCO_3$ 몰수 = 0.05 mol,

0.04 M (부피 x(L))에 들어 있는 $KHCO_3$ 몰수 = 0.04 × x,

0.05 = 0.04 × x , x = 1.25(L) 이다.

따라서 0.1 M $KHCO_3$ 용액 0.5 L 에 물을 부어 전체 부피가 1.25 L 가 되도록 희석하면 된다. 부어 주는 물의 부피는 0.75(L)이다.

(3) 0.1 M $KHCO_3$ 용질의 몰수 = 0.05 mol,

0.04 M $KHCO_3$ 용질의 몰수 = 0.04 M × 1.25 L = 0.05 mol,

두 용액을 혼합한 용질의 몰수 = 0.05 + 0.05 = 0.1 mol,

두 용액을 혼합한 용액의 부피 = 0.5 + 1.25 = 1.75(L)

혼합 용액의 몰 농도 = $\dfrac{0.1 \text{ mol}}{1.75 \text{ L}}$ = 0.057 M

07 0.99 m

해설 │ 탄산 수소 칼륨($KHCO_3$)의 분자량은 100 이고, 각 용액의 몰수와 질량은 다음과 같다.

	10 % 수용액 50 g	2 M 수용액 200 mL	새로운 수용액 500 g
용질의 몰수	$\dfrac{5 \text{ g}}{100}$ = 0.05 mol	2 M × 0.2 L = 0.4 mol	0.05 + 0.4 = 0.45 mol
용질의 질량	0.1 × 50 = 5 g	100 × 0.4 = 40 g	5 + 40 = 45 g

몰랄 농도(m) = $\dfrac{\text{용질의 몰수(mol)}}{\text{용매의 질량(kg)}}$ = $\dfrac{\text{용질의 몰수(mol)}}{\text{용액의 질량 - 용질의 질량}}$

= $\dfrac{0.45 \text{ mol}}{0.5 \text{ kg} - 0.045 \text{ kg}}$ ≒ 0.99 m

08 (가) > (나) > (다)

해설 │ 분자 수의 비교는 몰수를 비교하는 것과 같다.

① 2.5 M 수용액 120 g

- 수용액의 부피 = $\dfrac{\text{수용액의 질량}}{\text{수용액의 밀도}}$ = $\dfrac{120 \text{ g}}{1.2 \text{ g/mL}}$ = 100 mL = 0.1 L

- 용질의 몰수 = 용액의 몰 농도 × 용액의 부피 = 2.5 M × 0.1 L = 0.25 mol

② 용매의 질량이 1000 g 인 2.5 m 인산이수소 나트륨 수용액

몰랄 농도	용매의 질량	용질의 질량	용액의 질량
2.5 m	1000 g	2.5 mol × 120 = 300 g	1000 + 300 = 1300 g

1300 g : 2.5 mol = 120 g : x , x = 0.23 mol

③ 2.5 % 수용액 120g

-용질의 질량 = 120g × $\dfrac{2.5}{100}$ = 3 g

-용질의 몰수 = $\dfrac{3}{120}$ = 0.025 mol

09 ⑤

해설 │ ㄱ. 용액 A는 용매 1 kg 에 NaCl 1 mol(58.5 g)이 녹아 있으므로 몰랄 농도는 1 m 이다.

ㄴ. 두 용액은 농도가 다르므로 끓는점이 다르다.

ㄷ. 용매의 질량이나 몰수는 온도나 압력에 영향을 받지 않으므로 온도가 높아지더라도 용액 B의 몰랄 농도는 변하지 않는다.

10 (1) 약 16.2 m (2) 약 61.4 % (3) 약 0.23

해설 │ (1) 몰 농도 9.4 M 은 수용액 1 L 에 용질(황산)이 9.4 mol × 98 g = 921.2 g 이 녹아 있는 것이다. 수용액의 밀도는 1.5 g/cm^3 이므로 수용액 1 L(1000 cm^3)의 질량은 1.5 kg 이다. 이 중 황산의 질량이 921.2 g 이므로 물(용매)의 질량은 578.8 g 이다.

몰랄 농도는 용매(물) 1 kg 에 녹아 있는 용질의 몰수이므로 먼저 물 1 kg 에 녹아 있는 용질의 질량을 구하기 위해,

578.8 : 921.2 = 1000 : x , x = 1591.6 g

1591.6 g 을 황산의 분자량 98로 나누면 용매(물) 1 kg 에 녹아 있는 용질(황산)의 mol 수는 약 16.2 mol 이며, 몰랄 농도는 16.2 m 이 된다.

(2) 퍼센트 농도 = $\dfrac{\text{몰 농도} × \text{분자량}}{10 × \text{밀도}}$ = $\dfrac{9.4 × 98}{10 × 1.5}$ ≒ 61.4(%)

(3) 용매(물) 1 kg 안에 16.2 mol 의 황산이 들어 있으므로, 용매의 몰수를 구하면, $\dfrac{1000 \text{ g}}{18}$ ≒ 55.6 mol 이고,

$x_{용질} = \dfrac{n_{용질}}{n_{용질} + n_{용매}} = \dfrac{16.2}{16.2 + 55.6}$ ≒ 0.23 이다.

11 (1) 0.08 (2) 2.4 M (3) 5.13 m

해설 │ (1) 시럽의 부피 100 mL 의 질량은 130 g 이므로

설탕의 질량 = 0.64 × 130 = 83.2 g,

설탕의 몰수 = $\dfrac{83.2}{342}$ ≒ 0.24mol,

물의 질량 = 130 - 83.2 = 46.8 g,

물의 몰수 = $\dfrac{46.8}{18}$ = 2.6 mol 이다. 따라서 $x_{용질} = \dfrac{n_{용질}}{n_{용질} + n_{용매}}$ = $\dfrac{0.24}{0.24 + 2.6}$ ≒ 0.08 이다.

(2) 시럽(용액) 100 mL 에 설탕이 0.24 mol 녹아 있으므로 시럽 1000 mL 에는 설탕이 2.4 mol 녹아 있다. → 2.4 M

(3) 물 46.8 g 에 설탕 0.24 mol 이 녹아 있으므로 물 1 kg 에는 46.8 : 0.24 = 1000 : x , x ≒ 5.13 mol 이 녹아 있다. 따라서 몰랄 농도는 5.13 m 이다.

12 (1) AsI_3 : 0.02 mol, HgI_2 : 0.04mol (2) 0.14 mol (3) 17.78 g (4) 1.4 M, 17.78 %

해설 │ (1) AsI_3 의 분자량은 456이므로 몰수는 $\dfrac{9.12}{456}$ = 0.02 mol, HgI_2 의 분자량은 455이므로 몰수는 $\dfrac{18.2}{455}$ = 0.04 mol 이다.

(2) AsI_3는 1 mol 당 3 mol 의 요오드 이온이 해리되었으므로 1 : 3 = 0.02 : x , x = 0.06 mol, HgI_2는 1 mol 당 2 mol 의 요오드 이온이 해리되었으므로 1 : 2 = 0.04 : x , x = 0.08 mol 이다. 요오드 이온의 총 몰수는 0.06 + 0.08 = 0.14 mol 이다.

(3) 질량 = 원자량 × 몰수 = 127 × 0.14 mol = 17.78 g

(4) 100 mL = 0.1 L → 몰 농도(M) = $\dfrac{0.14 \text{ mol}}{0.1 \text{ L}}$ = 1.4 M, 100 mL = 100 g → 퍼센트 농도(%) = $\dfrac{17.78 \text{ g}}{100 \text{ g}}$ × 100 = 17.78 % 이다.

13 ③, ④, ⑤, ⑧, ⑨, ⑩

해설 │ 증기 압력은 B > C > A, 분자 간의 인력은 B < C < A, 끓는점은 B < C < A 이다.

① 증기 압력이 클수록 분자 간의 인력이 작아 휘발성은 증가한다. 휘발성이 가장 큰 물질은 B이다.

② 기체 상태로 변한 분자의 수가 많을수록 증기 압력은 증가한다. 기체의 몰수가 가장 많은 것은 B이다.

③ 분자 간의 인력이 클수록 끓는점은 높다.

④ 증기 압력이 클수록 분자 간의 인력은 작다.

⑤ 진공 펌프를 이용하여 플라스크 안의 기체를 빼줌으로써 플라스크 안의 압력을 0으로 만들어 준다. 이것으로 실험 과정 Ⅱ에서 측정되는 압력이 액체의 순수한 증기 압력이 된다.

⑥ 끓는점이 높은 물질일수록 많은 열에너지를 필요로 한다. A가 기화 시 가장 많은 열에너지를 흡수한다.

⑦ 온도가 같으면 기체 분자의 종류에 관계없이 평균 운동 에너지는 같다.

⑧ 증기 압력이 작을수록 기체로 변한 액체의 양이 적다는 것을 의미한다.

⑨ 증기 압력은 온도가 높아질수록 증가하므로 온도를 높이면 액체가 기화하여 기체 상태로 변한다.

⑩ 수은관의 끝을 깨면 대기 압력인 외부 압력이 작용하므로 증기 압력을 유지하기 위해 기체에서 액체 상태로 변한다.

14 A : 물,　　B : 디에틸에테르,　　C : 에탄올
해설 | 증기 압력 : B > C > A → 디에틸에테르 > 에탄올 > 물

15 (1) C > B > A　　　　(2) A　　　　(3) C
　　(4) $P→P_1$: 액화, $P→P_2$: 기화　　　(5) C
해설 | 그림 (나)에서 나타난 것처럼 같은 온도에서 증기 압력의 크기는 A > B > C이다.
(1) 증기 압력이 클수록 기체 상태로 존재하는 양이 많으므로 비커에 남은 액체의 양은 C > B > A이다.
(2) 증기 압력이 큰 물질일수록 분자 간의 힘이 약하므로 끓는점이 낮다.
(3) 분자 간의 인력이 강할수록 증기 압력은 작다.
(4) 물질의 증기 압력 곡선은 상평형 그림에서 기화 곡선이다.

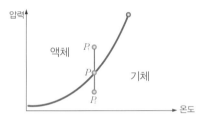

(5) 몰 증발열이 큰 물질이 끓는점도 높다.

16 ③
해설 | 일정한 온도에서 증발 속도와 응축 속도가 같아 더 이상 증발이 일어나지 않는 것처럼 보이게 된 상태가 동적 평형 상태이며, 이때 용기 안의 압력을 액체의 증기 압력이라고 한다. 수은의 높이가 높은 (나)의 증기 압력이 (가)보다 더 크다.
① 온도가 높을수록 증기 압력은 증가한다.
② 증발 속도가 빠를수록 증기 압력은 증가한다.
③ 동적 평형 상태에서 증기의 압력을 측정한 것이 증기 압력이므로 증발 속도와 응축 속도가 같다. 증기 압력이 큰 (나)의 증발 속도가 (가)보다 크므로 응축 속도도 (나)가 더 크다.
④ 증기 분자의 수가 많을수록 증기 압력은 크다.
⑤ 액체 상태에서 분자 간 인력이 작을수록 증발이 잘 일어난다.

17 ⑤
해설 | 물의 융해 곡선을 그리면 다음과 같다.

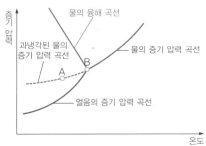

ㄱ. A는 고체 상태로 존재해야 하지만 과냉각되어 액체 상태를 유지

하고 있다. A 상태는 불안정하므로 조금의 충격에도 안정한 상태인 얼음으로 변한다.
ㄴ. B는 삼중점으로 얼음, 물, 수증기가 상평형을 이룬다.
ㄷ. 얼음의 증기 압력 곡선은 승화 곡선이다. 언 빨래가 영하의 추운 날씨에서 마르는 현상은 승화로 설명할 수 있다.

18 ①
해설 | 물의 증기 압력은 외부 압력에는 상관없이 온도에만 영향을 받는다. 온도가 올라갈수록 분자 간의 인력을 끊기 쉬워져 증기 압력은 증가한다. 밀폐 용기를 큰 것으로 바꾸면 증발 속도가 응축 속도보다 빨라져 증발이 더 일어나지만 동적 평형 상태에 이르면 증기 압력은 용기가 작을 때와 같다. 액체의 양은 증발 속도와 관련이 없다.

19 ㄴ
해설 | ㄱ. X 수용액의 어는점 내림 = A, Y 수용액의 어는점 내림 = 3A, 어는점 내림 = $K_f × m$, 몰랄 내림 상수가 같으므로, 몰랄 농도는 X가 Y 수용액보다 3배 작다.
ㄴ. 끓는점 오름 = $K_b × m$ 이므로, 몰랄 농도가 큰 Y 수용액의 끓는점이 더 높다.
ㄷ. 농도가 진할수록 용액의 증기 압력은 낮아지므로, X 수용액의 증기 압력이 Y 수용액의 증기 압력보다 크다.

20 ②, ③, ⑤, ⑦, ⑩
해설 |

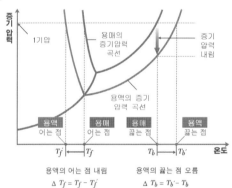

용액이 얼어서 생긴 고체는 순수한 용매가 얼어서 생긴 고체와 같으며, 승화 곡선도 같게 나타난다.
② 순수한 용매의 끓는점은 c이다.
③ 순수한 용매에 비해 용액의 삼중점의 온도와 압력은 작아진다.
⑦ 용액이 끓거나 어는 동안 용매의 양이 감소하여 용액의 농도가 증가하므로, 끓는점은 점점 높아지고 어는점은 점점 낮아진다.
⑧ 외부 압력과 증기 압력이 같은 온도가 끓는점이므로, 외부 압력이 높아지면 증기 압력을 높이기 위하여 용액을 더 가열하여야 하므로 끓는점이 높아진다. 한편 어는점은 낮아지므로 어는점과 끓는점 차이는 증가한다.
⑩ 바닷물의 어는점은 용액의 어는점인 a점과 관련이 있다.

21 -20.1 ℃
해설 | · 용질의 몰수 = $\dfrac{64\,g}{128}$ = 0.5 mol
· 용액의 몰랄 농도(m) = $\dfrac{0.5\,mol}{0.1\,kg}$ = 5 m
· 순수한 벤젠의 녹는점(어는점)을 T_f, 나프탈렌 - 벤젠 용액의 어는점을 T_f'라고 할 때,

어는점 내림은 $\Delta T_f = T_f - T_f' = m \cdot K_f = 5 \times 5.12 = 25.6\,^\circ\!C$ 이므로 $T_f' = -20.1\,^\circ\!C$ 이다.

22 (1) 0.5 m (2) 0.52 (3) 100 g

해설 | (1) 포도당의 몰수는 $\dfrac{18\,g}{180} = 0.1\,mol$, 몰랄 농도 $= \dfrac{0.1\,mol}{0.2\,kg}$ $= 0.5(m)$

(2) 포도당 수용액이 처음 끓을 때의 몰랄 농도는 0.5 m 이며, 끓는점은 100.26 ℃ 이다. (이후에는 물이 증발되므로 몰랄 농도가 증가한다.) 끓는점 오름 $\Delta T_b = 100.26 - 100 = m \times K_b = 0.5 \times K_b$ K_b (물의 몰랄 오름 상수) = 0.52이다.

(3) 포도당 수용액의 끓는점이 100.52 ℃일 때 몰랄 농도를 구하면, $100.52 - 100 = m \cdot K_b = m \times 0.52$

$m = 1(m)$ 즉, 처음 몰랄 농도의 두 배가 되었으므로 용매의 양은 반으로 줄었다. 따라서 기화된 물의 양 x는 100 g 이다.

23 ②, ④, ⑦, ⑧

해설 | 처음 증발 속도는 A > B이므로 수용액의 농도는 A < B이다.

① 수용액의 농도가 A > B 이므로 용질의 몰수는 A < B 이다. 용질의 몰수가 많을수록 용매의 증발을 방해하여 증발 속도와 증기 압력은 작아진다.

② 증발 속도가 같으므로 두 수용액의 농도는 같다.

③ 용액의 농도 : A < B

④ 용액의 끓는점 오름이 나타나므로 끓는점이 100 ℃ 보다 높다.

⑤ t_1에서는 증발량 > 응축량이고, t_2에서 동적 평형 상태이다.

⑥ 밀폐된 공간이 아니므로 용액은 동적 평형 상태가 될 때까지 증발한다.

⑦ t_1 에서 증발 속도는 A > B이므로 농도는 A < B 이다. 농도가 진할수록 증기 압력 내림은 크므로 t_1에서 증기 압력 내림은 A < B이다.

⑧ 시간이 지날수록 물 분자는 증기 압력이 높은 A에서 B로 이동하므로 A의 높이는 낮아지고 B의 높이는 높아진다.

24 ②

해설 | 비휘발성 용질이 녹아 있는 용액에서 용매의 증발 속도는 농도가 묽을수록 빠르며, 시간에 따른 증발 속도를 나타낸 그래프에서 증발 속도가 빠를수록 기울기가 크다.

처음에는 (B)보다 농도가 묽은 (A)에서 증발이 빠르게 일어나지만 두 용액의 농도가 점점 같아지면서 증발 속도가 같아져 그래프가 만난다. 용액이 들어 있는 비커가 열린 공간에 있으므로 용매가 모두 없어져 증발 속도가 0이 될 때까지 증발이 계속 일어난다. 증발 속도가 0이 될 때까지 걸리는 시간은 농도가 진한 (B)가 더 길다.

25 ㄱ, ㄷ

해설 | ㄱ. 삼투압(π) = $C \times R \times T$ 이다.

온도가 올라가면 용액의 삼투압이 커지므로 h도 증가한다.

ㄴ. (나)에 가한 압력은 삼투압과 크기가 같다.

삼투압(π) = $C \times R \times T$ = $0.2 \times R \times (273 + 27)$ 이므로 (나)에 가한 압력 = 60 R 이다.

ㄷ. (가)는 포도당 수용액 쪽에서 물 쪽으로 가는 물 분자의 수와 물 쪽에서 포도당 수용액 쪽으로 가는 물 분자의 수가 같아져 평형인 상태이다.

26 해설 참조

해설 | 1. (가), (나), (다) 속 설탕물의 몰 농도 :

용액의 몰 농도가 높을수록 삼투압이 높으므로, 깔때기관 속 설탕물 기둥의 높이가 높아진다. 따라서 (가) = 0.3 (M) 설탕물, (나) = 0.1 (M) 설탕물, (다) = 0.2 (M) 설탕물이다.

2. 수조의 물을 0.2 M 설탕물로 바꿨을 때 깔때기관 속 설탕물의 높이 변화 :

(가) 속 설탕물의 높이는 수조 속 액체와 깔때기관 속 설탕물의 농도 차이가 줄어들므로, 삼투압도 줄어 들어 설탕물의 높이도 줄어든다.

(나) 속 설탕물의 높이는 수조 속 액체보다 농도가 낮은 (나) 속 설탕물의 용매가 수조 쪽으로 이동하므로, 수면보다 낮아진다.

(다) 속 설탕물 기둥의 높이는 수조의 액체와 농도가 같으므로, 수조의 수면과 같아진다.

⑦ t_1 에서 증발 속도는 A > B이므로 농도는 A < B 이다. 농도가 진할수록 증기 압력 내림은 크므로 t_1에서 증기 압력 내림은 A < B이다.

⑧ 시간이 지날수록 물 분자는 증기 압력이 높은 A에서 B로 이동하므로 A의 높이는 낮아지고 B의 높이는 높아진다.

Ⅳ. 화학 평형과 용액 (2)

개념 확인 문제

정답			199 ~ 201쪽

화학 평형

28 ②   **29** ④   **30** ⑤

31 2   **32** ④

용해 평형과 용해도

33 ④   **34** ②   **35** ④   **36** 100 g

37 A : 질산 나트륨, B : 질산 칼륨, C : 염화 나트륨

38 질산 칼륨   **39** (1) 224 g (2) 약 56 %

40 약 91.8 g   **41** ③   **42** ⑤   **43** ⑤

44 ②   **45** ②   **46** ④

47 1. 용질을 더 넣어준다.   2. 온도를 낮추어 준다.
      3. 용매를 증발시킨다.

28 ②

해설 | ㄱ. 역반응이 매우 느리거나 적게 일어나 겉으로 보기에는 정반응만 일어나는 것처럼 보이는 반응은 비가역 반응이다.

ㄴ. 가역 반응은 온도나 농도 등의 반응 조건에 따라 정반응과 역반응이 모두 일어날 수 있는 반응이다.

ㄷ. 물에 염을 넣어 녹여도 산과 염기의 수용액은 생성되지 않기 때문에 산과 염기의 중화 반응은 비가역 반응이다.

29 ④

해설 | ㄱ. 평형 상태에서는 반응물과 생성물의 농도가 일정하게 유지되므로 용기 속 기체의 압력이 유지된다.

ㄴ. 평형 상태는 정반응과 역반응이 같은 속도로 일어나는 동적 평형 상태이다.

ㄷ. 온도를 높이면 새로운 화학 평형을 찾아 평형이 이동하므로 색이 변한다.

30 ⑤

해설 | ㄱ. 화학 평형 상태는 반응물과 생성물이 공존하는 동적 평형 상태이다.

ㄴ. 화학 평형 상태에서는 정반응과 역반응이 같은 속도로 일어난다.

ㄷ. 화학 평형 상태는 가역 반응이 동적 평형을 이루어 반응물과 생성물의 농도가 변하지 않고 일정하게 유지되는 상태이다.

31 2

해설 | 평형 상태 $[A_2] = \dfrac{1 \text{ mol}}{2 \text{ L}} = 0.5$ M, $[B_2] = \dfrac{2 \text{ mol}}{2 \text{ L}} = 1$ M,

$[AB] = \dfrac{2 \text{ mol}}{2 \text{ L}} = 1$ M 이므로 $K = \dfrac{[AB]^2}{[A_2][B_2]} = \dfrac{(1.0)^2}{(0.5)(1.0)} = 2$ 이다.

32 ④

해설 | ㄱ. 평형 상태에 도달할 때까지 정반응 속도는 감소하고 역반응 속도가 증가한다.

ㄴ. 평형에 도달한 이후에도 정반응과 역반응이 일어나지만 각각의 반응 속도가 동일하여 반응이 멈춘 것처럼 보인다.

ㄷ. 평형이 일어난 후 반응물의 양이 생성물의 양보다 많으므로 평형 상수는 1보다 작다.

33 ④

해설 | 용해도는 물질의 특성이므로 용질의 종류마다 다르다.

① 물(용매) 100 g 에 최대로 녹아 있는 용질의 양이다.

② 기체는 온도가 낮을수록 용해도가 증가한다.

③ 고체의 용해도는 압력과 관계없다.

⑤ 액체도 용질이 될 수 있다.

34 ②

해설 | 포화 상태로 녹은 염화 나트륨의 질량 = 100 - 16 = 84 g, 물 300 g 에 염화 나트륨 84 g 이 포화 상태로 녹아 있으므로 물 100 g 에는 포화 상태로 염화 나트륨이 $\dfrac{84}{3} = 28$ g 녹아 있다.

35 ④

해설 | D점은 80 ℃ 에서 물 100 g 에 80 g 의 용질이 녹아 있는 불포화 상태이다. 80 ℃ 에서 용해도가 120이므로 40 g 의 용질을 더 녹일 수 있다.

① A 점은 과포화 상태이다.

② 포화 상태라고 할지라도 퍼센트 농도가 100 % 는 아니다.

B 점의 퍼센트 농도는 $\dfrac{120}{120 + 100} \times 100 ≒ 55$ % 이다.

③ 점 B와 C는 포화 상태를 나타내고 있으나 물 100 g 에 포화 상태로 녹아 있는 용질의 질량이 다르고 퍼센트 농도가 다르다.

⑤ D 점을 포화 상태로 만들어 주기 위해서는 용질을 더 가해 점 B로 만들어 주거나 냉각시켜 점 C로 만들어 준다.

36 100 g

해설 | 80 ℃ 의 용액 550 g (포화 상태 : B)에 들어 있는 용질의 질량은 (120 + 100) : 120 = 550 : x , $x = 300$ g 이다. 따라서 물의 양은 250 g 이고, 60 ℃ 에서는 물 100 g 에 용질 80 g 이 녹을 수 있으므로 물 250 g 에는 용질 200 g 이 녹을 수 있다. 처음에 물 250 g 에 용질 300 g 이 녹아 있었으므로 석출되는 양 = 300 - 200 = 100 g 이다.

37 A : 질산 나트륨, B : 질산 칼륨, C : 염화 나트륨

해설 | 40 ℃ 에서 용해도는 A > B > C 이므로 표와 비교하여 각 물질을 찾으면 A는 질산 나트륨, B는 질산 칼륨, C는 염화 나트륨이다.

38 질산 칼륨

해설 | 40 : 25.6 = 100 : x , $x = 64$ 물 100 g 에는 최대 64 g 까지 녹을 수 있는 물질이므로 40 ℃ 에서 용해도가 64인 물질이다.

39 (1) 224 g (2) 약 56 %

해설 | (1) (60 ℃) 100 : 127 = 400 : x , $x = 508$ g 60 ℃ 에서 물 400 g 에는 포화 상태로 질산 나트륨이 508 g 이 녹아 있다.

(0 ℃) 100 : 71 = 400 : x, x = 284 g

0 ℃에서 물 400 g에는 포화 상태로 질산 나트륨이 284 g이 녹아 있다. 따라서 60 ℃에서 0 ℃로 냉각시키면 508 - 284 = 224 g의 질산 나트륨이 석출된다.

(2) 퍼센트 농도 = $\dfrac{용질의\ 질량}{용액의\ 질량}$ × 100 = $\dfrac{508}{508 + 400}$ × 100 ≒ 56 %

40 약 91.8 g

해설 │ 20 ℃ 포화 수용액 117 g에 들어 있는 용질(질산 칼륨)의 양을 구하면 (34 + 100) : 34 = 117 : x, x = 30 g, 용매(물)의 양 = 117 - 30 = 87 g이다.

70 ℃에서 질산 칼륨의 용해도는 140이므로 물 100 g당 용질 140 g이 녹을 수 있다. 따라서 70 ℃에서 물 87 g에는 100 : 140 = 87 : x, x = 121.8 g의 용질이 녹을 수 있고, 121.8 g - 30 g = 91.8 g이 더 녹을 수 있다.

41 ③

해설 │ A, B 둘 다 포화 상태가 되면 녹지 않는 설탕이 있게 된다. 같은 온도에서 두 유리컵의 용액이 포화 상태이므로 농도는 같다. 똑같이 압력과 온도를 높여도 농도는 같다.(용해도가 같다)

42 ⑤

해설 │ 기체의 용해도가 작아지면 기포가 많이 발생한다.
① 용해도가 클수록 기포가 적게 발생하므로 압력이 높고 온도가 낮은 B 시험관이 기포가 가장 적게 발생한다.
② 용해도가 가장 적은 E 시험관의 기포가 가장 많다.
③ 온도가 높을수록 기체의 용해도는 감소한다.
④ 압력이 높을수록 기체의 용해도는 증가한다.

43 ⑤

해설 │ 기체는 온도가 높을수록 용해도가 감소하므로 반비례 그래프를 찾는다.

44 ②

해설 │ 기체의 용해도는 온도가 낮을수록 압력이 클수록 크다.

45 ②

해설 │ 0.05 - 0.02 = 0.03 g

46 ④

해설 │ 한겨울에 호수가 얼어도 물고기들이 얼어 죽지 않는 것은 얼음의 밀도가 물보다 작아 호수 위로 뜨기 때문에 밖의 추운 공기가 물 안으로 전달되지 못하기 때문이다. 따라서 한겨울에도 호수 안의 온도는 항상 0 ℃보다 높다.

47 1. 용질을 더 넣어준다. 2. 온도를 낮추어 준다. 3. 용매를 증발시킨다.

개념 심화 문제

정답 202 ~ 207쪽

27 ③ **28** ㄴ, ㄷ

29 (1) a : 2, b : 1, c : 4 (2) 6.4 (3) 정반응이 진행된다.

30 역반응

31 (1) 0.09 M, 0.1 m, 0.58 % (2) 해설 참조

32 E **33** 100 g

34 (1) 50 %, 6.49 m (2) 19.4 g **35** 37.5 %

36 ② **37** (1) 75 mmHg (2) 3.84 × 10⁻³ g

38 0.288 g

---

27 ③

해설 │ ㄱ. 시간 t까지 정반응의 반응물인 A의 농도가 계속 감소하므로 정반응 속도는 계속 감소하며, 생성물인 C의 농도가 계속 증가하므로 역반응 속도는 계속 증가한다.
ㄴ. 시간 t 이후에는 정반응 속도와 역반응 속도가 같기 때문에 반응물과 생성물의 농도가 일정하다.
ㄷ. 시간 t 이전에도 정반응 속도보다는 작으나 C가 생성되었기 때문에 역반응이 일어나며, 역반응 속도는 t까지 증가한다.

28 ㄴ, ㄷ

해설 │ ㄱ. 평형 상태에서는 항상 반응물과 생성물이 항상 존재한다. (가)에서 시험관 A에는 다량의 NO_2와 소량의 N_2O_4가 함께 존재한다.
ㄴ. 가역 반응으로 정반응과 역반응이 모두 일어난다.
ㄷ. 처음에 시험과 A와 B에 넣은 NO_2의 양이 같으므로 같은 온도에서 평형 농도가 같다. 따라서 (다)에서 평형 상태가 되면 시험관 A와 B의 색깔이 거의 같아진다.

29 (1) a : 2, b : 1, c : 4 (2) 6.4 (3) 정반응이 진행된다.

해설 │ (1)

	aA	+	bB	⇌	cC
처음 농도	0.4		0.2		0
반응 농도	-0.2		-0.1		+0.4
평형 농도	0.2		0.1		0.4

a : b : c = 2 : 1 : 4이고, 반응식은 2A + B ⇌ 4C이다. 따라서 a는 2, b는 1, c는 4이다.

(2) $K = \dfrac{[C]^4}{[A]^2[B]} = \dfrac{(0.4)^4}{(0.2)^2(0.1)} = 6.4$

(3) [A] = [B] = [C] = 1 M일 때, $Q = \dfrac{[C]^4}{[A]^2[B]} = \dfrac{(1.0)^4}{(1.0)^2(1.0)} = 1.0$,
$Q < K$이므로 정반응이 진행된다.

30 역반응

해설 │ X + 3Y ⇌ 2Z 반응에서 (가)의 평형 상수 $K = \dfrac{[Z]^2}{[X][Y]^3} = \dfrac{(0.4)^2}{(0.2)(0.2)^3} = 100$이다.

콕을 열 때 새로운 농도는 [X] = 0.1 M, [Y] = 0.1 M, [Z] = 0.2 M이

므로 $Q = \dfrac{(0.2)^2}{(0.1)(0.1)^3} = 400$이다. 따라서 $K < Q$이므로 역반응이 진행된다.

31 (1) 0.09 M, 0.1 m, 0.58 % (2) 해설 참조

해설 | (1) · 몰 농도(M) (NaCl의 몰수와 Na^+의 몰수는 같다.)

용질의 몰수(n) : $n = \dfrac{질량}{분자량} = \dfrac{5.85}{58.5} = 0.1$ mol

용액의 부피(V) : $V = \dfrac{용액의\ 질량}{밀도} = \dfrac{1005.85}{0.92} ≒ 1093$ mL $= 1.093$ L

용액의 몰 농도(M) : $M = \dfrac{용질의\ 몰수}{용액의\ 부피} = \dfrac{0.1}{1.093} ≒ 0.09$ M

· 몰랄 농도(m)

용질의 몰수 : $n = \dfrac{질량}{분자량} = \dfrac{5.85}{58.5} = 0.1$ mol($= Na^+$의 몰수)

용매의 질량 : 1000 g $= 1$ kg

용액의 몰랄 농도(m) : $\dfrac{용질의\ 몰수}{용매의\ 질량} = \dfrac{0.1}{1} = 0.1$ m

· NaCl의 퍼센트 농도(%)

용질의 질량 : 5.85 g

용액의 질량 : $1000 + 5.85 = 1005.85$ g

퍼센트 농도(%) : $\dfrac{용질의\ 질량}{용액의\ 질량} × 100 ≒ 0.58$ %

(2) 용해란 간단히 말해 기체, 액체, 고체인 물질이 다른 기체, 액체, 고체와 혼합해 균일한 상태로 되는 현상이라 할 수 있다. 용매와 용질을 섞었을 때, 용매 - 용질 간의 인력이 용질 분자 간의 인력이나 용매 분자 간의 인력보다 클 때는 서로 섞이지만, 그렇지 않으면 용해는 일어나지 않는다.

확산이란 기체 속의 분자, 액체 속의 이온 또는 분자가 농도가 높은 곳에서 낮은 방향으로 열운동에 의해 이동하는 현상을 말한다. 따라서 입자나 분자, 이온의 크기가 작을수록, 용매의 점성이 작을수록, 또 농도의 차이가 클수록 확산하기 쉽다. 담배 연기가 공기 중에 퍼지는 현상이 확산 현상의 대표적인 예이다.

용해나 확산 모두 서로 다른 물질이 고루 섞인다는 면에서는 같다. 그러나 용해와 확산은 본질적인 차이가 있다. 첫째, 용해는 일정 정도 이상, 즉 그 온도에서의 용해도 이상의 용질을 넣게 되면 더 이상 일어나지 않게 되는 반면, 확산은 물질을 얼마나 넣든 계속해서 일어난다. 다시 말해 용해는 그 한계가 존재하지만 확산은 한계가 존재하지 않는다. 둘째, 용해는 용질과 용매 사이의 정전기적 상호 작용에 의해 일어나지만, 확산은 용해에 비해 상대 입자와의 상호 작용이 매우 약하다.

32 E

해설 | 각 물질의 용해도를 구하면,

A : 100 g의 물에는 20 g이 녹아 포화된다. → 용해도 20 g

B : 100 g의 물에는 25 g이 녹아 포화 상태이다. → 용해도 25 g

C : 열을 가하여 물 100 g에 50 g이 녹아 포화되었다. → 용해도 50 g

D : 물 50 g에 35 g이 녹아 포화되므로 물 100 g에는 70 g이 녹아 포화 상태가 된다. → 용해도 70 g

E : 30 % 용액 10 g에 들어 있는 E의 양 = 3 g, 용매의 양 = 7 g

E를 20 g 더 넣어야 포화 상태가 되므로 용매(물) 7 g에 E(용질) 23

g이 녹아야 포화 상태가 된다. 따라서 물 100 g에 녹을 수 있는 양(용해도)은 $7 : 23 = 100 : x$, $x ≒ 328.6$ g이다.

33 100 g

해설 |

구분		포화 용액	용질(질산 칼륨)	용매(물)
온도	50 ℃	180 g	80 g	100 g
	10 ℃	120 g	20 g	100 g

50 ℃ 포화 용액 135 g에 녹아 있는 질산 칼륨의 질량은 $135 : x = 180 : 80$, $x = 60$ g, 물(용매)의 질량 $= 135 - 60 = 75$ g이다.

온도를 10 ℃로 낮추었을 때 25 g이 석출되었으므로 용액에 들어 있는 질산 칼륨의 양은 $60 - 25 = 35$ g으로 포화 상태이다.

10 ℃에서는 물 100 g에 질산 칼륨이 20 g이 녹아 포화 상태가 되므로 $100 : 20 = x : 35$, $x = 175$ g이다. 즉, 10 ℃에서 물 175 g에 질산 칼륨 35 g이 녹아서 포화 상태인 것이다. 처음에 물의 질량은 75 g이었으므로 100 g의 물을 더 넣어 주어야 한다.

34 (1) 50 %, 6.49 m (2) 19.4 g

해설 | (1) 4시간이 지난 후 물의 양은 다음과 같다.

100 g $× \dfrac{9}{10} × \dfrac{9}{10} × \dfrac{9}{10} × \dfrac{9}{10} = 65.61$ g

- 퍼센트 농도 : 물 65.61 g에 녹아 있는 수산화 바륨의 질량(x)은 다음과 같다. $100 : 100 = 65.61 : x$, $x = 65.61$ g

따라서 퍼센트 농도 $= \dfrac{65.61}{65.61 + 65.61} × 100 = 50$ %이다.

- 몰랄 농도 : 수산화 바륨의 몰수는 $\dfrac{65.61}{154} ≒ 0.426$ mol이다.

따라서 몰랄 농도 $= \dfrac{0.426}{0.06561} ≒ 6.49$ m이다.

(2) 80 ℃에서 수산화 바륨의 용해도는 100이므로 같은 온도에서 물 65.61 g에 녹아 있는 수산화 바륨은 65.61 g이다. 수산화 바륨이 85 g 녹아 있었으므로 85 g $- 65.61$ g $= 19.39$ g이 석출된다.

35 37.5 %

해설 | 물 100 g → 90 g(30분 경과) → 81 g(30분 경과) → 72.9 g(30분 경과) → 65.6 g(30분 경과)

80 ℃의 물 65.6 g에 녹을 수 있는 물질 A의 양

$100 : 60 = 65.6 : x$, $x = 39.36$ g이다.

용질의 질량 $= 39.36$ g, 용매의 질량 $= 65.61$ g

용액의 질량 $= 39.36 + 65.61 = 104.97$ g

퍼센트 농도 $= \dfrac{39.36}{104.97} × 100 ≒ 37.5$ %

36 ②

해설 | · (가)와 (나)는 포화 용액이므로 그래프의 곡선 위에 있어야 한다.

· A, B, C가 해당된다.

· (나)와 (다)의 질량 퍼센트 농도는 같아야 한다. 각 점에서의 퍼센트 농도는 다음과 같다.

A : $\dfrac{120}{120 + 100} × 100 = 54.55$ %, B : $\dfrac{80}{80 + 100} × 100 = 44.44$ %

C : $\dfrac{40}{40 + 100} × 100 = 28.57$ %, D : $\dfrac{40}{40 + 100} × 100 = 28.57$ %

$E : \dfrac{40}{40 + 100} \times 100 = 28.57\,\%$

C, D, E가 질량 퍼센트 농도가 같다. 이 중 포화 용액은 C이므로 (나)는 C이다.

· A와 B 중에서 20 ℃ 로 냉각시켰을 때 40 g 이 석출되는 것은 B이다.

37 (1) 75 mmHg (2) 3.84×10^{-3} g

해설 | (1) 4.8×10^{-3} g/L 를 분자량 32로 나누면 1.5×10^{-4} 몰/L 이다. 이때 산소의 압력은 75 mmHg 이다.

(2) 산소의 압력이 300 mmHg 일 때, 물 1 L 에는 산소 6×10^{-4} 몰이 녹아 있으므로 물 200 mL 에는 $0.2 \times 6 \times 10^{-4}$ 몰이 녹아 있다. 분자량이 32이므로 산소의 질량(g)은 $32 \times 0.2 \times 6 \times 10^{-4} = 3.84 \times 10^{-3}$ g 이다.

38 0.288 g

해설 | 수심 30 m 에서 압력은 3 기압 증가한 4 기압이다. 압력과 용해도는 비례하므로 $1 : 0.004 = 4 : x$, $x = 0.016$으로 물 100 g 에 0.016 g 이 녹을 수 있다.

혈액 속에 들어 있는 물의 질량은 60 kg × 0.04 = 2.4 kg = 2400 g 이므로 수심 30 m 에서 혈액 속의 물 2400 g 에는 $100 : 0.016 = 2400 : x$, $x = 0.384$ g 의 산소가 용해될 수 있다.

1 기압에서 2400 g 에는 0.096 g 의 산소가 용해될 수 있으므로 수면으로 올라오면 0.384 - 0.096 = 0.288 g 의 산소가 기포로 빠져나온다.

✕ 창의력을 키우는 문제

208 ~ 218쪽

01. 논리 서술형

① 10.95 g 의 염산을 저울에 단다.
② 1000 mL 부피 플라스크에 100 mL 정도의 증류수를 넣고 10.95 g의 염산을 넣는다.
③ 플라스크의 600 mL 선에 해당하는 만큼의 증류수를 넣고 뚜껑을 닫은 뒤 잘 흔들어 준다.

해설 | · 0.5 M 염산 수용액 600 mL 에 들어 있는 염산의 몰수를 구하면 염산의 몰수 = 0.5 × 0.6 = 0.3 mol 이다. 따라서 36.5 × 0.3 mol = 10.95 g 의 염산이 필요하다.

· 적당한 양의 증류수에 진한 염산을 희석시킨 후 물을 부어 전체 부피를 맞춘다.

02. 추리 단답형

% 농도는 변함이 없고, 몰 농도는 증가한다.
용액의 부피가 변하여도 용액, 용질의 질량은 일정하다.
% 농도 = $\dfrac{\text{용질의 질량}}{\text{용액의 질량}} \times 100 \rightarrow$ % 농도는 변함없다.
용액의 부피가 감소하였으므로 몰 농도 = $\dfrac{\text{용질의 몰수}}{\text{용액의 부피}}$ 는 증가한다.

03. 논리 서술형

(1) 물은 다시 끓는다.   (2) (가) = (나) > (다)

해설 | (1) 찬물을 부으면 플라스크 안의 수증기가 냉각되어 물로 바뀌며, 플라스크 안의 압력이 낮아지게 된다. 그러면 외부 압력이 낮아졌으므로 물의 끓는점도 낮아지므로 물이 100 ℃ 이하에서 끓게 된다.

(2) (가)에서는 1 기압이다. 물이 끓을 때의 물의 증기 압력은 1 기압이며, 열린 공간이기 때문에 외부 압력과 같다.

(나)에서는 1 기압일 때 고무마개를 막았으므로 플라스크 안쪽의 압력은 1 기압이다.

(다)에서는 찬물로 인해 수증기가 줄어들어 플라스크 내부의 압력은 1 기압보다 작아진다.

04. 추리 단답형

(1) 1 M 설탕물이 더 높다.   (2) 몰랄 농도   (3) 비커 B

해설 | (1) 1 M 은 수용액 1 L 에 용질 1몰을 녹인 수용액이므로 수용액 100 mL 에는 설탕 0.1몰 34.2 g 이 녹아 있다. (물만의 질량은 100 g 이 조금 덜 된다.) 비커 A 는 물 100 g 에 설탕 0.1몰이 녹아 있으므로 1 m(몰랄 농도)가 된다. 이때 수용액의 부피는 100 mL 보다 조금 많게 된다. 1 m 수용액보다 1 M 수용액이 농도가 더 크므로 끓는점이 더 높다.

(2) 가열하여 온도를 측정하는 경우, 온도가 높아지면 부피가 증가하여 몰 농도가 작아지므로 끓는점을 비교할 때는 몰랄 농도를 사용한다.

(3) 비커 A 와 비커 B 수용액 모두 농도가 1 m 으로 같지만, 소금은 이온화하여 Na^+, Cl^- 로 나누어져서 물 입자가 기화하는 것을 설탕보다 더 많이 방해하므로 같은 농도의 설탕물보다 소금물의 끓는점이 더 높다.

05. 단계적 문제 해결형

(1) 해설 참조
(2) 끓는점 : A > B > 물, 어는점 : A < B < 물,
    증기 압력 : 물 > B > A

해설 | (1)

소금물A 20%   물   소금물B 10%

소금물은 용질 입자가 표면을 차지하고 있어서 용매의 증발 속도가 작아지며 물보다 증기 압력이 작아진다. 소금물의 증기 압력이 물의 증기 압력보다 작기 때문에 수은 기둥은 소금물 쪽으로 이동한다. 소금물의 농도가 진할수록 증기 압력은 더욱 작아지므로 수은 기둥의 높이는 낮아진다. : $h_1 > h_2$

(2) 소금물은 용질 입자가 표면을 차지하고 있어서 용매의 증발 속도

가 작아지며 물보다 증기 압력이 작다. $h_1 > h_2$이므로 소금물 A가 B보다 증기 압력이 더 작다. → 농도가 진할수록 증기 압력이 작으므로 A의 농도가 더 진하다. 농도가 진할수록 끓는점은 높아지고 어는점은 낮아진다.

---

06. 단계적 문제 해결형

(가) 소금물 A   (나) 소금물 B   (다) 물

해설 │ 증기 압력 + 수은 기둥의 압력 = 대기압이므로 증기 압력이 클수록 수은 기둥의 높이가 낮아진다.

---

07. 추리 단답형

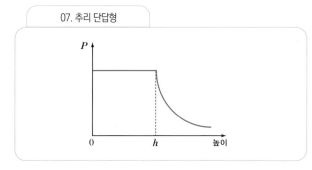

해설 │ 물의 증기 압력은 온도에 의해서만 변한다. 따라서 일정한 온도에서 피스톤이 h 만큼 올라갈 때는 증기 압력 = 내부 압력으로 일정하다. h 이후에는 실린더 안에 물은 없고 기체인 수증기만 존재하므로 보일 법칙이 적용되어 부피가 커질수록 압력이 작아진다.

---

08. 추리 단답형

(1) 사이다 안 주사기 벽면에 큰 기포가 많이 맺힌다.
(2) 피스톤이 원래 위치로 돌아가면서 주사기의 사이다 안쪽 벽면에 맺힌 기포의 수가 다시 원래대로 줄어 들었다.
(3) 해설 참조

해설 │ (1), (2) 피스톤을 당기면 주사기 안쪽의 압력이 낮아져 기체의 용해도가 감소하므로 기포가 생겼다가 피스톤을 놓으면 압력이 원래대로 돌아와 기체의 용해도는 증가하여 기포는 줄어든다.
(3) 압력과 부피는 반비례하고 용해도와 압력은 비례한다. 용해도는 부피에 반비례하므로 피스톤을 당겨 주사기 안의 부피가 커질수록 용해도는 감소한다.

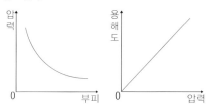

---

09. 논리 서술형

과거에는 냉각수로 순수한 물을 사용했는데, 순수한 물의 끓는점은 대기압에서 100 ℃ 이기 때문에 더운 여름에는 물이 쉽게 기화된다. 물이 수증기 상태로 되면서 부피가 커지고 압력이 증가하는데, 증가된 압력을 견디지 못해 용기가 폭발할 수가 있다. 그러나 부동액을 넣으면 끓는점 오름으로 인해 순물질인 물보다 끓는점이 높아져 안전해진다.

---

10. 단계적 문제 해결형

(1) 0.002 (M)   (2) 해설 참조

해설 │ (1) 삼투압(π) = $\rho \times g \times h$
= 1050 (kg/m³) × 9.8 (m/s²) × 0.5 (m)
= 5145 (kg/m·s²) = 5145 (Pa) ≒ 0.05 (atm)
반트 호프식에서 삼투압(π) = $C \times R \times T$이므로,
$\therefore C = \dfrac{\pi}{R \times T} = \dfrac{0.05}{0.082 \times 300} = 0.002$ (M)
(2) 설탕물의 삼투압 = $C \times R \times T$이므로, 온도(T)가 올라가면 설탕물의 삼투압도 커진다. 설탕물의 삼투압이 커지므로, 삼투압과 평형을 이루기 위해 깔때기관 속 설탕물 기둥의 높이가 높아져 압력이 증가해야 한다.

---

11. 논리 서술형

참외 껍질을 물이 있는 싱크대에 올려 놓으면 참외 껍질과 물의 농도 차이에 의해 삼투 현상이 일어난다. 껍질 부분은 얇은 층으로 싸여 있어 물의 이동이 일어날 수 없고, 참외 안쪽 부분으로 물이 이동하게 된다. 안쪽 부분이 물의 흡수로 인해 팽창되면 그림과 같이 아래로 볼록하게 오그라들게 된다. 참외 껍질을 물이 없는 책상에 올려 놓으면 껍질 안쪽의 수분이 증발되어 수축되고, 껍질 부분은 얇은 층이 수분 증발을 막아 차단시켜주므로 위로 볼록하게 오그라든다.

---

12. 추리 단답형

대기 중 이산화 탄소의 농도가 작으면 역반응이 진행되어 그 결과 종유석과 석순이 생긴다. 가역 반응

해설 │ 정반응 결과 생성된 탄산 수소 칼슘은 대기 중 이산화 탄소의 농도가 작으면 역반응이 일어나 서서히 물과 이산화 탄소를 잃고 동굴 내부에서 종유석과 석순이 된다. 따라서 이 반응은 이산화 탄소의 농도에 따라 정반응과 역반응이 모두 일어날 수 있는 반응으로 가역 반응이다.

---

13. 단계적 문제 해결형

(1) 0.01   (2) RT

해설 | (1) N_2O_4의 mol 수 $n_{N_2O_4} = \dfrac{27.6\ g}{92} = 0.3$ mol 이다.

N_2O_4	$\rightleftharpoons$	$2NO_2$
0.3		0
$-x$		$2x$
0.3 - x		$2x$

평형 후의 mol 수 : (0.3 - x) + 2x = (0.3 + x) mol

평형 후 내부 압력이 3.5 기압이므로

$n = \dfrac{PV}{RT} = \dfrac{(3.5) \times (4)}{(0.08) \times (500)} = 0.35$ mol 이고,

0.3 + x = 0.35, x = 0.05 mol 이다.

평형 몰수 : N_2O_4 = 0.3 - x = 0.3 - 0.05 = 0.25 mol, NO_2 = 2x = 2 × 0.05 = 0.1 mol

부피가 4 L 이므로 N_2O_4, NO_2 의 몰 농도는 각각 $\dfrac{0.25}{4}$, $\dfrac{0.1}{4}$ 이다.

따라서 $K_c = \dfrac{[NO_2]^2}{[N_2O_4]} = \dfrac{\left(\dfrac{0.1}{4}\right)^2}{\dfrac{0.25}{4}} = 0.01$이다.

(2) $K_p = \dfrac{(P_{NO_2})^2}{P_{N_2O_4}} = \dfrac{([NO_2]RT)^2}{[N_2O_4]RT} = \dfrac{[NO_2]^2}{[N_2O_4]} \cdot RT = K_c \cdot RT$

$\therefore \dfrac{K_p}{K_c} = RT$

---

14. 단계적 문제 해결형

(1) 5.12 ℃/m   (2) (가)

해설 | (1) 실험 I에서 용액의 몰랄 농도 = $\dfrac{0.25\ mol}{0.5\ kg} = 0.5$ m 이고, 어는점 내림은 5.5 - 2.94 = 2.56(℃) 이므로

$\Delta T_f = K_f \times m$, $K_f = \dfrac{\Delta T_f}{m} = \dfrac{2.56}{0.5} = 5.12$ 이다.

(2) 물질 X의 분자량 구하기

· 실험 II에서 어는점 내림 = 5.5 - 0.38 = 5.12 , $\Delta T_f = K_f \times m$에서 몰랄 농도(m) = $\dfrac{\Delta T_f}{K_f} = \dfrac{5.12}{5.12} = 1$ m 이다.

분자량 = $\dfrac{용질의\ 질량}{용질의\ 몰수} = \dfrac{용질의\ 질량}{몰랄\ 농도 \times 용매의\ 질량} = \dfrac{64}{1 \times 0.5} = 128$

· 그림 (가), (나), (다)의 분자량 계산하기

(가) 12 × 9 + 1 × 20 = 128

(나) 12 × 5 + 1 × 12 + 16 × 3 = 120

(다) 12 × 8 + 1 × 14 + 16 × 1 = 126

이 중 물질 X 와 분자량이 같은 것은 (가)이다.

---

15. 추리 단답형

해설 | 0.5 m 의 염화 나트륨이 해리되어 0.5 m 의 나트륨 이온과 0.5 m 의 염화 이온으로 해리되었으므로 총 0.5 + 0.5 = 1 m 의 농도 효과를 갖는다. 따라서 끓는점 오름 $\Delta T_b = K_b \times m = 0.52 \times 1$ = 0.52 ℃ 이므로 용액의 끓는점은 100.52 ℃ 이다.

비휘발성 용질이 녹아 있는 용액의 경우 끓는 동안 용매가 증발하여 농도가 진해지기 때문에 온도가 계속 상승한다.

---

16. 논리 서술형

(1) 특징 : 용해도가 작거나 압력에 따른 용해도 차이가 크지 않은 기체, 종류 : 헬륨(He)

(2) 지상으로 올라올수록 외부 압력이 낮아져 기체의 용해도가 감소하여 체내 혈액에서 탄산 가스가 방출되어 체내 장기에 탄산 가스가 가득 차기 때문이다.

해설 | 질소의 용해도는 1 기압에서 0.0024 g/cm³ 인데 수심 40 m 의 압력인 5 기압에서는 0.012 g/cm³ 이나 된다. 수심이 깊어질수록 수압이 커지기 때문에 질소의 용해도도 증가하는 것이다.

고농도의 질소가 몸 안에 녹아 있는 상태에서 물 위로 급하게 떠오르려 한다고 상상해 보자. 수압이 감소하면서 체액 속에 녹아있던 질소의 용해도가 낮아진다. 따라서 세포와 혈관들이 체액에서 빠져나온 질소로 포화 상태가 돼 기포가 형성된다. 콜라나 사이다의 뚜껑을 열 때 기포가 많이 발생하는 것과 같은 이치다. 갑작스럽게 혈관 내에 기포가 많아지면 혈액의 흐름을 방해하기 때문에 위험하다. 펭귄은 부력에 몸을 맡기고 느긋하게 물 위로 나오면서 질소 중독을 막는 것이다. 천천히 올라오면 물속에 오래 있어야 한다는 단점이 있지만, 잠수병에 걸릴 위험에 비하면 미미하지 않은가. '편의'보다 '안전'을 택한 펭귄의 지혜가 돋보인다.

---

17. 추리 단답형

(1) 추론㉠ : 호수 바닥에 이산화 탄소가 쌓여 수압에 의해 압력이 매우 높아져 있을 때 지진, 산사태 등의 외부 요인에 의해 갑자기 분출한 것이다.

추론㉡ : 우기의 밤중에 발생한 것으로 보아 수온이 낮은(밀도가 큰) 빗물이 호수로 들어가 호수 바닥의 이산화 탄소가 밀려 나와 분출한 것이다.

(2) 평상시는 이산화 탄소가 확산에 의해 골고루 퍼져 있어 농도가 적어 인체에 무해하지만, 농도가 진해지면 공기보다 무거운 이산화 탄소가 지표면의 산소를 밀어내므로 질식해서 죽은 것이다.

18. 창의적 문제 해결형

(1) 해설 참조
(2) 과포화 상태가 되지 않아 손난로를 만들 수 없다.
(3) 충격을 주어 과포화 상태를 깨뜨리는 역할을 한다.
(4) 물을 많이 섞을수록 농도가 작아지므로 결정의 석출 속도가 느리고 발열량도 적어진다.

해설 | (1) 과정 ①의 아세트산 나트륨이 물에 녹는 과정인 흡열 과정을 통해 점 C에 도달하고 과정 ②에서 서서히 냉각시키면 온도 t_2 에서 포화 상태인 점 B에 도달한 후 서서히 충격없이 온도 t_1 까지 냉각시키면 과포화 상태인 점 A에 도달한다. 과포화 상태는 매우 불안정한 상태이므로 과정 ③에서 똑딱이를 꺾어 충격을 주면 순간적으로 결정이 만들어지며(점 A → 점 D) 발열 반응이 일어나므로 주변에 열을 내어놓는다.
(2) 과정 ②에서 아세트산 나트륨 수용액은 과포화 상태가 (C → A) 되는데 충격을 주게 되면 과포화 상태가 되지 않고, (C → B → D)의 과정을 거치며 포화 상태로 되어 손난로가 될 수 없다.

대회 기출 문제

정답   219 ~ 227쪽

01 ②   **02** ②   **03** ①   **04** 10 g
05 ④   **06** ④   **07** ③
08 ①, ④, ⑤   **09** ②   **10** ③
11 약 100.03 ℃   **12** ①   **13** ①
14 ①, ②, ⑤   **15** 6 : 3 : 2   **16** ㄱ, ㄴ, ㄷ
17 비커 A : 50 g , 비커 B : 150 g   **18** ㄱ
19 (1) $\frac{1}{15}$ (2) 변하지 않는다.   (3) 정반응 쪽으로 이동한다.
20 (1) 액체와 접촉하고 있는 기체의 압력을 증가시킨다.
(2) 용해시키고자 하는 기체를 액체가 담긴 병에 넣고 마개를 닫은 후 흔들어 준다. → 액체와 기체의 접촉면 증가
(3) 액체의 온도를 낮추어 준다.
21 약 80 g   **22** 약 23.3 g   **23** 250 g   **24** ③
25 석출 온도 : (20) ℃, 석출 되는 물질 A의 양 : (28) g

01 ②
해설 | ① 질량 분율은 여러 가지 물질이 섞여 있는 경우 전체 질량 중에서 한 가지 물질의 질량이 차지하는 비율이다. 질량 분율 × 100 은 질량 백분율이 된다.
② 몰 농도(M)은 용액 1 L 에 녹아 있는 용질의 몰수이고, 몰랄 농도(m)은 용매 1 kg 에 녹아 있는 용질의 몰수이므로 몰 농도와 몰랄 농도의 상호 변환에는 부피를 질량으로, 또는 질량을 부피로 바꾸기 위해 용액의 밀도가 필요하다.
③ 몰 분율은 용액의 몰수 중에서 용질 또는 용매의 몰수의 비율이므로 부피가 주어지면 몰 농도로, 질량이 주어지면 몰랄 농도를 알 수는 있지만 반드시 용액의 밀도가 필요한 것은 아니다.

④ 질량과 분자량 또는 원자량을 알면 몰수를 알 수 있다. 따라서 용액의 밀도가 필요하지 않다.

02 ②
해설 | 퍼센트 농도 $= \dfrac{용질의\ 질량}{용액의\ 질량} \times 100$,
물 1 g = 1 mL 로 계산한다.
① 용질의 질량이 25 g 이므로 용액의 질량은 100 + 25 = 125 g 이다. 따라서 퍼센트 농도 $= \dfrac{25}{125} \times 100 = 20\ \%$ 이다.
② 용매의 질량이 75 g 이고, 용질의 질량이 25 g 이므로 용액의 질량은 75 + 25 = 100 g 이다. 따라서 퍼센트 농도 $= \dfrac{25}{100} \times 100 = 25\ \%$ 이다.
③ 용질의 질량이 25 g 이고, 용액의 질량이 1000 g 이므로 퍼센트 농도 $= \dfrac{25}{1000} \times 100 = 2.5\ \%$ 이다.
④ 용질의 질량이 25 g 이고, 용액의 질량이 200 g 이므로 퍼센트 농도 $= \dfrac{25}{200} \times 100 = 12.5\ \%$ 이다.

03 ①
해설 | ① 몰 농도
· 용질의 몰수 $= \dfrac{w}{M}$
· 용액의 부피 $= V'(\text{mL}) = \dfrac{V'}{1000}(\text{L})$
· 몰 농도 $= \dfrac{용질의\ 몰수}{용액의\ 부피} = \dfrac{w}{M} \times \dfrac{1000}{V'} = \dfrac{1000 \times w}{M \times V'}$

② 몰랄 농도
· 용질의 몰수 $= \dfrac{w}{M}$
· 용매의 질량 $= Vd(\text{g}) = \dfrac{Vd}{1000}(\text{kg})$
· 몰랄 농도 $= \dfrac{용질의\ 몰수}{용매의\ 질량} = \dfrac{w}{M} \times \dfrac{1000}{Vd} = \dfrac{1000 \times w}{M \times Vd}$

04 10 g
해설 | 용액을 희석하는 경우 용질(황산)의 양은 변하지 않음을 이용한다.
필요한 98 % 진한 황산의 질량을 x라고 할 때, 98 % 진한 황산의 용질 = 4.9 % 묽은 황산의 용질의 질량이다.
$\dfrac{98}{100} \times x = \dfrac{4.9}{100} \times 200$, $x = 10$ g

05 ④
해설 | 온도가 변하면 열팽창 등에 의해 용액의 부피가 변하므로 용액의 부피를 사용하는 몰 농도가 온도의 영향을 받는다.

06 ④
해설 | ㄱ. 1 L 당 용액의 질량 = 용액의 밀도 × 용액의 부피
1.84 g/mL $\times \dfrac{1000\ \text{mL}}{1\ \text{L}} = 1840$ g

ㄴ. % 농도 = $\dfrac{\text{용질의 질량}}{\text{용액의 질량}} \times 100 = \dfrac{1780 \text{ g}}{1840 \text{ g}} \times 100$

ㄷ. 몰 농도 = $\dfrac{\text{용질의 몰수}}{\text{용액의 부피}}$

· 용질의 몰수 = $\dfrac{\text{질량}}{\text{분자량}} = \dfrac{1780 \text{ g}}{98}$

· 용액의 질량 = 1 L

· 몰 농도 = $\dfrac{1780 \text{ g}}{98} \times \dfrac{1}{1 \text{ L}}$

07 ③

해설 | 몰 농도 = $\dfrac{\text{용질의 몰수}}{\text{용액의 부피}}$, 몰랄 농도 = $\dfrac{\text{용질의 몰수}}{\text{용매의 질량}}$ 이다.

(가)는 0.1 M 50 mL 이므로 0.005몰의 A가 들어 있음을 알 수 있다. A의 화학식량은 200이므로 1 m 의 수용액에는 용질이 200 g, 용매가 1000 g 이 들어 있다. 따라서 (다)에서 1 m 60 g 의 수용액에는 10 g 의 A가 들어 있다.

ㄱ. (가)에서 0.005몰의 A가 들어 있고, A의 화학식량이 200이므로 0.005 × 200 = 1 g 의 A가 들어 있음을 알 수 있다. 따라서 A의 질량은 (다)가 (가)의 10배이다.

ㄴ. (나)에서 용질의 양은 변화없이 수용액의 부피가 2배가 되었으므로 몰 농도는 0.5배가 되어 $x = 0.05$ 이다. (라)에서는 수용액 중 물의 질량이 50 g 에서 110 g 으로 증가하였으므로 $y < \dfrac{1}{2}$ 이다. 따라서 $y < 10x$ 이다.

ㄷ. (나)에는 A가 1 g, (라)에는 A가 10 g 들어 있으므로 A는 총 질량이 11 g 이고, (나)와 (라)의 수용액의 질량은 각각 100 g, 120 g 이다. 따라서 퍼센트 농도 = $\dfrac{11}{220} \times 100 = 5 \%$ 이다.

08 ①, ④, ⑤

해설 | 질량이 같을 때 분자량이 클수록 몰수는 작으므로 분자량이 작은 포도당의 입자 수가 더 많고, 몰수가 더 크다. 액체의 증발이 잘 일어나는 용액은 용액 속에 용질의 입자 수가 적은 설탕 용액이고 따라서 증기 압력이 더 크다. U자관 속의 수은을 제거하면 설탕 용액에서 물의 증발이 더 잘 일어나기 때문에 포도당 용액의 표면에서 물의 응축이 더 크게 일어나 포도당 용액의 수면이 더 높아질 것이다.

② 같은 부피의 용액에서 몰수가 클수록 몰 농도는 크므로 몰수가 작은 설탕의 몰 농도가 더 작다.

③ 두 용액의 몰랄 농도는 포도당이 더 크므로(몰수가 더 크다.) 끓는점은 포도당이 높다. 라울 법칙에 의하면, 용액의 끓는점은 용질의 종류가 아닌 몰랄 농도에 의해서만 영향을 받는다. 증기 압력이 큰 설탕 용액의 끓는점이 더 낮다.

09 ②

해설 | 증류수의 증발 속도가 응축 속도보다 크기 때문에 증발이 일어나 수위가 내려가고 바닷물은 응축 속도가 더 커서 응축이 일어나 수위가 올라간다. 결국, 증류수의 물 분자들이 증발되고 바닷물로 다시 응축되는 과정이 이어진다.

10 ③

해설 | 용액은 용매의 어는점보다 낮은 온도에서 얼고(어는점 내림) 용매의 끓는점보다 높은 온도에서 끓는다.(끓는점 오름)

용액의 어는점 내림과 끓는점 오름은 용질의 종류와 관계없이 용질의 입자 수에 영향을 받는다. 따라서 0.5 m 의 소금물과 비교했을 때 2

m 설탕물의 어는점이 더 낮고 끓는점이 더 높다.

100 ℃ 에서 증기 압력이 1 기압(760mmHg)보다 낮고, 온도를 100 ℃ 보다 높여야 증기 압력이 대기압과 같아져 끓게 된다.(증기 압력 내림)

11 약 100.03 ℃

해설 | 물 200 g 에 설탕 4.00 g 이 녹았으므로 물 1000 g(5배)에는 20.0 g 의 설탕이 녹아야 농도가 같다. 설탕 20 g 은 $\dfrac{20}{342} ≒ 0.0585\text{(mol)}$ 이므로 물 200 g 에 설탕 4.00 g 이 녹은 용액의 몰랄 농도는 0.0585(m)이다. 용액의 끓는점 오름($\varDelta T_b$) = 용매의 몰랄 오름 상수 (K_b) × 용액의 몰랄 농도(m) = 0.52 × 0.0585 ≒ 0.03 ℃ 이다. 따라서 용액의 끓는점 $T_b{'} = T_b + \varDelta T_b = 100.00 + 0.03 = $ 약 100.03 ℃ 이다.

12 ①

해설 | ㄱ. ⊙의 온도와 압력에서 A는 기체 상태이다. 따라서 A(l)가 ⊙의 온도와 압력에서는 기체로 상태 변화가 일어난다.

ㄴ. (나)의 상평형 그림에서 B는 어느점 P_1 기압에서가 P_2 기압에서보다 낮다.

ㄷ. 기준 끓는점은 1 기압일 때 끓는점이므로 기준 끓는점에서의 증기 압력은 1 기압으로 모두 같다.

13 ①

해설 | 같은 온도에서 증기 압력이 클수록 분자 간의 인력이 작아 끓는점이 낮다.

① 같은 온도에서 증기 압력은 디에틸에테르 > 에탄올 > 물의 순서로 작아진다. 디에틸에테르의 끓는점이 가장 낮다.

② 증기 압력이 클수록 분자 간의 인력이 작으므로 디에틸에테르의 분자 간 인력이 더 작다.

③ 수소 결합이 작용하는 물질일수록 끓는점이 높다. 수소 결합은 F, O, N과 수소 원자가 결합되어 있는 분자끼리 작용하는 인력으로 디에틸에테르는 수소 결합이 분자 간의 인력으로 작용하지 않는다.

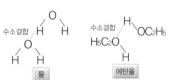

④ 같은 온도에서 디에틸에테르의 증기 압력이 가장 크다.

14 ①, ②, ⑤

해설 | 풍선의 크기는 각 플라스크에 들어 있는 기체의 부피에 따라 달라지는데 플라스크 C의 경우에는 공기만 들어 있으므로 온도에 따라 공기의 부피가 커져서 풍선이 부풀어 오른 것이다. [샤를 법칙]. 플라스크 A, B의 경우에는 온도에 따른 공기의 부피 변화 외에 플라스크 속에 들어 있는 액체의 증기 압력이 온도에 따라 커지기 때문에 풍선이 더 많이 부풀어 오른다. 플라스크 A의 풍선이 플라스크 B의 풍선보다 더 큰 것은 같은 온도에서 플라스크 A에 든 액체의 증기 압력이 더 크다는 것을 의미한다. 또한, 같은 온도에서 증기 압력이 더 큰 액체는 끓는점이 더 낮다. 그리고 증기 압력이 더 큰 액체(끓는점이 더 낮은 액체)는 액체 상태에서 입자 간 인력이 작아 쉽게 기체 상태로 될 수 있다.

① 플라스크 C의 경우는 공기만 들어 있는 경우이므로 풍선이 커지는

것은 온도에 따른 기체의 부피 증가에 의한 것이다.

② 플라스크 A, B의 경우 온도에 따른 부피 팽창은 동일하므로 두 풍선의 크기 차이는 각 액체의 증기 압력의 차이 때문이다. 같은 온도에서 A 풍선이 더 크기 때문에 A에 들어 있는 액체의 증기 압력이 더 크다.

③ 같은 온도에서 A에 들어 있는 액체의 증기 압력이 더 크므로 끓는점은 B에 든 액체보다 낮다.

④ A에 든 액체의 끓는점이 더 낮으므로 액체 상태에서 분자 간의 인력이 더 작다.

⑤ 액체가 끓는점에 도달하기 전에는 일부만 기화하지만 끓는점에 도달하게 되면 액체가 기체로 빠르게 증발하여 기체로 변하는 과정이 진행되기 때문에 증기 압력이 더 빠른 속도로 커진다. 따라서 풍선의 크기도 빠른 속도로 커진다.

15 6 : 3 : 2

해설 | 삼투압(π) = $C \times R \times T$ 이고, $\pi V = \frac{w}{M}RT$ 로 나타낼 수 있다. 또한 삼투압(π) = $\rho \times g \times h$ 이므로 삽투압은 물기둥의 높이(h)와 비례하고, 물기둥의 높이(h)와 분자량(M)과는 서로 반비례한다. 따라서 용질 X : Y : Z의 분자량비는 $M_X : M_Y : M_Z = \frac{1}{h} : \frac{1}{2h} : \frac{1}{3h} = $ 6 : 3 : 2 이다.

16 ㄱ, ㄴ, ㄷ

해설 | 삼투압(π) = $C \times R \times T$ 이고, $\pi = \frac{wRT}{MV} = \rho \times g \times h$ 이다. 실제보다 h를 작게 측정하거나 온도를 높게 측정하거나, 용질의 질량을 크게 측정하면 분자량은 실제보다 크게 측정된다. 또한 용액의 부피를 실제보다 크게 측정하면 분자량은 실제보다 작게 측정된다.

17 비커 A : 50 g , 비커 B : 150 g

해설 | 비커 A 에는 물 100 g 에 용질이 10 g, 비커 B 에는 물 100 g 에 용질이 30 g 들어 있고, 비커 A 와 B 의 용액의 농도가 같으면 증기 압력이 같아진다. 비커 B 의 용질의 질량이 비커 A 의 3배이므로 비커 B 의 물의 질량이 비커 A 의 3배가 되면 비커 A 와 B 의 농도가 같아진다. 따라서 비커 A 의 물의 질량은 50 g, 비커 B 의 물의 질량은 150 g 이 된다.

18 ㄱ

해설 | 주어진 화학 반응식은 A(g) $\rightleftharpoons$ 2B(g) 이므로 $K = \frac{[B]^2}{[A]}$ 이다.

ㄱ. (가)는 평형 상태이므로 $K = \frac{(0.3)^2}{0.6} = \frac{3}{20}$ 이다.

ㄴ. (나)의 반응 지수(Q) = $\frac{(0.2)^2}{0.4}$ 이므로 $Q < K$ 이고, 정반응이 진행되는 상태이다.

ㄷ. (다)의 반응 지수(Q) = $\frac{(0.4)^2}{0.7}$ 이므로 $Q > K$ 이고, 역반응이 진행된다.

19 (1) $\frac{1}{15}$ (2) 변하지 않는다. (3) 정반응 쪽으로 이동한다.

해설 | 이산화 탄소의 몰수 = $\frac{4.4}{44}$ = 0.1 몰이다.

평형 반응식에 따른 양적 관계는 다음과 같다.

	$CO_2(g)$	+ $C(s)$	$\rightleftharpoons$	$2CO(g)$
반응 전	0.1(몰)	과량		0
반 응	$-x$	$-x$		$+2x$
반응 후(평형)	0.1 - x			$2x$

평균 분자량 = $\frac{분자량의 총 합}{총 입자 수}$ = $\frac{44 \times (0.1 - x) + 28 \times 2x}{0.1 - x + 2x}$ = 36

이므로 $x = \frac{1}{30}$ 몰 이다.

평형 상수(K) = $\frac{[CO]^2}{[CO_2]}$ = $\frac{(2x)^2}{0.1 - x}$ = $\frac{(\frac{2}{30})^2}{\frac{2}{30}}$ = $\frac{1}{15}$ 이다.

(2) He을 넣어도 평형 상태에 존재하는 기체의 농도에는 영향을 주지 않으므로 평형 상수는 변하지 않는다.

(3) 부피가 2배 커지면 평형 농도는 각각 $\frac{1}{2}$ 이 된다. 반응 지수(Q) = $\frac{[CO]^2}{[CO_2]}$ = $\frac{(\frac{1}{30})^2}{\frac{1}{30}}$ = $\frac{1}{30}$ 이므로 $Q < K$ 이고, 정반응이 진행된다.

20 (1) 액체와 접촉하고 있는 기체의 압력을 증가시킨다.

(2) 용해시키고자 하는 기체를 액체가 담긴 병에 넣고 마개를 닫은 후 흔들어 준다. → 액체와 기체의 접촉면 증가

(3) 액체의 온도를 낮추어 준다.

[참고]

위의 방법으로 용해도가 증가하지 않는 예외적인 경우는 용해시키고자 하는 기체가 액체와 반응이 일어나는 경우이다.

예 물 + 암모니아, 물 + 염화 수소

21 약 80 g

해설 | ① 80 ℃ 포화 용액 90 g 에 들어 있는 용질의 양 구하기

80 ℃ 일 때 용매 100 g 당 170 g 의 용질을 녹일 수 있으므로

270 : 170 = 90 : x, $x \fallingdotseq 56.7$(g)

② 30 ℃ 에서 용질 56.7 g 이 녹아 있는 포화 용액의 질량

150 : 50 = x : 56.7, $x \fallingdotseq 170$(g)

③ 더 넣어야 하는 물의 양 : 170 - 90 = 80(g)

22 약 23.3 g

해설 | 1) 20 ℃ 의 물 5 g 에 황산 구리 1 g 을 녹인 포화 용액의 용해도는 5 : 1 = 100 : x, x = 20(g) 이다.

2) 60 ℃ 의 40 % 황산 구리 수용액 100 g 에 들어 있는 황산구리의 질량은 용질의 질량 = 퍼센트 농도 × 용액의 질량 × $\frac{1}{100}$ = 40 × 100 × $\frac{1}{100}$ = 40(g) 이다.

3) 20 ℃ 의 황산 구리 포화 용액 100 g 에 들어 있는 황산 구리의 질량은 (100 + 20) : 20 = 100 : x, $x \fallingdotseq 16.7$(g) 이다.

4) 석출되는 황산 구리의 양 : 40 - 16.7 = 23.3(g)

23 250 g

해설 | 75 ℃ 에서 용해도는 25 g , 15 ℃ 에서 용해도는 5 g 이다.

75 ℃ 에서 물 100 g 에 용질 25 g 이 녹으므로 포화 용액의 용매(물)의 질량을 x 로 하면, 용질의 질량은 $\frac{x}{4}$ 가 된다.

온도를 15 ℃ 로 내렸을 때 용매의 질량은 달라지지 않으므로 물의 질

량은 x 로 유지되며, 40 g 이 석출되므로 용질의 질량은 -40이 된다.(포화 상태) 15 ℃ 에서는 물 100 g 에 최대로 5 g 의 용질이 녹으므로 $100 : 5 = x : \frac{x}{4} - 40$, $5x = 25x - 4000$, $20x = 4000$, $x = 200(g)$ 이다. 따라서 75 ℃ 에서 용매(물)의 질량은 200 g, 용질의 질량은 50 g, 용질이 모두 녹은 포화 용액의 질량은 250 g 이다.

24 ③

해설 | ① 산소는 무극성 물질이므로 극성 물질인 물에는 잘 녹지 않는다.

② 산소는 생물의 호흡에 필수적인 것이므로, 육지에서 생물이 생존하기 위해서는 산소가 대기에 포함되어 있어야 한다. 처음에 바닷물 속에서 일어나는 광합성에 의해 산소가 대기에 포함될 수 있었다.

③ 태초의 광합성은 바닷물 속에서 일어났으며, 이 광합성으로부터 발생하는 산소가 대기 중에 축적되었다.

④ 바다 속 생물이 광합성을 하기 위해서는 이산화 탄소가 필요하다.

25 석출 온도 : (20) ℃, 석출 되는 물질 A의 양 : (28) g

해설 | 물질 A 만 석출되고, 물질 B 는 석출되지 않는 최저 온도를 구해야 한다. 용매에 녹는 용질의 종류가 2가지 이상이 되어도 용해도는 각각 적용된다.

수용액 (가)와 (나)를 섞으면 물 100 g 에 물질 A 50 g 과 물질 B 18 g 이 녹아 있는 상태가 되며 80 ℃ 에서는 물질 A, B 가 모두 불포화 상태이다. 물질 A 만 석출하려고 하면 물질 B 는 석출되지 않아야 한다. 표의 20 ℃ 에서 용질 B는 포화 상태이므로 20 ℃ 아래로 냉각시키면 용질 B 가 석출되므로 순수한 용질 A 를 얻을 수 없다. 20 ℃ 에서 석출되는 A의 양 = 50 - 22 = 28 g 이다.

❌ imagine infinitely   228 ~ 229쪽

A. 모래수렁에 빠지면 사람이 당황애서 팔다리를 허우적거리게 된다. 허우적거리면 사람의 몸 사이로 물이 들어와 모래수렁의 밀도가 낮아지게 되고, 이 때문에 사람이 모래수렁에 빠진다.

세페이드 시리즈

창의력과학의 결정판, 단계별 과학 영재 대비서

단계	구분	과목	
1F	중등 기초	물리학(상,하) 화학(상,하)	
		중학교 과학을 처음 접하는 사람 / 과학을 차근차근 배우고 싶은 사람 / 창의력을 키우고 싶은 사람	
2F	중등 완성	물리학(상,하) 화학(상,하) 생명과학(상,하) 지구과학(상,하)	
		중학교 과학을 완성하고 싶은 사람 / 중등 수준 창의력을 숙달하고 싶은 사람	
3F	고등 I	물리학(상,하) 화학(상,하) 생명과학(상,하) 지구과학(상,하)	
		고등학교 과학 I을 완성하고 싶은 사람 / 고등 수준 창의력을 키우고 싶은 사람	
4F	고등 II	물리학(상,하) 화학(상,하) 생명과학 (상,하) 생명과학(영재학교편) 지구과학 (영재학교편,심화편)	
		고등학교 과학 II을 완성하고 싶은 사람 / 고등 수준 창의력을 숙달하고 싶은 사람	
5F	영재과학고 대비 파이널	물리학 · 화학 생명과학 · 지구과학	
		고급 문제, 심화 문제, 융합 문제를 통한 각 시험과 대회를 대비하고자 하는 사람	

세페이드 모의고사	세페이드 고등 통합과학	세페이드 고등학교 물리학 I (상,하)
모의고사 [과학] 5등급 내신 + 심화 + 기출, 시험대비 최종점검 / 창의적 문제 해결력 강화	세페이드 통합과학 고1 내신 기본서	세 세페이드 물리학 I ① 고등학교 물리 I (2권) 내신 + 심화

* 무한상상의 〈세페이드 과학 시리즈〉는 국내 최초로 중고등과정의 과학의 전부와 과학 창의력 문제의 전부를
1F [중등기초] – 2F [중등완성] – 3F [영재학교 I] – 4F [영재학교 II] – 실전 문제 풀이 의 5단계로 구성하였습니다.
창의력과학 세페이드시리즈와 함께 이제 편안하게 과학 공부를 즐길 수 있습니다. https://sangsangedu.ac

무한상상

창·의·력·과·학 아이 앤 아이 시리즈

무한상상 교재 활용법

무한상상은 상상이 현실이 되는 차별화된 창의교육을 만들어갑니다.

아이앤아이 시리즈

특목고, 영재교육원 대비서

	아이앤아이 영재들의 수학여행	아이앤아이 꾸러미	아이앤아이 꾸러미 120제	아이앤아이 꾸러미 48제	아이앤아이 꾸러미 과학대회	창의력과학 아이앤아이 I&I
	수학 (단계별 영재교육)	수학, 과학	수학, 과학	수학, 과학	과학	과학
6세~초1	수, 연산, 도형, 측정, 규칙, 문제해결력, 워크북 (7권)					
초 1~3	수와 연산, 도형, 측정, 규칙, 자료와 가능성, 문제해결력, 워크북 (7권)	수학, 과학 (2권)		수학, 과학 (2권)		
초 3~5	수와 연산, 도형, 측정, 규칙, 자료와 가능성, 문제해결력 (6권)				과학토론 대회, 과학산출물 대회, 발명품 대회 등 대회 출전 노하우	아이앤아이 초등3·4
초 4~6	수와 연산, 도형, 측정, 규칙, 자료와 가능성, 문제해결력 (6권)		수학, 과학 (2권)	수학, 과학 (2권)		아이앤아이 초등5
초 6	수와 연산, 도형, 측정, 규칙, 자료와 가능성, 문제해결력 (6권)					아이앤아이 초등6
중등			수학, 과학 (2권)	수학, 과학 (2권)	과학토론 대회, 과학산출물 대회, 발명품 대회 등 대회 출전 노하우	물리학(상,하), 화학(상,하), 생명과학(상,하), 지구과학(상,하) (8권)
고등						